KB122328

	1	2	3	4	5	6	7	8	9
1	1 **H** 수소 1.008								
2	3 **Li** 리튬 6.941	4 **Be** 베릴륨 9.012							
3	11 **Na** 나트륨 22.99	12 **Mg** 마그네슘 24.31							
4	19 **K** 칼륨 39.10	20 **Ca** 칼슘 40.08	21 **Sc** 스칸듐 44.96	22 **Ti** 타이타늄 47.87	23 **V** 바나듐 50.94	24 **Cr** 크로뮴 52.00	25 **Mn** 망가니즈 54.94	26 **Fe** 철 55.85	27 **C** 코발 58.93
5	37 **Rb** 루비듐 85.47	38 **Sr** 스트론튬 87.62	39 **Y** 이트륨 88.91	40 **Zr** 지르코늄 91.22	41 **Nb** 나이오븀 92.91	42 **Mo** 몰리브데넘 95.95	43 **Tc** 테크네튬 (99)	44 **Ru** 루테늄 101.1	45 **Rh** 로듐 102.9
6	55 **Cs** 세슘 132.9	56 **Ba** 바륨 137.3	57 - 71 란타넘족	72 **Hf** 하프늄 178.5	73 **Ta** 탄탈럼 180.9	74 **W** 텅스텐 183.8	75 **Re** 레늄 186.2	76 **Os** 오스뮴 190.2	77 **Ir** 이리듐 192.2
7	87 **Fr** 프랑슘 (223)	88 **Ra** 라듐 (226)	89 - 103 악티늄족	104 **Rf** 러더포듐 (267)	105 **Db** 더브늄 (268)	106 **Sg** 시보귬 (271)	107 **Bh** 보륨 (270)	108 **Hs** 하슘 (269)	109 **M** 마이트너 (278)

전형원소 전이원소

원자 번호 — 1
원소 기호 — H
원소 이름 — 수소
표준 원자량 — 1.008

실온(25

기체

란타넘족	57 **La** 란타넘 138.9	58 **Ce** 세륨 140.1	59 **Pr** 프라세오디뮴 140.9	60 **Nd** 네오디뮴 144.2	61 **Pm** 프로메튬 (145)	62 **Sm** 사마 150.4
악티늄족	89 **Ac** 악티늄 (227)	90 **Th** 토륨 232.0	91 **Pa** 프로트악티늄 231.0	92 **U** 우라늄 238.0	93 **Np** 넵투늄 (237)	94 **Pu** 플루토 (244)

안정 동위체가 없고, 천연의 동위체 존재비가 일정하지 않은 원소의 경우 그 원자량을 ( )로 표시했다.

율표

Pa)에서

액체 고체

후부터는 불투명)

10	11	12	13	14	15	16	17	18	
								2 He 헬륨 4.003	1
			5 B 붕소 10.81	6 C 탄소 12.01	7 N 질소 14.01	8 O 산소 16.00	9 F 플루오린 19.00	10 Ne 네온 20.18	2
			13 Al 알루미늄 26.98	14 Si 규소 28.09	15 P 인 30.97	16 S 황 32.07	17 Cl 염소 35.45	18 Ar 아르곤 39.95	3
28 Ni 니켈 58.69	29 Cu 구리 63.55	30 Zn 아연 65.41	31 Ga 갈륨 69.72	32 Ge 저마늄 72.63	33 As 비소 74.92	34 Se 셀레늄 78.97	35 Br 브로민 79.90	36 Kr 크립톤 83.80	4
46 Pd 라듐 106.4	47 Ag 은 107.9	48 Cd 카드뮴 112.4	49 In 인듐 114.8	50 Sn 주석 118.7	51 Sb 안티모니 121.8	52 Te 텔루륨 127.6	53 I 아이오딘 126.9	54 Xe 제논 131.3	5
78 Pt 백금 195.1	79 Au 금 197.0	80 Hg 수은 200.6	81 Tl 탈륨 204.4	82 Pb 납 207.2	83 Bi 비스무트 209.0	84 Po 폴로늄 (209)	85 At 아스타틴 (210)	86 Rn 라돈 (222)	6
110 Ds 슈타튬 (281)	111 Rg 뢴트게늄 (282)	112 Cn 코페르니슘 (285)	113 Nh 니호늄 (286)	114 Fl 플레로븀 (289)	115 Mc 모스코븀 (288)	116 Lv 리버모륨 (293)	117 Ts 테네신 (294)	118 Og 오가네손 (294)	7

63 Eu 로퓸 52.0	64 Gd 가돌리늄 157.3	65 Tb 터븀 158.9	66 Dy 디스프로슘 162.5	67 Ho 홀뮴 164.9	68 Er 어븀 167.3	69 Tm 툴륨 168.9	70 Yb 이터븀 173.0	71 Lu 루테튬 175.0
95 Am 메리슘 243)	96 Cm 퀴륨 (247)	97 Bk 버클륨 (247)	98 Cf 캘리포늄 (251)	99 Es 아인슈타이늄 (252)	100 Fm 페르뮴 (257)	101 Md 멘델레븀 (258)	102 No 노벨륨 (259)	103 Lr 로렌슘 (266)

개념, 용어, 이론을 쉽게 정리한

기초 화학 사전

1판 1쇄 발행 2020년 2월 3일
1판 8쇄 발행 2024년 3월 4일

지은이 다케다 준이치로 **옮긴이** 조민정 **감수** 김경숙
펴낸곳 도서출판 그린북
펴낸이 윤상열
기획편집 최은영 김민정
디자인 김규림
마케팅 윤선미
경영관리 김미홍
출판등록 1995년 1월 4일(제10-1086호)
주소 서울 마포구 방울내로11길 23 두영빌딩 302호
전화 02-323-8030~1 **팩스** 02-323-8797
블로그 greenbook.kr
이메일 gbook01@naver.com

ISBN 978-89-5588-936-9 43430

* 이 도서의 국립중앙도서관 출판도서목록(CIP)은 e-cip홈페이지(http://www.nl.go.kr/ecip)에서
이용하실 수 있습니다.(CIP 제어번호: 2020000307)
* 파손된 책은 구입하신 곳에서 바꿔 드립니다.

개념, 용어, 이론을 쉽게 정리한

기초 화학 사전

다케다 준이치로 지음 | 조민정 옮김 | 김경숙 감수

그린북

이 책을 펼쳐 준 여러분에게 감사드린다. 필자는 매일 중학생과 고등학생에게 화학(때로는 물리, 생물, 지구과학도)을 가르치는 현역 교사다. 학생들에게는 잘났다는 듯이 과학을 가르치고 있지만, 사실 내 고교 시절을 되돌아보면 성적은 늘 중하위권이었고 특히 이과 과목은 전부 겨우 낙제를 면하는 수준이었다. 성적표를 받을 때마다 매번 간이 철렁 내려앉았던 것을 지금도 기억한다. 그런데도 제일 좋아했던 화학을 전공으로 선택했고, 대학에 들어가 화학의 진정한 재미에 눈떴다. 그리고 다른 사람에게도 화학의 재미를 전해 주고 싶다는 감정을 억누르지 못해 화학 교사가 되었다. 지금도 고등학교 동창을 만나면 "네가 선생님이라니… 잘 가르치고 있어?" 하고 진지한 표정으로 물어본다. 옛날에는 "그게 어떻게든 되더라고, 하하하." 하고 씁쓸하게 웃으며 얼버무렸지만, 20년 가까이 교사 생활을 하면서 지금은 학생들이 어떤 부분에 좌절하는지 잘 알게 되었다. 어떻게 가르쳐야 좀 더 쉽게 이해하고 잘 떠올릴 수 있는지 아이디어도 많아졌기에 "나 정도 되니까 더 이해하기 쉽게 가르치고 있지." 하고 자신만만하게 대답하게 되었다.

요즘에는 사회인을 대상으로 화학을 가르칠 기회도 많아졌는데, "선생님의 강의가 책으로 나오면 꼭 사 볼 겁니다." 하고 많은 수강생이 응원해 주었다. 그리하여 지금껏 쌓아 온 아이디어를 아낌없이 이 책에 담아내게 되었다.

부디 목차를 훑어보고 흥미가 느껴지는 페이지를 먼저 펼쳐 보기 바란다. '화학이 이런 것이었나?' 하는 신선한 발견을 할 것이라 보장한다.

지은이 **다케다 준이치로**

차 례

기초 화학

제3장 몰과 화학 반응식

이론 화학

제4장 물질의 상태 변화

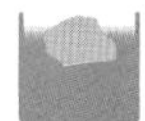

이론 화학

제5장 기체의 성질

이론 화학

제6장 액체의 성질

이론 화학

제 7 장 화학 반응과 열

이론 화학

제 8 장 반응의 속도와 평형

이론 화학

제9장 산과 염기

이론 화학

제10장 산화 환원 반응

무기 화학

제11장 전형 원소의 성질

무기 화학

제12장 전이 원소의 성질

유기 화학

제13장 지방족 화합물

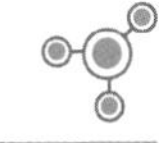

유기 화학

제14장 방향족 화합물

고분자 화학

제 15 장 천연 고분자 화합물

고분자 화학

제 16 장 합성 고분자 화합물

제 1 장

물질의 기본 입자

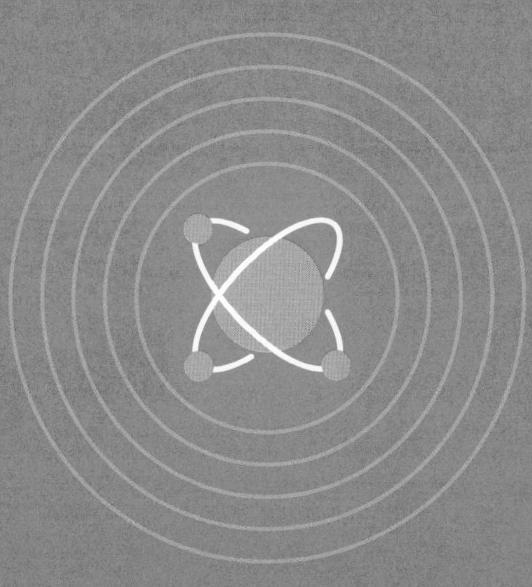

기초 화학

원자와 원소는 어떻게 다를까

◦ 원자와 원소 기호 ◦

이 세상의 물질은 전부 '원자'라는 입자로 구성되어 있다. 하나의 원자는 몹시 작고 가벼워서 상상하기 어려울지도 모르겠다. 그래서 1g짜리 알루미늄 동전을 예로 들어 같이 생각해 보겠다.

우선 알루미늄 원자를 몇 개 모으면 1g짜리 동전을 만들 수 있는지 알아보자(그림 1-1).

크기를 따져 보면 알루미늄 원자는 1억 분의 3cm 정도이므로, 지름이 2cm인 동전에는 약 7천만 개의 알루미늄 원자가 나열되어 있는 셈이다. 그다음으로 질량에 주목해 보면 원자는 무척 가벼워서 1g짜리 동전에는 알루미늄 원자가 2억 개의 1억 배, 거기서 또 100만 배에 달하는 수가 포함되어 있다. 이게 얼마나 큰 수인가 하면, 원자 1개를 쌀 한 톨에 비유할 경우 일본에서 1년간 생산되는 쌀을 약 5천만 년 동안 모은 것과 같다. 뭐라고? 오히려 더 상상하기 힘들어졌다고? 어쨌든 어마어마하게 많다는 뜻이니, 원자가 몹시 작고 가볍다는 것만 알아 두면 된다.

현재 알려진 약 100종류의 원자에는 세계 공통으로 알파벳 기호가 매겨져 있다. 이를 원소 기호라고 부른다. 원자 기호라고 부르지 않는 것은 '원자'가 알갱이에 주목했을 때 쓰는 단어이기 때문이다. 종류에 주목할 때는 '원소'라고 부른다(원자는 한 개, 두 개 하고 세지만, 원소는 한 종류, 두 종류로 센다). '원(元)'과 '소(素)'는 둘 다 뜻이 '바탕'이므로, '원소'는 모든 물질을 이루는 기본 성분이라는 의미임을 알 수 있다. 알파벳은 26개밖에 없기 때문에 100종류가 넘는 원소를 전부 표기하려면 한 글자로는 부족하다. 그래서 주기율표를 보면 탄소와 수소 등 기본적인 원소는 알파벳 한 글자로 표기하고, 대부분의 원소는 알파벳 두 글자로 표기한다. 이때 원소 기호의 첫 번째 글자는 대문자, 두 번째 글자는 소문자로 쓰고 알파벳을 영어식으로 읽는다는 법칙이 있다. 이를테면 원소 기호 Na를 독일어로는 Natrium(나트륨), 영어로는 Sodium(소듐), 중국어로는 鈉(나), 일본어로는 曹達(소다)라고 쓰지만, 세계 공통으로 원소 기호는 '엔에이'라고 읽는다.

그림 1-1

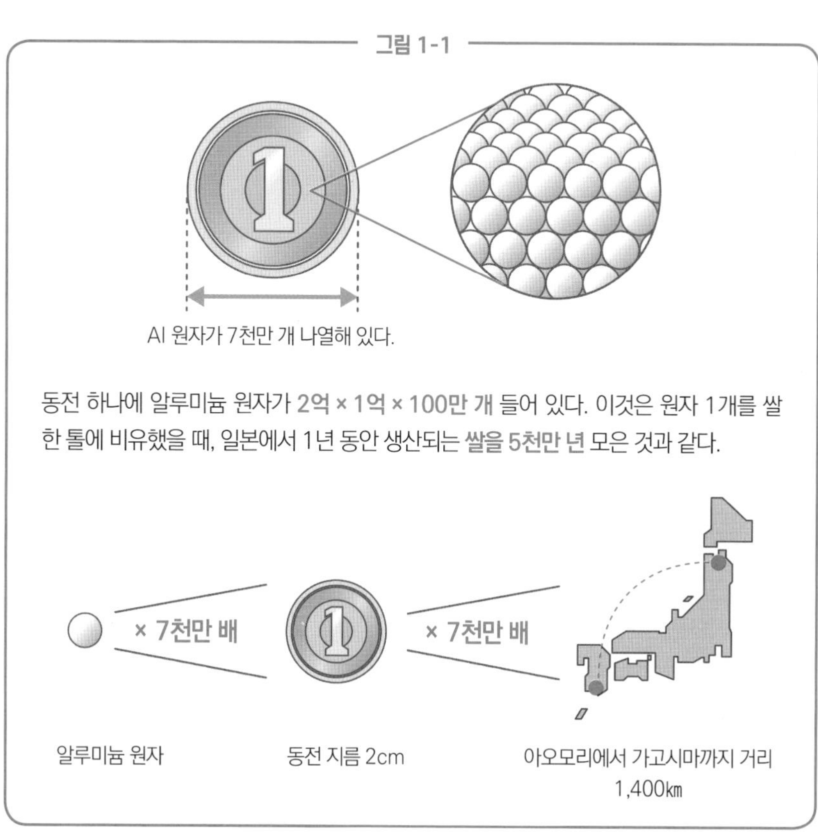

기초 화학

중성자는 어떤 역할을 할까

◦ 원자를 구성하는 세 입자 ◦

원자는 양성자, 중성자, 전자라는 더 작은 입자로 이루어져 있다. 각 입자의 차이를 알아보자.

그림 2-1은 헬륨 원자의 구조를 나타낸 것이다. 양성자, 중성자, 전자가 2개씩 있다. 양성자는 (+)로 대전되고, 전자는 (-)로 대전되며, 중성자는 이름 그대로 중성이어서 어느 쪽으로도 대전되지 않는다. 그런데 여기서 '대전'이란 무슨 뜻일까? 건조한 겨울철이면 정전기가 잘 일어난다. 스웨터를 벗을 때 정전기가 일어나는 이유는 스웨터가 (+)로 대전됐기 때문이다. 이처럼 (+)와 (-)라는 두 종류의 전기 중에 어느 한쪽을 띠는 상태를 '대전되었다'고 표현한다. (+)로 대전된 것과 (-)로 대전된 것은 서로를 끌어당긴다. 그 때문에 양성자와 중성자가 모여 원자핵을 구성하고, 양성자에 이끌린 전자는 원자핵 주위를 뱅글뱅글 돈다.

원자 번호는 양성자의 개수를 바탕으로 매긴 것인데, He는 양성자를 2개 가져서 원자 번호가 2번이다. 원자의 무게를 나타낼 때, 전자는 양성자보다 훨씬 가볍기 때문에 전자의 수는 무시하고 양성자와 중성자의 수를 더해서 무게를 나타낸다. 이것을 '질량수'라고 부른다.

그런데 중성자는 무엇 때문에 존재하는 것일까? 사실 중성자는 원자핵에 모여 있는 양성자가 서로 반발해서 뿔뿔이 흩어지지 않도록 잡아 주는 일종의 '풀' 같은 역할을 한다. 수소 원자는 양성자와 전자만 한 개씩 있는

그림 2-1

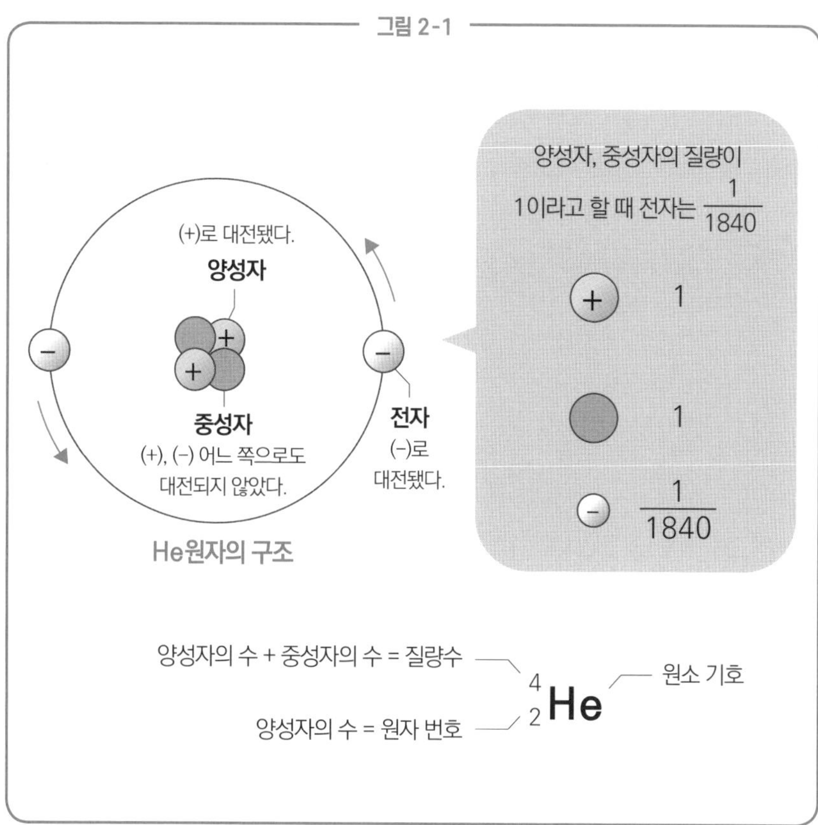

데, 이는 양성자가 1개뿐이라 반발이 일어나지 않기 때문에 중성자가 필요 없는 것이다. 양성자의 수가 늘어나면 (+)끼리 반발해 흩어지려는 힘도 커지기 때문에 중성자도 늘어난다(그림 2-2).

여러분은 유카와 히데키(湯川秀樹)라는 사람을 아는가? 일본인 최초로 노벨상을 받은 유명 물리학자다. 그런데 유카와 히데키는 무슨 공으로 노벨상을 받았을까? 이 질문에 '중간자 이론'이라고 대답할 수 있는 사람은 별로 없을 것이다. 그렇다면 '중간자 이론'이란 무엇일까? 하고 질문한다면 어떨까? 대부분 두 손 두 발 다 들리라. 사실은 양성자와 중성자가 이 '중간자'를 교환하기 때문에 원자핵이 뿔뿔이 흩어지지 않는다. 유카와 히데키는 중간자의 존재를 이론적으로 밝혀내 노벨상을 받았다.

그림 2-2

양성자끼리는 반발하기 때문에 흩어지지 않도록 풀 역할을 하는 중성자가 원자핵에 딱 붙어 있다.

우라늄 235는 중성자가 아주 많아도 양성자의 반발을 억제하지 못하고 원자핵이 흩어진다.

▼

이를 핵분열이라고 하는데, 그때 발생하는 열을 사용하는 것이 원자력 발전소다.

	탄소 $^{12}_{6}C$	칼슘 $^{40}_{20}Ca$	은 $^{108}_{47}Ag$	납 $^{207}_{82}Pb$	우라늄 $^{235}_{92}U$
양성자의 수	6	20	47	82	92
중성자의 수	6	20	61	125	143

기초 화학

같은 원소라도 무게가 다르다

◦ 동위 원소 ◦

양성자의 수가 같은, 그러니까 같은 원소인데도 중성자의 수가 달라서 질량수도 다른 원자가 존재한다. 이러한 원소를 동위 원소라고 부른다. 동위 원소가 어떤 역할을 하는지 살펴보자.

자연에 존재하는 탄소 원자는 대부분 양성자와 중성자를 6개씩 가진 ^{12}C이지만, 양성자 6개와 중성자 7개를 가진 ^{13}C도 약 1% 존재한다. 이처럼 원자 번호는 같아도 질량수가 다른 원자들을 서로의 동위 원소라고 부른다. 사실 탄소 중에는 ^{14}C라는 또 다른 동위 원소도 극히 드물게 있다(^{12}C 1조 개당 1개의 비율). 이 ^{14}C는 방사성 동위 원소라고 하는데, 시간이 지나면 중성자 1개가 양성자와 전자로 분열되어 ^{14}N으로 변화한다(질량수는 변하지 않지만, 양성자가 1개 늘어나기 때문에 원자 번호도 6번인 C에서 7번인 N으로 변화한다). 그대로 가면 ^{14}C는 점점 줄어들어 없어질 테지만, 대기 중에서는 우주선의 작용에 의해 ^{14}N이 ^{14}C로 변하는 반응이 늘 일어난다. 그 때문에 ^{14}C의 비율이 일정하게 유지된다(그림 3-1). ^{14}C는 CO_2 분자 형태로 존재하는데, 식물이 광합성을 할 때 흡수하고 그 식물을 동물이 먹기 때문에 생물의 몸속에는 대기 중과 똑같은 비율로 ^{14}C가 존재한다. 하지만 식물과 동물이 죽어 외부로부터 ^{14}C의 공급이 끊기면 생물 내부에 있던 ^{14}C는 점점 줄어든다. 이처럼 방사성 동위 원소가 줄어들어 처음 양의 절반이 될 때까지 걸리는 시간을 반감기라고 하는데, ^{14}C는 5,730년이다. 즉 유물 속 ^{14}C의 양을 조사해서 대기 중 ^{14}C의 양과 비교하면 그 동식물이 언제 죽었는지 추측할 수 있다. 이를테면 오래된 사찰의 기둥 속 ^{14}C의 양을 조사하면 그 기둥에 쓰인 나무가 언제 베어졌는지 알 수 있는 것이다.

산소의 동위 원소인 ^{16}O와 ^{18}O의 관계를 이용하면 과거 지구의 기온을 추정

그림 3-1

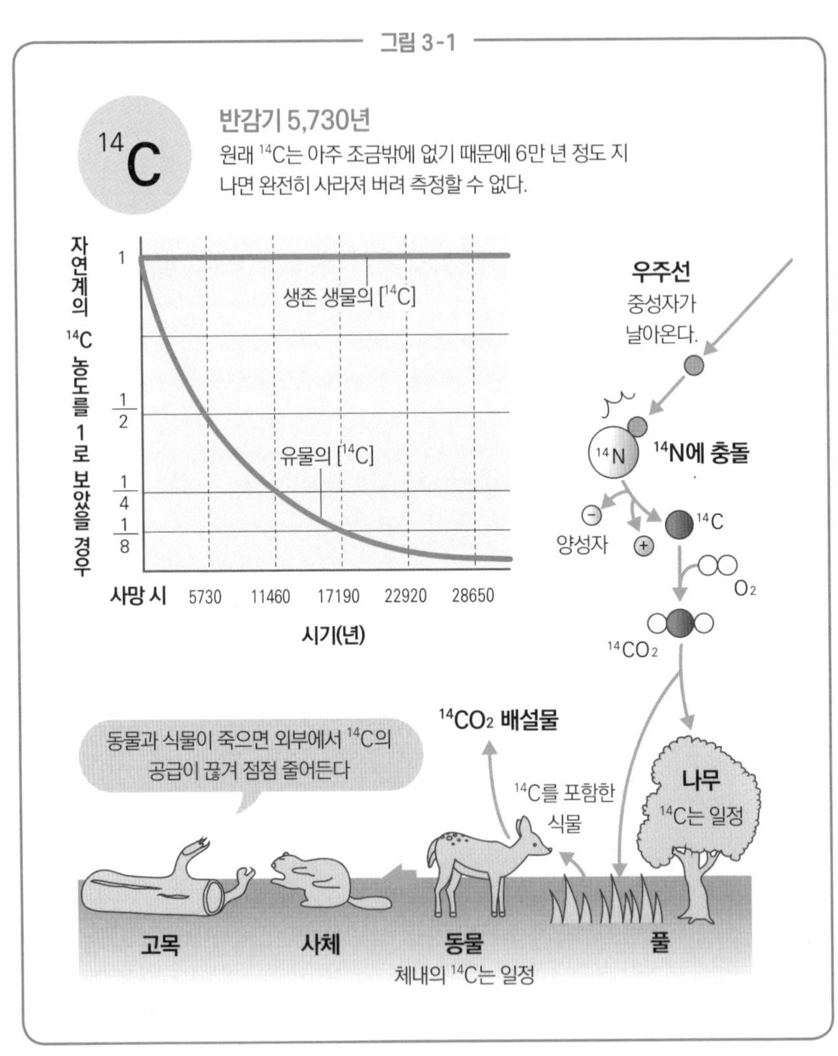

할 수 있다. 바다에는 대체로 ^{16}O가 있지만 ^{18}O도 아주 조금 있다. 지구 기온이 올라가면 바다에서는 가벼운 $H_2{}^{16}O$보다 무거운 $H_2{}^{18}O$가 증발하는 비율이 늘어나고, 이 수증기로 만들어지는 구름에서 $H_2{}^{18}O$를 듬뿍 포함한 무거운 눈이 내리게 된다. 남극 대륙에는 몇만 년이나 쌓인 눈이 얼어 빙하를 이루고 있는데, 이 얼음을 드릴로 파서 ^{16}O와 ^{18}O의 비율을 조사하면 지구의 과거 기온을 추정할 수 있다(그림 3-2).

그림 3-2

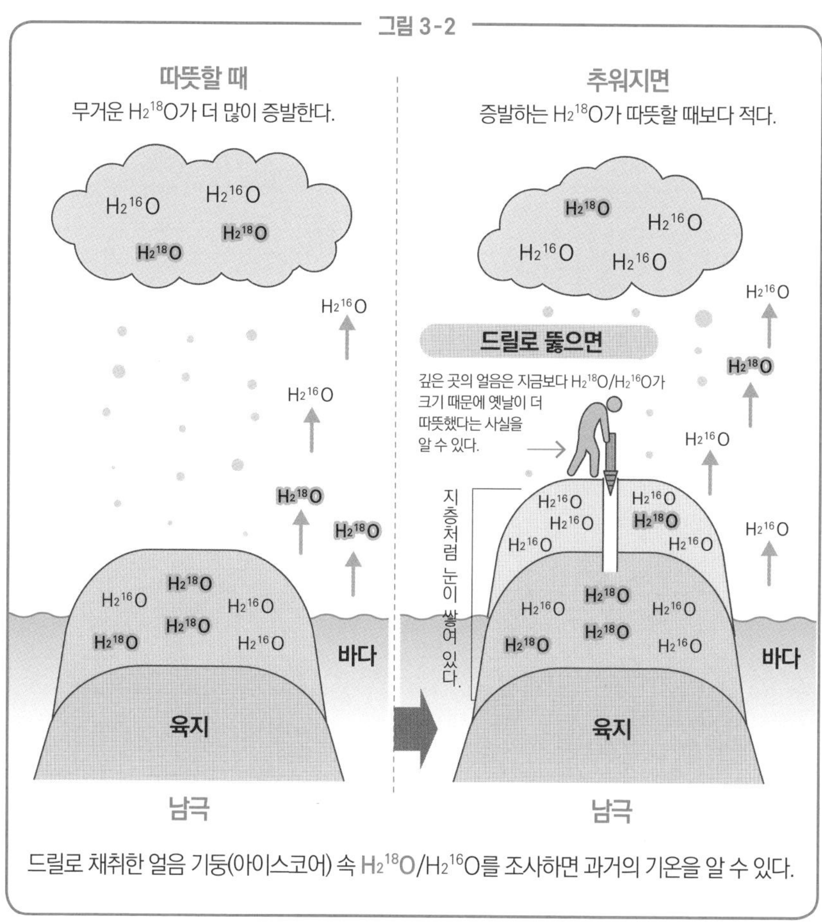

드릴로 채취한 얼음 기둥(아이스코어) 속 $H_2{}^{18}O/H_2{}^{16}O$를 조사하면 과거의 기온을 알 수 있다.

4

기초 화학

주기율표는 왜 가운데가 움푹 들어가 있을까

◦ 주기율표는 전자 배치를 나타낸다 ◦

주기율표(권두 참고)를 왼쪽 위의 원자 번호 1번 H부터 순서대로 살펴보면 2번인 He는 멀리 떨어진 제일 오른쪽 위에 있음을 알 수 있다. 이어서 Li, Be는 왼쪽에 있는데, 다시 중간이 빈 채 B, C, N…… 이렇게 이어진다. 이 기묘한 원소 나열법은 전자의 배치를 나타낸다.

원자 번호가 늘어나면 양성자와 전자도 늘어난다. C는 원자 번호가 6번이므로 양성자와 전자도 6개씩 가지고 있다. 양성자는 전부 원자핵에 있는 반면, 전자는 원자핵 주위에 어떤 식으로 배치되는지 이번에 살펴보려 한다. 전자는 (-)로 대전되어 원자핵에 있는 (+) 양성자에 끌리기 때문에 최대한 원자핵 가까이 가려고 한다. 하지만 6개의 전자가 전부 원자핵 가까이에 있을 수는 없다. 가장 가까이에 있을 수 있는 전자는 최대 2개로 정해져 있고, 나머지 전자 4개는 그 바깥쪽에 위치한다(그림 4-1).

전자가 있을 수 있는 장소를 전자껍질이라고 하며, 원자핵에 가까운 것부터 K, L, M… 하고 알파벳 순서대로 부른다. 각 껍질에 들어갈 수 있는 전자의 수는 2개, 8개, 18개… 등으로 정해져 있다. 이 전자껍질에 안쪽부터 순서대로 전자가 들어간다. 즉 C를 예로 들면 전자를 6개 가지고 있으므로 전자가 K껍질에 2개, L껍질에 4개 들어가는 것이다. 그 다음으로 O와 S는 전자가 어떻게 들어가는지 비교해 보자. O는 전자를 8개 가지므로 전자가

그림 4-1

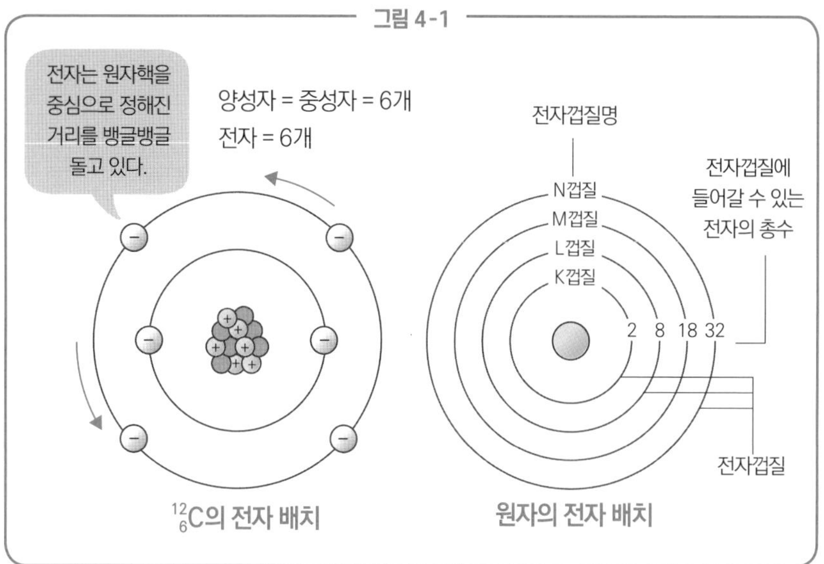

$^{12}_{6}C$의 전자 배치 원자의 전자 배치

K껍질에 2개, L껍질에 6개 들어간다. S는 전자를 16개 가지므로 K껍질에 2개, L껍질에 8개, M껍질에 6개 들어간다. 이 두 원자는 가장 바깥쪽 전자껍질에 들어간 전자(원자가 전자)의 수가 동일하다. 주기율표를 보면 O와 S는 똑같이 16족이라는 세로 줄에 위치하는데, 즉 16족에서 '6'이라는 숫자는 원자가 전자의 개수를 나타낸 것이다(그림 4-2).

이 원자가 전자의 수는 2장 이후에 나올 화학 결합을 살펴보는 데 아주 중요한 요소다.

그렇다면 칼륨 K는 어떨까(그림 4-3)? 원래 M껍질은 전자가 18개까지 들어가므로 제일 바깥인 M껍질에 9개째의 전자가 들어가서 19족이 되어야 한다. 하지만 K가 주기율표에서 어디에 위치해 있는지 살펴보면, 1족인 Na의 아래다. 즉 M껍질에는 전자 18개가 들어가지만 8개까지 넣고 나면 9개째부터는 더 바깥인 N껍질에 들어간다는 뜻이다. 마찬가지로 Ca의 20개째 전자 역시 N껍질에 들어간다.

그림 4-2 ● $_{1}$H부터 $_{18}$Ar까지 전자 배치

2 또는 8이 아니라, 0인 것에 주의

	1족	2족	13족	14족	15족	16족	17족	18족	
원자가 전자 수	1	2	3	4	5	6	7	0	
전자 배치	(1+) $_{1}$H							(2+) $_{1}$He	K껍질
	(3+) $_{3}$Li	(4+) $_{4}$Be	(5+) $_{5}$B	(6+) $_{6}$C	(7+) $_{7}$N	(8+) $_{8}$O	(9+) $_{9}$F	(10+) $_{10}$Ne	L껍질
	(11+) $_{11}$Na	(12+) $_{12}$Mg	(13+) $_{13}$Al	(14+) $_{14}$Si	(15+) $_{15}$P	(16+) $_{16}$S	(17+) $_{17}$Cl	(18+) $_{18}$Ar	M껍질

최외각

원자가 전자의 개수가 같은 원소끼리 같은 세로 열에 위치한다.

그림 4-3 ● $_{19}$K와 $_{20}$Ca의 전자 배치

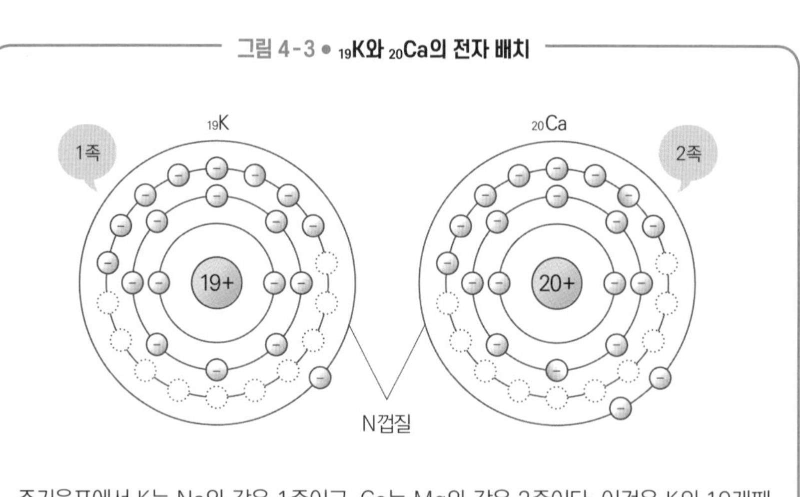

주기율표에서 K는 Na와 같은 1족이고, Ca는 Mg와 같은 2족이다. 이것은 K의 19개째 전자, Ca의 19개째와 20개째 전자가 M껍질에 빈자리가 있음에도 더 바깥에 있는 N껍질에 들어간다는 사실을 의미한다.

K와 Ca는 왜 더 바깥쪽인 N껍질에 전자가 들어갈까

◦ 란타넘족 원소와 악티늄족 원소가 주기율표에서 외떨어진 이유 ◦

4절 마지막에 K와 Ca의 전자 배치는 특수하다는 이야기를 했다. 그 이유가 무엇인지 살펴보자.

글만으로는 이해하기 어려울 수 있으므로 그림 5-1을 아래쪽부터 보면서 읽기 바란다. K껍질, L껍질, M껍질…… 등의 전자껍질은 다시 s오비탈(orbital, 궤도 함수), p오비탈, d오비탈, f오비탈 등 부껍질로 나눌 수 있는데, s오비탈에는 전자가 2개, p오비탈에는 2개×3이므로 6개, d오비탈에는 2개×5이므로 10개, f오비탈에는 2개×7이므로 14개가 들어간다. K껍질에는 전자가 2개 들어가는 1s오비탈만 있고, L껍질에는 전자가 2개 들어가는 2s오비탈과 6개 들어가는 2p오비탈이 있다. M껍질에는 전자가 2개 들어가는 3s오비탈과 6개 들어가는 3p오비탈, 그리고 10개 들어가는 3d오비탈이 있다. 이런 식으로 계속 이어진다. 각 오비탈은 같은 전자껍질이라 할지라도 위아래로 조금씩 틀어져 있다. 이런 상하 위치 차이는 안정성을 뜻한다. 즉 그림의 아래쪽에 위치한 오비탈일수록 원자핵에 가까워 안정적이다. 그래서 전자는 아래에 있는 오비탈부터 채워진다. 그림 5-1은 오비탈에 들어가는 전자의 순서를 숫자(원자 번호)로 나타낸 것이다. M껍질과 N껍질을 살펴보면 M껍질의 3d오비탈보다도 N껍질의 4s오비탈이 더 아래에 있음을 알 수 있다. 요컨대 전자는 3d오비탈에 들어가기 전에 더 안정적인 4s오비탈에 들어가는 것이다. 이처럼 4s오비탈에 먼저 들어가는 두 개의 전자가 K와 Ca의 N껍질에 들어가는 전자에 해당한다. 그 후에 전자는 다시 M껍질의 3d오비탈에 들어간다. 3d오비탈이 가득 차면 4p오비탈에 들어간다. 그래서 4p오비탈에 전자가 1개 들어간 Ga는 2p오비탈에 전자가 1개 들어간 B와 3p오비탈에 전자가 1개 들어간 Al과 같은 13족의 원소인 것이다.

이러한 규칙에 따라 주기율표를 보면서 원자 번호와 그림의 숫자를 대조해

그림 5-1

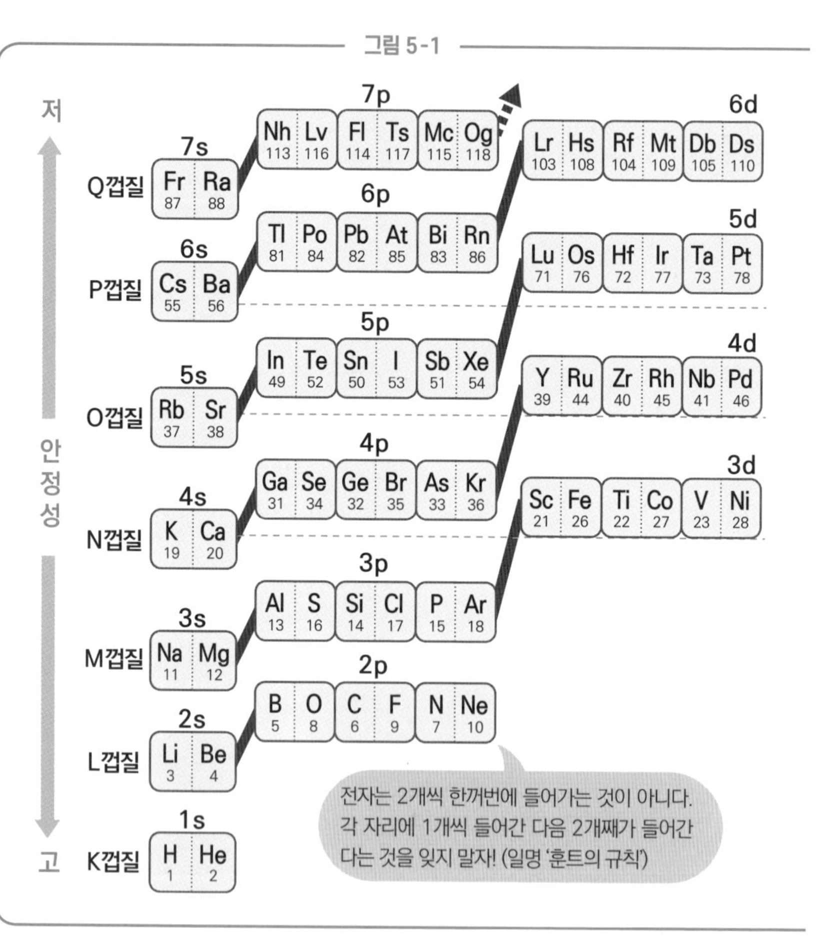

보자. 그러면 57번 란타넘 La의 57개째 전자는 4f오비탈에 들어감을 알 수 있다. 57~71번째의 원소는 란타넘족 원소라는 그룹에 속한다. 마찬가지로 89번인 악티늄 Ac의 89개째 전자는 5f오비탈에 들어간다. 89~103번의 원소는 악티늄족 원소라는 그룹에 속한다. 이렇게 부껍질까지 생각하면, 란타넘족 원소와 악티늄족 원소라는 두 개의 그룹이 주기율표에서 따로 떨어져 있는 이유를 이해할 수 있다.

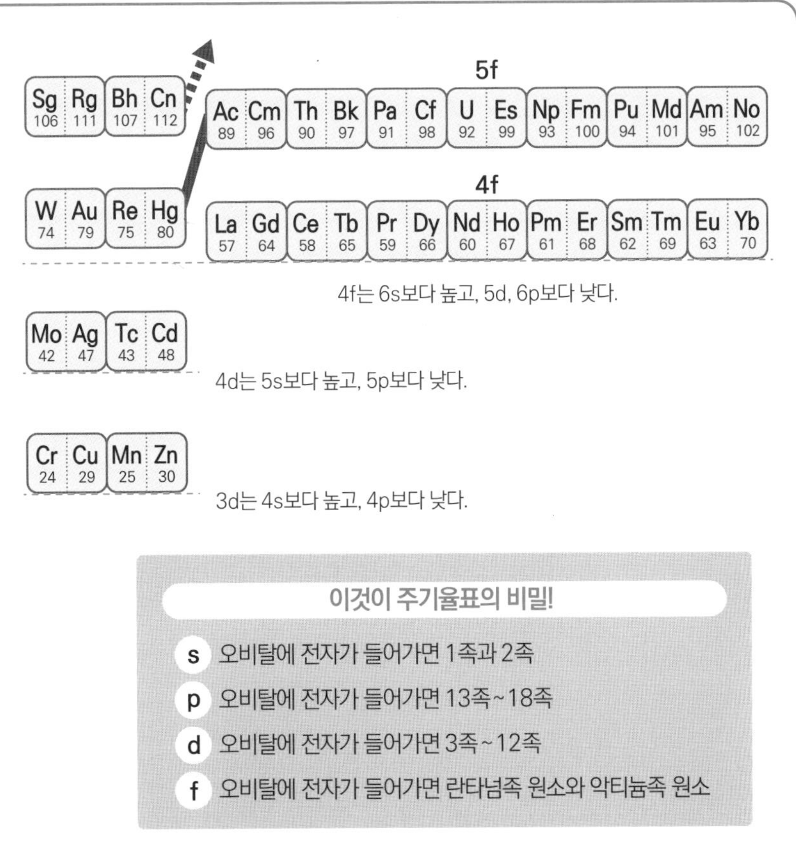

이온이 되는 원자와 되지 않는 원자의 차이는?

◦ 양이온과 음이온 ◦

'이온'이라는 단어는 흔히 들어 보았을 것이다. 이온에는 양이온과 음이온이 있는데, 어느 원소가 어떤 이온이 될지 미리 정해져 있다. 그 규칙의 비밀을 함께 풀어 보자.

설탕물과 식염수는 모두 무색투명한데, 어떤 실험을 해야 이 둘을 구별할 수 있을까? 물론 맛을 보면 알 수 있지만, 선생님이 누누이 주의를 주듯 실험할 때는 설령 음식물이더라도 입에 함부로 넣으면 안 된다.

정답은 전류가 통하는지 알아보는 것이다. 설탕물은 전류가 통하지 않는 반면, 식염수(염화나트륨 수용액)는 전류가 통한다. 염화나트륨처럼 물에 녹았을 때 전류를 흐르게 하는 물질을 전해질이라고 부른다. 설탕은 물에 녹아도 전류를 흐르게 하지 못하므로 비전해질이다.

전해질은 물에 녹았을 때 (+) 전하를 띠는 입자와 (-) 전하를 띠는 입자로 나뉜다. 이를 이온화라고 하는데, 전하를 가진 입자가 이동함으로써 전류가 흐르는 것이다. (+) 전하를 띤 입자를 양이온, (-) 전하를 띤 입자를 음이온이라고 부른다.

예를 들어 염화나트륨 NaCl은 물에 녹으면 Na^+라는 양이온과 Cl^-라는 음이온으로 이온화된다. Na^+는 '나트륨 이온'이라고 읽으며 원소 기호의 오른쪽 위에 작은 +를 붙인다. Cl^-는 '염화 이온'이라고 읽으며 원소 기호의 오른쪽 위에 작은 -를 붙인다. 염소가 이온이 되면 염소 이온이 아니라 염화 이온이라고 부른다는 것을 기억해야 한다(마찬가지로 산소의 이온 O^{2-}는 산화 이온, 황의 이온 S^{2-}는 황화 이온이라고 한다). 또 Na^{+}를 1가 양이온, Al^{3+}를 3가 양이온, O^{2-}를 2가 음이온이라고 부른다. 방출하거나 받아들인 전자의 개수를 반영해 ○가 ○이온이라고 부른다는 것도 기억해 두기 바란다.

그런데 왜 Na^{-}와 Cl^{+}는 될 수 없을까? 이온화란 원자가 전자를 방출하거나 받아들임으로써, 원자가 전자의 숫자가 안정적인 8개(K껍질에서만 안정적 숫자가 2개)가 되는 것이기 때문이다.

이렇게 안정적인 상태를 '채워진 껍질' 또는 '폐각'이라고 부른다. 어느 원

그림 6-1

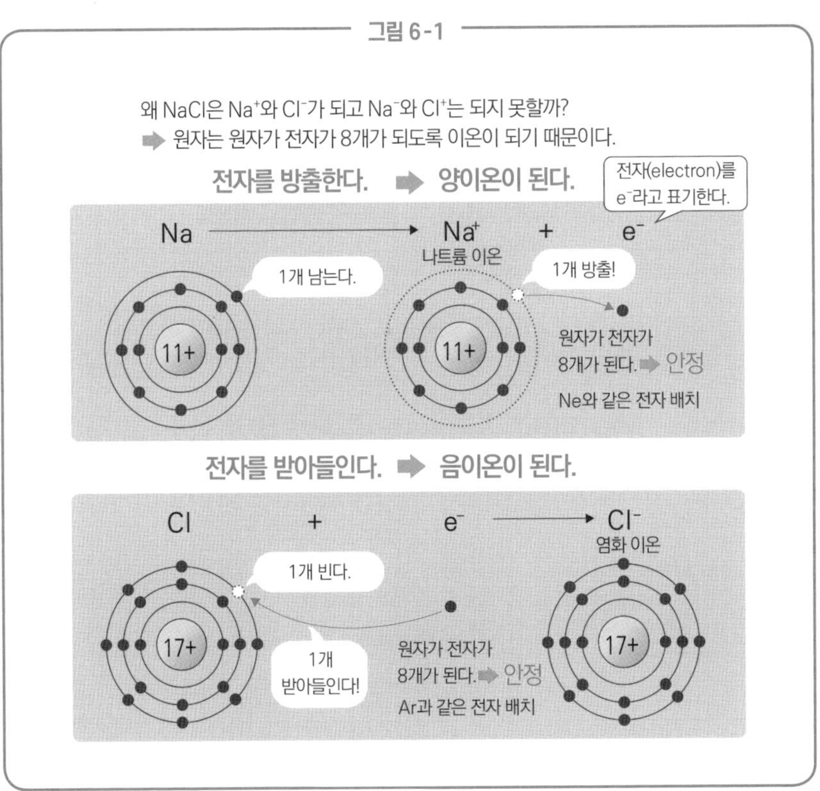

소가 어떤 이온이 되는지는 주기율표의 위치에 따라 결정된다. 주기율표의 세로 열(족)에는 최외각의 전자 배치가 같은 원소들이 나열되므로, 같은 족 원소(동족 원소라고 부른다)는 같은 종류의 이온이 된다.

마지막으로 이온의 크기에 대해 생각해 보자. 동족 이온은 이를테면 Li^+<Na^+<K^+처럼 주기율표에서 아래로 내려갈수록 바깥쪽 전자껍질을 쓰기 때문에 크기가 커진다. 그렇다면 같은 전자 배치인 이온, 이를테면 O^{2-}, F^-, Na^+, Mg^{2+}는 어떨까? 사실 전자 배치가 같아도 원자 번호가 커지면 양성자의 수가 늘어나 원자핵 쪽으로 전자가 끌려가기 때문에 이온의 크기는 O^{2-}>F^->Na^+>Mg^{2+}로 점점 작아진다.

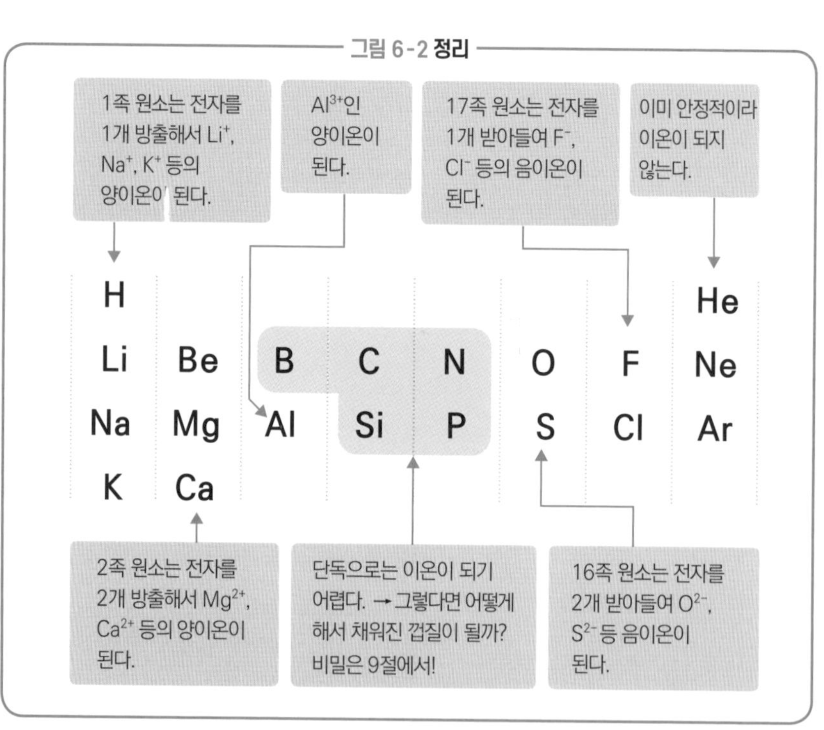

이온이 되기 쉬운 정도를 비교하는 두 가지 지표

◦ 이온화 에너지와 전자 친화도 ◦

어느 원소가 양이온이 되기 쉽고 어려운지는 이온화 에너지라는 척도를 이용하면 비교할 수 있다. 마찬가지로 어느 원소가 음이온이 되기 쉽고 어려운지는 전자 친화도라는 척도를 이용해 비교한다.

주기율표에서 왼쪽으로 갈수록 양이온이 되기 쉬운데, 동족 원소라도 양이온이 되기 쉬운 정도에는 차이가 있다. 이를테면 1족 원소는 아래로 내려갈수록 양이온이 되기 쉽다. '1가 양이온이 되기 쉬운 정도'를 비교하는 척도가 바로 이온화 에너지다. 이온화 에너지는 원자에서 전자 1개를 떼어 내고 1가 양이온이 되는 데 필요한 에너지라고 정의할 수 있다. 1족 원소는 모두 1가 양이온이 되기 쉽지만, 주기율표의 아래로 내려갈수록 떼어 낼 전자가 원자핵으로부터 멀어진다. 즉 전기적으로 원자핵과 서로를 끌어당기는 힘이 점점 약해지기 때문에 이온화 에너지 역시 점점 작아진다.

한편 음이온이 되기 쉬운 정도를 나타내는 척도로 전자 친화도가 있다. 전자 친화도는 원자가 전자 1개를 받아들여 1가 음이온이 될 때 방출하는 에너지다. 여기서 꼭 주의해야 하는 점은 이온화 에너지가 원자 속에 이미 있는 전자를 1개 떼어 낼 때 얼마나 강한 힘으로 끌어당겨야 하는지를 나타내는 데 비해 전자 친화도는 원자 근처에 있는 전자가 어느 정도의 세기로 원자에 달라붙는지를 나타낸다는 것이다.

그림 7-1 ● **이온화 에너지**

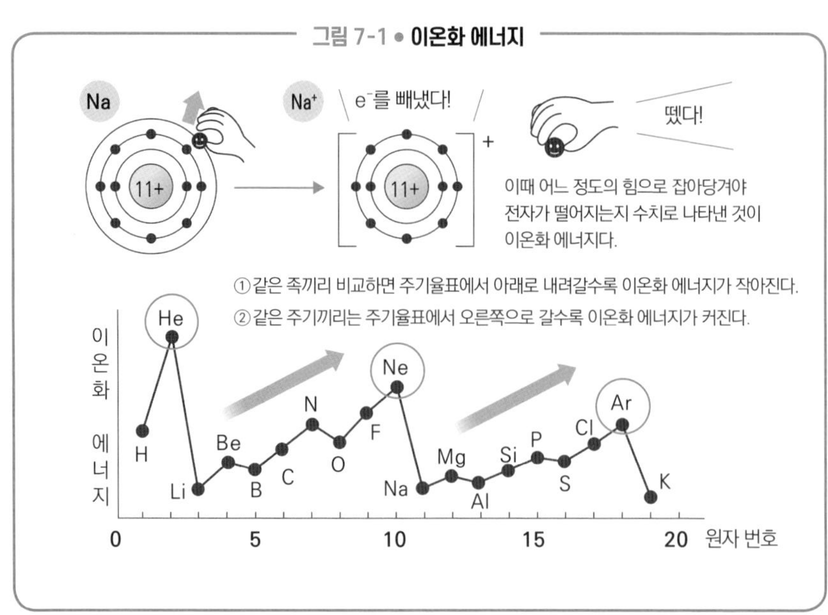

그림 7-2 ● **전자 친화도**

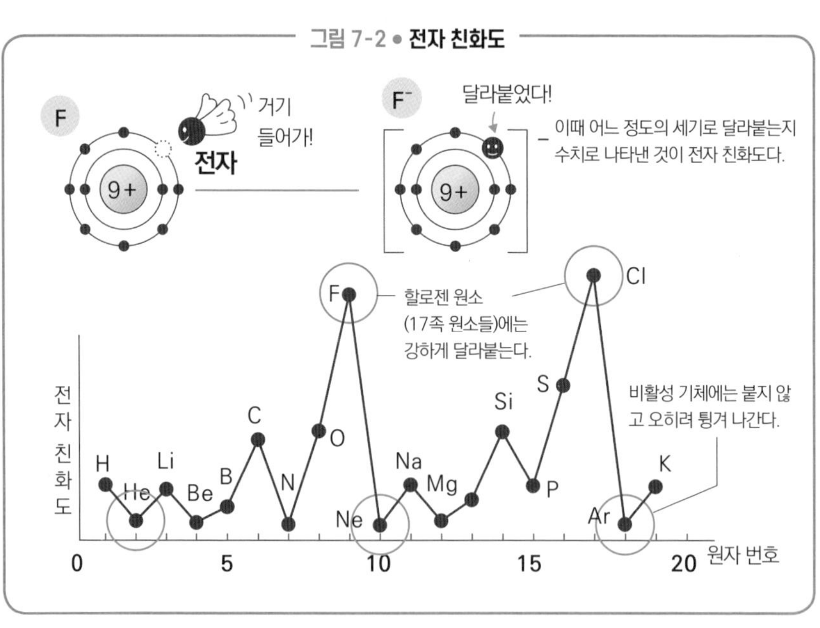

제 2 장

화학 결합

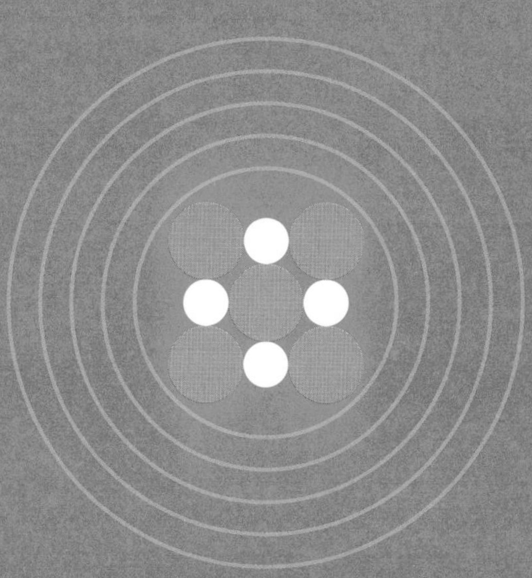

기초 화학

양이온과 음이온을 결합시키는 방법과 명명법

◦ 이온 결합 ◦

원자가 양이온이 되었을 때 방출되는 전자는 어디로 갈까? 사실 일상생활에서는 양이온이 방출한 전자를 받아들이는 음이온이 반드시 짝으로 존재한다. 양이온과 음이온의 결합을 이온 결합이라고 한다.

염화나트륨의 화학식은 NaCl이다. 이렇게 쓰면 나트륨 Na라는 원소와 염소 Cl이라는 원소가 결합해서 만들어졌다는 것을 한눈에 알 수 있다. Na는 Na^{+}라는 양이온, Cl은 Cl^{-}라는 음이온으로 되어 있는데, Na가 방출한 1개의 전자를 Cl이 받아들인 것이다. 이처럼 양이온과 음이온이 서로를 끌어당기는

그림 8-1

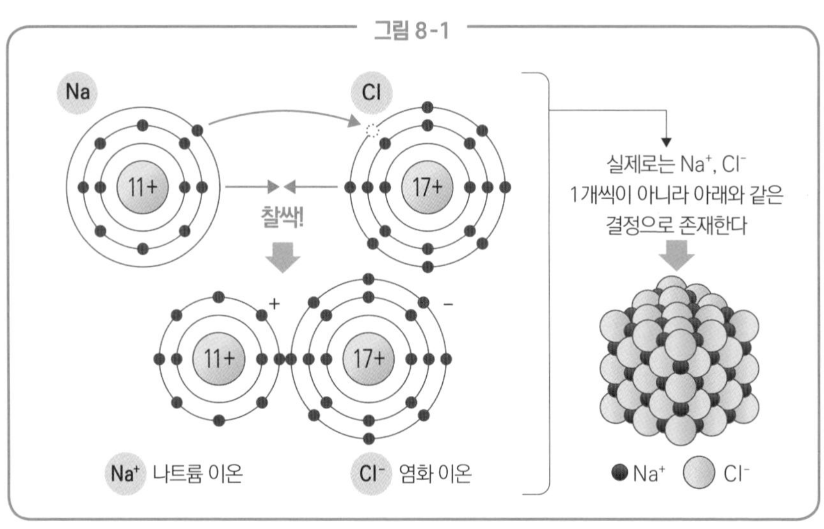

힘(이를 정전기적 인력이라고 한다)으로 결합하는 방식을 이온 결합이라고 부른다(그림 8-1).

이온 결합한 물질은 쓰는 방법과 읽는 방법이 정해져 있다. NaCl이라고 쓰고 염화나트륨이라고 읽듯이, 화학식은 양이온 → 음이온의 순서로 쓰고 읽을 때는 뒤에 있는 음이온 → 양이온 순서로 읽는다.

양이온과 음이온이 결합할 때 전하의 총합은 0, 즉 플러스와 마이너스가 합쳐져 0이 되도록 결합하기 때문에 양이온과 음이온이 결합하는 비율은 표 8-1처럼 오직 한 가지일 뿐이다.

이 화학식을 실험식이라고 한다. 이온에는 지금까지 나온 한 종류의 원자로 된 단원자 이온 외에도 여러 종류의 원자로 이루어진 다원자 이온이 있다. 다원자 이온 중에서 특히 중요한 다섯 개의 이온을 표 8-1의 왼쪽에 적었으니 기억해 두기 바란다.

표 8-1 • 이온 결합의 방법과 읽는 법

다원자 이온

몇 가지 원자가 결합해 이온이 된다.

NH_4^+ 암모늄 이온	OH^- 수산화 이온
SO_4^{2-} 황산 이온	NO_3^- 질산 이온
CO_3^{2-} 탄산 이온	이 다섯 가지는 자주 나온다.

음이온 / 양이온	Cl^- 염화 이온	OH^- 수산화 이온	O^{2-} 산화 이온	CO_3^{2-} 탄산 이온
Na^+ 나트륨 이온	$NaCl$ 염화 나트륨	$NaOH$ 수산화 나트륨	Na_2O 산화 나트륨	Na_2CO_3 탄산 나트륨
Mg^{2+} 마그네슘 이온	$MgCl_2$ 염화 마그네슘	$Mg(OH)_2$ 수산화 마그네슘	MgO 산화 마그네슘	$MgCO_3$ 탄산 마그네슘
Al^{3+} 알루미늄 이온	$AlCl_3$ 염화 알루미늄	$Al(OH)_3$ 수산화 알루미늄	Al_2O_3 산화 알루미늄	$Al_2(CO_3)_3$ 탄산 알루미늄

9

기초 화학

이온이 되지 않고도 안정적이려면?

◦ 공유 결합 ◦

탄소 C는 최외각 L껍질에 전자를 4개 가지고 있다. 즉 전자를 4개 꺼내고 4가 양이온이 되기도, 전자 4개를 받아들여 4가 음이온이 되기도 힘들다. 그렇다면 원자 C는 어떤 방법을 써서 채워진 껍질이 될까?

원자는 여러 가지 방법을 써서 안정적인 '채워진 껍질'이 되려고 한다. 그 방법 중 하나가 이온 결합이었다. 하지만 수소와 질소는 H_2나 N_2 같은 분자의 형태로 존재한다. 이런 분자는 양이온과 음이온이 결합했다고 설명할 수 없다. 사실 H_2나 N_2 등의 분자는 전자를 '공유하는' 방법으로 채워진 껍질이 된다.

그림 9-1을 보자. H_2는 서로 1개씩 전자를 공유해 채워진 껍질이 된다. N_2는 어떠한가? N원자는 최외각에 전자를 5개 가지고 있다. 채워진 껍질이 되려면 전자가 3개 더 있어야 한다. 그래서 옆에 N원자를 하나 더 가져와서 5개의 원자가 전자 중 3개를 공유하면 각각 8개씩 가진 채워진 껍질이 되어 안정된다. 전자를 공유하므로 두 원자는 더 이상 떨어질 수 없다(즉 결합한다). 이것이 공유 결합에 기본적인 대한 설명이다.

공유 결합을 더 쉽게 이해하려면 '전자식'을 쓰는 게 효과적이다. 전자식이란 공유 결합에 영향을 주는 원자가 전자만 원소 기호 주변에 점으로 표시한 것이다. 전자식을 쓰면 다양한 분자를 간단히 표기할 수 있어서 공유한 전자쌍(이를 공유 전자쌍이라고 부른다)과 공유하지 않은 전자쌍(이를

그림 9-1

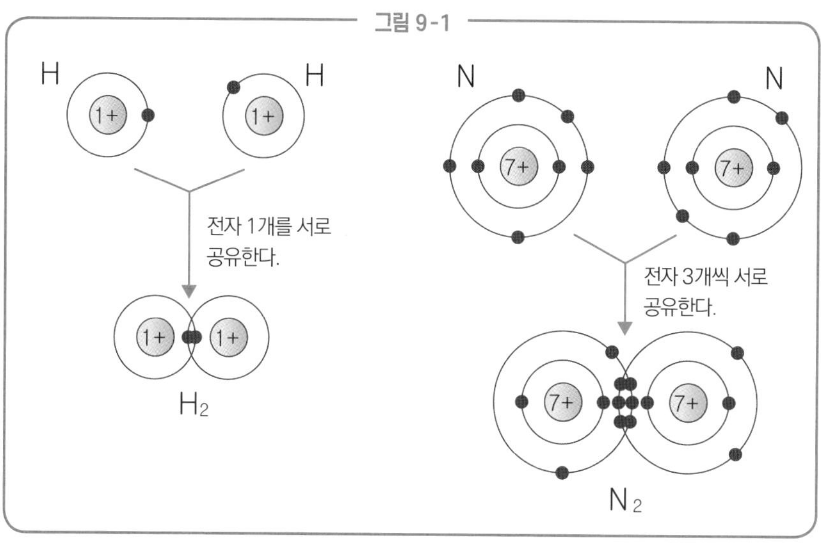

그림 9-2 ● **전자식**

결합에 관여하는 것은 원자가 전자뿐이다.
8개면 안정적이므로 최대 8개의 전자를 쓸 수 있으면 된다.

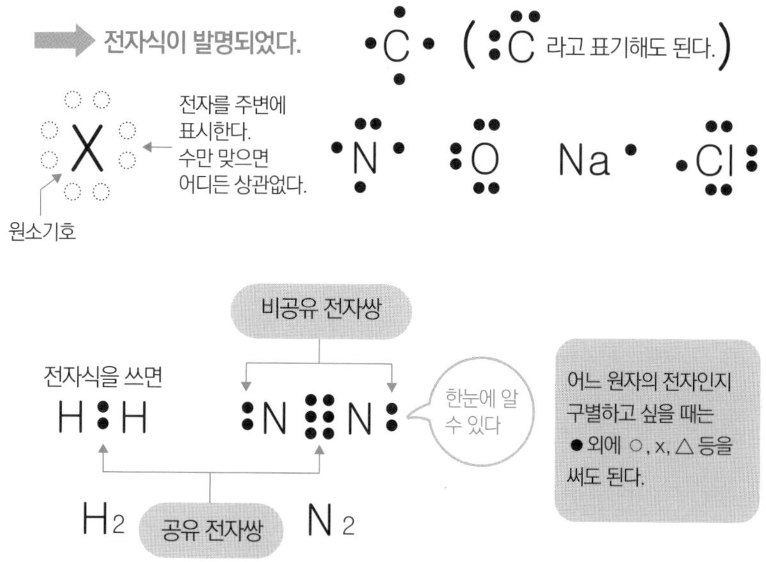

➡ **전자식이 발명되었다.**

·C· (:C 라고 표기해도 된다.)

X — 전자를 주변에 표시한다. 수만 맞으면 어디든 상관없다.

원소기호

N O Na Cl

비공유 전자쌍

전자식을 쓰면

H:H :N⋮⋮N:

한눈에 알 수 있다

H_2 공유 전자쌍 N_2

어느 원자의 전자인지 구별하고 싶을 때는 ● 외에 ○, x, △ 등을 써도 된다.

비공유 전자쌍이라고 부른다)도 한눈에 알 수 있다.

전자식을 더욱 간략화한 것이 구조식이다. 애초부터 결합에 관여하지 않는 비공유 전자쌍은 쓰지 않아도 되는 경우가 많으니 생략하고, 공유 전자쌍 한 쌍을 선 한 줄로 표시한 것이 구조식이다.

표 9-1

분자식	Cl_2	NH_3	CH_4	O_2	H_2O	CO_2
전자식	 :Cl:Cl:	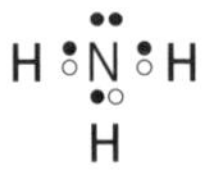 H:N:H H	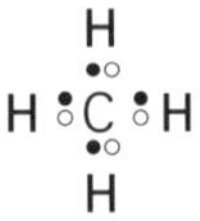 H H:C:H H	 O::O	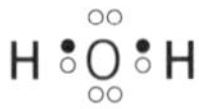 H:O:H	 O::C::O
구조식	Cl—Cl	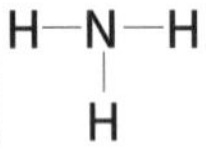 H—N—H H	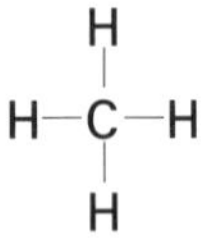 H H—C—H H	O=O	H—O—H	O=C=O

공유 결합과 이온 결합, 어떻게 구별할까

◦ 전기 음성도와 분자의 극성 ◦

NaCl은 이온 결합으로 이루어진 이온 결정, Cl_2는 공유 결합으로 이루어진 분자다. 그렇다면 HCl에서 H와 Cl의 결합은 이온 결합일까? 아니면 공유 결합일까? 결합 방식을 어떻게 구별하는지 알아보자.

HCl은 기체이므로 이온 결정(결정은 당연히 고체)이 아니라 분자다. 분자이므로 H와 Cl의 결합은 공유 결합이다. 이 이유를 전자식을 써서 생각해 보자. 수소 H의 원자가 전자를 ●로 표시하고, Na의 원자가 전자를 ○, 염소 Cl의 원자가 전자를 ▲로 표시한 전자식을 써서 NaCl, Cl_2, HCl의 결합 양상을 나타낸 것이 그림 10-1이다.

HCl의 결합에 쓰이는 전자가 공유 전자쌍임을 알 수 있다. 다만 Cl_2는 공유 전자쌍이 원자 2개의 중간에 있는 반면 HCl은 공유 전자쌍이 Cl 쪽으로 많이 치우쳐 있다. 이는 H원자가 전자를 1개 방출해도 H^+로 안정적이고 전자를 1개 받아들여도 채워진 껍질로 안정적인 반면, Cl원자는 전자 1개를 더 받아야 채워진 껍질이 될 수 있기 때문이다. 그래서 Cl원자가 공유 전자쌍을 더 강하게 끌어당긴다. 이렇게 공유 전자쌍을 끌어당기는 힘을 수치화한 것이 전기 음성도다(그림 10-2).

전기 음성도는 주기율표에서 오른쪽으로 갈수록, 그리고 위로 갈수록 커진다. 다만 공유 결합을 하지 않는 18족의 비활성 기체는 전기 음

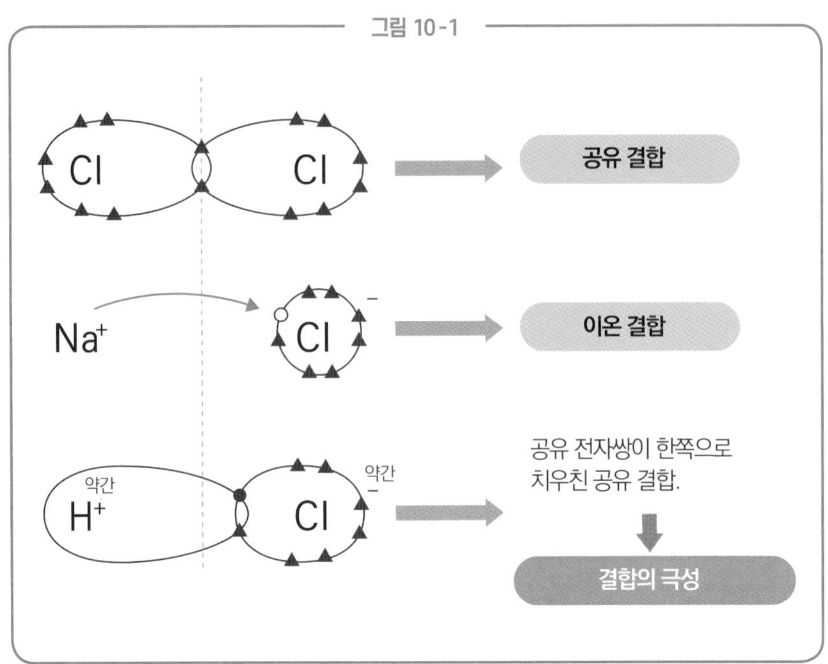

성도를 정의할 수 없으므로, 전기 음성도가 가장 큰 것은 4.0인 플루오린(불소) F다. 동족 원소의 전기 음성도가 주기율표 위로 갈수록 커지는 이유는 최외각전자가 원자핵에 더 가까워서 원자핵의 (+) 전하가 끌어당기는 힘이 강하기 때문이다.

다른 원자끼리 공유 결합을 하면 공유 전자쌍은 전기 음성도가 큰 쪽으로 치우쳐서 존재하고, 두 원자는 공유 전자쌍을 끌어당기는 쪽이 약간 (-), 끌려가는 쪽이 약간 (+)로 대전된다. 이를 원소 기호에 δ-, δ+를 붙여 표기한다(δ는 '델타'라고 읽으며 '조금'이라는 의미다). 또한 '결합의 극성' 또는 '극성 결합'이라고 말한다. 극성이 있는 공유 결합 중에 극성이 엄청나게 큰 것이 이온 결합이다.

그림 9-1 ● 전기 음성도와 분자의 극성

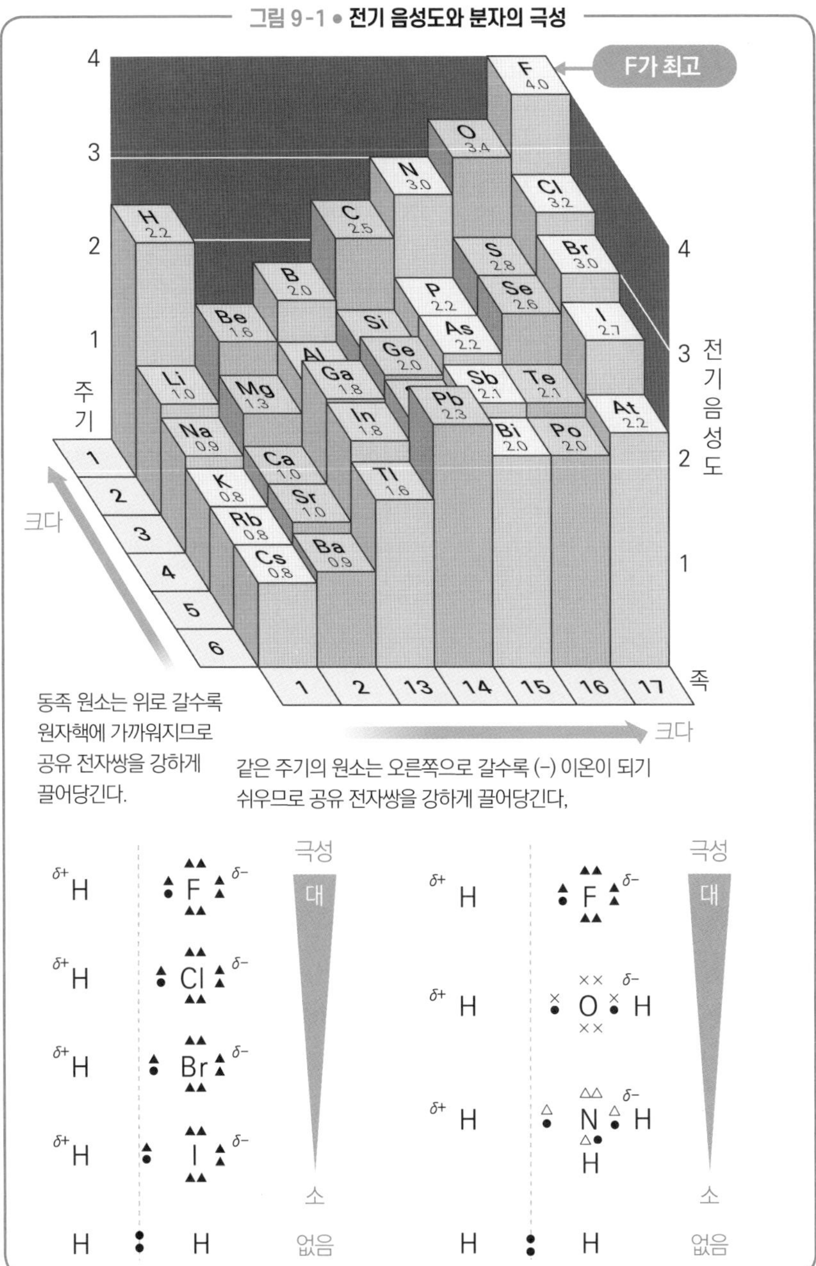

기초 화학

분자의 극성 유무는 결합뿐 아니라 전체 형태를 봐야 한다!

◦ 분자의 형태와 극성 ◦

이산화탄소 CO_2의 C=O 결합에는 극성이 있지만, 분자 전체는 무극성이다. 메테인 CH_4의 C−H 결합에도 극성이 있지만, 분자 전체는 역시 무극성이다. "무슨 말인지 도통 모르겠다." 하는 사람도, 분자의 형태를 3차원적으로 생각하면 이해할 수 있을 것이다.

C원자와 O원자의 전기 음성도를 비교하면 O원자가 크기 때문에 이산화탄소 CO_2의 C=O 결합에는 극성이 있고, 공유 전자쌍은 O원자 쪽으로 치우쳐 있다. 줄다리기에 비유하면 O원자가 줄을 당기는 힘이 더 강하다는 뜻이다. 하지만 CO_2라는 분자 전체를 보면 C원자가 중심에 있고, 양쪽에서 O원자가 끌어당기는 구도다(그림 11-1).

즉 분자 전체의 극성은 0이어서 무극성 분자가 된다. 마찬가지로 메테인 CH_4 역시 C원자와 H원자의 전기 음성도를 비교하면 C원자가 약간 더 크기 때문에 CH_4의 C-H 결합에는 극성이 있다. 하지만 CH_4라는 분자 전체를 보면 C원자가 중심에 있고 정사면체의 네 꼭짓점에 있는 H원자가 대칭을 이루기 때문에 역시 무극성 분자다.

그렇다면 H_2O는 어떨까? O-H 결합에는 극성이 있지만, 전체적으로 보면 CO_2와 마찬가지로 무극성 분자가 될 것 같다. 하지만 H_2O는 극성 분자다. 사실 H_2O의 형태는 CO_2와 같은 직선형이 아니고, 굽어 있다. O원자 주위에는

그림 11-1 ● 분자의 형태와 극성

$\overset{\delta-}{O} = \overset{\delta+}{C} = \overset{\delta-}{O}$

전기 음성도

H < C < N < O

소 대

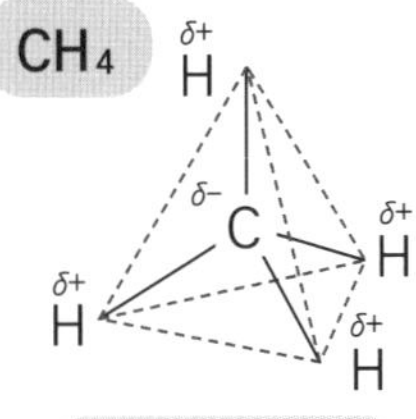

직선형

C=O 부분만 보면 O 쪽으로 공유 전자쌍이 치우쳐 있다.

▼

양쪽에서 정반대로 끌어당기기 때문에 분자 전체로 보면 무극성 분자가 된다.

정사면체형

C-H 부분만 보면 C 쪽으로 공유 전자쌍이 치우쳐 있다.

▼

정사면체의 네 꼭짓점이 중심 쪽으로 끌리고 있기 때문에 분자 전체는 무극성 분자가 된다.

굽은형

언뜻 보기에는 CO_2와 마찬가지로 무극성 같지만, 비공유 전자쌍 2쌍까지 생각하면 O를 중심으로 한 정사면체다. 즉 굽은형으로 존재한다.

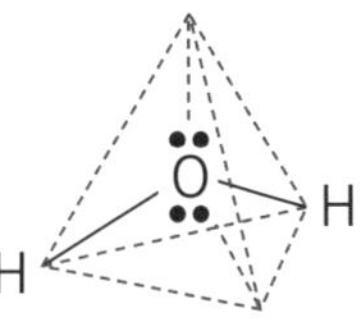

피라미드형

언뜻 보기에는 CH_4와 마찬가지로 무극성 같지만, 비공유 전자쌍 1쌍까지 생각하면 N을 중심으로 한 정사면체다. 즉 피라미드형으로 존재한다.

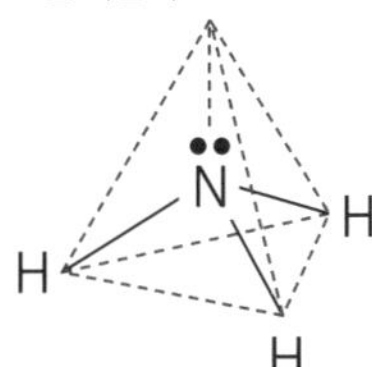

H원자와 공유 결합한 공유 전자쌍 2쌍 외에도 비공유 전자쌍이 2쌍 있다. 이 4쌍의 전자쌍이 서로 반발하기 때문에 H_2O 전체의 형태는 굽은형이 되는 것이다. 마찬가지로 암모니아는 삼각뿔형이다. 이처럼 분자의 극성을 고려하려면 분자의 형태를 3차원적으로 생각할 필요가 있다.

12

기초 화학

금속에 전기가 통하는 이유도 '결합'으로 설명할 수 있다!

◦ 금속 결합 ◦

금속에는 ① 광택을 띤다 ② 전기와 열의 도체이다 ③ 두드려 펼치거나(전성) 늘릴 수 있다(연성)라는 세 가지 특징이 있다. 이 성질은 금속 결합의 메커니즘을 알면 이해할 수 있다.

이온 결합은 Fe, Mg, Na 등 양이온이 되기 쉬운 금속 원소와 Cl, F, O 등 음이온이 되기 쉬운 비금속 원소가 붙는 것이다. 또 H_2, Cl_2, CH_4 등 분자의 결합 양식인 공유 결합은 비금속 원소끼리 이루어진다. 그렇다면 Fe, Mg, Na 등 하나의 원소 기호로 나타내는 금속은 원자가 어떤 결합을 하고 있을까?

사실 금속 원자끼리는 '금속 결합'이라는 제3의 방식으로 결합하고 있다. 금속 결합은 각 금속 원자의 원자가 전자를 모든 원자들이 공유하는 방식이다.

최외각에 있는 전자는 금속 속의 모든 원자를 자유롭게 이동할 수 있기 때문에 자유 전자라고 부른다. 자유 전자가 움직이면서 전기와 열을 옮기기 때문에 금속이 전기와 열이 통하는 도체가 되는 것이다. 금속광택이 있는 것 역시 자유 전자 덕분이다. 자유 전자는 이름처럼 자유롭게 움직이기 위해 다양한 에너지를 가지고 있다. 금속에 닿은 빛에도 다양한 파장이 있고 각각 에너지가 있는데, 빛이 자유 전자에 튕겨 나가면서 금속이 반짝반짝 빛나는 것이다.

또 금속의 중요한 성질로는 철사처럼 얇고 길게 늘어날 수 있는 점(연성)과

금박이나 알루미늄 포일처럼 얇게 펼칠 수 있는 점(전성)이 있다. 금속을 두드려도 반으로 갈라지거나 깨지지 않는 이유는 자유 전자가 금속 원자 사이를 자유롭게 돌아다니기 때문이다. 금속을 두드려서 원자 상호의 위치가 어긋나도 자유 전자는 곧장 그 금속 원자의 원자핵을 감싸는 식으로 이동한다. 이는 전자가 고정되어 있는 공유 결합과 이온 결합에는 없는 특징이다.

그림 12-1 • **금속 결합**

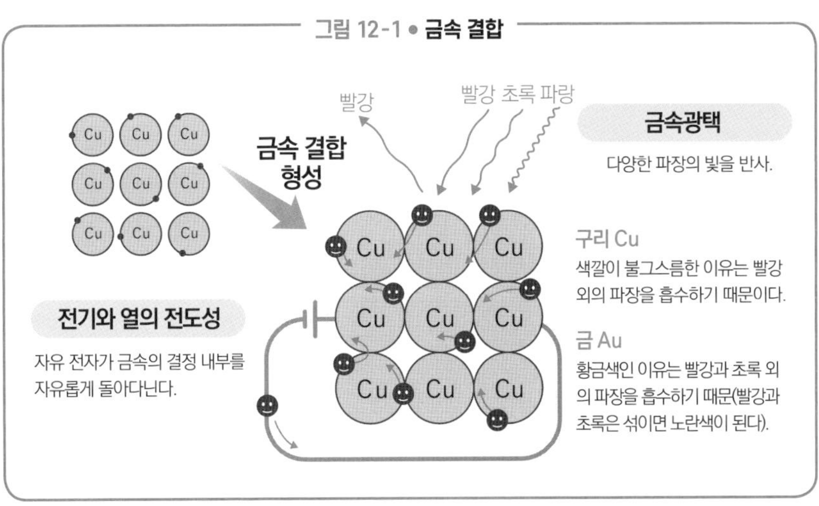

그림 12-2 • **금속의 전성과 연성**

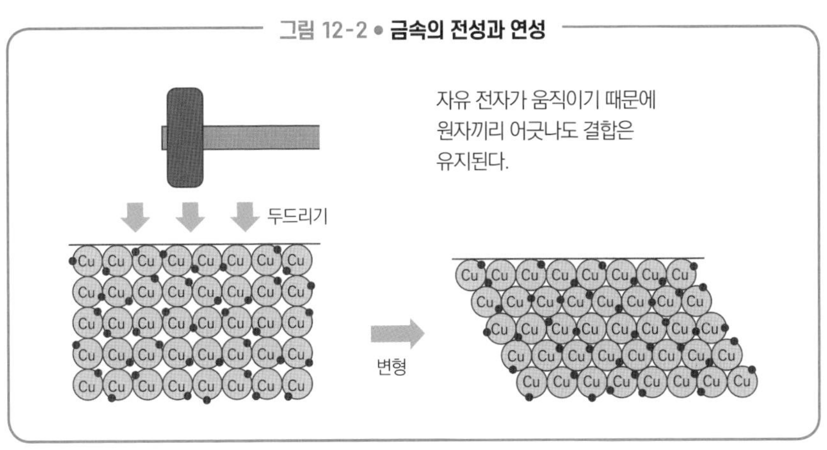

기초 화학

이것을 알면 화학 박사!

◦ 배위 결합, 수소 결합 ◦

배위 결합은 공유 결합의 특수한 형태이고, 수소 결합은 전자를 1개 가진 수소 원자만 할 수 있는 고유의 결합이다.

암모늄 이온 NH_4^+라는 다원자 이온이 있다. 암모니아 NH_3에 수소 이온 H^+가 결합한 이온인데, 이 결합에서 암모니아의 질소 원자는 수소 이온에 비공유 전자쌍을 일방적으로 제공한다. 이처럼 결합한 원자 사이에서 한쪽 원자가 다른 쪽 원자로부터 비공유 전자쌍을 받아, 이것을 양쪽 원자가 서로 공유하는 결합을 배위 결합이라고 부른다. 배위 결합은 일반적인 공유 결합과 생성 방법은 다르지만, 생성되고 나면 공유 결합과 같아진다. 따라서 암모늄 이온이 생긴 후 4개의 N-H 결합 가운데 무엇이 배위 결합인지는

그림 13-1 ● **배위 결합**

배위 결합을 쓰면 H_2SO_4, HNO_3도 전자식으로 표현할 수 있다.

암모니아 + 수소 이온 → 암모늄 이온

물 + 수소 이온 → 하이드로늄 이온

배위 결합은 화살표로 표시할 수도 있다.

구별할 수 없다. 그래서 [ ]를 써서 표시한다.

수소 원자가 전기 음성도가 큰 원자(일반적으로는 플루오린 F, 산소 O, 질소 N까지 세 종류를 FON(폰)이라고 기억한다)와 공유 결합을 했을 때는 수소 결합이라는 고유의 결합이 된다. 이때 H원자는 공유 전자쌍이 전기 음성도가 큰 원자 쪽으로 끌려가면서 H^+에 가까운 상태가 된다. 수소 원자가 다른 원자와 다른 점은 전자를 잃으면 원자핵만 존재하는 무척 가벼운 상태가 된다는 것이다. H_2O의 끓는점이 높은 이유는 수소 결합한 H원자가 옆에 있는 H_2O 분자 중 O원자의 비공유 전자쌍에도 끌려가기 때문이다. 물은 분자끼리 서로 강하게 끌어당겨서 분자가 뿔뿔이 흩어지는 기체 상태가 되기 어려운 것이다. 그래서 H_2O의 끓는점이 높다. F, O, N에 H가 결합한 H_2O, HF, NH_3는 수소 결합 덕분에 모두 끓는점이 눈에 띄게 높다.

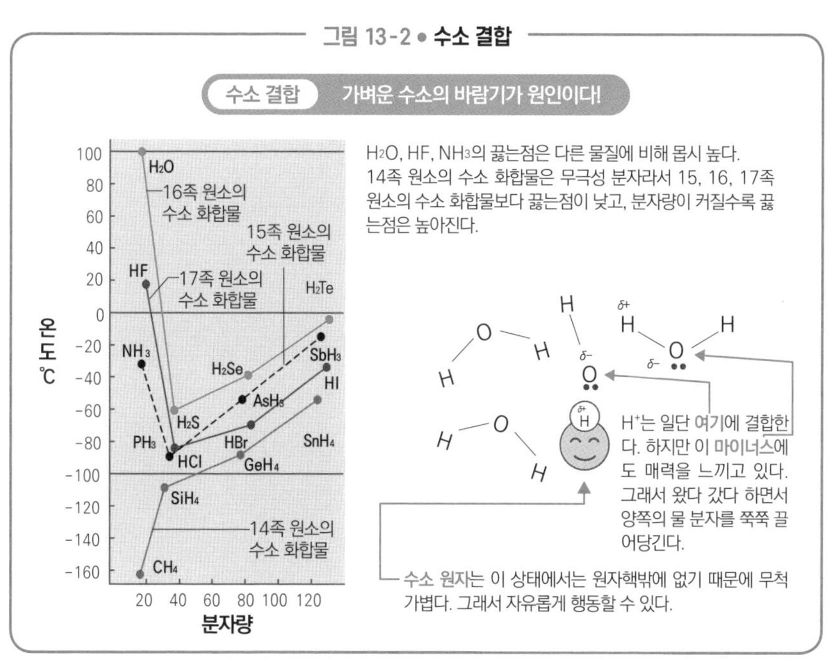

그림 13-2 • 수소 결합

14

기초 화학

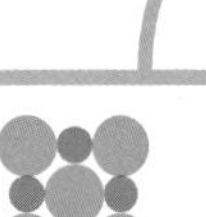

결합 총정리, 다시 확인하는 여러 가지 결합의 차이

◦ 결합 방식에 따른 물질의 분류 ◦

지금까지 많은 결합을 알아보았다. 이 세상에 존재하는 결정은 구성 원자의 결합 종류에 따라 4가지로 분류할 수 있다.

주기율표의 원소를 금속 원소와 비금속 원소로 나눈 다음, 각 조합으로 만들어지는 결정에 대해 생각해 보자.

우선 비금속 원소끼리 결합해서 생성되는 것은 분자 결정이다. 고체 분자를 분자 결정이라고 부르는데, CO_2의 고체인 드라이아이스가 대표적인 예다. 무극성 분자의 분자 결정은 분자끼리 무척 약한 힘(분자 사이에 서로 끌어당기는 힘이어서 말 그대로 '분자 간 힘'이라고 부른다)으로 서로 끌어당기고 있어서, 액체나 고체로 만들려면 분자의 열운동을 억제하기 위해 온도를 낮춰야 한다. 다만 극성 분자는 전하가 한쪽으로 많이 치우칠수록 이온 결합에 가까워지기 때문에 녹는점과 끓는점이 높다.

비금속 원소끼리 결합해서 생기는 또 다른 형태로는 원자 결정이 있다. 예를 들어 석영 SiO_2는 화학식으로 쓰면 CO_2와 비슷하지만, 드라이아이스가 CO_2의 덩어리 집합체인 반면 SiO_2는 Si-O의 공유 결합이 그물처럼 고체 전체에 퍼져 있다는 점이 다르다. 그래서 녹는점과 끓는점도 무척 높고 결정은 단단하며 전기가 통하지 않는다(흑연은 예외다). 석영 외에 다이아몬드도 그렇다.

그리고 금속 원소와 비금속 원소가 이온 결합해서 생기는 이온 결정이 있다. 양이온, 음이온이 강하게 이어져 있기 때문에 이온끼리 움직일 수 있는 상태인 액체가 되려면 높은 온도가 필요하다. 또 결정은 단단하면서도 깨지기 쉬운데, 방향성을 가지고 깨지는 것이 특징이다. 고체일 때는 전기가 통하지 않지만, 고온에서 녹아 액체가 되거나 물에 녹은 수용액 상태가 되면 이온이 움직일 수 있게 되어 전기가 통한다.

마지막으로 금속 원소끼리 결합해서 생기는 금속 결정이 있다. 상온에서 액체인 수은부터 금속 중 녹는점의 온도가 가장 높은 텅스텐(3,422℃)까지 녹는점, 끓는점, 결정의 강도가 다양하다. 전기와 열이 잘 통하고 연성과 전성이 있으며, 금속광택이 있는 것이 특징이다.

표 14-1 ● 결합 방식에 따른 물질의 분류

결정의 종류		분자 결정	원자 결정	이온 결정	금속 결정
결합의 종류		분자 내: 공유 결합 분자 사이: 분자 간 힘	공유 결합	이온 결합	금속 결합
구성 원소		비금속-비금속	비금속	금속-비금속	금속-금속
성질	녹는점	승화하기 쉬운 것이 많다.	무척 높다.	정전기적 인력 때문에 무척 높다.	높은 것이 많다. Hg 처럼 낮은 것도 있다.
	기계적 성질	연하고 잘 깨진다.	무척 단단하다	단단하지만 때리면 정해진 면으로 깨진다.	연성·전성이 있다.
	전도성	없다.	없다. (예외: 흑연)	없다. (융해액, 수용액에서는 양이온과 음이온이 자유롭게 움직일 수 있어서 전도성이 있다.)	있다.
	물에 대한 용해도	잘 녹지 않는다.	녹지 않는다.	잘 녹는 것이 많다.	녹지 않는다.
물질의 예		드라이아이스 CO_2, 자당 $C_{12}H_{22}O_{11}$	다이아몬드 C, 이산화규소 SiO_2	염화나트륨 NaCl, 황산칼륨 K_2SO_4	철 Fe, 구리 Cu

CO_2

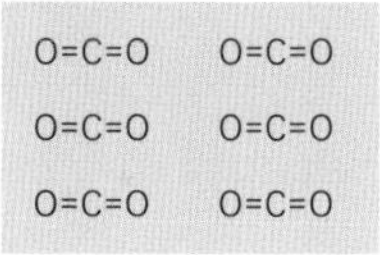

```
O=C=O   O=C=O
O=C=O   O=C=O
O=C=O   O=C=O
```

SiO_2

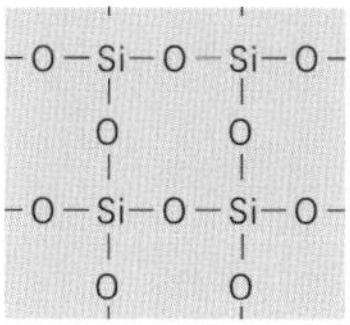

```
  |        |
-O-Si-O-Si-O-
    |      |
    O      O
    |      |
-O-Si-O-Si-O-
    |      |
    O      O
    |      |
```

화학식이 비슷해도
결합 모양은 전혀 다르다.

기초 화학

고체의 구조를 미시적 관점에서 보면

◦ 금속 결정과 이온 결정의 구조 ◦

금속 결정과 이온 결정은 구 모양의 원자와 이온이 쌓여서 이루어졌다고 볼 수 있다. 어떻게 쌓이는지 생각해 보자.

금속 결정 속에서 구 모양으로 존재하는 원자는 어떻게 점점 쌓일까? 원자가 제일 꽉 찬 구조는 면심입방구조와 육방밀집구조다(그림 15-1). 1개의 원자가 12개의 원자와 접해 있는데(이를 배위수라고 부른다), 단위 구조 속에서 입자가 차지하는 부피의 비율인 충진율은 74%다. 그 밖에도 결정 구조에는 체심입방구조라는 것도 있다. 이 구조는 1개의 원자가 8개의 원자와 접해 있고, 충진율은 68%로 조금 적다. 어떤 구조를 취할지는 금속에 따라 다른데 철처럼 911℃를 넘으면 체심입방구조에서 면심입방구조로 변하는 경우도 있다. 결정의 최소 구조인 단위 구조에 들어가는 원자의 개수를 구하라거나 단위 격자 한 변의 길이로부터 원자의 반지름을 구하라는 문제도 간혹 출제된다. 예제로 알루미늄 Al의 밀도 2.7g/cm^{3}를 이용해서 알루미늄 원자의 반지름을 구해 보자.

Al의 원자량은 27이므로, Al원자 1개의 질량은 원자량을 아보가드로수(아보가드로수는 16절에서 설명한다)로 나눈 값인 $27/(6.0\times10^{23})=4.5\times10^{-23}$(g)이 된다. 밀도는 단위 구조의 질량/단위 구조의 부피인데, Al의 원자 반지름을 r이라고 할 때 단위 구조 한 변의 길이는 $2\sqrt{2}\,r$(cm)이므로, $(4.5\times10^{-23}\times4)/$

그림 15-1 • 금속 결정의 구조

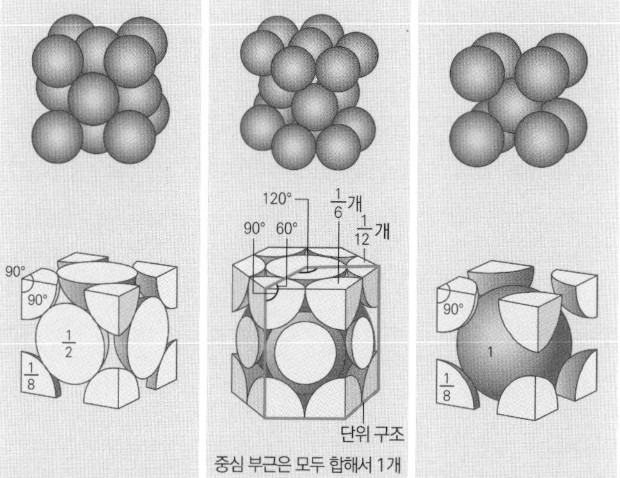

	면심입방구조	육방밀집구조	체심입방구조
		120°, 90°, 60°, $\frac{1}{6}$개, $\frac{1}{12}$개, 단위 구조 중심 부근은 모두 합해서 1개	
단위 구조 속에 포함된 원자의 개수	$\frac{1}{2}$(면)×6 + $\frac{1}{8}$(꼭짓점)×8 =3+1=4	1(중심 부근) + $\left(\frac{1}{12}+\frac{1}{6}\right)$(꼭짓점)× 4 =1+1=2	1(중심) + $\frac{1}{8}$(꼭짓점) ×8 =1+1=2
금속의 예	Al, Cu, Ag	Mg, Zn	Na, K, Fe
배위수	12	12	8
충진율	74%	74%	68%

원자 반지름 r과 단위 구조 한 변의 길이 a의 관계

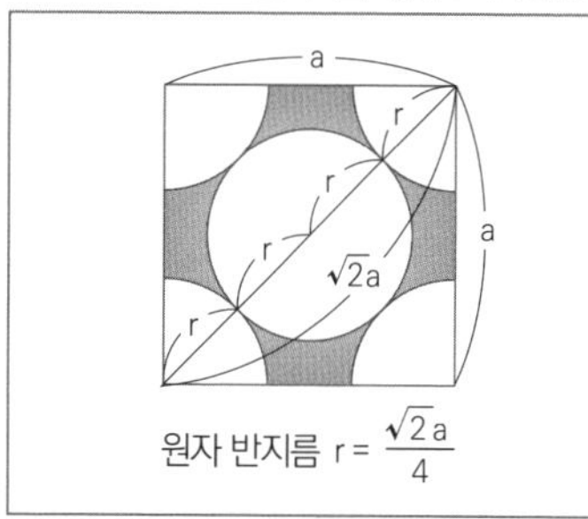

원자 반지름 r = $\frac{\sqrt{2}a}{4}$

면심입방구조

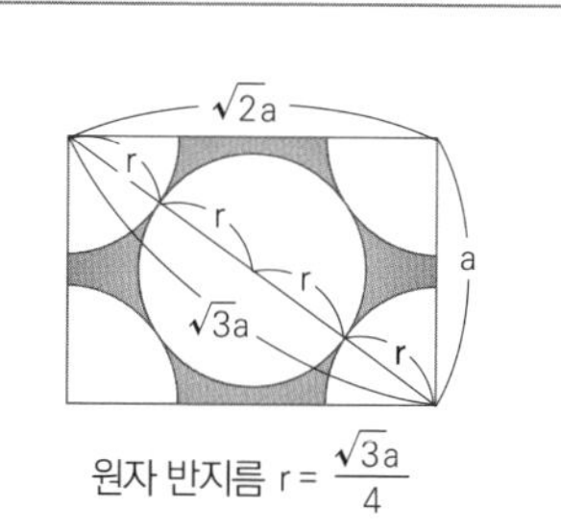

원자 반지름 r = $\frac{\sqrt{3}a}{4}$

체심입방구조

$(2\sqrt{2}r)^3 = 2.7$이다. 이 식을 풀면 $r = 1.43 \times 10^{-8}$(cm). 즉 결정 구조를 안다면 밀도만 조사해서 원자의 반지름을 알아낼 수 있다.

그렇다면 이온 결정의 경우는 어떻게 생각해야 좋을까? 양이온:음이온 = 1:1인 이온 결정은 그림 15-2와 같이 염화세슘 CsCl형 그리고 염화나트륨 NaCl형으로 두 종류가 있다. NaCl형은 어느 한쪽의 이온에 주목해서 보면 면심입방구조와 같은 구조임을 알 수 있다. Cl^-의 틈새에 Na^+가 끼어든 것처럼 보이지 않는가? 이온 결정은 더욱 많은 다른 부호의 이온에 둘러싸여야 안정적이므로, 8배위 CsCl형을 취하려고 하는데, 양이온과 음이온의 크기에 차이가 있을 때에는 CsCl형이 불안정해지기 때문에(CsCl형 구조인 단위 구조에서 Cs^+가 작다고 생각해 보자. 그러면 Cl^-끼리 접해 버린다는 것을 쉽게 알 수 있다), NaCl형 구조가 되기 쉽다.

그림 15-2 • **이온 결정의 구조**

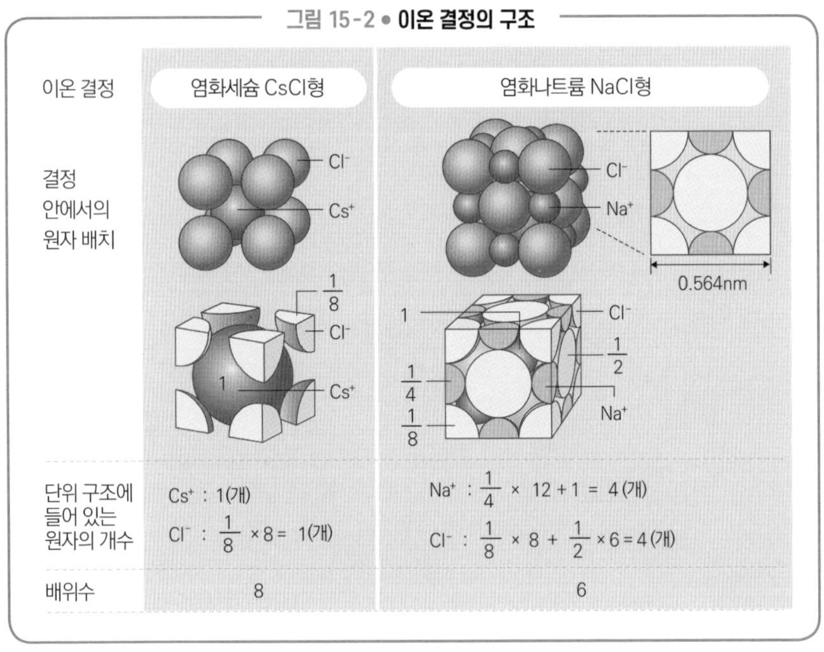

제 3 장

몰과 화학 반응식

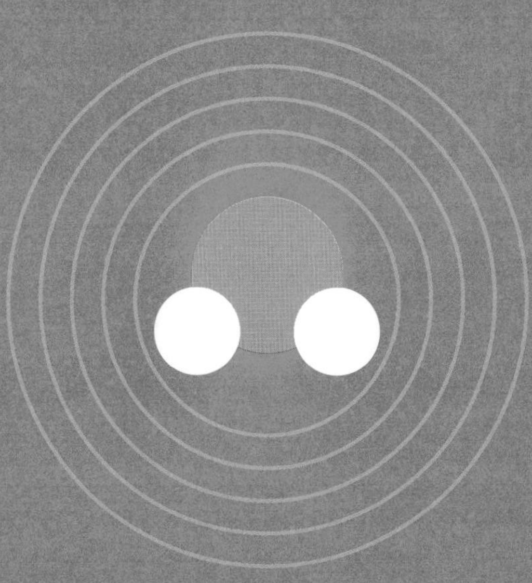

기초 화학

몰을 알면 화학이 보인다

◦ 원자량과 아보가드로수 ◦

하나의 원자는 눈에 보이지 않을 만큼 작아서 질량을 하나씩 측정하기란 불가능하다. 그렇다면 원자의 질량은 어떤 방법으로 잴 수 있을까?

원자량

원자는 무척 가볍기 때문에 질량을 하나씩 측정하기란 불가능하다. 이를테면 질량수 12인 탄소 원자는 1.9926×10^{-23}g으로 어마어마하게 가볍다! 그래서 ^{12}C원자 하나의 질량을 12로 하고, 다른 원자의 질량을 상대적으로 나타내고 있다. 이것이 바로 상대 원자 질량이다. 상대 원자 질량을 쓰면 ^{1}H원자는 1, ^{16}O원자는 16으로 나타낼 수 있다. 상대적인 값이므로 단위는 아니다. 하지만 실제로는 원자의 질량을 나타낼 때 주기율표에서 원소 기호 위에 붙는 숫자인 '원자량'을 사용한다. 주기율표를 확인해 보자. H와 O 외의 원소는 이 원자량이 정수가 아니다. 예를 들어 탄소 원자 C의 원자량은 12.01이다. 그 이유는 무엇일까?

사실 3절에서 소개했듯 대부분의 원소는 동위 원소가 존재한다. 탄소 C는 전체 중 98.9%가 ^{12}C라는 원자인데, 그 외에도 동위 원소 ^{13}C가 1.1% 포함되어 있다. 그래서 전체적으로는 $(12 \times 0.989) + (13 \times 0.011) = 12.011$이라는 원자량이 되는 것이다. 이것이 원자량이 정수가 아닌 이유다(그림 16-1).

그림 16-1

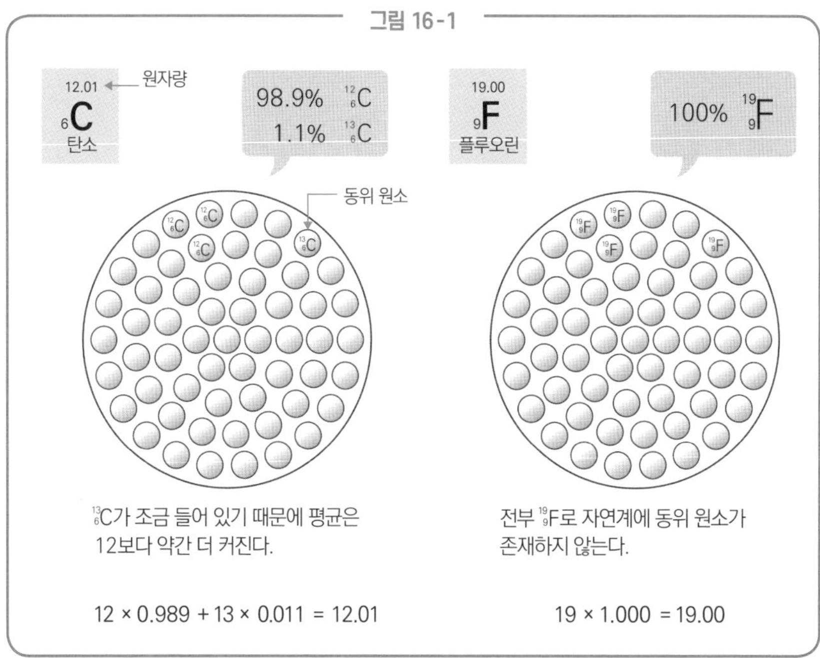

아보가드로수 6.02×10^{23}

원자는 무척 작으므로 어느 정도의 덩어리로 다루는 것이 편하다. 기왕이면 ^{12}C의 상대 원자 질량 12에 그대로 질량 단위 g을 붙여서 쓸 수 있을 만큼 모으면 더욱 편리할 것이다. 그래서 이 탄소 ^{12}C를 몇 개 모으면 12g이 되는지 계산해 보면 12(g) ÷ (1.9926×10^{-23})(g/개) = 6.02×10^{23}(개)이 된다. 이 6.02×10^{23}이 아보가드로수다. 원자 하나를 6.02×10^{23}개 모으면 원자량에 g 단위를 붙여 질량으로 다룰 수 있다.

6.02×10^{23}개 모은 것을 몰이라고 부르며, 단위는 mol(몰)을 써서 1mol이라고 표기한다. 같은 물건 12개를 모으면 1다스라고 하듯이, 화학의 세계에서는 같은 것을 아보가드로수(6.02×10^{23})만큼 모으면 1mol이라고 하는 것이다.

기초 화학

원자량, 화학식량, 분자량을 올바르게 구분하는 방법

◦ 몰 취급 설명서 ◦

여러분은 '몰'에 대해 잘 아는가? 분명 "음, 대충은 알 것 같은데." 하는 사람이 대부분 아닐까? 그런데 몰은 화학에서 무척 중요한 개념이므로, 조금만 더 노력해서 잘 익혀 보자.

16절에서는 아보가드로수만큼 모은 원자 덩어리를 1mol이라고 정의하고, 원자를 1mol 모으면 원자량과 같은 질량(g)이 된다고 설명했다. 이와 마찬가지로 CO_2, O_2 등의 분자를 1mol 모았을 때의 질량을 나타내는 분자량도 원자량의 합으로 구할 수 있다.

이를테면 CO_2의 분자량이 44(=C의 원자량 12+O의 원자량 16×2)라고 하면 곧 CO_2 1mol이 44g이라는 뜻이다. 분자의 경우는 분자량이라고 하는데, 이온 결합한 이온 결정과 이온 자체, 금속 등은 분자가 아니므로 분자량 대신 화학식량이라고 부른다. 그런데 화학식량이라고 이름이 바뀌어도 원자량의 합이 1mol의 질량을 나타내는 것은 똑같다. 예를 들어 탄산 이온 CO_3^{2-}의 화학식량은 C의 원자량 12+(O의 원자량 16×3)=60이 된다. 탄산 이온에 전자가 2개 붙어 있는 것은 무시하는데, 전자의 질량이 원자의 질량에 비해 무척 작기 때문이다. 또 금속, 이를테면 구리 Cu 같은 경우 원자량 63.5를 그대로 화학식량으로 삼는다.

그러면 부피와 관계는 어떨까? 액체나 고체는 물질에 따라 1mol의 부피가 달라지지만, 기체는 모든 물질이 1mol의 부피가 22.4L로 정해져 있다. 기체는 입자가 공간을 날아다니기 때문에 입자 사이의 결합과 상호 작용을 무시할 수 있고, 입자의 크기 역시 공간의 크기에 비해 무척 작아서 무시할 수 있다. 그래서 기체는 종류에 상관없이 1mol의 부피가 22.4L인 것이다. 다만 기체는 온도와 압력에 따라 부피가 달라지기 때문에 0℃, 1기압인 표준 상태에서 1mol의 부피가 22.4L라는 것에 주의하자.

그림 17-1

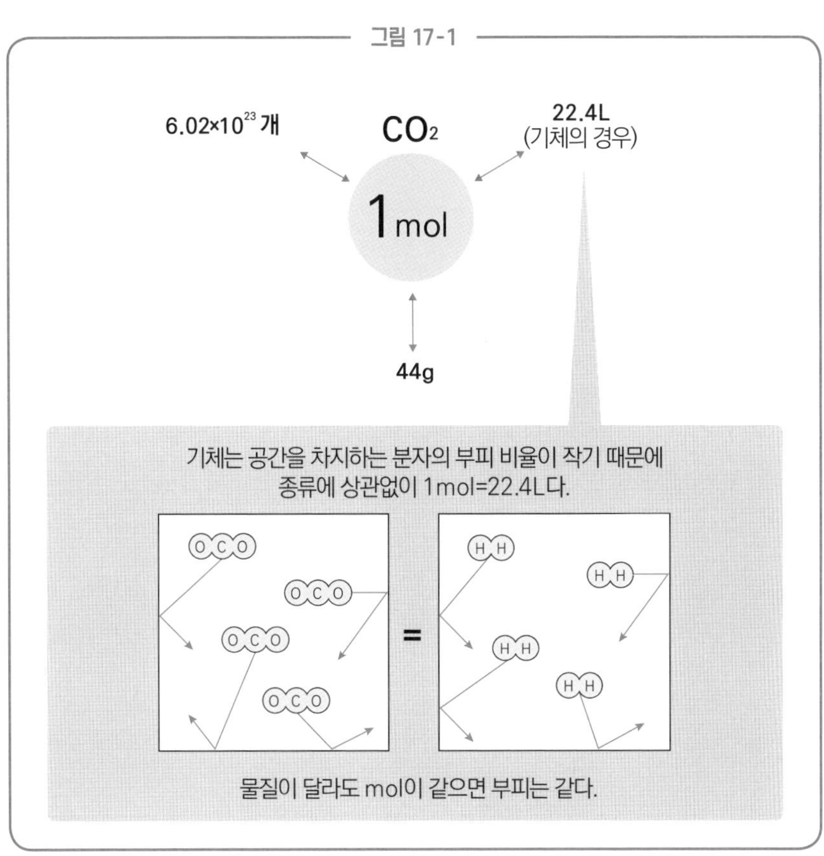

기초 화학

화학 반응을 화학식으로 나타내기

◦ 화학 반응식 만드는 방법 ◦

'수소가 연소해서 물이 되었다.'라는 문장은 각 나라마다 다른 언어로 표현하겠지만, $2H_2+O_2 \rightarrow 2H_2O$라는 화학식을 써서 나타낸 화학 반응식이라면 세계 어느 나라에서나 통한다.

'수소를 연소시키면 산소와 반응해서 물이 생긴다.' 이 문장을 화학 반응식으로 나타내 보자(그림 18-1).

화학 반응식이란 화학 반응을 화학식으로 나타낸 것을 말한다. 앞선 문장의 경우는 반응 전 물질이 수소와 산소, 반응 후 물질이 물이므로 각각 화학식으로 나타내고 사이를 →로 잇는다. 그런 후 좌변과 우변의 원자 개수를 비교한다. 좌변은 H원자와 O원자가 2개씩, 우변은 H원자 2개에 O원자가 1개다. 원자 개수가 맞지 않으므로 맞춰야 할 필요가 있는데, 화학식 속 숫자에 손을 대서는 안 된다. 예를 들어 O_2를 O로 바꾸거나 H_2O를 H_2O_2로 바꾸면 양변의 원자 개수는 맞지만, 이렇게 하면 산소와 물의 화학식이 아니게 된다. 그래서 '계수'를 붙여 양변의 원자 개수를 맞춘다. 이 화학 반응식에서는 H_2O 앞에 계수 2를 붙인다. 계수 2는 H_2O가 2개 있다는 것을 뜻하므로, H원자는 4개, O원자는 2개 있는 것이다. 그런 다음 좌변의 H_2에도 계수 2를 붙여 원자의 개수를 맞추면 완성이다.

"화학 반응식에서 생성물을 전부 암기해야 하나요?" 하는 질문을 자주 받는데 그렇지 않다. '연소한다'라는 말은 '산소와 반응한다'라는 의미다. 산소와 반응하면 반응물 속의 H원자는 H_2O, C원자는 CO_2, 금속 원자는 산화물이 된다. 이 원칙을 알면 메테인 CH_4나 에탄올 C_2H_5OH가 연소해도 CO_2와 H_2O 밖에 생기지 않는다는 것을 바로 알 수 있기 때문에 계수만 맞추면 화학 반응식을 완성할 수 있다.

화학 반응식의 또 다른 유형은 반응물을 각각 양이온과 음이온으로 분리한 다음 상대를 바꾸어 재조합하는 것이다. 대표적인 예가 염산과 수산화나트륨 수용액의 중화 반응이다.

그림 18-1

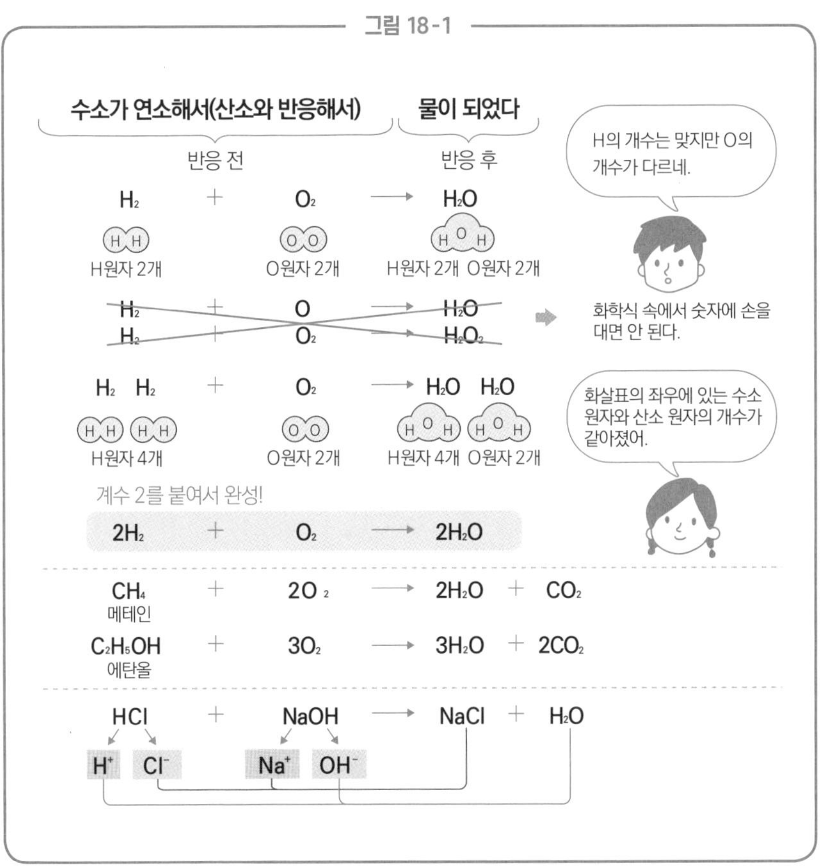

기초 화학

화학 반응식을 배우면 어디에 도움이 될까

◦ 화학 반응의 양적 관계 ◦

화학 반응식을 쓰면 어떤 점이 편리할까? 실제로 반응물을 몇 g 반응시키면 생성물을 몇 g 얻을 수 있는지 알 수 있다. 이것을 화학 반응의 양적 관계라고 부른다.

수소가 연소하는 화학 반응식에 대해 다시 한번 생각해 보자. 이 반응식은 2분자의 H^2와 1분자의 O_2가 반응해서 2분자의 H_2O가 생기는 것을 나타낸다. 몰수로 표시하면 2mol인 H_2와 1mol인 O_2가 반응해서 2mol인 H_2O가 생기는 셈이다. 몰수로 나타내니 왠지 갑자기 어려워진 것 같지만, 1mol은 6.02×10^{23}개의 집단이므로 분자 개수의 관계를 생각한다는 점은 똑같다.

그렇다면 질량의 관계는 어떨까? H의 원자량 1과 O의 원자량 16을 써서 질량비를 계산해 보자. H_2의 분자량은 2인데 계수 2가 붙기 때문에 합계는 4, O_2의 분자량은 32, H_2O의 분자량은 18인데 계수 2가 붙어서 합계 36, 즉 이 화학 반응의 질량비는 4:32:36 = 1:8:9이다. 가령 2mol(4g)의 수소를 완전히 연소시키고 싶다면 1mol(32g)의 산소가 필요하다는 사실을 알 수 있다.

부피의 관계는 어떨까? 반응해서 생긴 H_2O가 전부 수증기가 되었다면 기체는 표준 상태에서 1mol이 22.4L의 부피를 차지하므로 부피의 양적 관계는 몰수의 양적 관계와 같아진다. 즉 이 반응에서 H_2와 O_2와 H_2O(수증기)의 부피비는 계수의 비가 되어 2:1:2가 된다. 가령 2mol(44.8L)의 수소를 완전히 연소시키고 싶다면 1mol(22.4L)의 산소가 필요하다는 것을 알 수 있다.

그림 19-1

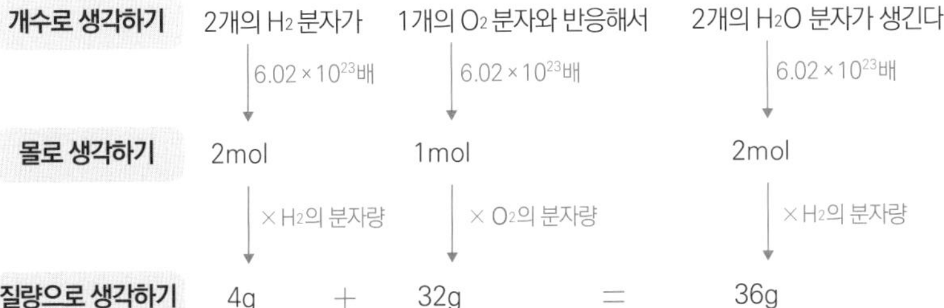

화학 반응 전후의 질량이 달라지지 않는다는 '**질량 보존 법칙**'이 성립한다.

	2mol	1mol	2mol
부피로 생각하기 표준 상태에서는	44.8L	22.4L	44.8L

수증기의 경우는 44.8L 물은 1g에 1mL이므로 부피는 36mL가 된다

기초 화학

계속되는 몰 이야기

◦ 질량 퍼센트 농도와 몰 농도 ◦

초등학교 시절에 소금물 농도를 계산하느라 애먹은 적이 없는가? '4%의 소금물 100g과 7%의 소금물 200g을 섞었습니다. 이 소금물의 농도는 몇 %입니까?' 같은 문제 말이다. 그런데 화학의 세계에서는 농도라도 몰 농도를 사용한다.

앞선 문제는 어떻게 풀면 좋을까? 두 소금물을 섞으면 총 300g이 된다. 4%의 소금물 100g에는 100 × 0.04 = 4(g)의 소금이 녹아 있고, 7%의 소금물 200g에는 2000 × 0.07 = 14(g)의 소금이 녹아 있다. 농도는 (녹아 있는 소금의 질량)/(소금물의 질량) × 100으로 구할 수 있으므로 (4+14)/300 × 100 = 6%가 된다(그림

그림 20-1

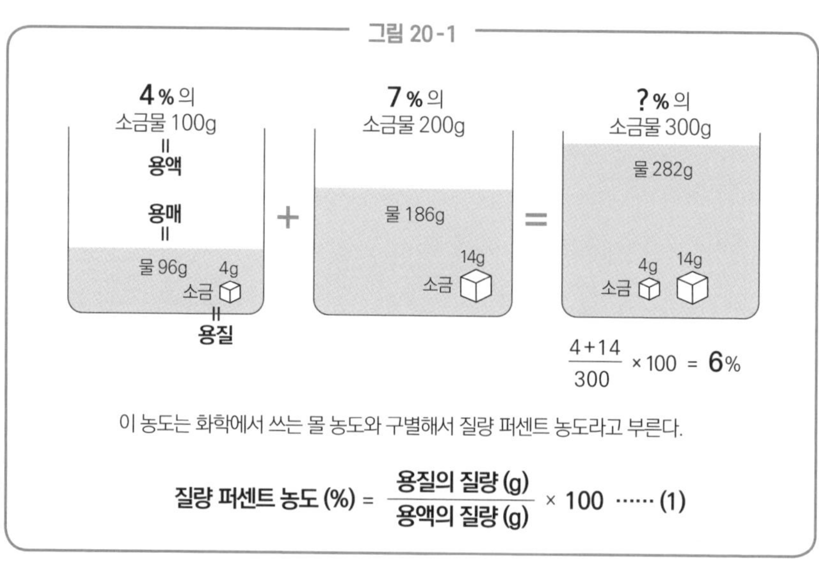

이 농도는 화학에서 쓰는 몰 농도와 구별해서 질량 퍼센트 농도라고 부른다.

$$\text{질량 퍼센트 농도 (\%)} = \frac{\text{용질의 질량 (g)}}{\text{용액의 질량 (g)}} \times 100 \quad \cdots\cdots (1)$$

20-1).

이렇게 해서 계산한 농도는 질량 퍼센트 농도라고 부른다. 또 소금물에 녹아 있는 소금을 용질, 그 물을 용매, 전체적인 소금물을 용액이라고 한다. 이 질량 퍼센트 농도는 일상생활에서 널리 사용되고 있는데, 화학의 세계에서는 그림 20-2의 (2)식인 몰 농도가 주로 쓰인다. 화학에서는 기본적으로 mol을 기준으로 한 개수를 쓰기 때문이다. 질량을 기준으로 하는 질량 퍼센트 농도로 화학 반응의 양적 관계를 나타낼 때에는 mol로 고치지 않으면 성

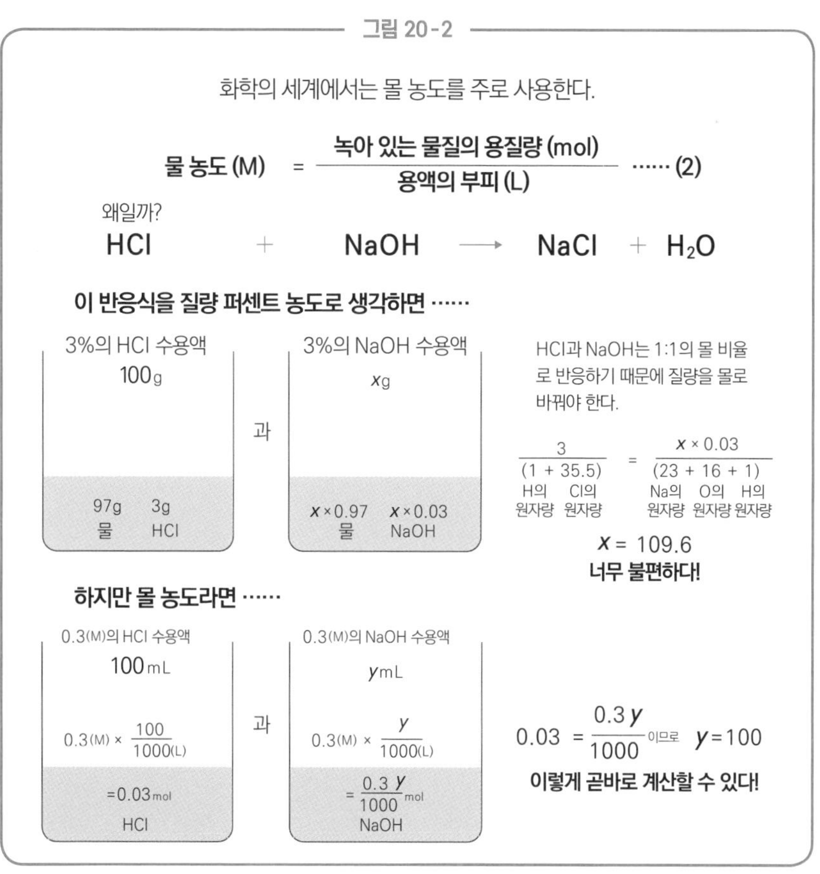

가셔진다. 예컨대 '18절 마지막에 나왔던 염산과 수산화나트륨의 중화 반응에서 3%의 염산 100g을 중화하는 데 필요한 같은 농도의 수산화나트륨 수용액의 질량은 얼마인가?' 하는 문제에는 곧바로 대답할 수가 없다(일단 100g은 아니다). 계산하려면 100g 속에 포함된 HCl 3g을 HCl의 몰수로 환산하고, 이와 마찬가지로 NaOH의 몰수는 몇 g인지 계산한 다음…… 이런 식으로 무척 복잡하다. 그럼 어떻게 해야 할까? 몰 농도(M)를 이용하면 된다. 몰 농도는 1L당 들어 있는 용질의 개수를 기준으로 하기 때문에 '0.3M의 염산 100ml를 중화하는 데 필요한 0.3M의 NaOH 수용액의 부피는?' 이라는 질문에는 곧바로 '100ml'라고 답할 수 있어 편리하다.

기초 화학 이론 화학 무기 화학 유기 화학 고분자 화학

제 4 장

물질의 상태 변화

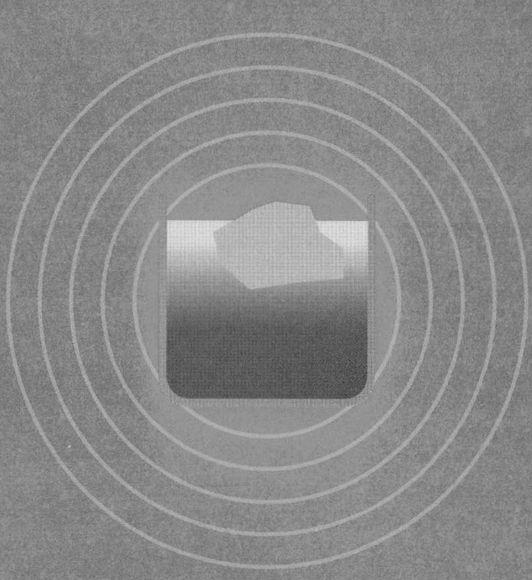

21

이론 화학

화학에서 가장 어려운 단위, 압력이란 무엇인가?

◦ 중학교에서 배웠던 압력 복습 ◦

자기 배 위에 몸무게 60kg인 사람이 올라와 있다고 상상해 보자. 음, 생각만 해도 숨이 막혀 괴롭지 않은가. 하지만 이때 배에 가해지는 압력은 1기압의 1/8에 불과하다.

지금부터 살펴볼 이론 화학에서는 기체에 의한 압력인 '기압'이라는 단어가 등장한다. 일기 예보를 보면 "중심 기압이 960hPa(헥토파스칼)인 강한 태풍이 접근하고 있습니다." 하는 말을 자주 들을 수 있는데, 여기서 기압을 나타내는 단위인 'hPa'이란 무엇인지 자세히 알아보자.

여러분의 배 위에 몸무게 60kg인 사람이 올라와 있다고 상상해 보자. 음, 몹시 괴로울 것 같다. 이때 압력은 어느 정도나 가해지고 있을까(그림 21-1).

60kg인 사람이 지구에 끌리는 힘은 약 600N(N은 뉴턴이라고 읽으며, 힘의 단위다)이다. Pa은 단위 면적 $1m^2$에 가하는 힘이므로, 600N을 두 발바닥의 면적 0.25(m)×0.20(m)=0.05(m^2)로 나누면 600÷0.05=12000(N/m^2)이 나온다. 이것과 기압을 비교해 보자. 지구에서 해발 0m 지점의 평균적인 대기압은 1,013hPa이고, 이를 1기압이라고 한다. 기체 분자가 부딪치면서 발생하는 압력이기 때문에 기압이라고 부르는 것이다. hPa은 헥토파스칼이라고 읽는데, h가 헥토, Pa가 파스칼이다. h는 100배를 나타내는 접두사(1km=1,000m이므로 k(킬로)는 1,000배를 나타내는 접두사임을 알 수 있다)

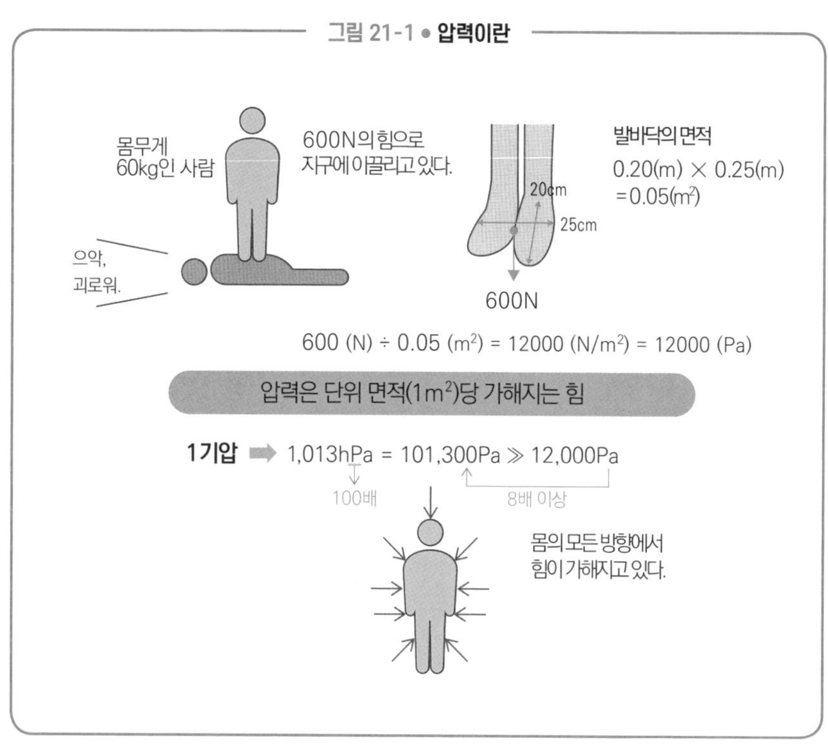

여서 1,013hPa은 101,300Pa이다. 몸무게 60kg인 사람의 두 다리에 걸리는 압력은 12,000Pa이므로, 1기압이란 몸무게 60kg인 사람이 8명 넘게 배를 누르는 것과 비슷한 압력이 모든 방향에서 가해지는 것을 의미한다. 우리는 어마어마한 압력을 받으며 살고 있는 셈이다.

지구에 있는 인간이 기압에 짓눌리지 않는 것은 몸 안에서 같은 압력으로 밀고 있기 때문이다. 공기를 넣어 빵빵해진 풍선은 바깥쪽에서 1,013hPa의 기압으로 누르는 것과 동시에 안쪽에서도 바깥쪽을 향해 1,013hPa의 압력으로 밀고 있기 때문에 크기에 변화가 생기지 않는다.

22

고체, 액체, 기체를 입자의 시점에서 살펴보자

◦ 물질의 세 가지 상태와 상태 변화 ◦

얼음은 온도가 올라가 0℃가 되면 녹아서 물이 되고, 온도가 더 올라가 100℃가 되면 끓어서 전부 수증기가 된다. 이런 변화는 일상생활에서 고체로만 존재하는 철에도, 기체로만 존재하는 산소에도, 똑같이 일어난다. 고체, 액체, 기체의 상태를 물질의 세 가지 상태라고 부른다.

이 세상에 존재하는 물질은 온도와 압력이 정해지면 고체, 액체, 기체 중에 어느 한 상태가 된다. 이것을 물질의 세 가지 상태라고 하며 자세하게 살펴보면 그림 22-1과 같다. 앞으로 이론 화학의 내용을 다룰 때 도움이 되므로 이 입자 그림을 잘 기억해 두기 바란다.

그럼 그림 22-1을 자세히 살펴보자. 물질은 고체 상태일 때 움직이지 않는 것처럼 보이지만, 구성하고 있는 입자가 전혀 움직이지 않는 것은 아니다. 자세히 들여다보면 고체의 구성 입자도 규칙적으로 배열된 그 위치에서 섬세하게 진동·회전하고 있다. 이 고체를 가열하면 입자의 열 진동이 격렬해지다가 일정 온도가 되면 액체로 변하는데, 이 현상을 융해라고 하며 융해가 일어나는 온도를 녹는점이라고 부른다. 액체 상태일 때 입자는 느슨하게 이어져서 자유롭게 움직일 수 있다. 그래서 액체가 유동성을 지니는 것이다. 액체를 더 가열하면 액체 안에서 기포가 발생하는 '끓음' 현상이 일어난다. 끓는 온도를 끓는점이라고 부른다. 기체가 된 입자는 분자 간 힘을 떨쳐 내고 공간을 자유로이 날아다닌다. 기체 입자의 속도는 산소의 경우 실온에서 약 400m/s에 달한다.

한편 고체는 자세히 보면 입자가 진동·회전하고 있다고 앞에서 말했는데, 이 진동·회전조차 완전히 멈춰 버리고 모든 물질이 고체가 되는 온도는 -273℃이다. 우리가 평소에 온도 단위로 쓰는 '℃(섭씨온도)'는 물을 기준으로 하는데, 물이 얼기 시작하는 온도를 0℃, 끓기 시작하는 온도를 100℃로 정했다. 하지만 화학의 세계에서는 모든 물질의 진동이 멈춰 버리는 온도인 -273℃를 0으로 보는 온도 단위를 이용하는 것이 더 편하다. 이를 절대온도라고 하며, 단위는 K(켈빈)를 쓴다(0℃=273K, 100℃=373K이다).

그림 22-1 ● 물질의 세 가지 상태와 상태 변화

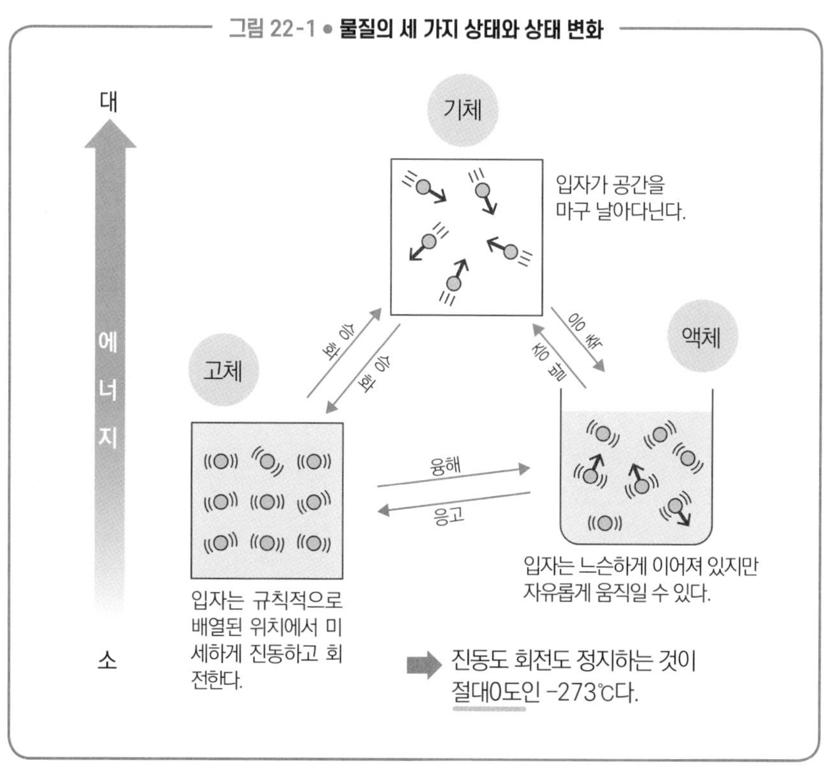

23

이론 화학

여름철, 땅에 물을 뿌리는 이유는 물이 차가워서가 아니다

◦ 융해열과 증발열 ◦

−20℃의 얼음을 일정한 화력으로 가열하면 온도 변화가 어떻게 일어날까? 사실 온도는 직선 형태로 증가하는 것이 아니라 0℃와 100℃지점에서 일단 유지된다.

먼저 그림 23-1을 보자. -20℃인 얼음 1mol에 일정한 열을 가했을 때 온도 변화를 나타낸 그래프다. -20℃에서 0℃까지는 그래프가 오른쪽 위로 직선을 그리며 올라간다. 이 사이에 받은 열에너지는 얼음 분자의 열 진동을 증가시키는 데 쓰인다. 얼음 1g의 온도를 1℃ 올리려면 2.1J의 열이 필요하다. 이를 얼음의 비열이라고 부른다. 0℃가 되면 얼음이 녹기 시작하는데, 녹는 동안의 온도는 0℃에서 변화하지 않는다. 이 동안에 가해진 열은 고체인 얼음에서 액체인 물로 상태 변화를 하는 데 쓰이기 때문이다. 이때 필요한 열을 융해열이라고 부른다. 얼음이 전부 녹으면 다시 온도가 오르기 시작하고, 0℃에서 100℃까지 그래프는 오른쪽 위로 직선을 그린다. 이 동안에 주어진 열에너지는 물 분자의 열 진동을 증가시키는 데 쓰인다. 물 1g의 온도를 1℃ 올리려면 4.2J의 열이 필요하다. 100℃가 되면 물이 끓기 시작하고 전부 수증기가 될 때까지 온도는 100℃에서 멈춘다. 이때 주어지는 열은 액체인 물이 수증기로 상태 변화를 하는 데 쓰이기 때문이다. 이때 필요한 열을 기화열이라고 부른다. 융해열은 입자끼리 단단히 연결된 상태만 무너뜨려도 되기 때문에 1mol당 6.0kJ인데 반해, 기화열은 느슨하게 이어져 있는 입자를 완전히 자유롭게 만들어 공간을 날아다니게 할 만큼 에너지가 필요하기 때문에 1mol당 41kJ로 훨씬 크다. 어떤 물질이든 융해열《기화열의 관계가 있다.

무더운 여름철에는 거리에 물을 뿌리곤 하는데, 이는 물이 증발할 때 주위의 열을 빼앗으면서 시원해지는 효과를 얻을 수 있기 때문이다. 물이 차가워서가 아닌 것이다.

그림 23-1 ● 융해열과 기화열

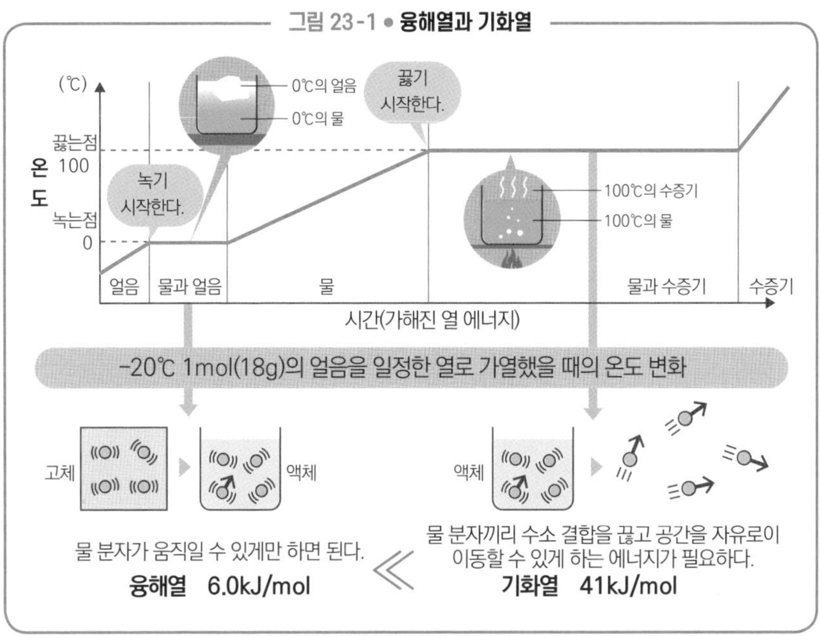

표 14-1 ● 물질의 융해열과 기화열 (1,013hPa)

물질	화학식	녹는점(℃)	융해열(kJ/mol)	끓는점(℃)	기화열(kJ/mol)
질소	N_2	−210	0.72	−196	5.6
물	H_2O	0	6.0	100	41
철	Fe	1,535	13.8	2,750	354

질소는 약한 분자 간 힘(분산력)만으로 서로 끌어당기기 때문에 융해열과 기화열이 모두 작다.
철은 금속 결합으로 원자끼리 결합해 있기 때문에 융해열과 기화열이 모두 큰데, 특히 기화열이 무척 크다.

이론 화학

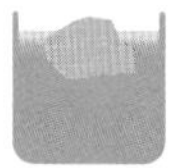

산 정상에서는 물이 100℃ 이하에서 끓는다

◦ 액체의 증기압 ◦

압력솥을 쓰면 요리가 더 맛있어지거나, 산 정상에서 컵라면을 먹으면 물이 미지근한 것은 증기압을 통해 쉽게 이해할 수 있다.

냄비에 물을 넣고 그대로 두면 그 물은 언젠가 증발해서 사라진다. 냄비를 가열해서 물을 끓이면 덮어 놓은 뚜껑이 움직일 만큼 물이 보글보글 끓으며 기화해서 더 빠른 속도로 물이 사라진다. 요컨대 물은 가열하지 않아도 증발하지만 가열하면 훨씬 빨리 기화한다는 것을 알 수 있다. 물 분자가 증발하여 발생하는 수증기의 압력을 물의 증기압이라고 부른다. 밀폐된 용기 안에서는 일정 온도에서 액체 → 기체가 되는 분자와 기체 → 액체가 되는 분자의 개수가 같아서 겉으로 보기에 액체는 줄어들지도 늘어나지도 않는다. 이때 액체가 나타내는 입력은 일정하므로 특별히 '포화'라는 단어를 붙여서 포화 증기압이라고 부른다. 증발이 멈춘 것이 아니라 증발하는 분자의 수와 응축하는 분자의 수가 같다는 것에 주의하자.

증기압은 온도가 올라갈수록 가속도가 붙은 것처럼 커진다. 이 그래프를 증기압 곡선이라고 부른다(그림 24-1).

증기압 곡선을 보면 물의 끓는점인 100℃에서 증기압은 1,013hPa, 즉 1기압이다. 이는 물을 가열하다가 증기압이 주변 압력인 대기압과 같아졌을 때 끓기 시작한다는 것을 뜻한다. 끓기 시작하면 액체 내부에서도 활발한 증

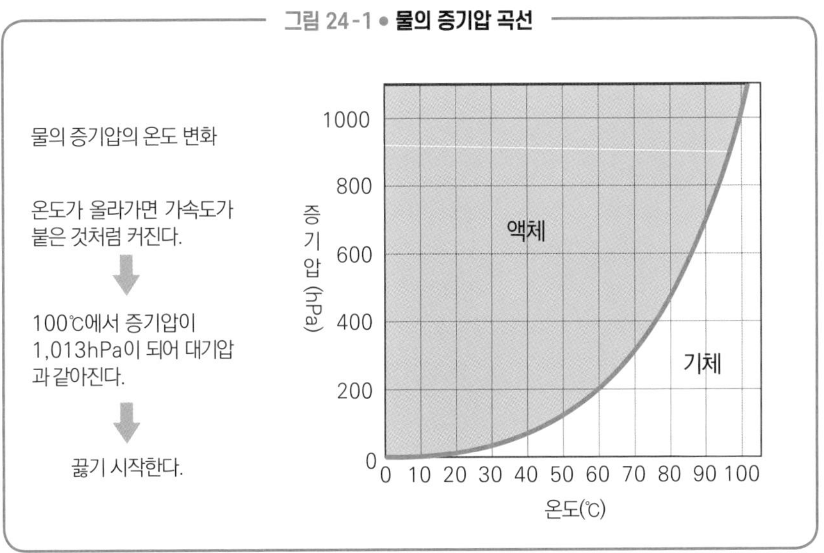

그림 24-1 ● 물의 증기압 곡선

발이 일어난다.

증기압이 대기압과 같아졌을 때 끓기 시작하므로 대기압이 1,013hPa보다 낮으면 끓는점은 100℃보다 낮아지고, 반대로 1,013hPa보다 높으면 끓는점은 100℃ 이상이 된다. 압력 냄비를 쓰는 이유는 내부 압력을 1,013hPa보다 올려 100℃ 이상으로 가열할 수 있기 때문이다. 그렇게 하면 식재료에 열이 빠르게 가해져서 맛이 더 좋아진다. 반대로 산 정상은 기압이 지상보다 낮기 때문에 물이 100℃보다 낮은 온도에서 끓고 만다. 즉 따끈한 컵라면을 먹으려고 해도 끓는 물이 미지근할 수밖에 없는 것이다.

드라이아이스는 왜 액체가 되지 않고 바로 기체가 될까

◦ 상평형 그림 ◦

지구는 기적의 별이라고들 한다. 우주 탐사가 오늘날까지 발전해 왔어도 아직 지구가 아닌 별에서는 물의 존재를 확인하지 못했기 때문이다. 왜 그럴까?

물은 1,013hPa, 즉 1기압에서 녹는점인 0℃보다 온도가 내려가면 얼음이 되고 끓는점인 100℃를 넘으면 수증기가 된다. 그렇다면 주변 압력에 변화를 주면 녹는점과 끓는점은 어떻게 달라질까? 끓는점은 24절에 나온 증기압 곡선에 따라 변화하는데, 녹는점은 어떨까? 증기압 곡선의 온도와 압력 범위를 확대해서 나타낸 것을 상태도라고 한다. 물의 상태도는 그림 25-1과 같다. 이 상태도를 바탕으로 1기압 0℃에서 얼음에 압력을 가했을 때 변화에 대해 생각해 보자. 상상하기로는 얼음이 꾹 눌려 부서질 것 같겠지만, 물이 얼음이 될 때 부피가 늘어나는 것을 떠올려 보라. 반대로 얼음에 압력을 가하면 녹아서 물이 된다. 이 물을 다시 얼리려면 온도를 내려야 한다. 즉 압력이 높아지면 얼음의 녹는점이 내려간다는 뜻이다. 반대로 압력을 내리면 녹는점이 올라간다. 이를 나타낸 것이 그림 25-1의 융해 곡선이다. 압력을 내리면 녹는점은 올라가고 끓는점은 내려가므로 1기압에서 100℃였던 녹는점과 끓는점의 차이가 점점 좁혀진다. 그리고 6.1hPa에 0.01℃일 때 녹는점과 끓는점의 차이가 사라진다. 이 점을 삼중점이라고 부르는데, 물이 고체, 액체, 기체 중 어느 상태로도 존재할 수 있는 온도와 압력이다. 이 삼중점보다 압력이 낮으면 물은 액체로 존재할 수 없다. 물이 액체로 존재할 수 없는 것은 상상하기 어렵겠지만, 이를테면 드라이아이스는 이산화탄소의 고체로 승화하기 때문에 액체가 되지 않고 바로 기체로 변화한다.

지구에서 물이 액체로 존재하는 것은 상태도에서 세 곡선으로 나뉜 구역 중 액체의 영역에 지구가 있기 때문이다. 이는 기적 같은 일이다. 우주 탐사가 오늘날까지 이어졌어도 아직 지구 외의 별에서 액체 상태의 물은 발견되지 않았다.

그림 25-1 • 물의 상평형 그림

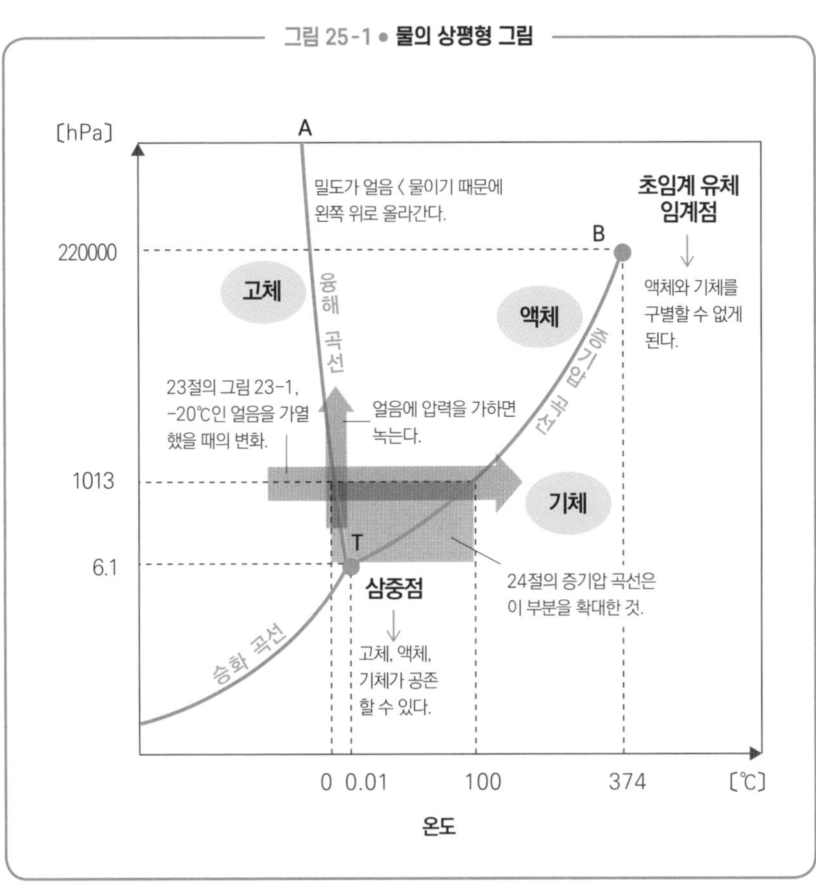

이산화탄소의 상태도를 그림 25-2에 나타냈다. 이산화탄소를 비롯한 대부분의 물질은 융해 곡선이 오른쪽 위로 올라간다. 이는 고체가 액체보다 밀도가 높기 때문에 액체에 압력을 가하면 고체로 변화한다는 뜻이다. 융해 곡선이 왼쪽 위로 올라가는 것은 고체가 액체보다 밀도가 낮은 물의 주요한 특징이다.

그림 25-2 • **이산화탄소의 상평형 그림**

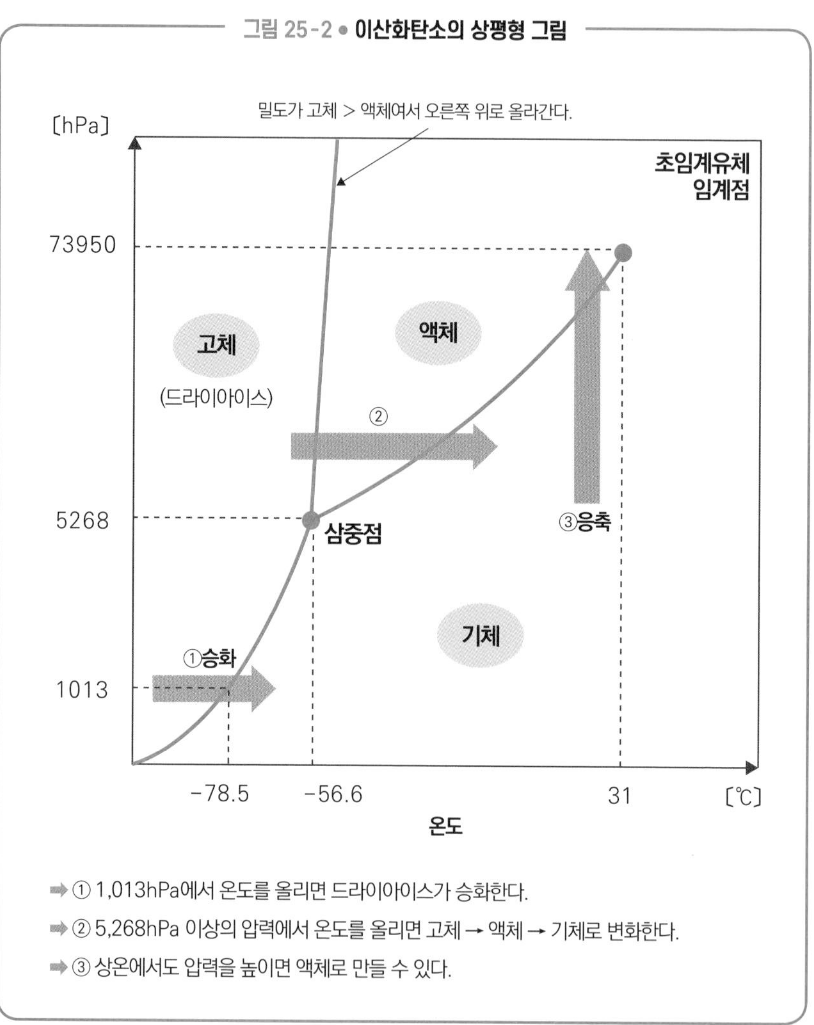

➡ ① 1,013hPa에서 온도를 올리면 드라이아이스가 승화한다.

➡ ② 5,268hPa 이상의 압력에서 온도를 올리면 고체 → 액체 → 기체로 변화한다.

➡ ③ 상온에서도 압력을 높이면 액체로 만들 수 있다.

제 5 장

기체의 성질

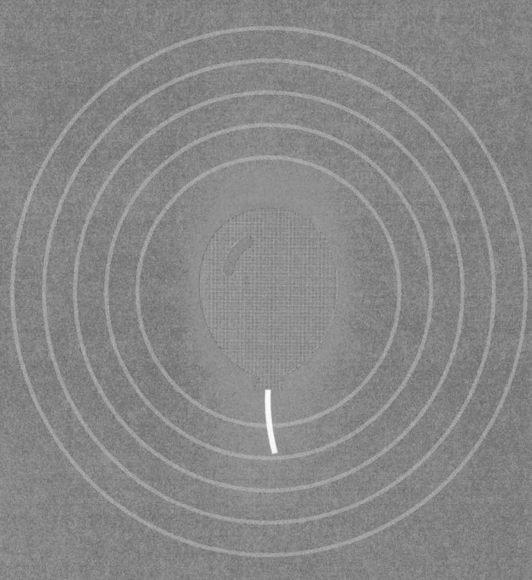

이론 화학

기체의 성질을 수식으로 나타내면

◦ 보일 법칙과 샤를 법칙 ◦

풍선 속에 든 기체의 부피는 어떨 때 팽창할까? 그렇다, 풍선을 따뜻하게 했을 때다. 또 주변 기압이 낮아졌을 때에도 팽창한다. 이 현상을 수식으로 나타내면 어떻게 될까?

보일 법칙

산에 오르면 과자 봉지가 부푼다. 산 위에서는 기압이 낮아지기 때문이다. 그렇다면 풍선을 쥐고 1기압(1,013hPa)의 지상에서 후지산 정상(약 630hPa) 혹은 에베레스트산 정상(약 300hPa)에 오르면 이 풍선의 부피는 어떻게 될까? 이 의문에 대답하는 것이 바로 보일 법칙이다. 보일 법칙은 '기체의 온도와 양이 일정할 때, 기체의 부피는 압력에 반비례한다.'라는 것이다. 알기 쉽게 설명하면 주변 기압이 절반이 되면 부피가 2배가 되는 것이다. 즉 후지산 정상은 기압이 지상의 약 2/3이므로 풍선의 부피는 약 1.5배가 되고, 에베레스트산 정상은 기압이 지상의 약 30%이므로 풍선의 부피는 약 3.4배가 된다(그림 26-1).

샤를 법칙

풍선을 따뜻하게 하면 기체 분자의 운동이 격렬해져서 부피가 늘어난다. 가령 풍선을 27℃에서 57℃까지 가열한다면 부피는 몇 배가 될까? 이 의문에 답하는 것이 바로 샤를 법칙이다. 샤를 법칙은 '양과 기압이 일정할 때 기체의 부피는 절대 온도에 비례한다.'이다. 이때 주의해야 할 점은 온도가 절대온도라는 것이다. 27℃는 300K, 57℃는 330K이므로 온도는 1.1배가 된다. 절대온도와 부피는 비례 관계에 있으므로 부피도 1.1배가 될 것이다(그림 26-2).

그림 26-1 • **보일 법칙**

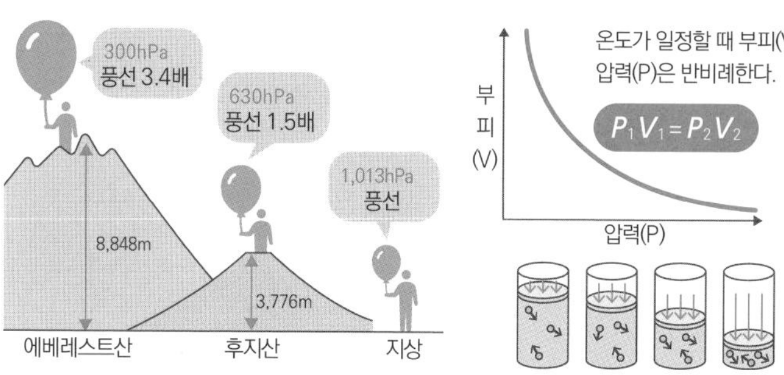

300hPa
풍선 3.4배
630hPa
풍선 1.5배
1,013hPa
풍선
8,848m
3,776m
에베레스트산
후지산
지상
온도가 일정할 때 부피(V)와
압력(P)은 반비례한다.
$P_1V_1 = P_2V_2$
부피(V)
압력(P)

그림 26-2 • **샤를 법칙**

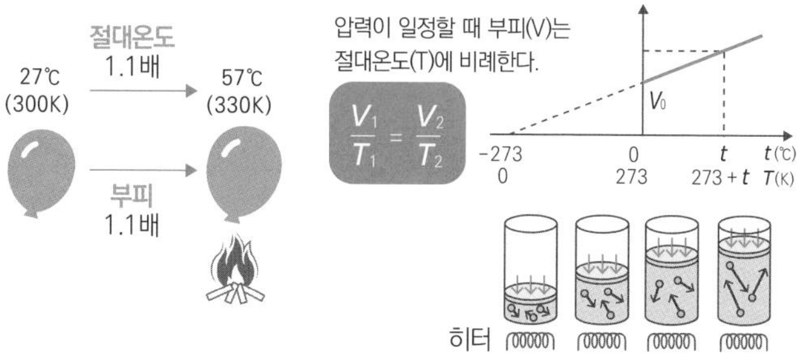

절대온도
1.1배
27℃
(300K)
57℃
(330K)
부피
1.1배
압력이 일정할 때 부피(V)는
절대온도(T)에 비례한다.
$\frac{V_1}{T_1} = \frac{V_2}{T_2}$
V_0
-273
0
0
273
t
273 + t
t(℃)
T(K)
히터

보일 법칙과 샤를 법칙을 정리하면 '일정한 양의 기체 부피는 압력에 반비례하고, 절대온도에 비례한다.'라는 하나의 법칙으로 정리할 수 있는데, 이를 보일-샤를 법칙이라고 부른다.

그림 26-3 • **보일 - 샤를 법칙**

일정한 물질의 기체 부피 V는 압력 P에 반비례하고, 절대온도 T에 비례한다.

$$\frac{P_1V_1}{T_1} = \frac{P_2V_2}{T_2}$$

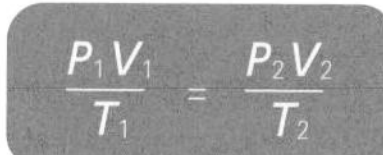

기체의 계산에 유용한 공식

◦ 이상 기체 방정식 ◦

이상 기체 방정식은 압력 P, 부피 V, 몰수 n, 절대온도 T의 관계를 나타낸 수식으로 잘 익히면 강력한 무기가 되어 준다.

기체의 표준 상태(0℃=273K, 1기압)에서 1mol의 부피는 몇 L였는지 기억하는가? 까먹은 사람은 17절을 다시 펼쳐 보자. 그렇다, 22.4L다. 이를 보일-샤를 법칙에 대입해 보자((1)식). 그러면 83.1hPa·L/mol·K라는 숫자가 나온다. 이 값은 항상 일정해서 기체 상수라고 부르며 기호는 R로 나타낸다. 이 기체 상수 R을 이용하면 1mol의 기체에 대해 $PV_1=RT$가 성립한다((2)식). 몰수가 nmol인 기체가 차지하는 부피 V는 1mol당 부피 V_1의 n배이므로 $V=nV_1$이 되기 때문에, $V_1=V/n$을 대입해서 $PV=nRT$를 얻을 수 있다((3)식). 이 식을 이상 기체 방정식이라고 한다. 이상 기체 방정식은 기체에 관해 가장 중요한 공식인데, 이 식 하나로 많은 것을 계산해 알 수 있기 때문이다.

예시로 27℃, 831hPa에서 3.0L인 질소의 몰수를 구해 보자.

$PV=nRT$라는 공식에 숫자를 대입하는 것이다. 몰수를 구하고 싶으니 이것을 nmol로 정한다. P는 831hPa, V는 3.0L, R은 기체 상수이므로 83.1hPa·L/mol·K, T는 273+27이므로 300K니까 이 숫자들을 이상 기체 방정식에 대입하면 다음 식이 나온다.

$$831 \times 3.0 = n \times 83.1 \times 300$$

이 식을 풀면 $n=1/10=0.10$(mol)이라는 값을 구할 수 있다.

그림 27-1 ● **이상 기체 방정식**

보일 – 샤를 법칙

$$\frac{PV}{T} = \underset{\text{일정}}{k}$$

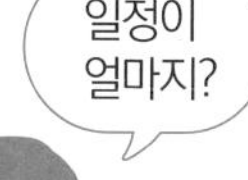

모든 기체는 표준상태(0℃ = 273K, 1기압)에서 1mol, 22.4L의 부피를 가진다. 이 사실을 힌트로 삼아 k(일정한 값)를 구해 보자.

$$\frac{PV_1}{T} = \frac{1013\,(\text{hPa}) \times 22.4\,(\text{L/mol})}{273\,(\text{K})} = 83.1 \left[\frac{\text{hPa}\cdot\text{L}}{\text{mol}\cdot\text{K}}\right] \cdots\cdots(1)$$

이 $83.1 \left[\frac{\text{hPa}\cdot\text{L}}{\text{mol}\cdot\text{K}}\right]$ 을 기체 상수라고 하며, R로 표기한다.

즉 $\frac{PV_1}{T} = R \qquad PV_1 = RT \cdots\cdots(2)$

몰수 n(mol)에서 부피 V(L)는 V_1(L)(←1mol일 때의 부피)의 n배 이므로 로부터

$$V = nV_1$$

$V_1 = \frac{V}{n}$ 이것을 식 (2)에 대입하면

$$P \times \frac{V}{n} = RT$$

$$PV = nRT \cdots\cdots(3)$$

이것을 이상 기체 방정식이라고 한다.

이론 화학

혼합 기체 각각의 압력은 어떻게 구할까

◦ 혼합 기체와 분압 ◦

사실 대기에는 질소와 산소뿐 아니라 수증기와 이산화탄소 등도 조금씩 포함되어 있다. 하지만 단순화하기 위해서 대기를 질소와 산소가 4:1의 비율로 섞여 있고 압력이 1,000hPa인 기체로 가정하자.

이 대기의 압력인 1,000hPa를 기체의 전체 압력이라 부른다. 그렇다면 질소와 산소 각각의 압력(이를 질소와 산소의 분압이라고 부른다)은 몇 hPa일까?

구하기는 간단하다. 질소와 산소가 4:1의 비율로 섞여 있으니 질소가 800hPa, 산소가 200hPa이다.

요컨대 혼합 기체의 전체 압력은 각 성분 기체의 분압의 합과 같은 셈이다. 이를 부분 압력 법칙이라고 하는데, 영국의 화학자 존 돌턴(John Dalton, 1766~1844)이 발견했다(그림 28-1).

여기서 잠깐, 정말 이해했는지 질문 하나를 던져 보겠다.

"1,000hPa인 공기가 10L 용기에 들어 있다. 이 공기에는 질소와 산소가 4:1의 비로 포함되어 있다. 이 용기에 부피의 비가 4:1이 되도록, 즉 0.8L와 0.2L의 부피로 나누어 칸막이를 놓은 다음 질소를 0.8L 쪽으로, 산소를 0.2L 쪽으로 보내면(물론 실제로는 불가능하다) 각각의 분압은 얼마일까?"

어떤가? 만약 이 질문에 "아까와 뭐가 다르죠? 질소의 분압이 800hPa이고 산소가 200hPa이잖아요." 하고 대답했다면 틀렸다. 그림 28-2를 자세히 보기

그림 28-1 • **물의 증기압 곡선**

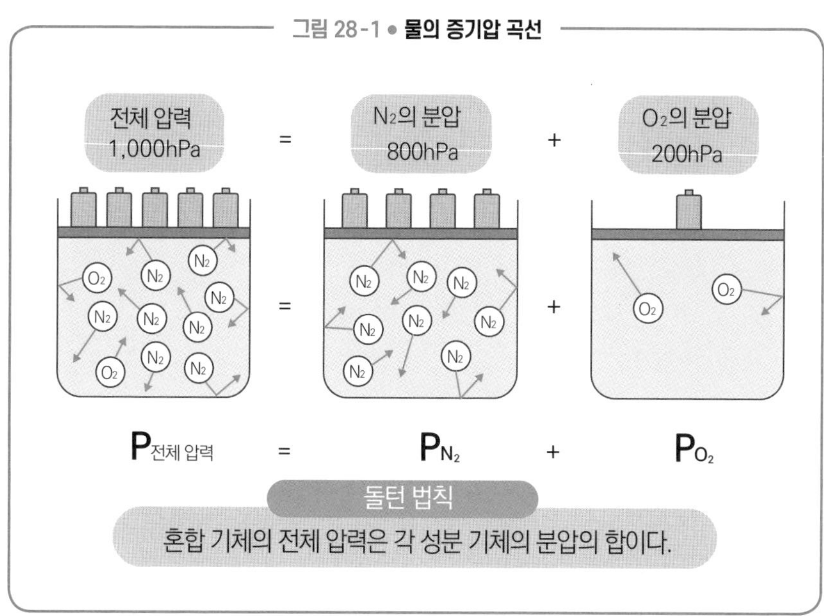

바란다. 돌턴 법칙은 부피가 전체 압력이든 분압이든 같은 경우를 상정한 것이다. 이 질문처럼 부피를 성분 기체의 구성비와 같은 비율로 나누었을 경우에는 분압이 전체 압력과 같아진다.

압력은 온도가 일정할 때 단위 부피당 포함된 분자의 수에 비례하므로, 이 질문에서는 압력도 같아지는 것이다.

그림 28-2

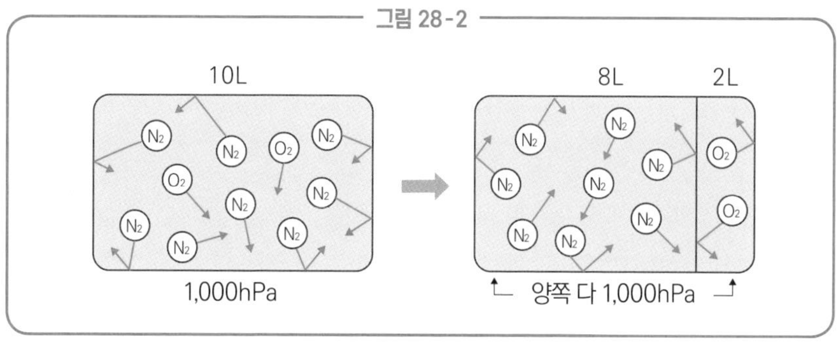

이론 화학

실제로 있는 것은 늘 이상과 다른 법

◦ 이상 기체와 실제 기체 ◦

표준 상태에서 기체 1mol의 부피를 측정하면 표 29-1과 같이 22.4L보다 조금 많거나 적은 값이 나온다. 모든 온도와 압력에서 기체의 상태 방정식이 성립한다고 가정한 기체를 이상 기체라고 부르는데, 우리가 평소 다루는 기체(이를 실제 기체라고 한다)에는 분자 자체에 부피가 있고 분자 간 힘도 작용하기 때문에 22.4L에서 조금씩 차이가 생기는 것이다.

표 29-1 ● 표준 상태에서 실제 기체 1mol 의 부피

암모니아처럼 수소 결합에 의해 분자 간 힘이 강한 기체는 차이도 커진다.

화학식	분자량	끓는점(℃)	1mol의 부피(L)
H_2	2	-253	22.42
CH_4	16	-161	22.37
HCl	36.5	-85	22.24
NH_3	17	-33	22.09

이상 기체 방정식은 어떤 온도에서든 다 쓸 수 있는 것이 아니다. 온도가 점점 내려가면 언젠가 기체는 응축되어 액체가 되어 버리고, 부피와 압력이 격감한다(그림 29-1, 2). 또 압력을 올려도, 즉 기체를 압축해도 액체가 되어 버려 부피가 확 줄어든다(그림 29-3).

다시 말해서 기체의 상태 방정식이 성립하려면 기체가 응축해 액체가 되지 않을 정도의 높은 온도 그리고 낮은 압력이어야 한다. 액체가 되지 않아도 온도가 낮으면 분자의 열운동 에너지가 작아져서 분자끼리 끌어당기는 힘(분자 간 힘)이 무시할 수 없을 정도로 영향을 미치기 때문에 이론값과 차이가 커진다. 반대로 고온에서는 분자 간 힘을 무시할 수 있을 정도로 분자가 격렬하게 열운동을 하기 때문에 이론값에 가까워진다(그림 29-4).

또 분자의 크기가 크거나 압력이 높은(즉 기체 입자가 꽉 들어차 있는) 상태에서는 기체의 상태 방정식으로 도출되는 부피에 기체 자체의 부피가 더해지기 때문에 이론값과 큰 차이가 나고 만다(그림 29-5).

요컨대 저온에서도 액체나 고체가 되지 않고, 헬륨처럼 분자 간 힘이 작으며, 분자 자체의 부피가 작은 경우에 기체의 상태 방정식을 적용할 수 있다.

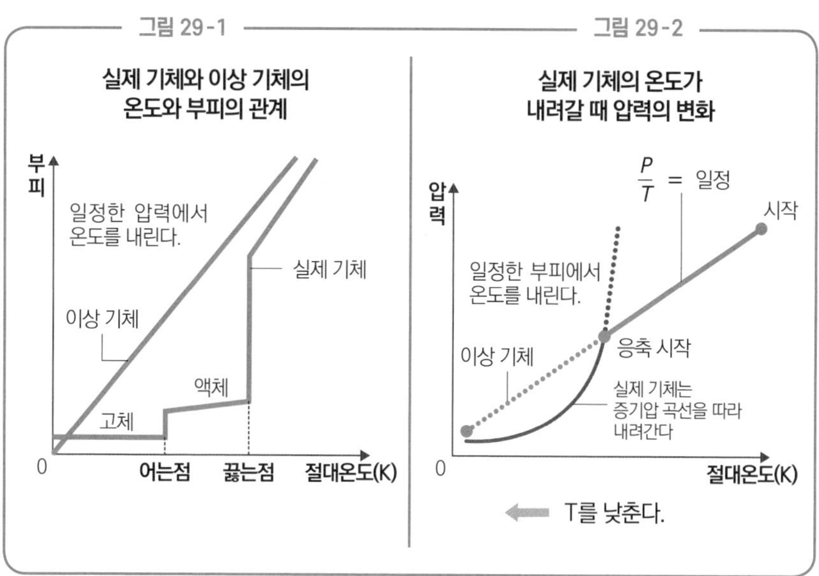

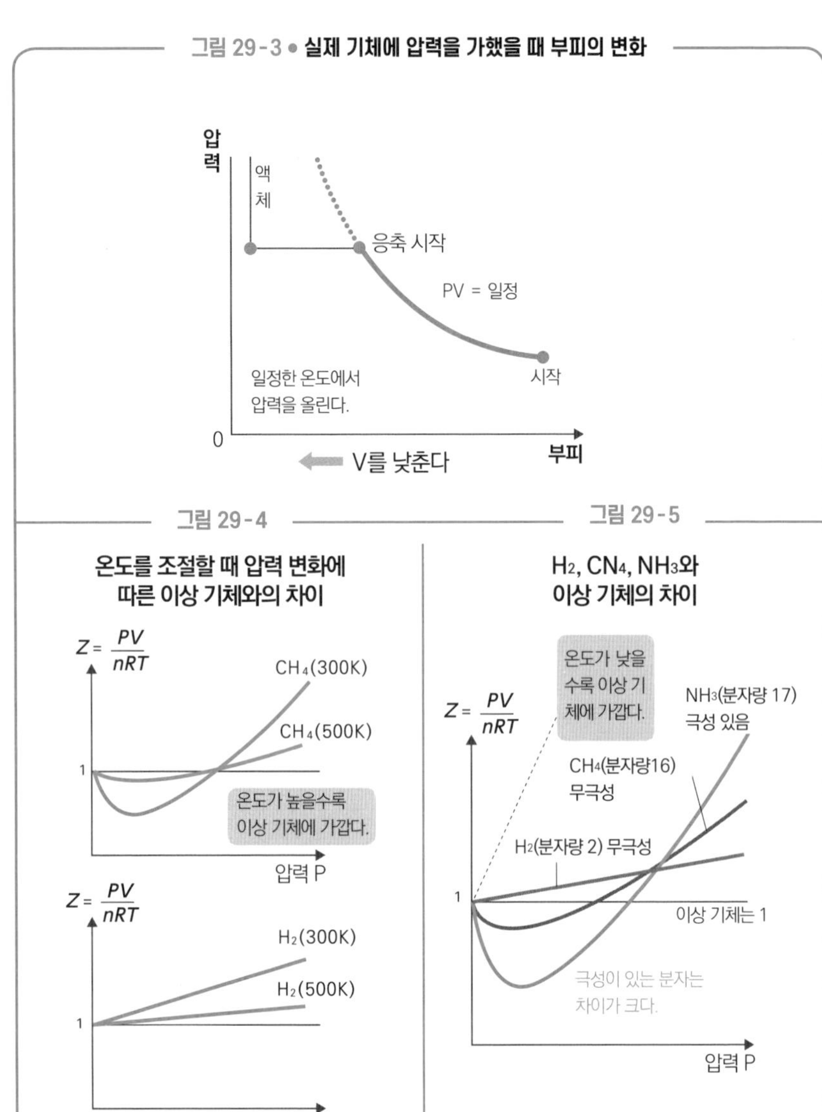

그림 29-3 • 실제 기체에 압력을 가했을 때 부피의 변화

그림 29-4

그림 29-5

제 6 장

액체의 성질

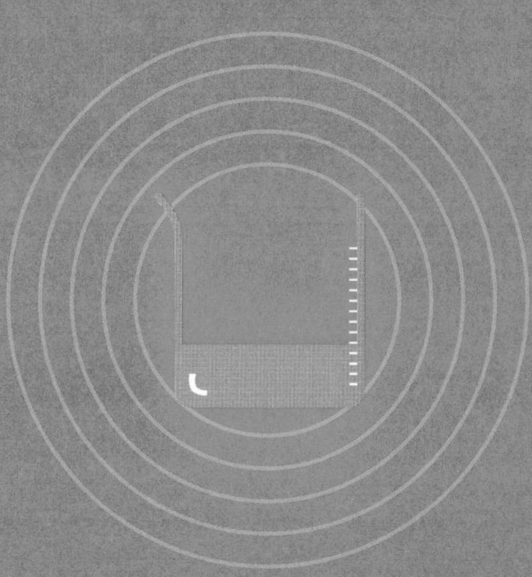

이론 화학

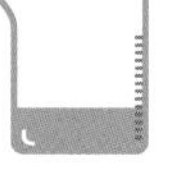

소금과 설탕, 둘 다 물에 녹지만 그 메커니즘은 다르다

◦ 용해의 메커니즘 ◦

소금(염화나트륨)과 설탕(수크로스)은 모두 물에 녹는다. 하지만 자세히 들여다보면 그 용해의 메커니즘은 전혀 다르다. 어떻게 다른지 살펴보자.

얼음이 물로 변하듯이 물질이 고체에서 액체로 변하는 것을 '융(融)'이라는 한자를 써서 '융해(融解)'라고 한다. 한편 고체인 소금을 물에 넣었을 때는 '용(溶)'이라는 한자를 써서 '용해(溶解)'라고 한다. 또 소금이 물에 용해돼서 소금물이 되었을 때, 녹은 소금을 용질, 물을 용매, 용해에 의해 생긴 소금물을 용액이라고 부른다. 이 세 가지 용어는 앞으로도 빈번히 나오므로 잘 기억해 두자.

그런데 염화나트륨은 어떤 메커니즘으로 녹을까? 그림 30-1을 보기 바란다. 물 분자 H_2O는 H-O 공유 결합으로 이루어져 있으며 전자의 치우침이 나타난다. 전기 음성도가 큰 O원자는 마이너스로 대전하고 H원자는 플러스로 대전하는 극성 분자다. 물에 염화나트륨을 넣으면 Na^+는 O원자에 끌려가 에워싸이고 마찬가지로 Cl^-는 H원자에 끌려가 에워싸이며 균형을 이룬다(이 현상을 수화라고 부른다). 이것이 이온 결합으로 이루어진 이온 결정의 용해 메커니즘이다.

그러면 수크로스는 어떤 메커니즘으로 녹을까? 그림 30-2에 있는 수크로스의 구조식을 보자. 수크로스는 물에 녹아도 이온화하지 않는 비전해질 분자 결정이므로 염화나트륨처럼 이온으로는 나뉘지는 않는다. 하지만 물과 비슷한 -OH라는 극성을 지닌 구조를 많이 가지고 있다. 이 수많은 -OH가 물 분자와 수소 결합해서 수화하기 때문에 물에 녹는 것이다. 이 하이드록시기(hydroxy group) -OH와 같이 극성이 있어 수화하기 쉬운 부분을 친수성기라고 하고, 친수성기에 의해 물에 잘 녹는 물질을 '친수성을 지녔다'라고 말한다.

그림 30-1 ● **NaCl이 물에 용해하는 모습**

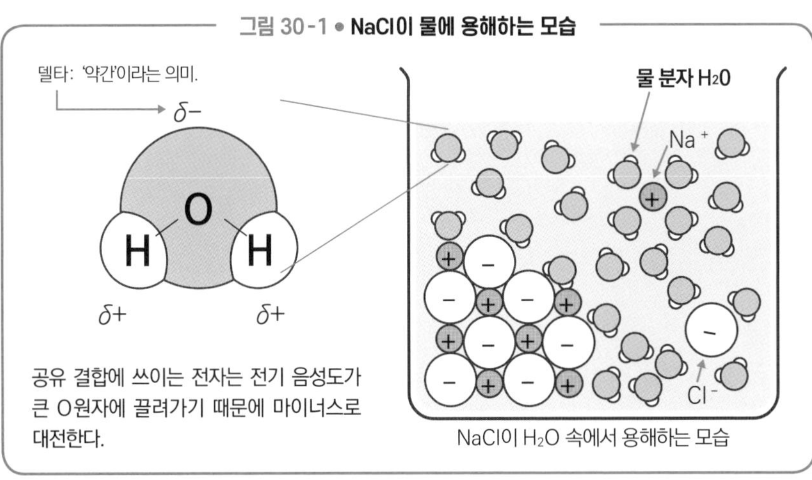

그림 30-2 ● **수크로스의 구조식과 물에 용해되는 모습**

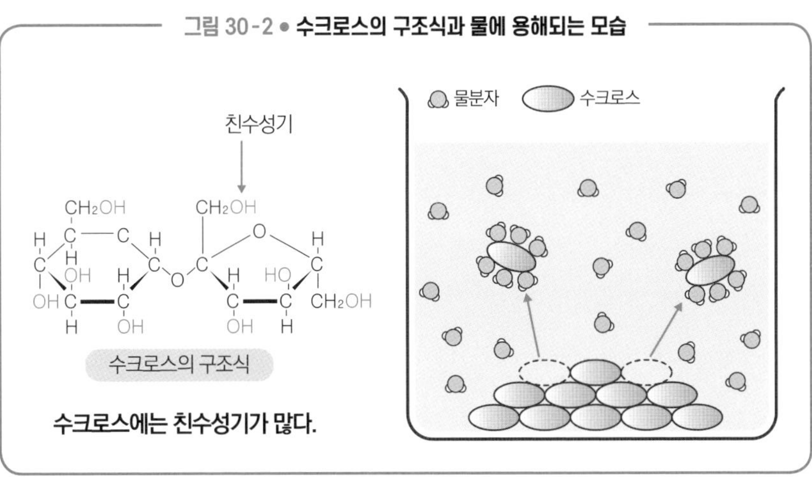

이론 화학

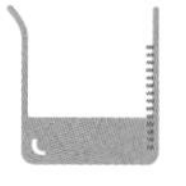

물 100g에 NaCl은 몇 g까지 녹을까

◦ 고체의 용해도 ◦

바다에 녹아 있는 염분은 주로 염화나트륨인데, 물 100g에는 염화나트륨이 약 36g밖에 녹지 않는다. 이때 '염화나트륨의 용해도는 36이다.'라고 표현한다.

용해도는 용질의 종류와 온도에 크게 의존한다.

특히 질산칼륨은 용해도의 온도 의존도가 큰 것이 특징이다. 또 염화나트륨은 용매인 물의 온도가 변화해도 용해도가 거의 변하지 않는 특징이 있다. 용해도의 차이는 혼합물을 분리해 순수한 물질을 만드는 데 도움이 된다. 예를 들어 질산칼륨 KNO_3에 소량의 황산구리(Ⅱ) 5수화물 $CuSO_4 \cdot 5H_2O$이 섞여 있는 혼합물을 생각해 보자. KNO_3는 하얀 결정이고, $CuSO_4 \cdot 5H_2O$는 파란 결정이므로 겉보기에는 하얀 분말 속에 파란 입자들이 들어가 있는 것 같다. 이것을 분리할 때 핀셋으로 파란 입자를 하나하나 집으려면 엄청난 시간과 수고가 들 것이다. 그래서 용해도의 차이(그림 31-1)를 이용한 재결정이라는 방법을 쓴다. 먼저 모든 혼합물을 뜨거운 물에 녹인다. 그런 후 이 수용액을 식히면 소량의 $CuSO_4$는 그대로 녹아 있지만 KNO_3는 온도에 따라 용해도가 낮아지기 때문에 전부 녹아 있지 못하고 일부가 결정이 된다. 이것을 여과하면 순수한 KNO_3를 얻을 수 있다.

그림 31-1 ● **다양한 고체의 용해도 곡선**

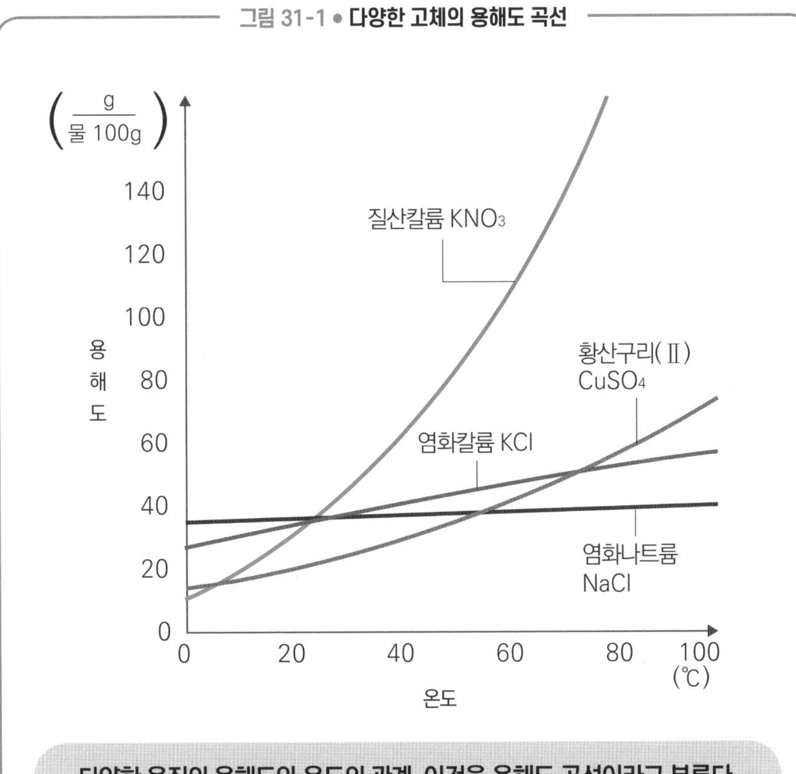

다양한 용질의 용해도와 온도의 관계, 이것을 용해도 곡선이라고 부른다.

이론 화학

스쿠버 다이빙을 할 때 주의해야 할 점은?

◦ 기체의 용해도 ◦

다이빙을 할 때 주의 사항 중 하나로 감압병(잠수병)이 있다. 물속 깊이 잠수했다가 갑자기 위로 올라오면 혈액 속에 녹아 있던 질소가 기체가 되어 혈관을 막으며 혈액 순환 장애까지 일으키는 병이다. 이 감압병에는 헨리 법칙이 적용된다.

2L짜리 탄산음료 페트병에는 CO_2가 얼마나 녹아 있을까? 일반적인 탄산음료에 CO_2가 4기압(4,052hPa)으로 가압되어 녹아 있다는 사실을 바탕으로 계산해 보자. 표 32-1에 따르면 CO_2는 0℃일 때 1기압(1,013hPa)에서 7.67×10^{-2}(mol)만큼 물에 녹는다. 헨리 법칙에 따르면 4기압에서는 4배인 0.307mol이 녹는다. 이 CO_2의 부피는 22.4(L/mol) × 0.307(mol) = 6.88(L)이므로 2L짜리 페트병 부피의 3배가 넘는 CO_2가 들어 있는 셈이다.

헨리 법칙

용해도가 작은 기체의 경우 온도가 일정할 때 일정량의 용매에 녹는 기체의 양은 그 기체의 압력(혼합 기체의 분압)에 비례한다.

그럼 대기 중에 방치된 0℃에 1L인 물에는 공기가 얼마나 녹을 수 있을까? 이것도 생각해 보자. 공기를 질소 80%와 산소 20%인 혼합물이라고 가정하면 표 32-1을 참고로 질소는 $10.3 \times 10^{-4} \times 0.8 = 8.24 \times 10^{-4}$(mol), 산소는 $21.8 \times 10^{-4} \times 0.2 = 4.36 \times 10^{-4}$(mol), 이것을 부피로 고치면 $(8.24 \times 10^{-4} + 4.36 \times 10^{-4}) \times 22.4 = 0.0282$(L)로 28.2mL다. 의외로 적지 않은가?

이제는 감압병에 대해 생각해 보자. 바닷속을 10m 잠수할 때마다 수압 때문에 1기압에 해당하는 압력이 몸에 가해진다. 30m 잠수하면 대기압인 1기압을 더해 총 4기압이 가해지는 셈이다. 몸무게가 60kg인 사람이면 혈액은 4.5L이므로 앞선 계산의 결과인 28.2mL에 질소의 비율 80%를 곱해 4.5배하면 약 100mL의 질소가 혈액에 녹아 있다는 것을 알 수 있다. 수심 30m에서 수면으로 급상승하면 100mL 중 3/4에 해당하는 75mL만큼의 질소가 체내 혈관에서 기체로 변해 버리고 마는 것이다. 이를 방지하기 위해 평상시에는 질소만큼 혈액에 잘 녹지 않아 정신이 몽롱해지는 증상인 '질소 마취'를 일으키지 않는 헬륨을 질소 대신 80% 고압 산소통에 넣는다.

표 32-1 ● 물에 대한 기체의 용해도

1기압일 때, 물 1L에 녹는 기체의 양(mol)을 나타낸다.

온도	N_2	O_2	He	CO_2	NH_3
0℃	10.3×10^{-4}	21.8×10^{-4}	4.21×10^{-4}	7.67×10^{-2}	21.2
20℃	6.79×10^{-4}	13.8×10^{-4}	3.90×10^{-4}	3.90×10^{-2}	14.2
40℃	5.18×10^{-4}	10.3×10^{-4}	3.87×10^{-4}	2.36×10^{-2}	9.19
60℃	4.55×10^{-4}	8.71×10^{-4}	4.03×10^{-4}	1.64×10^{-2}	5.82

이론 화학

펄펄 끓는 우동은 100℃를 훨씬 넘는다

증기압 내림과 끓는점 오름

보글보글 끓는 우동은 물의 끓는점인 100℃를 훨씬 넘어서까지 온도가 올라가기 때문에 만에 하나 떨어트리면 화상을 입을 수 있어 위험하다. 이 현상은 '증기압 내림'과 '끓는점 오름'이라는 두 가지 키워드로 설명할 수 있다.

24절에 있는 물의 증기압 곡선을 다시 펼쳐 보자. 온도가 올라갈수록 물의 증기압도 올라가다가 1,013hPa이 되었을 때, 즉 외부의 기압과 같아졌을 때 끓는 것을 알 수 있었다. 그럼 물에 아주 조금만 설탕(수크로스)을 녹이면 어떻게 될까? 그림 33-1에 묘사된 메커니즘에 따라 증기압이 조금 내려간다. 이 현상을 증기압 내림이라고 부른다. 증기압 내림이란 액체에 비휘발성(증발하기 어려운 성질) 물질을 녹여서 용액을 만들면 원래 액체보다 증기압이 낮아지는 현상을 가리킨다.

1,013hPa에서 순수한 물이 100℃에 끓고 있을 때 100℃의 설탕을 첨가하면 어떻게 될까? 온도는 100℃로 같지만, 증기압 내림이 일어나 증기압이 1,013hPa보다 내려가기 위해 다시 끓으려고 한다. 그러려면 온도가 100℃보다 올라가야 한다. 이처럼 액체에 비휘발성 용질을 녹이면 원래 액체보다 끓는점이 올라가는 현상이 일어나는데 이를 끓는점 오름이라고 부른다(그림 33-2). 우동 국물에는 소금과 각종 조미료가 녹아 있기 때문에 끓는점 오름이 일어나 100℃보다 훨씬 높은 온도에서 끓는다. 그래서 자칫 쏟으면 뜨

거운 물보다 심한 화상을 입고 마는 것이다.

그림 33-1 ● **증기압 내림의 메커니즘**

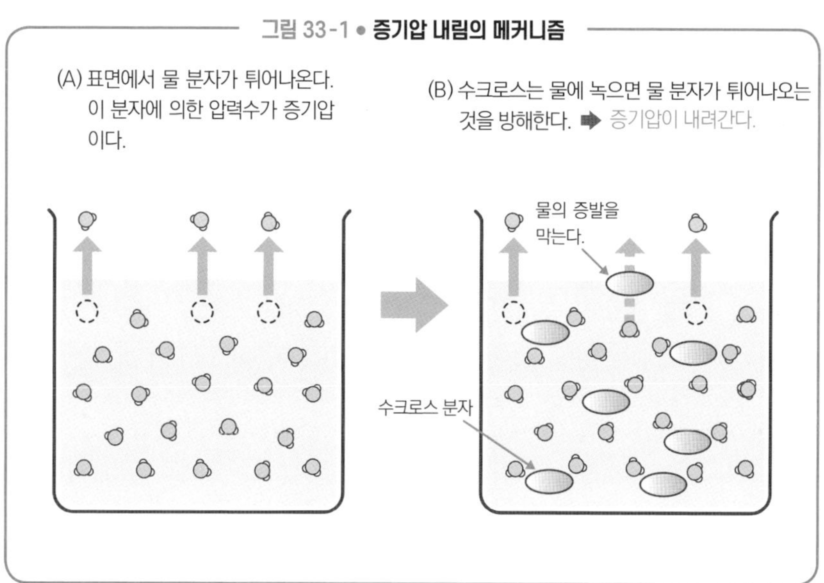

그림 33-2 ● **증기압 내림과 끓는점 오름**

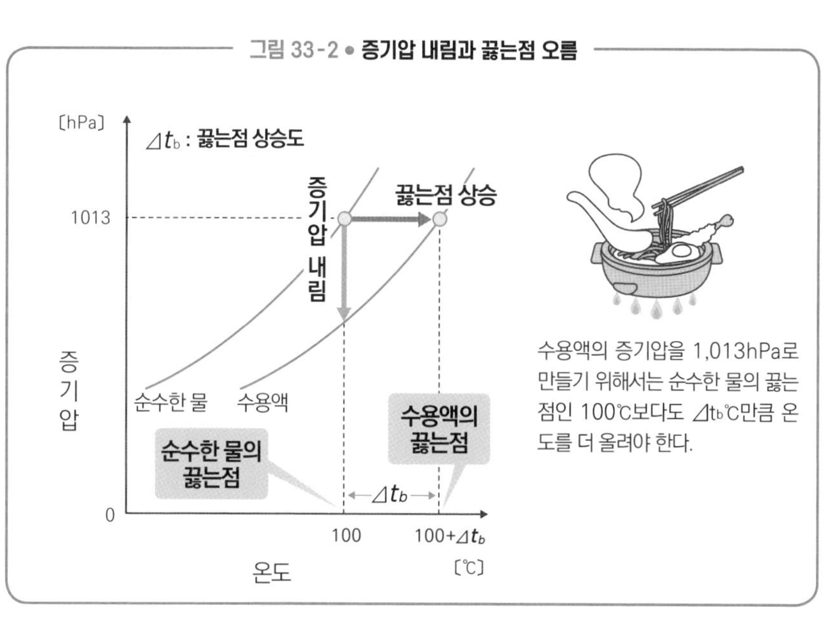

이론 화학

얼음과 소금으로 냉동실 못지않게 온도를 내리려면?

◦ 어는점 내림 ◦

얼음에 소금을 넣으면 −20℃까지 내릴 수 있다. 아이스크림을 지금처럼 편의점에서 쉽게 살 수 없던 시절에는 달걀 노른자와 우유, 설탕을 섞어 열전도성이 좋은 금속 식기에 담은 다음 얼음과 소금을 넣어 차갑게 한 볼 속에 식기를 담고 내용물을 휘저어 직접 만들었다. 이는 어는점 내림이라는 현상을 이용한 것이다.

얼음이 떠 있는 0℃의 물에 소금을 녹였다고 생각해 보자. 그림 34-1을 보기 바란다. 녹이기 전 물은 얼음이 동동 떠 있고 겉보기에 아무 변화도 없는 것 같지만, 사실은 물→얼음이 되는 분자와 얼음→물이 되는 분자의 개수가 같은 상태다(A). 여기에 소금을 넣어 녹이면 소금이 물속에서 Na^+와 Cl^-가 되어 물→얼음이 되는 물 분자를 방해한다. 그러면 물→얼음이 되는 분자보다 얼음→물이 되는 분자가 더 많아져서 얼음이 녹아 버린다(B). 이 수용액을 다시 얼리려면 온도를 더욱 낮추어 물에서 얼음이 되는 분자를 늘려야 한다. 이것이 바로 어는점 내림이라는 현상이다.

그런데 얼음에 소금을 뿌리면 온도가 내려가는 현상을 어는점 내림으로 어떻게 설명할 수 있을까? 얼음에 소금을 뿌리면 얼음의 표면에 미세하게 존재하는 물방울에 소금이 녹는다. 그러면 이 수용액은 녹는점이 내려가기 때문에 다시 얼 수 없고, 오히려 주위 얼음을 더욱 녹인다. 얼음이 녹을 때는 융해열만큼 주위로부터 열을 빼앗기 때문에 온도가 0℃보다도 낮게 내려가는 것이다.

얼음에 소금을 뿌리면 온도는 -20℃까지 내려가지만, 소금을 뿌리지 않았을 때보다도 얼음이 빨리 녹아 버린다. 동결 방지제도 이와 원리는 같다. 눈이 쌓인 도로에 동결 방지제로 염화나트륨을 뿌리는 것은 어는점을 낮춤으로써 눈이 얼음이 되어 도로가 어는 것을 막기 위해서다.

그림 34-1 • **어는점 내림**

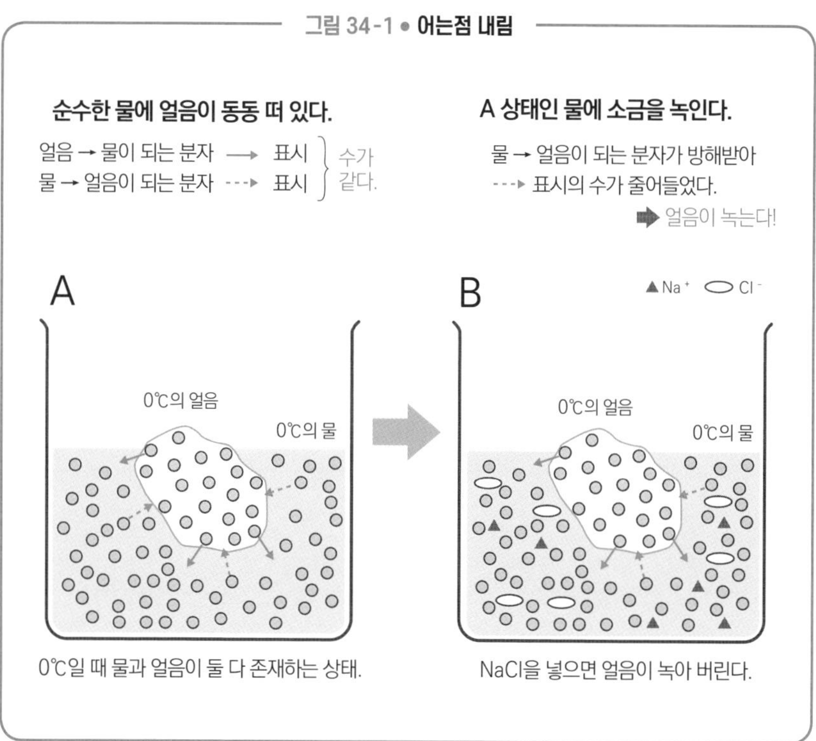

계산법을 마스터해서 한 단계 위로

◦ 끓는점 오름과 어는점 내림의 계산법 ◦

용질을 어느 정도 녹이면 끓는점이 몇 ℃ 상승하고 어는점은 몇 ℃ 내려가는지, 그 계산법을 소개한다. 이때는 몰 농도가 아니라 몰랄 농도를 이용한다.

몰랄 농도

용매 1kg에 녹아 있는 용질의 양을 몰로 나타낸 농도.

$$\text{몰랄 농도(mol/kg)} = \frac{\text{용질의 양(mol)}}{\text{용매의 질량(kg)}}$$

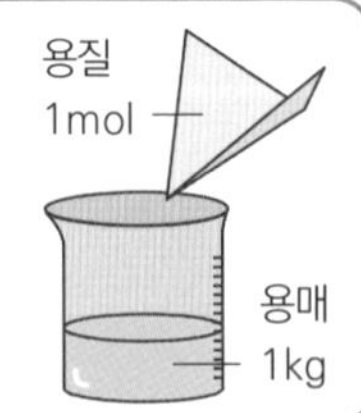

앞서 화학적으로 계산할 때 몰 농도(M)를 사용했다(20절). 몰 농도는 용액의 부피 1L당 용질의 몰수를 나타내는데, 끓는점 오름과 어는점 내림은 용액의 온도를 넓은 폭으로 변화시키기 때문에 용액의 부피도 변해 버린다. 그래서 온도가 바뀌어도 변하지 않는 용질의 질량을 단위로서 이용한 몰랄농도(mol/kg)를 쓴다.

끓는점 오름과 어는점 내림의 계산법

끓는점이 얼마나 상승하는지 나타내는 끓는점 오름, 어는점이 얼마나 내려가는지 나타내는 어는점 내림은 몰랄 농도에 비례한다. 변화량은 끓는점 오름과 어는점 내림이 서로 다르고 용매에 따라서도 달라진다. 그래서 몰랄농도

1.0mol/kg일 때의 끓는점 오름 온도를 끓는점 오름 상수, 어는점 내림의 온도를 어는점 내림 상수라고 하며 표 35-1에 용매별로 정리했다.

표 35-1 ● 각 용매의 몰 끓는점 오름, 몰 어는점 내림

용매	끓는점(℃)	끓는점 오름 상수(K_b) (K·kg/mol)	어는점 내림 상수(K_f) (K·kg/mol)
물	100	0.52	1.85
벤젠	80.0	2.53	5.12
식초	118	2.53	3.90

끓는점 오름 Δt_b와 어는점 내림 Δt_f는 용액의 몰랄농도 m(mol/kg)에 비례한다.

$\Delta t_b = K_b m$
$\Delta t_f = K_f m$

여기서 주의해야 하는 것은 염화나트륨 NaCl처럼 용액 속에 이온화되는 전해질이다. 이를테면 물 1kg에 NaCl을 0.10mol 녹인 용액에서 NaCl은 완전 이온화하므로 Na^+와 Cl^-가 각 0.10mol씩 생겨서 총 0.20mol의 이온을 포함한 수용액이 된다. 그래서 끓는점은 $0.52 \times 0.20 = 0.10$(K) 오르고, 어는점은 $1.85 \times 0.20 = 0.37$(K) 내린다. 끓는점 오름과 어는점 내림은 이온화에 의해 용질 입자의 수가 늘어날 경우, 증가한 용질 입자의 총 몰수에 비례한다. 그래서 NaCl 수용액은 0.10mol/kg 비전해질 수용액의 2배에 달하는 끓는점 오름도, 어는점 내림도를 나타내게 된다(표 35-2, 35-3).

표 35-2 ● 수용액의 끓는점 오름 (Δt_b)

농도(mol/kg)		0.10	0.20
용질	포도당	0.052	0.104
	요산	0.052	0.104
	염화나트륨	0.104	0.208
	염화칼슘	0.156	0.312

표 35-3 ● 수용액의 어는점 내림 (Δt_f)

농도(mol/kg)		0.10	0.20
용질	포도당	0.185	0.370
	요산	0.185	0.370
	염화나트륨	0.370	0.740
	염화칼슘	0.555	1.110

$NaCl \rightarrow Na^+ + Cl^-$에서 Δt_b, Δt_f는 2배, $CaCl_2 \rightarrow Ca^{2+} + 2Cl^-$에서 Δt_b, Δt_f는 3배가 된다.

도로 동결 방지제에는 염화나트륨 외에 염화칼슘도 널리 쓰인다. 물론 염화나트륨 NaCl도 동결 방지 효과가 있지만, 염화칼슘 $CaCl_2$는 $Ca^{2+}+2Cl^-$여서 두 개의 Cl^-로 이온화하기 때문에 효과가 3배로 늘어난다.

이론 화학

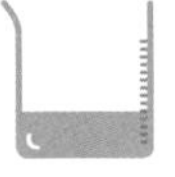

소금 먹은 푸성귀, 이 속담도 화학으로 설명할 수 있다

◦ 삼투압 ◦

'소금 먹은 푸성귀'라는 속담이 있다. 푸성귀에 소금을 뿌리면 숨이 죽듯이, 충격을 받아 잔뜩 풀 죽은 사람을 가리키는 말이다. 이 속담 속에 삼투압이라는 개념이 숨어 있다.

삼투압에 대해 이해하려면 먼저 반투막을 알아야 한다. '막'은 일단 두고, '반투'는 무슨 의미일까? '반투'는 '절반을 투과한다.'라는 뜻으로, 다시 말해 큰 물질은 통과할 수 없지만 작은 물질은 통과할 수 있는 구멍이 뚫린 막을 가리킨다. 이해하기 쉬운 예를 들자면 물은 통과할 수 있지만 단백질이나 녹말 등 크기가 큰 분자는 통과할 수 없는 막이다. 셀로판, 세포막 등이 대표적인 반투막이다.

반투막의 양쪽에 물만 들어 있을 때는 반투막에 부딪치는 물 분자의 수가 같아서, 부딪치는 물 문자에 의해 발생하는 힘인 '반투막을 통과해 반대쪽으로 들어가려고 하는 압력', 즉 삼투압도 같아진다. 그림 35-1을 보자. ①처럼 A, B에 순수한 물을 넣고 높이를 같게 만든 상태에서 A 쪽에 녹말을 넣으면 A에서 B로 이동하는 물 분자가 녹말에 가로막혀 줄어들기 때문에 삼투압의 균형이 무너진다. 그 결과 부딪치는 물 분자의 개수가 더 많은 B 쪽에서 일부 물 분자가 반투막 구멍을 통과해 A 쪽으로 들어가고 A 쪽 용액의 높이가 상승한다. 용액 높이의 상승은 물 분자가 오고 가는 수가 같아질 때까지 계속된다(②). 이때

그림 36-1 ● **삼투압**

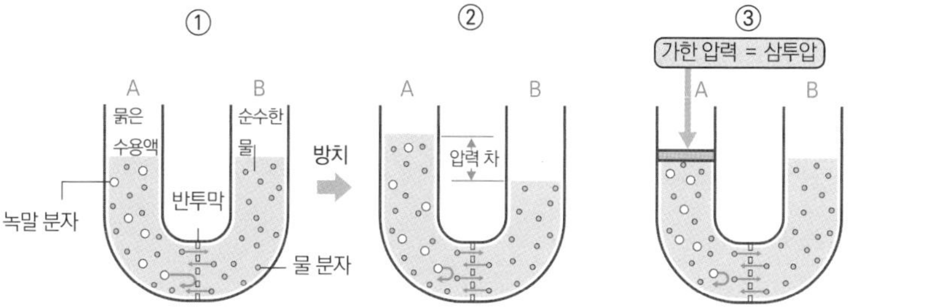

①

A 묽은 수용액 B 순수한 물

녹말 분자 반투막 물 분자

방치

A 쪽으로 이동하는 물 분자가 더 많아진다.

A 쪽에 녹말을 가한다.

②

A B 압력 차

삼투압에 의해 A→B, B→A의 물 분자 개수가 같아진다.

A 쪽의 액면이 높아진다.

③

가한 압력 = 삼투압

A B

A 쪽의 액면이 올라가지 않도록 하려면 압력을 가해야 한다.

A 쪽에 삼투압과 같은 압력을 가한다.

삼투압은 고분자의 평균 분자량의 측정에 이용된다! (반트호프 법칙)

녹말 등의 고분자는 이어져 있는 개수가 불규칙하기 때문에 평균 분자량으로 한다.

$$\pi V = nRT$$

π: 삼투압(hPa) n: 몰수(mol)

V: 부피(L) T: 절대온도(K)

R은 기체 상수를 쓴다.
기체의 상태 방정식과 같이 변형시키면 분자량 M, 용질의 질량 w(g)를 이용해서
$M = \frac{wRT}{\pi V}$가 되어, M을 구할 수 있다.

A 쪽의 높이가 상승하지 않게 하려면 A 쪽에 뚜껑을 닫아 압력을 가해야 한다(③). 이 압력이 바로 삼투압이다. 삼투압은 농도가 몹시 낮은 묽은 용액일 때는 기체의 상태 방정식과 같은 식이 성립함을 실험을 통해 알 수 있다.

푸성귀에 소금을 뿌리면 잎 표면에 농도가 큰(삼투압이 큰) 수용액이 생기기 때문에 잎의 세포에서 물이 나오는 것이다(세포막이 반투막 같은 작용을 한다). 달팽이에 소금을 뿌리면 쪼그라드는 것도 같은 이유로, 달팽이의 몸에 삼투압이 큰 소금물이 묻기 때문에 체내의 물이 배출되는 것이다.

이론 화학

이름은 특이하지만 어디에나 있다

◦ 콜로이드 ◦

콜로이드, 왠지 어렵게 들리는 이름이다. 하지만 콜로이드는 우리 주변에 흔히 있는 물질이다. 예컨대 우유에는 지방분이 3~4% 포함되어 있지만 기름이 뜨지 않고, 마요네즈에는 70%나 되는 지방이 있는데 역시 기름이 분리되지 않는다. 이는 지방 입자가 분리되지 않을 만큼의 크기인 콜로이드 입자로 안정되어 있기 때문이다.

콜로이드 입자는 투명한 수용액(콜로이드를 다룰 때에는 특별히 이를 '참용액'이라고 부른다)의 용질처럼 반투막을 통과할 수는 없지만, 현탁액·유탁액 속의 입자처럼 거름종이를 통과하지 못하는 입자보다는 작은 입자를 말한다(그림 37-1). 콜로이드 입자가 액체 속에 분산된 용액('용해'는 참용액에 쓰이는 단어이므로 여기서는 분산이라는 단어를 사용했다)을 콜로이드 용액이라고 한다.

콜로이드는 그림 37-2에 묘사했듯이 콜로이드 입자를 분산시키는 물질(분산매), 콜로이드 입자(분산질)의 종류에 따라 다양하다. 또 유동성이 있는 것(졸: 생크림, 마요네즈 등)과 없는 것(겔: 버터, 마시멜로 등)에 따라 분산 방법도 나뉜다.

콜로이드 용액의 특징 중 하나는 시간이 지나도 분리되지 않는 점을 들 수 있다. 그래서 우유를 마실 때 굳이 우유팩을 흔들지 않아도 늘 동일한 맛의 우유를 마실 수 있다. 진한 우유에는 지방이 3% 정도나 들어 있는데, 왜 가벼운 지방이 시간이 지나도 위에 뜨지 않을까? 사실 우유에 함유된 지방분은 카세인이라는 단백질이 주변을 감싸고 있는 세밀한 입자인데, 이 덕에 물과 섞

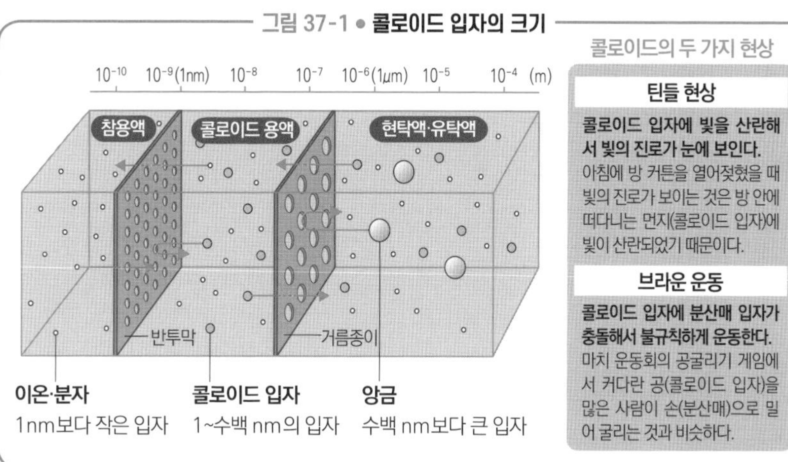

그림 37-2 ● 분산질과 분산매

		분산질		
		기체	액체	고체
분산매	기체	존재하지 않는다.	공기 / 물방울 / 구름	공기 / 고체 입자 / 연기
	액체	맥주 / CO_2 / 맥주 거품	식초 등 / 기름 / 마요네즈	물 / 흑연 / 먹물
	고체	SiO_2 / 공기 / 실리카겔	젤라틴 / 물 / 젤리	Al_2O_3 / Cr_2O_3 / 루비

이기 쉬운 '유화' 상태에 있다. 마찬가지로 마요네즈 역시 달걀 노른자에 함유된 단백질이 지방 입자를 에워싸고 있어 지방끼리 달라붙는 것을 방지해 준다. 이러한 단백질을 보호 콜로이드라고 부른다.

우유에 소금을 듬뿍 넣고 잘 섞으면 콜로이드 입자가 달라붙어 입자의 크기가 커지면서 가라앉는다. 이를 염석(鹽析)이라고 한다(그림 37-3). 두부에 간수를 넣고 굳히는 것도 일종의 염석 현상이다.

하수 처리장에서도 이런 현상을 이용한다. 황산알루미늄을 사용해 하수에 포함된 진흙 등 콜로이드 입자를 가라앉힌 다음 처리 공정에 들어가는 것이다. 여기서 가라앉은 콜로이드는 소수성(疎水性)이어서 염석이 아니라 응결(凝結)이라고 부른다(그림 37-4).

그림 37-3 • **염석**

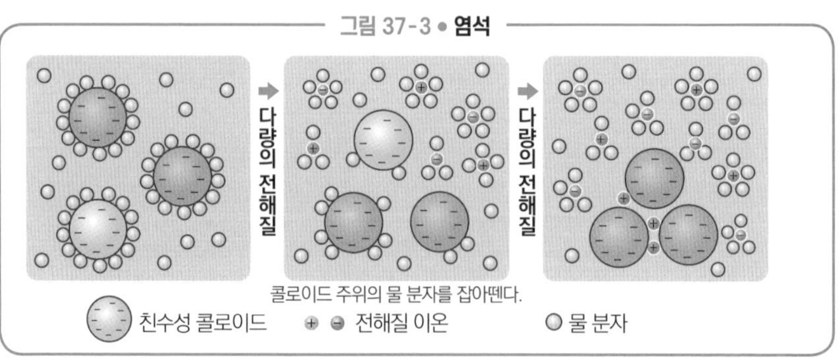

그림 37-4 • **응결**

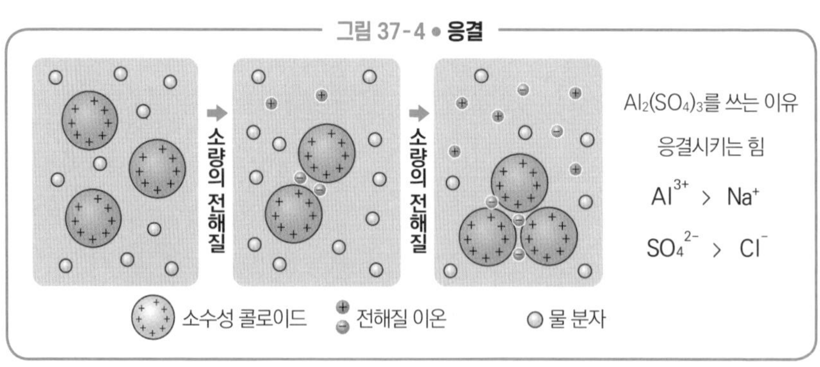

이론 화학

인공 투석은 어떻게 혈액을 깨끗하게 만들까

◦ 투석 ◦

신장이 기능을 제대로 하지 못하면 인공 투석을 해야 살 수 있다. 인공 투석의 역할이 '혈액 속 노폐물을 제거하는 것'이라고 알 수도 있겠는데, 혹시 어떤 기술이 쓰이는지도 아는가? 실은 '반투막'과 '콜로이드'로 이해할 수 있다.

먼저 투석이란 어떤 기술일까? 한마디로 말하면 콜로이드 입자와 불순물을 분리하는 기술이다. 염화철(Ⅲ)을 끓는 물에 넣으면 $FeCl_3+3H_2O \rightarrow Fe(OH)_3+3HCl$이라는 화학 반응이 일어난다. 이때 생성된 수산화철(Ⅲ)는 이온화해서 용해하지는 않지만 가라앉지도 않고, 많은 $Fe(OH)_3$ 입자가 모여 콜로이드 입자로 존재한다(그림 38-1). 이 콜로이드 용액에는 염화수소 HCl이 포함되어 있다. 이 HCl을 콜로이드 용액에서 제거하는 방법이 투석이다. 셀로판 봉지에 HCl이 섞인 수산화철(Ⅲ)의 콜로이드 용액을 넣어 물속에 매달아 두면 크기가 작은 H^+와 Cl^-는 봉지 밖으로 빠져나가고, 콜로이드 입자는 셀로판 봉지 속에 남는다. 이때 셀로판 봉지 주변으로 물을 천천히 흘려서 봉지 밖에 나온 H^+와 Cl^-를 같이 흘려 보내면 봉지 속에 있던 HCl을 완전히 제거할 수 있다.

'인공 투석'을 할 때는 그림 38-2와 같이 노폐물이 섞인 혈액을 투석기로 흘려 보낸다. 투석기에는 적혈구, 백혈구, 단백질 등이 통과할 수 없는 작은 구멍이 난 섬세한 실들이 수천 올씩 다발로 있는데, 길이가 약 30cm인 투명 플라스틱 원통 속을 꽉 채우고 있다. 이 실 속을 흐르는 혈액에서 외부 투석액 쪽으로 노폐물이 이동하면서 제거된다. 또 혈액 속에 부족한 HCO_3^-가 투석액에서 혈액으로 보충된다. 신장은 H^+를 소변으로 배출해 혈액을 약염기성으로 유지하는 작용을 하는데, 신장 기능이 떨어지면 혈액의 pH가 산성으로 기울기 때문에 약염기성인 HCO_3^-를 혈액에 보충해서 다시 약염기성으로 만드는 것이다.

그림 38-1

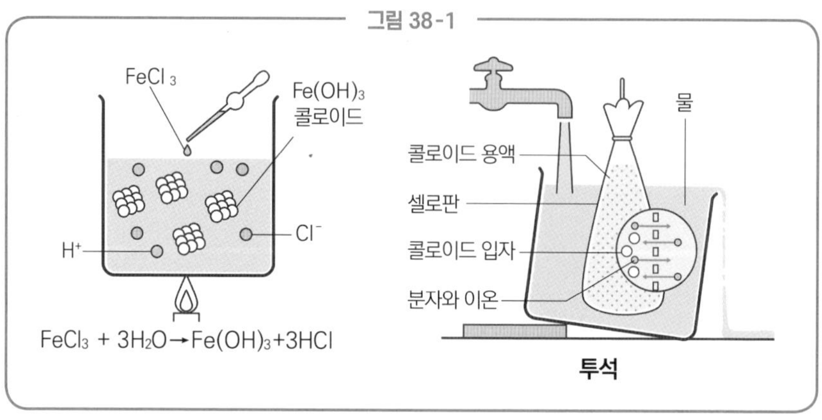

그림 38-2 ● **인공 투석의 구조**

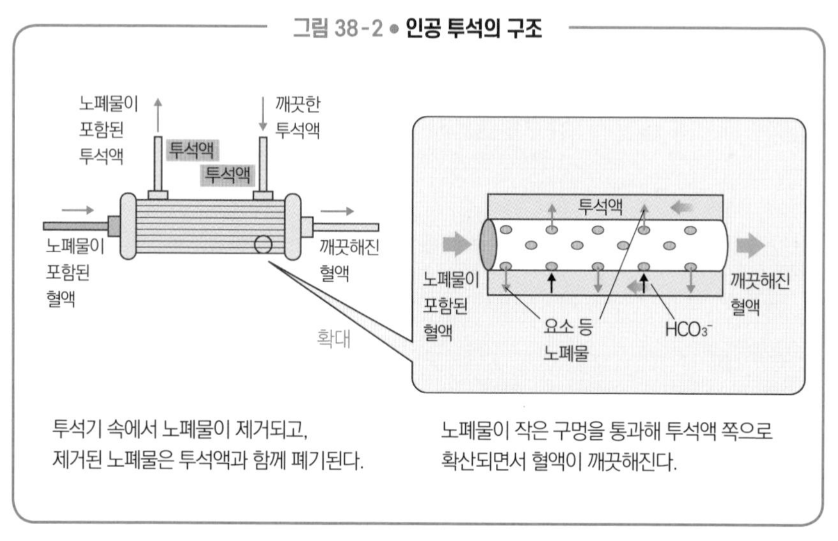

기초 화학 | 이론 화학 | 무기 화학 | 유기 화학 | 고분자 화학

제 7 장

화학 반응과 열

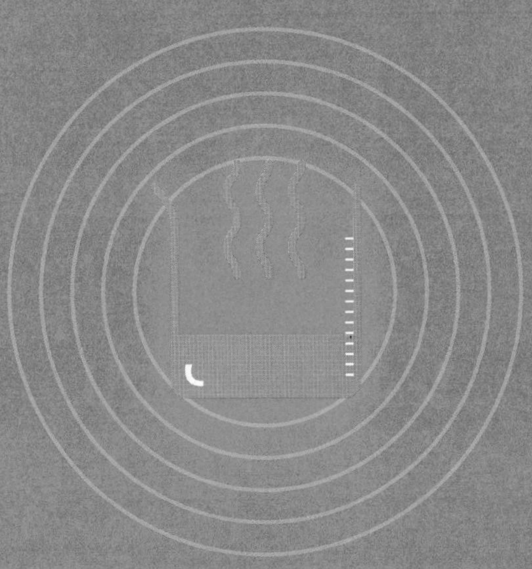

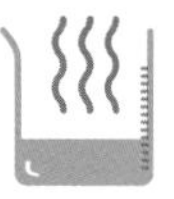

칼로리와 줄, 열을 나타내는 단위란

◦ 열의 기본 ◦

우리는 일상생활에서 "도넛은 1개에 200kcal로 칼로리가 높아." 같은 말을 쓴다. 칼로리란 열량을 나타내는 단위다. 다시 말해 도넛에 불을 붙여 재가 될 때까지 나오는 열이 200kcal라는 뜻이다. 튀김의 칼로리가 높은 것은 지방을 많이 함유해서 잘 타기 때문이다.

열의 양을 나타내는 단위에는 칼로리(cal)와 줄(J)이 있다. 1cal는 물 1g의 온도를 1K(켈빈: 앞서 절대온도의 단위라고 했다) 올리는 데 필요한 열량으로 정의된다. 이를 물의 비열이라고 하며, 1cal/g·K로 표기한다. 약 20년 전까지는 cal라는 단위를 썼지만, 현재는 국제 표준 단위인 줄(J)을 써

그림 39-1

열의 양을 나타내는 단위

칼로리		줄
1cal	=	4.2J
물 1g의 온도를 1K 올리는 데 필요한 열량. 영양학 분야에서만 쓰인다.		1W의 전열선이 4.2초 만에 내는 열량. 전 세계에서 쓰인다. 이 책에서도 J을 사용한다.

비열: 어떤 물질의 온도를 1K 올리는 데 필요한 열량.

야 한다. 1cal =4.2J이므로, 물의 비열은 4.2J/g·K이 된다.

물은 다른 물질에 비해 비열이 크다. 즉 빨리 뜨거워지지 않고 빨리 식지도 않는 물질이다. 이를테면 철의 비열은 0.44J/g·K로 물의 약 10분의 1밖에 되지 않는다. 0℃, 1.0L인 물을 100℃까지 온도를 올리려면 420kJ의 열이 필요한데, 같은 무게의 철을 0℃에서 100℃까지 온도를 올리는 데에는 44kJ의 열이면 충분하다.

표 39-1 ● 여러 가지 물질의 비열

물질명	비열 J/g·K	물질명	비열 J/(g·K)
물	4.2	철	0.44
에탄올	2.4	구리	0.39
유리	0.80	알루미늄	0.90
수은	0.14	은	0.23

이렇게 cal는 현재 화학에서 더 이상 쓰이지 않는 단위지만, 물 1g의 온도를 1℃ 올리는 열량이라는 정의가 이해하기 쉬워서 아직도 영양가를 표시할 때는 쓰고 있다. 음식물의 열량은 kcal로 나타낸다. 그렇다면 도넛 1개에는 어느 정도 에너지가 있을까? 한번 계산해 보자. 먼저 200kcal에서 k는 1,000배를 뜻하므로 200kcal는 20만 cal다. 이는 욕조에 담긴 물 200L의 온도를 1℃ 올릴 수 있는 열량이다. 도넛 1개에서 꽤 큰 에너지가 나온다는 것을 알 수 있다.

이론 화학

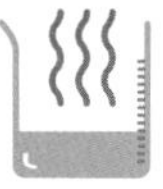

화학 반응에 따른 열의 출입을 어떻게 나타낼까

◦ 발열 반응과 흡열 반응의 열화학 방정식 ◦

화학 반응에는 열의 출입이 뒤따른다. 핫팩은 철이 산화될 때 발생하는 열을 이용한 것이고, 가스레인지로 요리를 할 수 있는 것 역시 도시가스의 메테인이 연소하면서 큰 열을 내기 때문이다.

발열 반응과 흡열 반응

여러분이 가스레인지를 써서 요리할 때는 도시가스의 메테인이 연소하며 열을 방출한다. 메테인 CH_4 1mol이 연소하면 891kJ의 열이 발생한다. 이 반응과 관련하여 각 물질이 지닌 에너지의 상대 관계를 묘사해 보면 그림 40-1의 에너지도과 같다. 에너지도에서는 에너지가 큰 물질을 위에, 에너지가 작은 물질을 아래에 표기한다. 따라서 열이 발생하는 발열 반응에서는 화살표가 위에서 아래로 향한다.

한편 주위로부터 열을 흡수하는 반응도 있다. 석탄이 새빨개질 때까지 가열한 다음 수증기가 닿게 하면 석탄 속의 흑연 C가 반응해 일산화탄소와 수소 가스가 발생한다. 흑연 C 1mol이 반응하면 131kJ의 열이 흡수된다. 이 흡열 반응을 에너지도로 나타내면 그림 40-2와 같다.

화학 반응에 따라 발생 또는 흡수되는 열량을 반응열이라고 부른다. 모든 물질은 고유의 에너지를 가지고 있는데, 화학 반응이 일어나 반응물

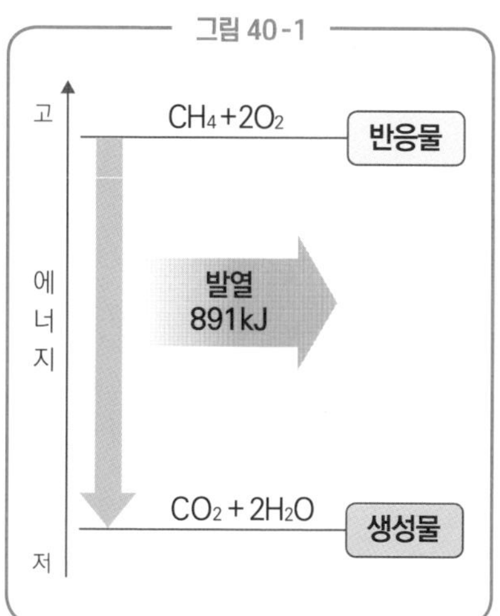

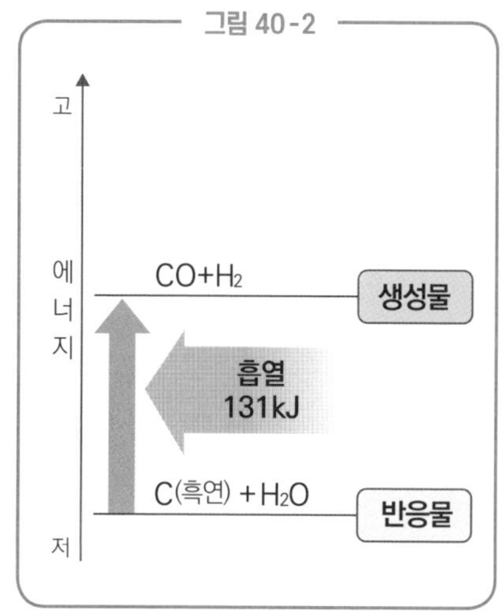

이 생성물로 변화하면 그 고유의 에너지 차이만큼 반응열이 나타나는 것이다.

열화학 방정식

다음의 (1) 식은 수소의 연소를 화학 반응식으로 나타낸 것이다. 이 화학 반응식에 열의 출입 정보를 추가해 열화학 방정식을 만들면 (2)식이 된다. 두 가지 식을 나란히 놓고 차이를 살펴보자. 어디가 다른지 알겠는가? 답은 다음 페이지에 나와 있다.

$$2H_2 + O_2 \rightarrow 2H_2O + 572(kJ) \quad \cdots\cdots (1)$$

$$H_2 + \frac{1}{2}O_2 \rightarrow H_2O(l) + 286(kJ) \quad \cdots\cdots (2)$$

① 계수로 분수가 붙어 있다.

② →가 =이 되어 있다.

③ H_2O 뒤에 (l) 표시가 되어 있다.

이 세 가지다. 왜 그런지 지금부터 설명하겠다.

① 열화학 방정식에서는 중요하게 여기는 물질의 계수를 '1'로 둔다는 규칙이 있다. 여기서는 H_2의 연소열이 중요하므로 H_2의 계수를 1로 한다. 그렇기 때문에 O_2의 계수는 분수가 되어도 괜찮은 것이다.

② 화학 반응에서 →는 반응의 방향을 나타낸다고 했다. 열화학 방정식에서는 H_2 1mol과 O_2 $\frac{1}{2}$mol이 지니는 에너지의 합이 물(액체) 1mol이 갖는 에너지와 286kJ의 합과 같음을 나타낼 뿐 반응의 방향은 크게 상관 없다. 따라서 →가 =으로 바뀐 것이다. 즉 이것을 수식처럼 다루어 $H_2O(l) = H_2 + \frac{1}{2}O_2 - 286kJ$라고 써도 된다. 이는 물에 286kJ의 에너지를 주면 수소와 산소로 분해할 수 있음을 나타낸다. 여기서 나온 '에너지를 준다'라는 표현이 이해하기 어려울 수 있는데, 전기 분해를 상상해 보자. 물에 전기를 흘리면 수소와 산소로 분해된다. 전기라는 에너지를 줌으로써 수소와 산소로 분해한 것이다.

③ 열화학 방정식에서는 액체를 (l), 고체를 (s), 기체를 (g) 등으로 물질의 상태를 화학식 뒤에 쓴다.

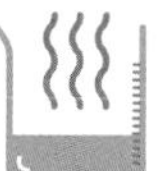

41 물리 변화도 열화학 방정식으로

◦ 여러 가지 열화학 방정식 ◦

열화학 방정식에 대해 알아보았으니, 여러 가지 열화학 방정식을 실제로 만들어 보자. 얼음이 녹아 물이 된다는 단순한 상태 변화는 화학 반응이 아니지만, 열의 출입을 동반하기 때문에 열화학 방정식으로 나타낼 수 있다. 그 밖에도 용해열과 중화열 역시 열화학 방정식으로 표현할 수 있다.

상태 변화를 나타내는 열화학 방정식

23절에서 물의 상태 변화에 대해 알아보았다. 1,013hPa에서 0℃, 1mol의 얼음이 융해할 때 흡수하는 열량은 6.0kJ다. 이를 융해열이라고 하며 (1)식처럼 나타낸다. 물론 이것을 반대로 써서 (2)식처럼 물이 얼음으로 변화할 때 발생하는 열량(응고열)으로 표시할 수도 있다.

또 1,013hPa에서 25℃, 1mol의 물이 증발할 때 흡수하는 열량은 44kJ다. 이를 증발열이라고 하며, (3) 식으로 나타낸다.

융해열 $H_2O\ (s) \rightarrow H_2O\ (l) - 6.0kJ$ …… (1)

응고열 $H_2O\ (l) \rightarrow H_2O\ (s) + 6.0kJ$ …… (2)

증발열 $H_2O\ (l) \rightarrow H_2O\ (g) - 44kJ$ …… (3)

그림 41-1 ● 상태 변화를 나타내는 열화학 방정식

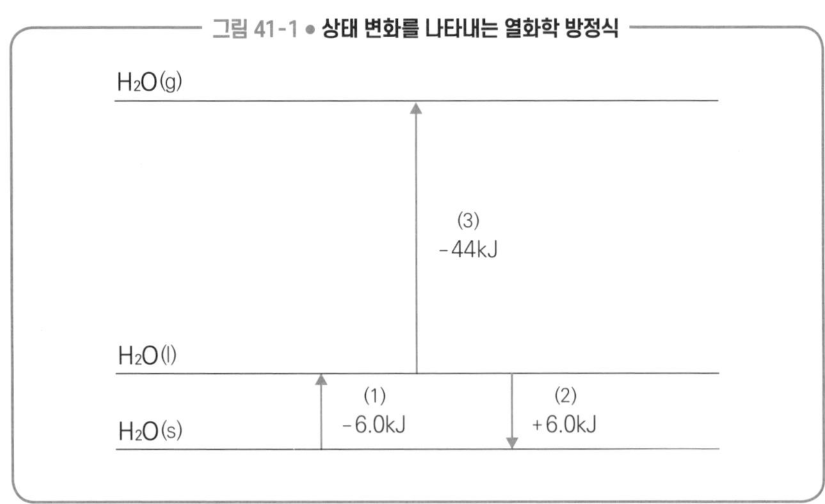

생성열을 나타내는 열화학 방정식

화합물이 그 성분 원소의 홑원소 물질로부터 생성될 때 출입하는 열량을 생성열이라고 부른다. '홑원소 물질'이라는 부분이 중요하다. 홑원소 물질의 생성열은 0kJ/mol로 정의하는 것이 규칙이다. 이를테면 CH_4, NaCl의 생성열을 나타내는 열화학 방정식은 (4), (5)식과 같다. 탄소를 C(s)가 아니라 C(흑연)으로 적은 것은 탄소의 동소체(원소는 같지만 모양과 성질이 다른 물질-옮긴이)로 다이아몬드도 있는데, 다이아몬드는 생성열이 2kJ로 크기 때문이다. 상온에서 어느 쪽의 상태로도 존재할 수 있는 동소체의 경우에는 그 종류도 밝혀 쓴다.

$$\text{C(흑연)} + 2H_2(g) = CH_4(g) + 74.9\text{kJ} \quad \cdots\cdots \quad (4)$$

↑ 만약 다이아몬드라면 생성열은 76.9kJ이다.

$$Na(s) + \frac{1}{2}Cl_2(g) = NaCl(s) + 411\text{kJ} \quad \cdots\cdots \quad (5)$$

용해열을 나타내는 열화학 방정식

(6), (7)처럼 용질 1mol을 다량의 용매에 용해할 때 발생 또는 흡수하는 열량을 용해열이라고 한다. 용해는 화학 반응이 아니지만, 상태 변화의 반응열과 마찬가지로 넓은 의미에서 반응열에 포함된다.

$$H_2SO_4(l) + aq = H_2SO_4(aq) + 95.3kJ \quad \cdots\cdots \quad (6)$$

$$NaCl(s) + aq = NaCl(aq) - 3.9kJ \quad \cdots\cdots \quad (7)$$

aq는 다량의 물을 뜻하고, 화학식 뒤에 붙으면 용액을 나타낸다.

중화열을 나타내는 열화학 방정식

수소 이온 H^+와 수산화 이온 OH^-가 중화해서 1mol의 H_2O가 생길 때는 56.5kJ의 열이 발생한다. 이를 중화열이라고 부른다. 일반적으로 묽은 수용액 속에는 강산과 강염기가 완전히 이온화되어 있어서 염산과 수산화나트륨의 반응이든 황산과 수산화칼륨의 반응이든, 모두 (8) 같은 열화학 방정식으로 나타낼 수 있다.

$$H^+(aq) + OH^-(aq) = H_2O(l) + 56.5kJ \quad \cdots\cdots \quad (8)$$

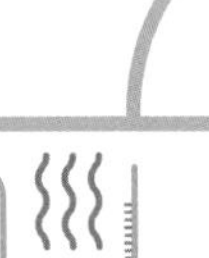

열화학 계산 문제에 빠짐없이 등장하는 법칙

◦ 헤스의 법칙 ◦

일산화탄소 CO는 흑연 C가 불완전 연소(산소가 충분하지 않은 상황에서 연소하는 것)할 때 이산화탄소 CO_2와 함께 생기는 기체다. 즉 탄소로부터 CO만 발생시키는 것은 불가능하기 때문에 CO의 생성열을 알아낼 수 없다. 그럴 때 헤스의 법칙을 사용한다.

흑연의 연소열을 알아보면 (1)식과 같다. CO만 생성하는 것은 불가능해도 CO만 모으는 것은 가능하다. 흑연을 불완전 연소 시켜서 CO와 CO_2가 생겼을 때 염기성 수용액을 가하면 산성인 CO_2는 수용액에 흡수되기 때문에 CO만 모을 수 있는 것이다. 이렇게 모은 CO의 연소열도 실험을 통해 (2)식과 같이 구할 수 있다. 알고 싶은 것은 CO의 생성열이므로, 이것을 xkJ라고 하여 (3)식과 같이 나타낸다.

$$\text{C(흑연)} + O_2 = CO_2 + 394\text{kJ} \quad \cdots\cdots \quad (1)$$

$$CO + O_2 = CO_2 + 283\text{kJ} \quad \cdots\cdots \quad (2)$$

$$\text{C(흑연)} + \frac{1}{2}O_2 = CO + x\text{kJ} \quad \cdots\cdots \quad (3)$$

1840년 화학자 헤스(Germain Henri Hess, 1802~1850)는 '반응열은 반응 경로와 상관없이 반응의 시작과 끝 상태로 결정된다'라는 사실을 발견했다. 이를 헤스의 법칙이라고 부른다. 이 법칙을 써서 x를 구하는 방법은 두 가지가 있다. 열화학 방정식을 수식으로 써서 푸는 방법과 에너지도로 그려서 푸는 방법이다(그림 42-1). 반응이 복잡해지면 에너지도를 그리기 어려우므로 수식을 이용하길 추천한다.

그림 42-1

수식을 쓰는 방법

$$C\,(\text{흑연}) + O_2\,(g) = CO_2\,(g) + 394\text{kJ}$$

$$CO\,(g) + \frac{1}{2}O_2\,(g) = CO_2\,(g) + 283\text{kJ}$$

(1)식에서 (2)식을 빼서 CO_2를 없애면,

$$C\,(\text{흑연}) + \frac{1}{2}O_2\,(g) = CO + 111\text{kJ}$$

CO의 생성열은 111kJ/mol임을 알 수 있다.

에너지도를 그리는 방법

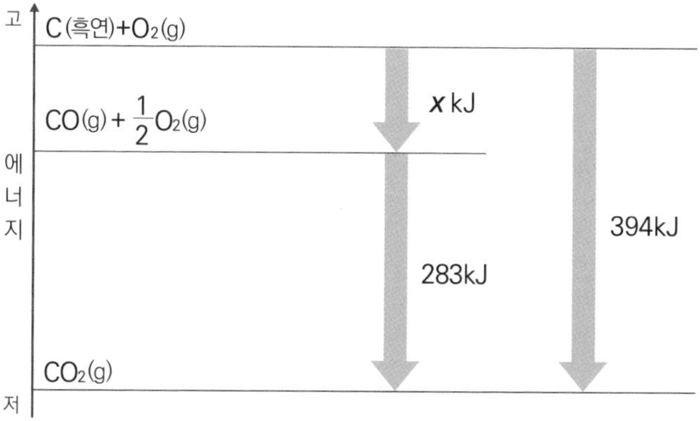

고
에너지
저
$C(\text{흑연})+O_2(g)$
$CO(g) + \frac{1}{2}O_2(g)$
x kJ
283kJ
394kJ
$CO_2(g)$

헤스의 법칙을 적용할 수 있는 또 다른 예를 소개한다(그림 42-2).

묽은 염산에 직접 고체 수산화나트륨을 넣고 중화하는 경우(경로 I)와 고체인 수산화나트륨을 물에 녹여서 수용액으로 만든 후 묽은 염산과 섞어서 중화하는 경우(경로 Ⅱ)다. 헤스의 법칙에 따라 경로 Ⅰ의 발열량은 경로 Ⅱ의 두 반응의 발열량을 합한 것과 같다. 다시 말해 고체인 수산화나트륨과 염산의 중화 반응으로 발생하는 반응열은 반응 경로와 상관없이 101kJ/mol로 일정하다는 사실을 보여 준다.

반응경로 Ⅰ: 고체 수산화나트륨과 묽은 염산을 직접 중화 반응시킨다.

$NaOH(s) + HCl(aq) = NaCl(aq) + H_2O(l) + 101kJ$ …… (4)

반응경로 Ⅱ: 먼저 고체 수산화나트륨을 물에 용해시킨다.

$NaOH(s) + aq = NaOH(aq) + 44.5kJ$ …… (5)

그런 다음 이 수용액을 염산과 중화 반응시킨다.

$NaOH(aq) + HCl(aq) = NaCl(aq) + H_2O(l) + 56.5kJ$ …… (6)

그림 42-2

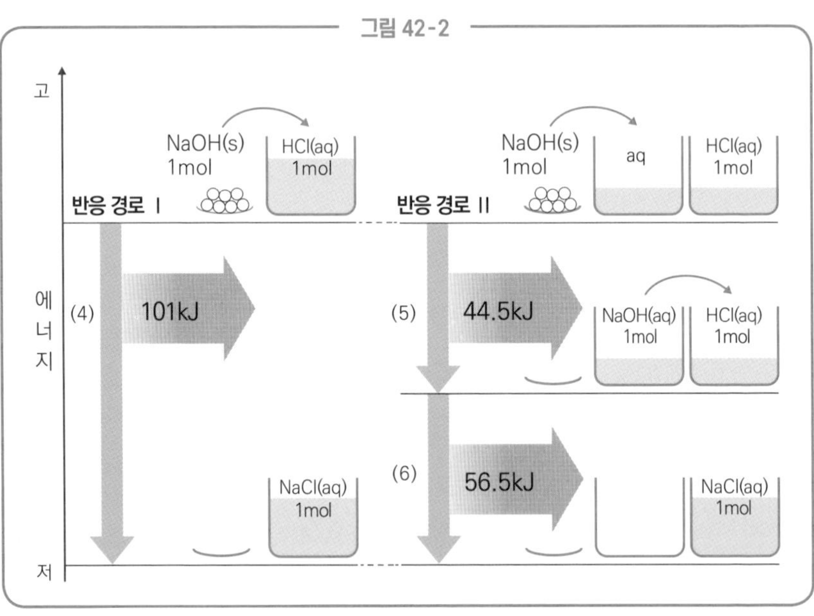

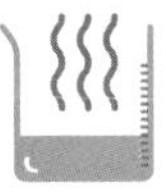

공유 결합을 끊을 때 필요한 에너지는?

◦ 결합 에너지 ◦

메테인 CH_4에는 4개의 C–H 공유 결합이 있다. 이 중 하나를 억지로 끌어당겨 CH_3와 원자 상태의 H로 분리하는 데 필요한 에너지가 C–H 공유 결합의 결합 에너지다. 나아가 이 결합 에너지보다 3배 큰 에너지를 가하면 C원자 1개, H원자 4개로 분리할 수 있다.

열화학 반응식으로 나타내면 아래와 같다.

$$CH_4(g) = C(g) + 4H(g) - 1644kJ$$

CH_4 1분자 속에는 C-H 결합이 4개 있으므로 C-H 결합 1mol의 결합 에너지 평균치는 411kJ/mol이 되고, 이것이 C-H 결합 에너지가 된다.

그림 43-1을 보면 2중 결합과 3중 결합은 결합 에너지가 크다는 것을 알 수 있다.

반응물과 생성물 모두 기체인 경우 결합 에너지를 사용해서 화학 반응의 반응열을 구할 수 있다. 여기서 '기체인 경우'라고 한정한 것은 생성물이 액체인 경우에는 반응 후에 응축되어 액체가 되면서 방출되는 에너지도 고려해야 하기 때문이다.

이어서 수소와 염소로부터 염화수소가 생성되는 반응열에 대해 알아보자.

그림 43-1

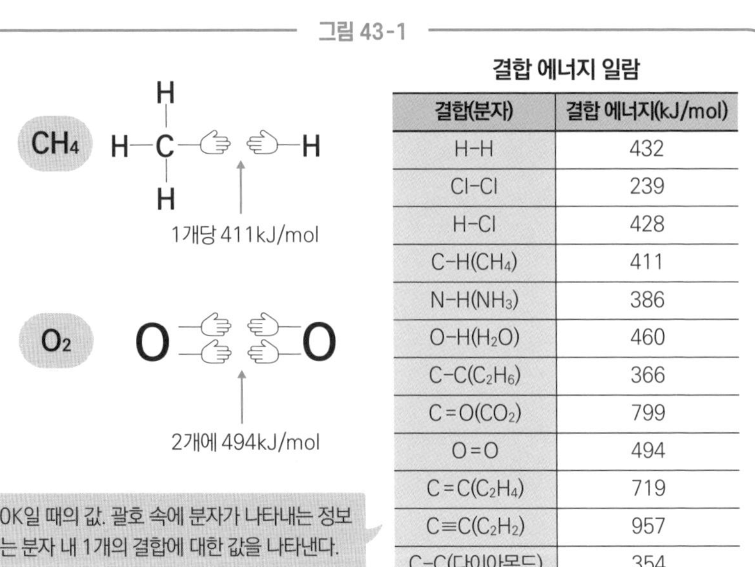

결합 에너지 일람

결합(분자)	결합 에너지(kJ/mol)
H-H	432
Cl-Cl	239
H-Cl	428
C-H(CH_4)	411
N-H(NH_3)	386
O-H(H_2O)	460
C-C(C_2H_6)	366
C=O(CO_2)	799
O=O	494
C=C(C_2H_4)	719
C≡C(C_2H_2)	957
C-C(다이아몬드)	354

이때의 반응열 QkJ은 (1)식처럼 나타낼 수 있다. 표를 보면 각 결합의 결합 에너지는 (2)~(4)와 같은 열화학 반응식으로 나타낼 수 있고, (2) + (3) - (4) × 2에 따라 Q는 185kJ이 된다.

$$H_2(g) + Cl_2(g) = 2HCl(g) + QkJ \quad \cdots\cdots \quad (1)$$

$$H_2(g) = 2H(g) - 432kJ \quad \cdots\cdots \quad (2)$$

$$Cl_2(g) = 2Cl(g) - 239kJ \quad \cdots\cdots \quad (3)$$

$$HCl(g) = H(g) + Cl(g) - 428kJ \quad \cdots\cdots \quad (4)$$

(2) + (3) - (4) × 2이므로

$$Q = (-432) + (-239) - (-428 \times 2) = 185kJ$$

이 식들을 에너지도로 나타내면 그림 43-2와 같다.

그림 43-2

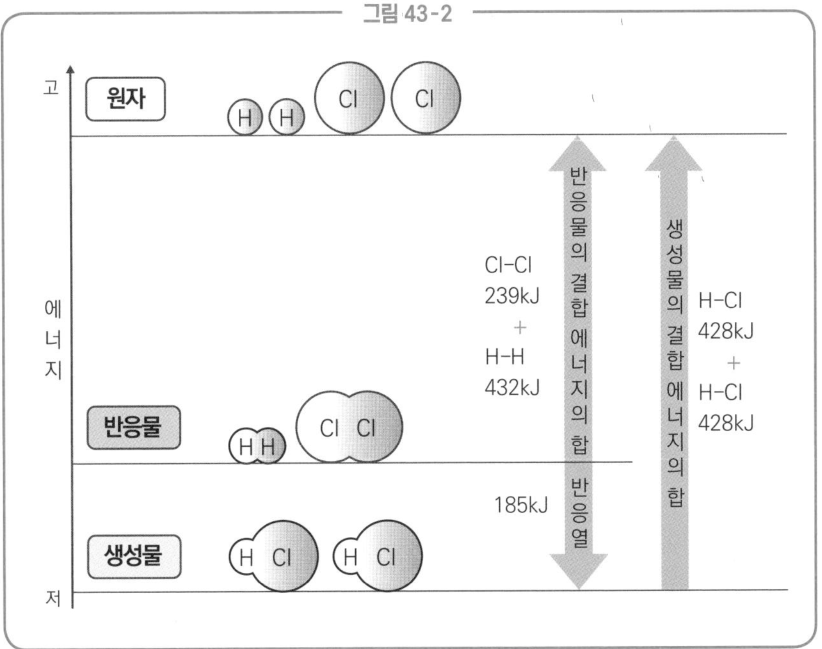

일반적으로 반응물과 생성물이 모두 기체일 때 반응열은 결합 에너지의 값을 통해 다음과 같이 구할 수 있다.

반응열 = 생성물의 결합 에너지의 합 − 반응물의 결합 에너지의 합

화학의 창

원래 흡열 반응은 자발적으로 일어나지 않는다?

지금까지 열화학 방정식에 대해 살펴보았는데, 대부분 발열 반응이었다. 물이 높은 곳에서 낮은 곳으로 흐르듯 '이 세상의 모든 물질은 에너지가 낮은 상태가 되려고 한다.'라는 원칙이 있다. 즉 발열 반응이 원칙이고, 흡열 반응은 예외인 것이다. 그렇다면 왜 흡열 반응이 일어날까?

사실 화학 반응이 자발적으로 일어나는가 하는 문제를 이해하려면 '세상 모든 물질은 에너지가 낮은 상태를 취하려고 한다.'라는 원칙에 더해 '세상 모든 물질은 더 무질서한 상태를 취하려고 한다.'라는 원칙도 고려해야 한다. 이 무질서한 정도를 수치화한 것이 엔트로피다. 엔트로피는 물질이 무질서한 상태에 있을수록 커진다.

그래서 설령 반응 후에 에너지가 더 커진다고 해도 그 영향을 무시할 수 있을 정도로 물질의 엔트로피가 늘어난다면, 그 화학 반응은 흡열 반응인들 자발적으로 일어난다.

염화나트륨 NaCl이 물에 용해되는 과정을 예로 들어 생각해 보자. NaCl 1mol이 물에 녹을 때는 3.88kJ의 흡열이 일어난다. NaCl은 녹으면 이온화해서 나트륨 이온 Na^+와 염화 이온 Cl^-가 되어 용매인 물에 분산되어 무질서함이 커지기 때문에 엔트로피는 늘어난다. 그래서 엔트로피 증가가 강하게 작용하여 흡열 반응이 일어나는 것이다.

요소와 아세트산암모늄은 물에 녹으며 많은 열을 흡수하기 때문에 휴대용 냉각팩 등에 사용된다. 더울 때 편리한 휴대용 냉각팩은 개봉해서 때리면 안에 든 물주머니가 찢어지고 요소와 아세트산암모늄이 녹아 주위 온도를 내려 준다.

기초 화학 | 이론 화학 | 무기 화학 | 유기 화학 | 고분자 화학

제 8 장

반응의 속도와 평형

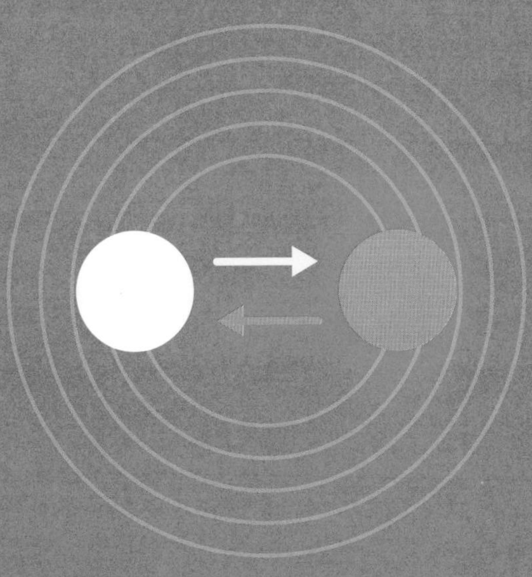

이론 화학

화학 반응의 메커니즘을 결혼에 비유하면

◦ 반응 메커니즘과 활성화 에너지 ◦

C라는 목적물을 얻기 위하여 반응물 A와 B를 반응시키는 경우를 생각해 보자. 이때 한 번에 많은 양의 C를 얻으려고 A와 B를 대량으로 반응시켜 버리면 발화하거나 폭발할 위험이 있다. 공장 등에서 화재 또는 폭발이 일어나는 것은 대체로 화학 반응이 제어 불가능해졌을 때다. 안전을 위해서라도 화학 반응의 메커니즘을 이해하여 반응을 잘 제어할 필요가 있다.

A라는 물질과 B라는 물질에 의해 물질 C가 생긴다. 즉 A+B →C라는 화학 반응을 '결혼'에 빗대어 생각해 보자. 남성이 A, 여성이 B, 결혼해서 부부가 되면 C라고 가정하는 것이다(그림 44-1).

A와 B가 충돌하는 것은 남녀의 만남, 화학 반응이 일어나 C가 생기는 것은 결혼해 부부가 되는 것과 같다. 여기서 주의할 점은 남녀가 만나도 대부분의 경우는 결혼까지 하지 않는다는 것이다. 처음 만나 결혼까지 하려면 남자와 여자가 일종의 흥분 상태(?)에 빠져야 한다. 그리고 결혼하면 다시 서로 '차분한' 상태로 돌아간다.

화학 반응에서도 마찬가지로 A와 B가 충돌하기만 했다고 반드시 C가 되는 것은 아니다. 화학 반응이 일어나려면 에너지가 높은 활성화 상태가 되어야 한다. 활성화 상태가 되는 데 필요한 최소 에너지를 그 반응의 '활성화 에너지'라고 부른다. 충돌한 물질 중에 활성화 에너지를 넘어선 것만 반응할 수 있다. 그야말로 결혼과 똑같지 않은가. 공기 중에서 수소에 불을 붙이면 폭발적으로 반응이 일어나고, 불을 붙이지 않으면 반응이 일어나지 않는 것은 활성화 에너지 때문이다. 일단 불이 붙으면 반응한 수소에서 발생한 열이 주변 수소까지 순식간에 전달되어 폭발적으로 반응이 연쇄되는 것이다.

그림 44-1

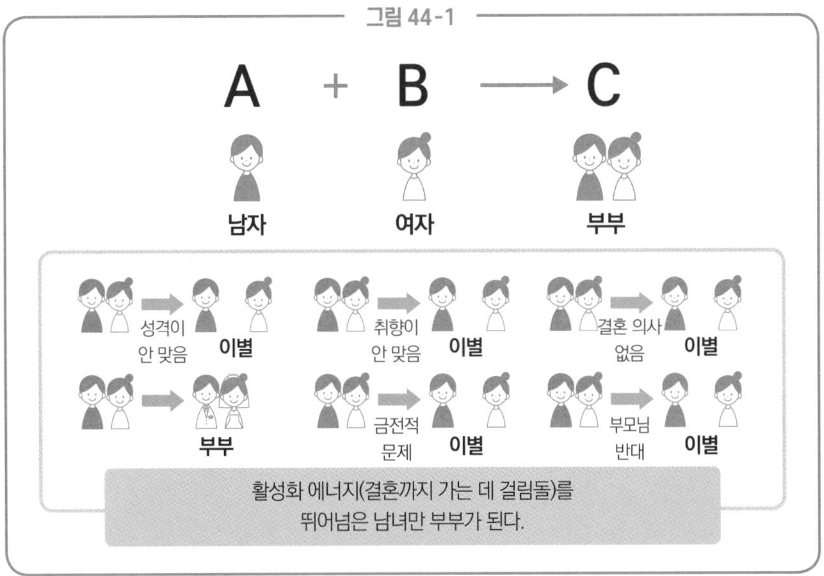

그림 44-2

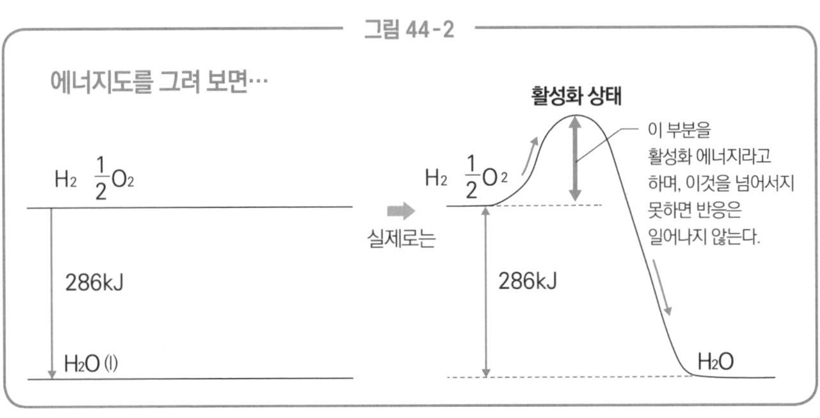

이론 화학

화학 반응의 속도도 결혼에 비유하면

반응 속도 표시하는 법

물체가 움직이는 속도를 시속(km/h)이라는 단위를 써서 나타내면 자전거와 자동차의 속도를 한눈에 비교할 수 있듯이 화학 반응의 속도도 통일된 단위로 나타낼 수 있다면 편하지 않을까? 반응 속도는 어떻게 표현할 수 있을까?

반응 속도 역시 결혼에 비유해 보겠다. 남자와 여자가 많을수록 만날 확률이 증가하므로 연간 결혼한 부부의 수도 늘어난다.

연간 결혼한 부부 수 = (비례 상수) × (남자 수) × (여자 수)

비례 상수에는 중요한 의미가 있다. 남자와 여자의 연령 구성에서 결혼 적령기인 남녀가 많거나, 남녀가 빨리 결혼하고 싶어 안달이 났다면 비례 상수는 커진다. 하지만 이래서는 정확하지 않고, 남녀의 수가 같아도 만날 확률은 도시나 시골 같은 조건에 따라 크게 달라진다. 요컨대 인구가 같을 경우 결혼한 수는 남자와 여자의 인구 밀도에 비례한다.

특정 인구당 연간 결혼한 부부의 수
= (비례 상수) × (남자의 인구 밀도) × (여자의 인구 밀도)

이 예를 바탕으로 생각해 보자. A+B →C라는 화학 반응에서 C가 생성되는 반응 속도 v는 A, B 각각의 몰 농도를 [A], [B]라고 하고 비례 상수를 k라고 할 때 다음처럼 쓸 수 있다(반응물이 기체라면 분압으로 표시한다).

$$v = k \times [A] \times [B]$$

이때 k를 '반응 속도 상수'라고 하는데, 각 화학 반응 고유의 상수다. 앞에서 결혼을 예로 들어 설명했듯이 k는 반응 속도를 지배하는 중요한 요소다. 예컨대 온도가 올라가면 k의 값이 커져 반응 속도도 빨라진다. 일반적으로 10℃가 상승하면 k는 3배나 커지기 때문에 화학 반응에서는 온도 관리가 특히 중요하다. 온도가 올라가면 ① 입자 전체의 평균 열운동 속도가 올라가서 충돌하는 입자의 수가 늘어난다, ② 활성화 에너지를 넘어서는 입자가 늘어난다, 이런 이유들에 의해 [A]와 [B]가 그대로라도 역시 k가 커져서 반응 속도가 빨라진다(그림 45-1).

그림 45-1 ● **기체 분자의 운동 에너지 분포와 온도의 관계**

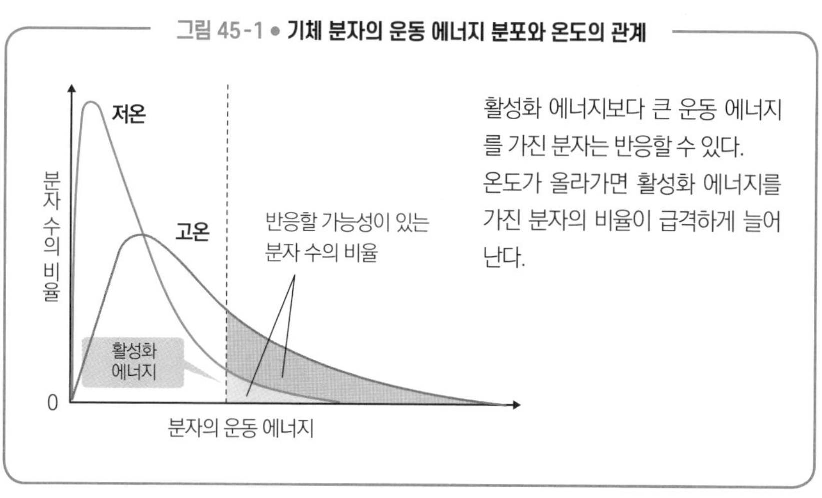

이론 화학

철이 녹스는 현상은 반응 속도가 느리다

◦ 반응 속도가 빠른 반응과 느린 반응 ◦

수소의 연소는 순식간에 일어난다. 즉 반응 속도가 무척 빠르다. 반면 수소와 아이오딘이 결합해 아이오딘화수소가 생기는 반응은 반응 속도가 느리다. 그 이유를 알아보자.

수소의 연소는 순식간에 일어나는데, 단순히 산소와 혼합한다고 해서 반응하는 것이 아니라 활성화 에너지를 넘어서야 한다고 설명했다. 이 말을 조금 더 자세히 살펴보자. 그림 46-1은 수소가 연소할 때 어떤 경로를 거치는지 에너지도로 나타낸 것이다. 시작은 왼쪽 아래 $H_2(g)$와 $\frac{1}{2}O_2(g)$이고, 끝 지점은 오른쪽 아래 $H_2O(l)$이다.

활성화 에너지의 산을 넘을 때 만약 원자 상태인 H와 O를 경유한다면 H-H의 공유 결합을 끊는 데 필요한 에너지 432kJ과 O=O 공유 결합을 끊는 데 필요한 에너지 247kJ의 합인 679kJ만큼 에너지를 주어야 한다. 이 수치는 수천 ℃의 온도에 해당한다. 하지만 실제로는 수백 ℃로만 가열해도 폭발적으로 반응한다. 이런 사실은 수소의 연소에서 원자 상태인 H와 O를 경유하지 않고 활성화 에너지만 넘어서면 연소가 일어난다는 것을 의미한다. 게다가 발생하는 반응열이 286kJ로 아주 크기 때문에 발생열이 가까운 분자가 반응하기 위한 활성화 에너지로 쓰여서 연쇄 반응한다. 그 때문에 수소가 연소하는 반응은 속도가 몹시 빠르다.

그림 46-1 ● **수소 연소 반응의 에너지도**

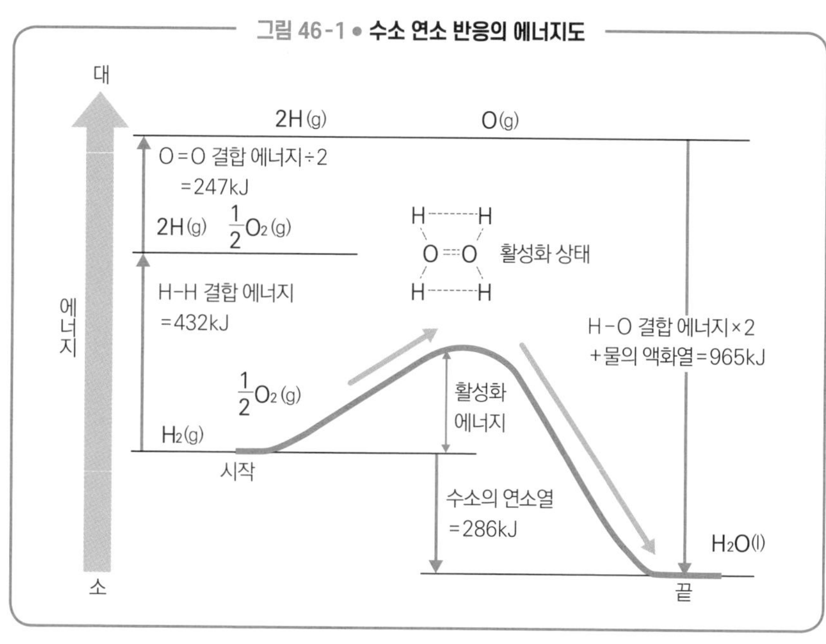

반면 느린 반응의 대표적인 예는 수소 H_2와 아이오딘 I_2(구강 살균제에 들어가는 성분이며 소독약으로도 쓰인다)가 반응해서 아이오딘화수소 HI가 되는 반응이다. 보통 화학 반응의 활성화 에너지는 실험을 몇 차례 거듭해서 구하는데, 이 반응은 활성화 에너지가 178kJ로 정확하게 측정되기 때문에 반응 메커니즘을 알아보기에 가장 적합하다.

그림 46-2는 H_2와 I_2의 반응을 에너지도를 써서 나타낸 것이다. 이 반응이 만약 원자 상태의 수소 H나 아이오딘 I를 경유한다면 역시 수천 ℃ 이상의 고온까지 가열해야 하지만, 실제로는 수백 ℃로 가열하기만 해도 아이오딘화수소 HI가 생성되기 시작한다. 다만 수소의 연소가 빠른 속도였던 것과 달리, 이 반응으로 발생하는 반응열은 9kJ로 작기 때문에 반응이 천천히 진행된다. 이 반응은 반응열이 작은 반면 활성화 에너지가 크기 때문에 반응 속도가 느린 것이다.

그림 46-2 • 아이오딘화수소의 생성 반응 에너지도

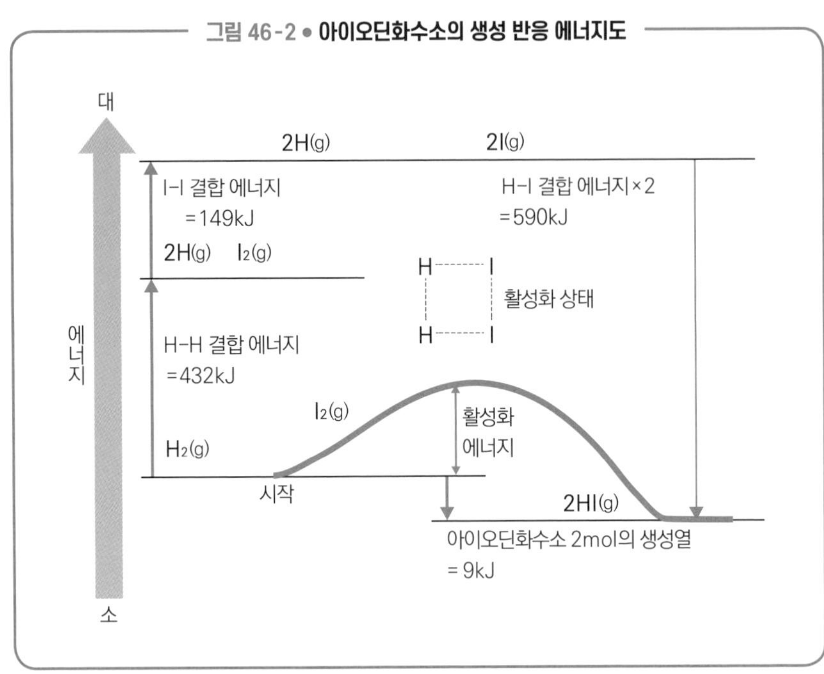

활성화 에너지를 낮추어 반응 속도를 올리다

◦ 촉매 ◦

촉매라는 단어를 아는가? 촉매란 자신은 변화하지 않으면서 반응을 도와 반응 속도를 올려 주는 역할을 하는 물질이다.

촉매를 이용하면 활성화 에너지가 더 작은 경로로 반응이 진행되면서 반응 속도가 상승한다(그림 47-1).

반응 속도가 느린 반응으로 $H_2+I_2 \rightarrow 2HI$를 소개했는데, 이 반응에 백금 Pt 촉매를 더하면 반응 속도가 빨라진다. 이는 Pt 촉매의 작용에 의해 활성화 에너지가 174kJ에서 49kJ까지 내려가기 때문이다.

그림 47-1

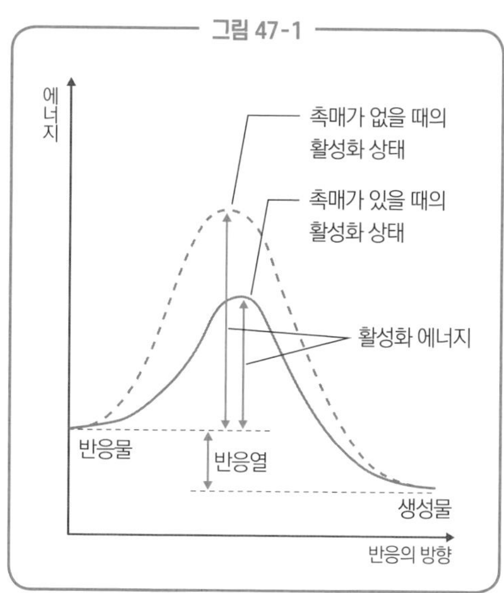

다시 말해,

$$v = k \times [H_2] \times [I_2]$$

이런 반응 속도식에서 속도 상수 k가 커진다는 것을 뜻한다. 다만 9kJ의 반응열은 반응물과 생성물이 가진 에너지 차이로 결정되기 때문에 촉매를 이용해도 반응열의 크기는 달라지지 않는다는 것을 기억해 두자.

Pt는 촉매로 쓰기에 유용한 물질이다. 산소와 수소는 혼합만으로는 반응하지 않지만, Pt가 존재하면 불을 붙이지 않아도 실온에서 폭발적으로 반응한다. 다만 언제든지 Pt가 촉매로서 최고냐고 묻는다면 꼭 그렇지는 않다. 각 반응마다 가장 적합한 촉매가 다른데, 이것을 알아내려면 현실적으로 촉매 하나하나의 종류와 비율을 바꾸어 시도하는 수밖에 없다.

여기까지 들으면 촉매가 우리 일상생활과 관계없는 것 같겠지만, 그렇지 않다. 자동차 배기가스에 포함된 질소산화물, 일산화탄소, 탄화수소 등 유해 성분을 무해한 질소, 이산화탄소, 수증기로 바꾸기 위해서 백금 Pt, 팔라듐 Pd, 로듐 Rh을 조합한 촉매가 쓰이고 있다(그림 47-2).

그림 47-2

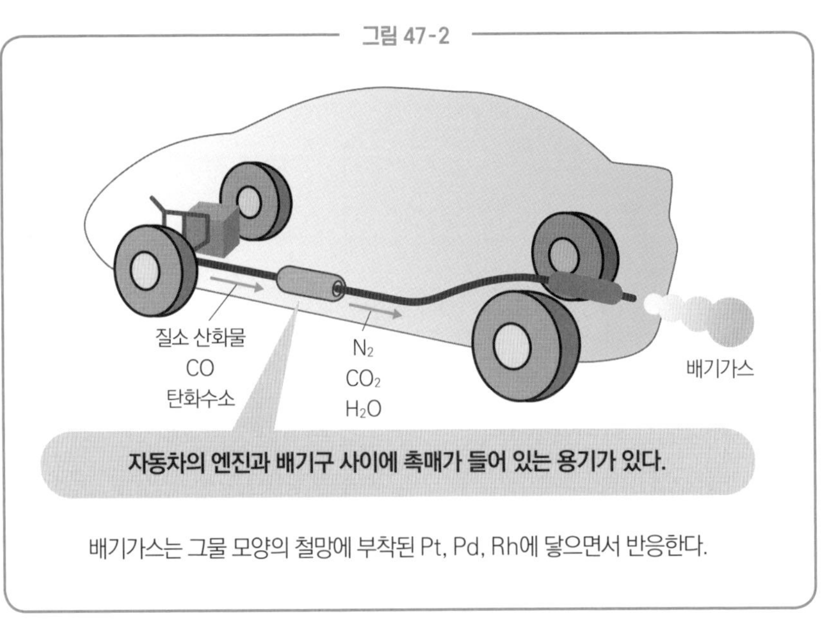

배기가스는 그물 모양의 철망에 부착된 Pt, Pd, Rh에 닿으면서 반응한다.

화학의 창

촉매와 제1차 세계 대전의 밀접한 관계

1914년 7월 28일에 제1차 세계 대전이 시작되었지만 처음에만 해도 대부분 '크리스마스 전까지는 끝나겠지.' 하고 낙관적으로 예측했다. 하지만 결과적으로는 5년에 걸친 장기전이 되고 말았다. 그 원인 중 하나로 대전 직전에 독일이 화약의 원료 합성에 성공한 것을 들곤 하는데, 이 화약 제조에 촉매가 깊은 관련이 있다.

총기에 쓰이는 화약을 만들려면 질산이 필요하다. 당시에는 질산의 원료로 칠레에서 채굴한 초석(주성분은 질산칼륨)이 쓰였다. 유럽의 나라들은 화약을 만들기 위해 대서양을 횡단해 초석을 수입했다. 하지만 제1차 세계 대전 직전, 독일의 화학자 프리츠 하버(Fritz Haber, 1868~1934)가 촉매를 이용해 효율적으로 질소와 수소로부터 암모니아를 합성하는 데 성공했고, 이 암모니아를 산화함으로써 질산을 쉽게 만들 수 있게 되었다. 독일 입장에서는 당시 세계 최강 중 하나였던 영국의 함대가 지배하는 대서양을 횡단해 초석을 운반할 필요가 사라졌음을 의미해서 무척 큰 이점이 있는 발견이었다. 전쟁 중에 해상을 봉쇄하여 독일의 초석 수입을 저지한 영국은 독일의 화약이 동났을 법한데도 왜 전쟁이 계속 이어지는지 의아하게 여기며 싸웠다고 한다.

질소와 수소를 이용해 암모니아를 합성하는 것을 화학 반응식으로 나타내면 $N_2+3H_2 \rightarrow 2NH_3$로 쓸 수 있다. 이 반응의 활성화 에너지는 234kJ로 크기 때문에 보통은 반응이 진행되기 어렵다. 하지만 이 반응에 Fe_3O_4를 중심으로 한 촉매를 사용하면 활성화 에너지가 234kJ에서 96kJ까지 내려간다. 이 촉매를 발견한 덕분에 암모니아의 효율적인 합성이 가능해진 것이다.

쌍방 통행인 반응과 일방 통행인 반응

◦ 가역 반응과 비가역 반응 ◦

물질 A와 물질 B를 반응시켜 화합물 C가 생기는 화학 반응(A+B → C)을 생각해 보자. 이 반응을 정반응이라고 할 때 반대 방향인 C → A+B(이를 역반응이라고 부른다)로 반응이 진행되기도 한다. C가 생성되는 정반응과 분해되는 역반응이 둘 다 일어나는 것을 가역 반응이라고 하고, 그 결과 C의 몰 농도가 겉보기에 일정할 때 이 반응이 평형 상태에 놓여 있다고 말한다.

우선 수소의 연소($2H_2+O_2 \rightarrow 2H_2O$)를 살펴보자. 이 반응이 일어나 H_2O가 1.0mol 생성되면, 286kJ라는 큰 열이 발생하고 눈 깜짝할 사이에 반응이 진행된다. 일반적으로 반응열이 크고 반응 속도가 빠른 화학 반응에서는 역반응이 일어나지 않는다. 이런 유형의 반응을 비가역 반응이라고 부른다. 중화 반응과 기체가 발생하는 반응도 비가역 반응에 해당한다.

그렇다면 수소와 아이오딘이 결합해 아이오딘화수소가 생성되는 반응($H_2+I_2 \rightarrow 2HI$)은 어떨까? 아이오딘화수소 HI가 1.0mol 생성될 때는 4.5kJ밖에 발열하지 않기 때문에 반응 속도가 몹시 느리다. 수소와 아이오딘화수소의 기체는 무색이고, 아이오딘 기체는 보라색이다. 수소와 아이오딘을 밀폐 용기에 담아 일정 온도를 유지하면, 이 반응은 오른쪽으로 진행해서 아이오딘화수소가 생성된다(이를 정반응이라고 한다). 아이오딘 때문에 보라색을 띠던 용기 안의 색은 점점 옅어지지만, 완전히 무색이 되지는 않는다. 또 아이오딘화수소만 밀폐 용기에 넣어 일정 온도를 유지하면 수소와 아이오딘으로 분해되는 반응이 일어나며 용기 안이 무색에서 보라색으로 변한다. 하지만 역시 아이오딘화수소가 완전히 없어지지는 않는다. 즉 이 반응은 작은 열밖에 발생하지 않는 발열 반응이어서 역반응도 일어나는 것이다.

정반응과 역반응이 모두 일어나는 반응을 가역 반응이라고 하는데, 가역 반응에서는 일정한 시간이 경과하면 정반응의 속도와 역반응의 속도가 같아져서 겉보기에 반응이 멈춘 것처럼 보인다. 이러한 상태를 평형 상태라고 한다(그림 48-1).

그림 46-2 ● 가역 반응의 예

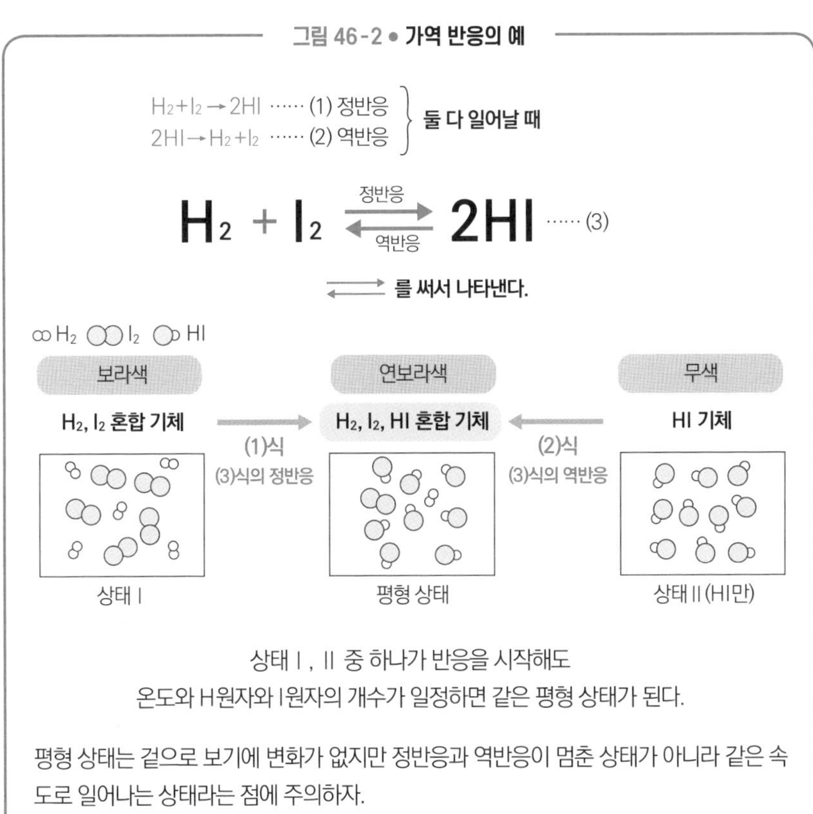

화학 평형을 수식으로 나타내면

◦ 반응 속도와 평형 상수의 관계 ◦

화학 반응에서 생성물이 얼마나 생성될지 예상하는 것은 무척 중요하다. 비가역 반응은 화학 반응식의 양적 관계로 계산할 수 있다. 그와 더불어 평형 반응도 생성물이 얼마나 생기는지 알 수 있으면 무척 편리하다.

그림 49-1을 보자. 정반응의 반응 속도를 V_1, 역반응의 반응 속도를 V_2라고 하고 각 반응 속도 상수를 k_1, k_2라고 하면, (1)과 (2)식처럼 나타낼 수 있다. 평형 상태일 때는 $V_1 = V_2$이므로 (3)식처럼 나타낸 다음 식을 변형시키면 (4)식이 나온다. 이때 반응 속도 상수 k_1, k_2는 온도가 일정하면 상수로 쓸 수 있기 때문에 k_1/k_2도 온도로 정해지는 상수가 된다. 이를 대문자 K로 표시하는데, (5)식에 있는 K를 가역 반응의 평형 상수라고 부른다.

이 식을 써서 부피 1L의 밀폐 용기에 수소 1.0mol과 아이오딘 1.0mol을 넣고 448℃를 유지했을 때, 아이오딘화수소가 몇 mol 생성될지 계산해 보자. 단 448℃에서 이 반응의 평형 상수 K는 64라고 한다(그림 49-2).

평형 상태에 도달할 때까지 H_2, I_2가 각각 xmol씩 반응했다고 하면 (6)식과 같은 방정식이 성립한다.

이 방정식을 풀면 $x = 0.80$이 나오고, 결국 아이오딘화수소는 $0.80 \times 2 = 1.60$mol 생성됨을 알 수 있다. 평형 상수는 온도가 448℃라면 H_2, I_2, HI의 농도와 상관없이 64이므로 평형 상태에 수소를 추가했을 경우에도 똑같이 계산하면 아이오딘화수소가 얼마나 더 생성될지 구할 수 있다.

그림 49-1

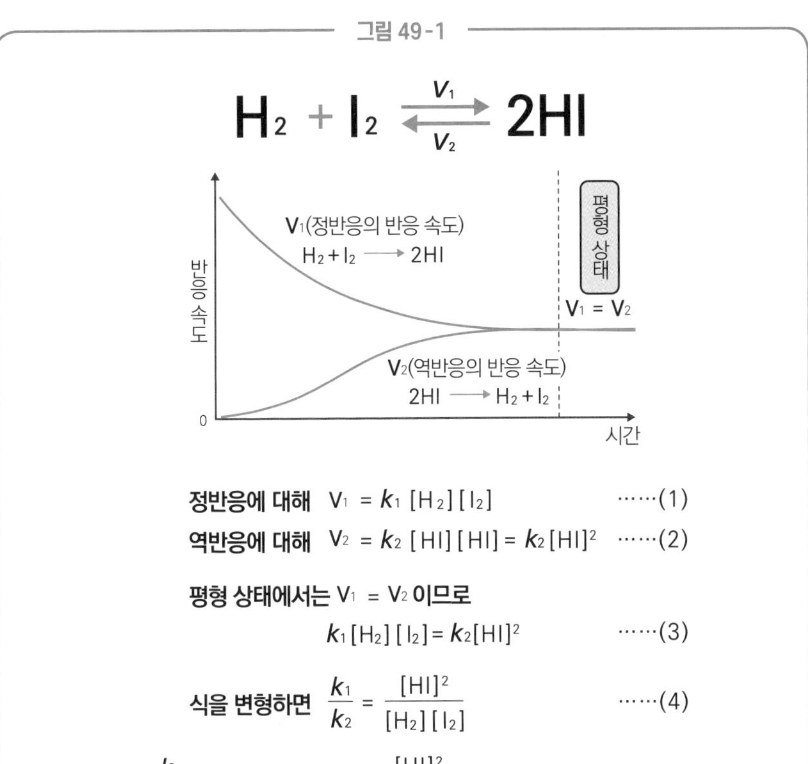

그림 49-2

	H_2 +	I_2 ⇄	$2HI$
반응 전	1.0	1.0	0
반응 후	$-x$	$-x$	$+2x$
평형할 때	$1.0-x$	$1.0-x$	$2x$

$$K = \frac{[HI]^2}{[H_2][I_2]} = \frac{(2x)^2}{(1.0-x)(1.0-x)} = 64 \quad \cdots\cdots(6)$$

이론 화학

물에 녹지 않는 염이라도 사실은 조금 녹는다

◦ 용해 평형과 용해도곱 ◦

염화은 AgCl과 황산바륨 $BaSO_4$은 물에 녹지 않는 염이다. 난용성염이라고도 부른다. 사실 녹지 않는다고 했지만 아주 조금은 녹는다. 어느 정도 녹는지는 용해도곱이라는 개념을 이용하면 알 수 있다.

AgCl이 분리된 상태의 수용액, 즉 AgCl 포화 수용액을 떠올려 보자. 그러면 녹아 있는 미량의 AgCl은 Ag^+와 Cl^-로 이온화되고, $AgCl(s) \rightleftarrows Ag^+(aq) + Cl^-(aq)$이라는 용해 평형이 성립한다. 용해 평형에 그림 50-1과 같은 화학 평형을 적용하면 용해도곱을 구할 수 있다. 용해도곱은 평형 상수와 마찬가지로 온도가 변하지 않으면 늘 일정하다.

그림 50-1 ● AgCl의 용해 평형

평형 상태에 화학 평형을 적용해서 평형 상수를 수식으로 나타내면 아래와 같다.

$$K = \frac{[Ag^+][Cl^-]}{[AgCl(s)]}$$

여기서 AgCl(s)의 농도는 앙금이 존재하는 한 변동하지 않으므로 일정하다고 본다. 그러면 K[AgCl(s)]는 온도가 변하지 않는 한 늘 일정한 상수이기 때문에 이를 용해도곱 K_{sp}라고 정의하고, 아래와 같이 나타낸다. 여기서 sp는 solubility product(영어로 용해도곱의 의미)를 줄인 말이다.

$$[Ag^+][Cl^-] = K[AgCl(s)] = K_{sp}$$

표 50-1의 용해도곱을 써서 물 1L에 AgCl이 과연 몇 g까지 용해되는지 구해 보자. AgCl을 녹였을 때에는 $[Ag^+] = [Cl^-]$이므로, $K_{sp} = 1.8 \times 10^{-10}$이 되어, $[Ag^+] = [Cl^-] = \sqrt{(1.8 \times 10^{-10})} = 1.34 \times 10^{-5}$가 된다. AgCl의 식량은 143.5이므로, $143.5 \times 1.34 \times 10^{-5} = 1.92 \times 10^{-3}$, 즉 1.92mg까지는 용해한다. 정말 조금밖에 녹지 않는다는 것을 알 수 있다.

표 50-1 ● 여러 가지 염의 용해도곱

염	용해도곱 $K_{sp}(M)^2$
AgCl	1.8×10^{-10}
AgBr	5.2×10^{-13}
AgI	2.1×10^{-14}
CuS	6.5×10^{-30}
ZnS	2.2×10^{-18}
$CaCO_3$	6.7×10^{-5}

공통 이온 효과

NaCl 포화 수용액에 HCl 기체를 불어넣으면 NaCl 앙금이 생긴다. 이는 불어넣은 HCl이 포화 수용액 속에서 H^+와 Cl^-로 이온화해 수용액 속의 Cl^- 농도가 증가한 결과, $NaCl(s) \rightleftarrows Na^+ + Cl^-$의 용해 평형이 왼쪽으로 이동했기 때문이다. 여기서는 NaCl과 HCl에 공통되는 Cl^- 농도가 감소하는 방향으로 평형이 이동하면서 처음부터 있던 NaCl의 용해도가 겉으로 보기에 줄어든 것이다. 이런 현상을 공통 이온 효과라고 부른다.

이론 화학

평형이 어느 쪽으로 이동하는지는 어떻게 판단할까

◦ 르샤틀리에 법칙 ◦

질소와 수소가 반응해서 암모니아가 생성되는 반응 $N_2 + 3H_2 \rightleftarrows 2NH_3$(+92kJ)는 대표적인 가역 반응으로 평형 상태에 도달한다. 암모니아를 많이 얻으려면 반응의 평형을 최대한 오른쪽으로 치우치게 해야 한다.

암모니아 생성의 평형을 최대한 오른쪽으로 치우치게 하려면 르샤틀리에 법칙(평형 이동의 법칙이라고도 한다)을 먼저 알아야 한다. 이 법칙을 한마디로 말하면 외부에서 주는 영향을 완화시키는 방향으로 평형이 이동한다는 것이다. 이 정의를 잘 기억해 두기 바란다. 그렇다면 구체적인 예를 살펴보자.

① 반응물, 생성물의 온도를 변화시킨다.

평형 상태에 있을 때, 질소를 더하면 '영향을 완화시키는 방향'으로 평형이 이동하므로 질소가 줄어들고 암모니아가 생성된다. 또 생성된 암모니아를 제거하면 다시 평형이 이동해서 암모니아가 생성된다.

② 압력 용기의 부피를 변화시켜 압력을 달라지게 한다.

압력 용기의 부피를 변화시키면 압력이 달라진다. 부피를 작게 하면 압력이 커지므로 단위 부피당 입자의 수가 늘어난다. 그러면 르샤틀리에 법칙에 따라 입자를 줄이는 방향으로 평형이 이동한다. 평형이 오른쪽으로 이동하면, 1분자인 질소 N_2가 3분자인 수소 H_2와 반응해서 2분자인 암모니아 NH_3가 생기므로 전체적으로는 2분자가 줄어든 셈이다. 반대로 평형이 왼쪽으로 이동할 때는 2분자 증가하게 된다. 요컨대 암모니아를 많이 얻기 위해서는 압력을 높이는 것이 유리하다. 단 He 등 반응에 관여하지 않는 비활성 기체를 가해 전체 압력을 올려도 반응물의 분압은 변화하지 않으므로 평형은 이동하지 않는다는 것에 주의하자.

③ 온도를 변화시킨다.

가령 온도를 올리면 그 영향을 완화시키는 방향, 즉 열을 흡수하는 방향인 암모니아가 분해되는 반응으로 평형이 이동한다. 암모니아를 많이 얻기 위해서는 반응계를 식혀야 한다. 그러면 발열 방향으로 평형이 이동하기 때문에 암모니아 생성에 유리해진다.

④ 촉매를 가한다.

촉매를 가하면 활성화 에너지가 작아져서 반응 속도가 빨라진다. 다만 정반응과 역반응 모두 속도가 올라가기 때문에 평형 상태는 변화하지 않는다.

그림 51-1

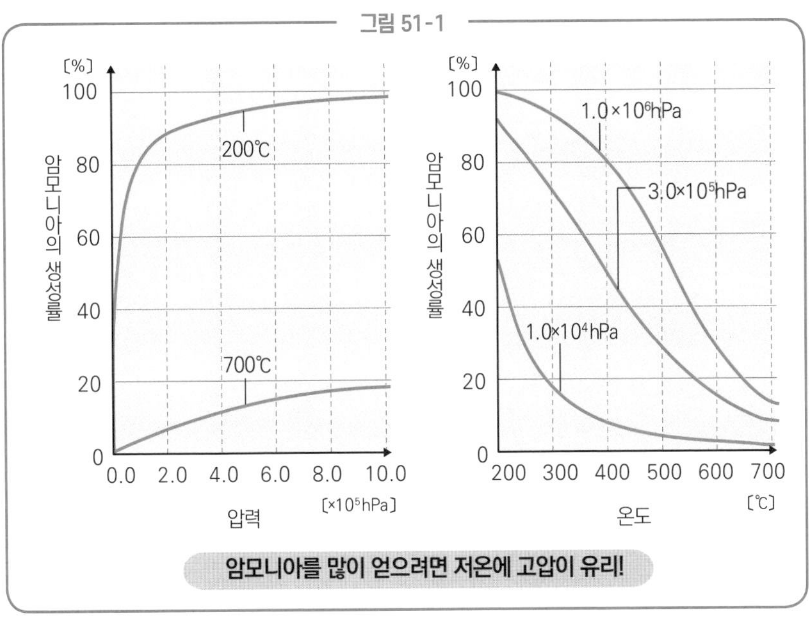

이렇게 ①~④를 생각했을 때, 최대한 많은 암모니아를 얻으려면 원료인 수소와 질소를 공급하면서, 생성된 암모니아를 제거하고, 고압과 저온에서 반응시키는 게 좋음을 알 수 있다.

다만 고압이 좋다고 해도 장치의 내구성에는 한계가 있다. 그리고 온도를 낮추면 설령 촉매를 쓴다 해도 암모니아의 생성 속도가 느려져서 시간이 걸린다. 그래서 현재는 300~500기압, 500℃ 전후의 조건에서 암모니아를 합성하고 있다.

그림 51-2

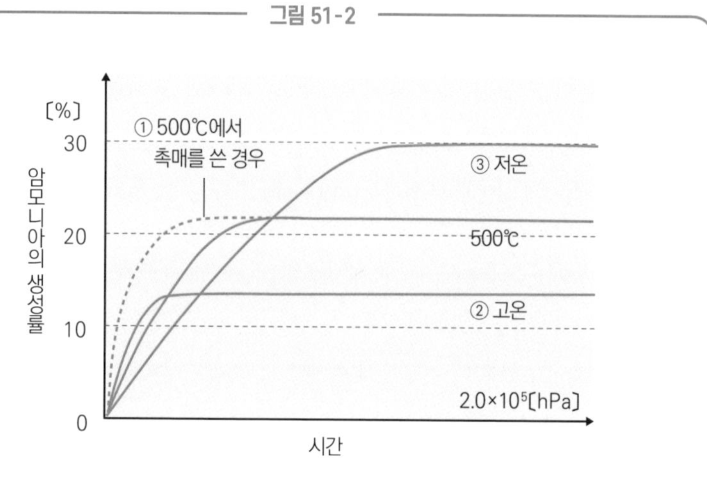

평형에 도달하는 시간은 온도와 촉매의 유무에 따라 변화한다. 현재는 500℃에서 촉매를 써서 암모니아를 제조하고 있다(①). 500℃보다 고온이면 빠르게 평형 상태가 되지만 암모니아의 생성률이 낮아진다(②). 500℃보다 저온이면 암모니아의 생성률이 높아지지만 평형 상태가 될 때까지 시간이 걸린다(③).

제 9 장

산과 염기

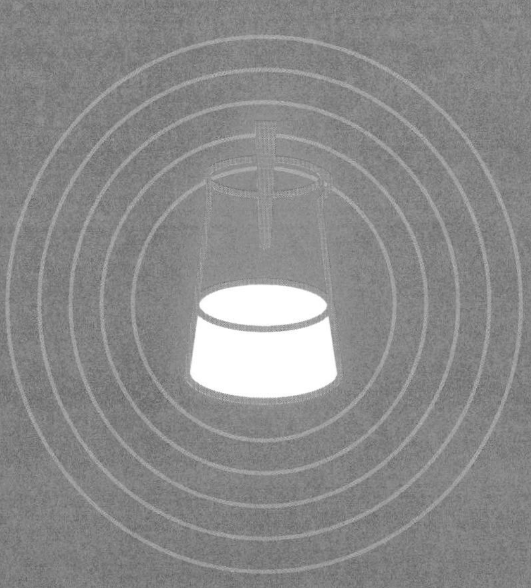

산과 염기란 무엇일까

◦ 산과 염기의 정의 ◦

산성, 염기성이라는 단어는 들어본 적 있을 것이다.

염기성은 알칼리성이라고도 하는데, 그 이유는 다음 절 칼럼을 읽으면 알 수 있다. 도대체 무엇을 기준으로 산성과 염기성을 정하는 것일까?

식초에는 아세트산, 레몬에는 아스코르브산, 매실 절임에는 구연산 등 신맛 나는 음식에는 산성을 띠는 산이 함유되어 있다. 한편 염기성을 나타내는 물질은 염기라고 부른다. 염기로 유명한 것에는 수산화나트륨, 암모니아 등이 있는데 비누와 베이킹 소다도 염기다. 산과 염기의 정의는 처음에 스웨덴 화학자 스반테 아레니우스(Svante Arrhenius, 1859~1927)가 제창한 '산이란 물에 녹았을 때 수소 이온 H^+를 방출하는 물질이고, 염기란 물에 녹았을 때 수산화 이온 OH^-를 방출하는 물질'이었다.

하지만 아레니우스의 정의로는 OH^-가 없는데도 염기의 성질이 있는 암모니아 NH_3를 염기로 분류할 수가 없다. 또 H^+가 단독으로 존재하는 것이 아니라 H_2O와 결합해서 H_3O^+라는 형태(H_3O^+를 하이드로늄 이온이라고 부른다)로 존재한다는 사실을 알게 되었다(단, 이 책에서는 이 절만 제외하고 H_3O^+를 간략화한 H^+를 쓴다). 그래서 아레니우스의 정의를 조금 더 확대해서 '산이란 H^+를 줄 수 있는 물질이고, 염기란 H^+를 받아들이는 물질'이라고 수정하게 되었다. 그리고 이를 제창한 두 과학자의 이름을 따서 '브뢴스테드-로리 정의'라고 부른다. 애당초 왜 OH^-를 지닌 물질이 염기가 되는가 하면,

$OH^- + H^+ \rightarrow H_2O$라는 반응에 의해 H^+를 소비할 수 있기 때문이다. 즉 염기의 성질은 OH^-의 존재에 있는 것이 아니라 H^+를 받아들일 수 있는 능력에 있다. 그렇게 생각하면 암모니아의 경우 $NH_3 + H^+ \rightarrow NH_4^+$의 반응으로 H^+를 받아들이기 때문에 염기의 성질을 가진다고 설명할 수 있다.

그림 52-1 ● **산과 염기의 정의 정리**

아레니우스 정의

산 물에 녹아 수소 이온 H^+를 방출하는 것.
예) $HCl \rightarrow H^+ + Cl^-$

염기 물에 녹아 수산화 이온 OH^-를 방출하는 것.
예) $NaOH \rightarrow Na^+ + OH^-$

브뢴스테드-로리 정의

산 H^+를 줄 수 있는 물질.
예) $HCl + H_2O \rightarrow H_3O^+ + Cl^-$

염기 H^+를 받아들이는 물질.
예) $NH_3 + H_2O \rightarrow NH_4^+ + OH^-$

이 정의에서는 H_3O^+뿐 아니라 NH_4^+도 산, OH^-뿐 아니라 Cl^-도 염기라고 정의할 수 있다. 이때 NH_4^+를 NH_3의 짝산, Cl^-을 HCl의 짝염기라고 부른다.

산과 염기의 세기는 어떻게 나타낼까

◦ pH ◦

편의점에서 산 삼각김밥의 원재료 표시를 보면 산도조절제라는 단어가 있을 것이다. pH는 '피에이치'라고 읽는데 산성과 염기성의 강도를 나타내는 지표다. 음식의 pH를 조정해서 약산성으로 만들면 세균이 증식하기 어려워져 유통 기한을 늘릴 수 있다. 다만 산성이 지나치게 강해지면 신맛이 나 음식의 풍미가 사라지는 만큼, 먹었을 때 신맛이 느껴지지 않을 정도로 아슬아슬하게 pH를 조절하고 있다.

중성일 때 H^+와 OH^-가 전혀 존재하지 않는가 하면 그렇지는 않다. 순수한 물도 아주 조금 이온화해서 수온 이온의 몰 농도 $[H^+]$와 수산화 이온의 몰 농도 $[OH^-]$의 곱은 $1.0 \times 10^{-14}(M)^2$이라는 물의 이온곱상수가 항상 성립한다. 따라서 대표적인 중성 물질인 순수한 물은 $[H^+] = [OH^-] = 1.0 \times 10^{-7}(M)$이 되어, H^+와 OH^-의 몰 농도가 각각 $10^{-7}M$로 같아지는 것이다(그림 53-1).

그림 53-1 • **물의 이온곱상수**

$$H_2O \rightleftarrows H^+ + OH^-$$

순수한 물일 때는 $[H^+]$와 $[OH^-]$가 같아서 25℃일 때,

$$[H^+] = [OH^-] = 1.0 \times 10^{-7}(M)$$

$[H^+]$와 $[OH^-]$의 곱을 물의 이온곱상수라고 부르며 기호는 K_w로 나타낸다.

$$K_w = [H^+][OH^-] = 1.0 \times 10^{-14}(M)^2$$

중성인 순수한 물에 산을 녹이면 $[H^+]>[OH^-]$가 되어 H^+가 많아지기 때문에 산성의 성질이 나타난다. 반대로 순수한 물에 염기를 녹이면 $[H^+]<[OH^-]$가 되어 OH^-가 많아지므로 염기성을 띤다. 즉 산성이란 $[H^+]$가 10^{-7}M보다 큰 상태이고, 중성이란 $[H^+]$가 10^{-7}M일 때의 상태이며, 염기성이란 $[H^+]$가 10^{-7}M보다 작은 상태다. 다만 이 수치는 너무 작아 알기 어렵기 때문에 로그를 이용해서 우리에게 익숙한 숫자로 변환한 것이 pH다. pH는 그림 53-2와 같이 정의한다.

그림 53-2 ● **수소 이온 농도와 pH**

$$[H^+] = 1.0 \times 10^{-n}[\text{mol/L}]$$ **일 때, pH = n**

이를테면 $[H^+] = 1.0 \times 10^{-2}$(M) 일 때, pH = 2,
$[H^+] = 1.0 \times 10^{-13}$(M)일 때, pH = 13,
$[OH^-] = 1.0 \times 10^{-2}$(M)일 때 물의 이온곱상수에 따라
$[H^+] = 1.0 \times 10^{-12}$(M)이므로 pH = 12가 된다.

물론 중성일 때는 $[H^+] = [OH^-] = 1.0\times10^{-7}$(M)이므로 pH = 7이 된다.

우리에게 친숙한 물질의 산과 염기 강도를 pH를 이용해 분류하면 표 53-1과 같다.

pH는 보기만 해서는 알 수 없는 만큼, 한눈에 알 수 있도록 하면 편리할 것이다. 그래서 쓰이는 것이 pH 지시약이다. pH를 알고 싶은 수용액에 지시약을 한두 방울 떨어트려서 나타나는 색으로 pH를 판단한다. pH 지시약에는 많은 종류가 있는데, 고등학교 화학에서는 메틸오렌지(pH 3.2 이하면 빨간색, 4.3 이상이면 노란색), 페놀프탈레인(pH 9.6 이상이면 빨간색, 8.5 이하에서는 무색), 브로모티몰블루(BTB, pH 7 부근에서 초록색, 산성이면 노란색, 염기성이면 파란색)까지 세 종류를 기억해 두자.

표 53-1 ● 수소 이온 농도와 pH의 관계 및 친숙한 물질의 pH

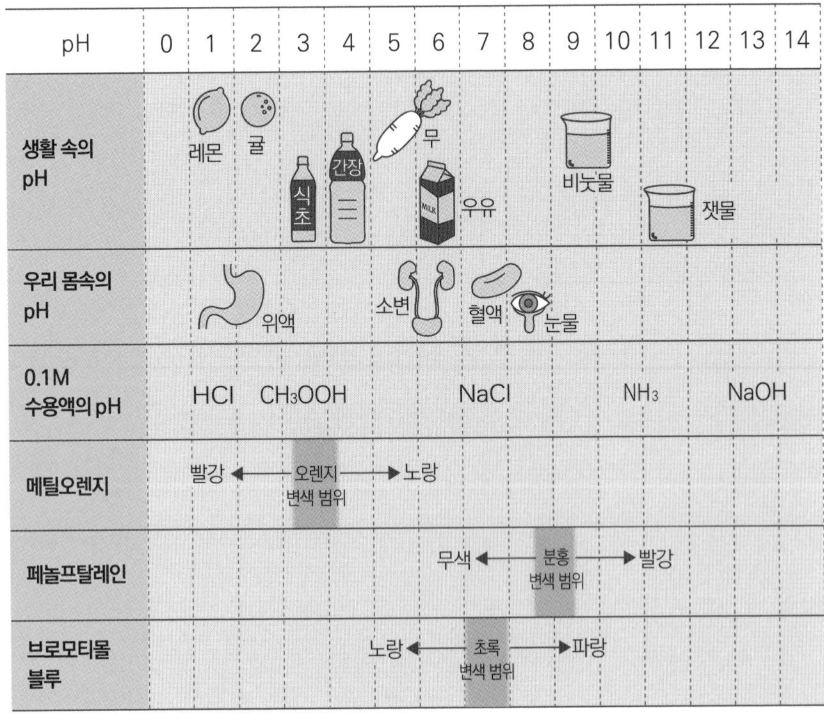

[알칼리라는 단어의 유래]

아라비아어의 al(관사)+kali(재)에서 유래했다. 식물 또는 해조류의 재를 물에 넣으면 강염기성을 띤다. 염기성 물질은 단백질을 분해하는 성질이 있어서 사람의 피지와 단백질에서 비롯한 노폐물을 제거하는 작용이 있다. 그래서 세제는 물론이고 비누조차 없었던 시절에는 '재'가 오염 제거에 쓰였다. 17세기 일본에는 세제로 쓰이는 재를 파는 직업이 있었을 정도다. 그래서 재의 주성분인 탄산칼륨과 탄산나트륨을 알칼리, 칼륨과 나트륨이 속한 주기율표 1족의 금속 원소를 알칼리 금속이라고 부르게 되었다. 요컨대 예전에는 기체인 암모니아가 알칼리에 들어가지 않았던 것이다.

이론 화학

산과 염기를 더 자세히 분류하면

◦ 강약과 가수에 의한 산과 염기의 분류 ◦

산과 염기는 아주 많은데, 산과 염기의 분류에는 '가수'에 의한 분류와 '강약'에 의한 분류로 총 두 가지 방법이 있다. '아세트산은 1가 약산', '수산화칼슘은 2가 약염기' 하는 식으로 표현한다. 어떤 규칙으로 분류할까?

먼저 수많은 산과 염기 중 대표적인 것을 표 54-1에 분류했다. '가수'는 산의 경우 H^+를 몇 개 방출할 수 있는지, 염기의 경우는 H^+를 몇 개 받아들일 수 있는지를 뜻하는 것이다. '황산은 2가 산', '수산화칼슘은 2가 염기' 하는 식으로 쓴다((1)식, (2)식). 여기까지는 간단하다.

조금 성가신 것은 강약의 분류다. 이를테면 염화수소 HCl을 물에 녹여 농도가 묽은 수용액을 만들면 수소 이온 H^+와 염화 이온 Cl^-로 이온화해서 염산이 된다. 이때 (3)식처럼 이온화도를 정의하면 농도가 묽은 염산의 이온화도는 1.0, 즉 물에 녹인 HCl이 100% 이온화되는 것이다. 이 이온화도를 바탕으로 이온화도가 1.0에 가까운 것을 '강하다', 반대로 0에 가까워 거의 이온화하지 않는 것을 '약하다'라고 정의한다. 묽은 염산은 이온화도가 1.0이므로 '강산'이라고 부른다.

강산인 염산과 대조적으로 '약산'의 대표적인 것이 아세트산이다. 아세트산은 염화수소와 달리 수용액을 만들어도 아주 조금만 이온화된다(이온화식의 화살표가 양쪽 방향을 가리키는 것에 주목하자). 아세트산 분자가 60개 있으

표 54-1 • **산과 염기의 가수와 강약에 따른 분류**

강산	약산	가수	강염기	약염기
염화수소 HCl 질산 HNO_3	아세트산 CH_3COOH	1	수산화나트륨 NaOH 수산화칼륨 KOH	암모니아 NH_3
황산 H_2SO_4	황화수소 H_2S 옥살산 $(COOH)_2$ 이산화탄소 CO_2	2	수산화칼슘 $Ca(OH)_2$ 수산화바륨 $Ba(OH)_2$	수산화구리(II) $Cu(OH)_2$ 수산화철(II) $Fe(OH)_2$ 수산화마그네슘(II) $Mg(OH)_2$
	인산 H_3PO_4	3		수산화철(III) $Fe(OH)_3$

황산은 H^+를 2개 가지므로 2가 산 $H_2SO_4 \rightarrow 2H^+ + SO_4^{2-}$ … (1)

수산화칼슘은 OH^-를 2개 가지므로 2가 염기 $Ca(OH)_2 \rightarrow Ca^{2+} + 2OH^-$ … (2)

$$\text{이온화도 } \alpha = \frac{\text{이온화한 산(염기)의 양 (mol) (또는 몰 농도)}}{\text{용해한 산(염기)의 양 (mol) (또는 몰 농도)}} \quad \cdots (3)$$

$$HCl \rightarrow H^+ + Cl^- \qquad CH_3COOH \leftrightarrows CH_3COO^- + H^+$$

면 그중 단 1개밖에 이온화하지 않고 나머지 59개는 분자 상태로 있다. 즉 이온화도는 0.017이다. 다만 이온화도는 온도와 농도에 따라 크게 변화한다는 것에 주의해야 한다.

염기 역시 마찬가지라고 할 수 있다. 강염기인 수산화나트륨 NaOH는 나트륨 이온 Na^+와 수산화 이온 OH^-로 완전히 이온화한다. 그러나 약염기인 암모니아 NH_3는 극히 일부만 물 분자와 반응해서 NH_4^+와 OH^-가 되고 대부분은 NH_3 그대로 남아 있다.

그런데 '강하다'와 '약하다'라는 구별은 꽤 모호하다는 느낌이 들지도 모르겠다. 그 느낌은 틀리지 않았다. 이를테면 강산인 염산과 약산인 아세트산을 비교할 때 어느 쪽의 산성이 강한지 생각해 보자. 같은 몰 농도라면 당연히 염산의 산성이 강하지만, 가령 염산의 농도가 훨씬 묽다면 어느 쪽이 강산일지는

H^+의 몰 농도를 비교해 봐야 알 수 있다(그림 54-1).

그림 54-1 ● 어느 쪽의 산성이 강할까

pH를 쓰면 수치로 액성을 판단할 수 있어서 편리하다!

이온화도 1.0인 0.00010M인 염산

VS

이온화도 0.010인 0.10M인 아세트산

H^+의 몰 농도는 '용질의 몰 농도×이온화도'로 계산할 수 있다.

염산에서 방출되는 H^+

$0.00010(M) \times 1.0 = 0.00010(M) = 1.0 \times 10^{-4}(M) \rightarrow pH = 4$

아세트산에서 방출되는 H^+

$0.10(M) \times 0.010 = 0.0010(M) = 1.0 \times 10^{-3}(M) \rightarrow pH = 3$

⇒ 아세트산의 pH가 더 작으므로 이 경우는 아세트산의 산성이 더 강하다

제9장 산과 염기

산과 염기를 섞으면?

◦ 중화 ◦

강산과 강염기는 생물에 유해하고 환경에도 악영향을 미친다. 그래서 산과 염기를 섞어 서로의 성질을 완화시키는 '중화'가 필요할 때가 있다. 중화가 어떻게 이뤄지는지 살펴보자.

먼저 염산과 수산화나트륨 수용액을 섞었을 때 무슨 일이 일어나는지 알아보자. 그림 55-1은 염산에 수산화나트륨 수용액을 넣었을 때 수용액 속의 상태를 나타낸 것이다. 이렇게 산과 염기의 반응((1)식)을 중화 반응이라고 하며, 물 이외의 생성물(이 반응에서는 NaCl)을 염(한자는 같지만 '소금'이 아니라는 것에 주의하자)이라고 부른다.

그림 55-1

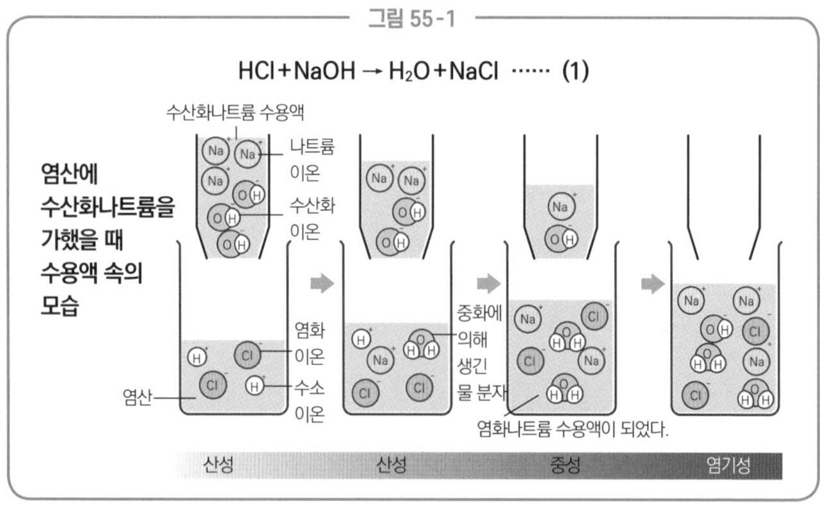

염의 종류

표 55-1에 나오듯 염에는 산의 모든 H^+를 다른 양이온으로 치환한 정염과 일부만 치환한 산성염이 있다. 또 염기 OH^-의 일부분을 다른 음이온으로 치환한 염기성염도 있다. 이러한 분류는 각 염의 조성을 바탕으로 한 것으로, 수용액의 성질과는 상관없다. 이를테면 산성염인 황산수소나트륨 수용액은 산성이지만, 탄산수소나트륨 수용액은 염기성이다.

염 수용액의 액성을 구분할 때는 요령이 있다. 염산과 수산화나트륨 수용액처럼 강산과 강염기의 중화 반응으로 생긴 염은 중성이다. 한편 강산과 약염기의 중화 반응으로 생긴 염은 산성의 성질이 이겨서 산성이 되고, 약산과 강염기의 중화 반응으로 생긴 염은 염기성의 성질이 이겨서 염기성이 된다. 왜 그런지 자세한 이유와 계산 방법은 58절에서 자세히 살펴보겠다.

표 55-1 ● 염의 종류

종류	조성	예	
정염	산인 H도 염기인 OH도 남아 있지 않은 염.	염화나트륨 NaCl 아세트산나트륨 CH_3COONa	염화암모늄 NH_4Cl 황산구리(II) $CuSO_4$
산성염	산인 H가 남아 있는 염.	탄산수소나트륨 $NaHCO_3$ 황산수소나트륨 $NaHSO_4$	
염기성염	염기인 OH가 남아 있는 염.	염화수산화칼슘 CaCl(OH) 염화수산화마그네슘 MgCl(OH)	

탄산수소나트륨 $NaHCO_3$ → 산성염이지만 수용액은 염기성.
염화암모늄 NH_4Cl → 정염이지만 수용액은 산성.
아세트산나트륨 CH_3COONa → 정염이지만 수용액은 염기성.
황산수소나트륨 $NaHSO_4$ → 산성염이고 수용액도 산성.
(황산이 절반 중화된 상태)

이온화도를 굳이 쓰지 않아도 되는 이유

◦ 이온화 상수를 사용한 약산과 약염기의 pH 계산법 ◦

약산과 약염기의 pH를 구할 때 이온화도를 쓰면 표 56-1과 같이 농도가 달라질 때마다 이온화도도 달라져서 구하기 힘들다는 단점이 있다. 이 단점은 이온화 상수라는 평형 상수를 써서 해결할 수 있다.

아세트산은 수용액 속에서 $CH_3COOH \rightleftarrows CH_3COO^- + H^+$의 평형을 이루기에 이 식의 평형 상수는 49절의 내용에 따라,

$$K_a = \frac{[CH_3COO^-][H^+]}{[CH_3COOH]}$$

표 56-1 ● 아세트산의 농도와 이온화도

아세트산의 농도 c(M)	이온화도 α(25℃)
1.0	0.0052
0.1	0.016
0.01	0.051
0.001	0.15

이렇게 나타낼 수 있다. 이때 평형 상수 K_a를 산의 이온화 상수라고 부른다. 이온화 상수는 온도가 달라지지 않는 한 정해진 값이므로 K_a를 이용하면 이온화도를 쓰는 것보다도 pH를 쉽게 계산할 수 있다. 구체적으로 이온화 평형 시에 아세트산의 첫 농도를 cM, 이온화도를 α라고 하고 아세트산의 pH를 표시해 보자(그림 56-1).

그렇다면 염기의 경우는 어떨까? 암모니아의 수용액 속에서는 $NH_3 + H_2O \rightleftarrows NH_4^+ + OH^-$의 평형이 이뤄지므로 이때의 평형 상수는,

그림 56-1 ● 약산의 이온화도와 이온화 상수

$$CH_3COOH \rightleftarrows CH_3COO^- + H^+$$

	CH_3COOH	CH_3COO^-	H^+	
이온화 전	c	0	0	[M]
변화량	$-c\alpha$	$+c\alpha$	$+c\alpha$	[M]
이온화 평형시	$c(1-\alpha)$	$c\alpha$	$c\alpha$	[M]

아세트산의 이온화 평형 K_a는 다음과 같이 나타낼 수 있다.

$$K_a = \frac{[CH_3COO][H^+]}{[CH_3COOH]} = \frac{c\alpha \times c\alpha}{c(1-\alpha)} = \frac{c\alpha^2}{(1-a)}$$

약산에서 이온화도 α는 1보다 훨씬 작으므로 1- α는 1로 볼 수 있다. 그렇기 때문에

$$K_a = c\alpha^2$$

이러한 근사식을 얻을 수 있다. 따라서 이온화도 α는 다음과 같다.

$$\alpha = \sqrt{\frac{K_a}{c}}$$

또한 약산 $[H^+]$는 $c\alpha$(M)이므로, 다음과 같이 나타낸다.

$$[H^+] = c\alpha = c\sqrt{\frac{K_a}{c}} = \sqrt{cK_a}$$

$$K = \frac{[NH_4^+][OH^-]}{[NH_3][H_2O]}$$

이렇게 나타낼 수 있다. 이온화 평형일 때 물의 몰 농도 $[H_2O]$는 충분히 크고 변화량이 적어서 늘 일정하다고 해도 무방하므로 K $[H_2O]$를 K_b라고 하면,

$$K_b = \frac{[NH_4^+][OH^-]}{[NH_3]}$$

이렇게 나타낼 수 있다. 이때 평형 상수 K_b를 염기의 이온화 상수라고 부른다. 약염기인 $[OH^-]$에 대해서도 약산인 경우와 똑같이 계산하면 그림 56-2의 결과를 얻을 수 있다.

그림 56-2 ● 약염기의 이온화도와 이온화 상수

약염기도 약산과 마찬가지로 다음 식을 얻을 수 있다.

$$\alpha = \sqrt{\frac{K_b}{c}}, \quad [OH^-] = \sqrt{cK_b}$$

이론 화학

중화 반응을 pH의 변화로 살펴보자 ①

◦ 강산에 강염기를 가했을 때 적정 곡선 ◦

산에 염기를 가했을 때 pH가 어떤 식으로 변화하는지 계산을 통해 밝혀 보자. 더해 주는 염기 수용액의 부피와 pH의 관계를 그래프로 나타낸 것을 적정 곡선이라고 부른다. 이 절에서는 강산에 강염기를 가했을 때의 적정 곡선에 대해 계산한다.

0.10M의 염산 20ml에 같은 농도의 수산화나트륨 수용액을 가했을 때 pH의 변화를 알아보자. 중화점을 구하려면 H^+의 몰수와 OH^-의 몰수가 같아진 때여야 하므로 그림 57-1의 (1)식이 성립한다.

그림 57-1

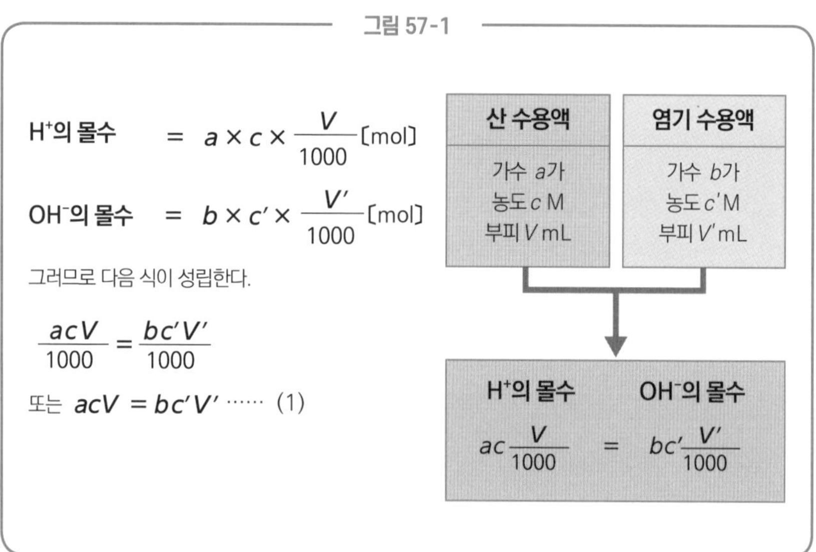

여기서는 1가에 같은 농도의 산과 염기끼리 중화 반응을 한 것이므로 중화점은 수산화나트륨 수용액을 20ml 더했을 때다. 그래서 적정 전과 NaOH 수용액을 5ml 더했을 때, 10ml, 15ml, 18ml, 19ml, 20ml(중화점), 30ml, 40ml 더했을 때의 pH를 계산해 그래프를 그린다.

① 적정 전 pH=1.00

pH를 구하려면 H^+의 몰 농도부터 구해야 한다. 염산은 강산이므로 다음과 같이 완전히 이온화된다.

	HCl	→	H^+	+	Cl^-
이온화 전	0.10M		0M		0M
이온화 후	0		0.10M		0.10M

$[H^+]=0.10$이므로 $pH=-\log[H^+]=1.0$이 된다.

② 5ml, NaOH 수용액을 더했을 때 pH=1.22

이때의 pH는 어떻게 계산해야 좋을까? pH를 구하려면 $[H^+]$를 구해야 하므로 처음에 있었던 $[H^+]$의 mol에서 중화된 양(가해진 OH^-의 양)을 뺀다.

$0.10(M)\times 0.020(L)-0.10(M)\times 0.005(L)=0.0015(mol)$

이때 주의할 점은 NaOH 수용액을 더해서 전체의 부피가 25ml로 증가했다는 점이다. 요컨대,

$[H^+]=0.0015(mol)\div 0.025(L)=0.060(M)$

이 되므로, $pH=-\log[H^+]=1.22$

③ 10ml, NaOH 수용액을 가했을 때 pH=1.48

위와 같은 식으로 계산하면 $pH=-\log[H^+]=1.48$

④ 15ml, NaOH 수용액을 가했을 때 pH=1.85

위와 같은 식으로 계산하면 $pH=-\log[H^+]=1.85$

⑤ 18ml, NaOH 수용액을 가했을 때 pH=2.28

위와 같은 식으로 계산하면 $pH = -\log[H^+] = 2.28$

⑥ 19ml, NaOH 수용액을 가했을 때 pH=2.59

위와 같은 식으로 계산하면 $pH = -\log[H^+] = 2.59$

⑦ 20ml, NaOH 수용액을 가했을 때(중화점) pH=7.00

⑧ 30ml, NaOH 수용액을 가했을 때 pH=12.30

중화점을 넘어선 이후부터는 H^+는 생각하지 않아도 되므로 중화점 이후에 더해진 OH^-의 mol을 전체 부피로 나누어 $[OH^-]$를 계산한다.

$[OH^-] = 0.0010(mol) \div 0.050(L) = 0.020(M)$

$pOH = -\log[OH^-] = 1.70$

$pH = 14 - pOH = 12.30$

⑨ 40ml, NaOH 수용액을 가했을 때 pH=12.52

위와 같은 식으로 계산하면,

$[OH^-] = 0.0020(mol) \div 0.060(L) = 0.033(M)$

$pOH = -\log[OH^-] = 1.48$

$pH = 14 - pOH = 12.52$

이상의 계산 결과를 그래프에 표시해 연결해 본다(그림 57-2). 그러면 중화점 부근에서 급격하게 pH가 상승하는 그래프가 그려진다는 것을 알 수 있다.

그림 57-2

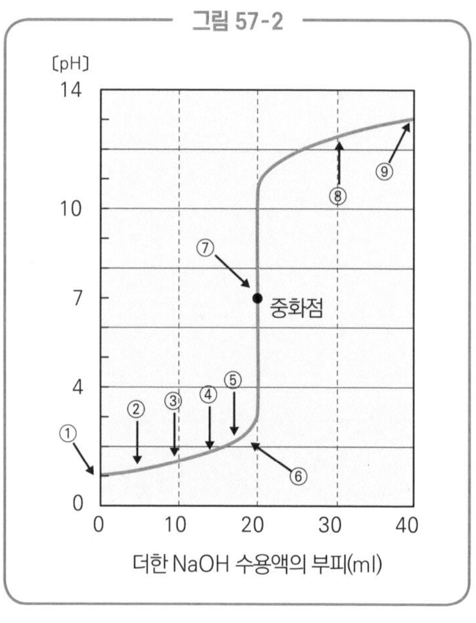

이론 화학

중화 반응을 pH의 변화로 살펴보자 ②

◦ 약산에 강염기를 가했을 때의 적정 곡선 ◦

이어서 약산을 강염기로 중화했을 때 pH의 변화를 계산해 적정 곡선을 그려 보자. 적정 곡선을 그리기 위해서는 이온화 상수를 이용해야 한다.

0.10M의 아세트산 20ml에 같은 농도의 수산화나트륨 수용액을 더할 때의 pH를 생각해 보자. 약산의 경우에도 중화점을 구하려면 앞 절의 그림 57-1의 (1)식이 쓰인다. 이는 설령 일부밖에 이온화하지 않는 약산이라도 중화되어 H^+가 없어지면 다시 이온화해서 H^+가 생기기 때문이다. 이 경우도 1가에 농도가 같은 산과 염기끼리의 중화 반응이므로 중화점은 수산화나트륨 수용액을 20ml 더했을 때다. 그래서 적정 중 pH의 변화를 적정 전, NaOH 수용액을 5ml 더했을 때, 10ml, 15ml, 18ml, 19ml, 20ml(중화점), 30ml, 40ml 더했을 때의 pH를 계산해 그래프로 그린다. 단, 아세트산의 이온화 상수 K_a는 2.7×10^{-5}이라고 한다.

① 적정 전 pH=2.78

아세트산은 약산이므로 이온화 상수 K_a를 이용하면 $[H^+] = \sqrt{cK_a}$ 이기 때문에 $pH = -\log[H^+] = 2.78$이 된다.

② 5ml, NaOH 수용액을 가했을 때 pH=4.09

이때의 pH는 어떻게 계산해야 좋을까? 5ml, 0.10M인 NaOH 수용액에는

OH^-가 5.0×10^{-4}(mol) 포함되어 있으므로 이만큼 아세트산이 중화되어 아세트산나트륨이 생성된다. 이를 정리하면 다음과 같다(단위는 mol).

		CH_3COOH	+ $NaOH$	→ CH_3COONa	+ H_2O
NaOH를	**가하기 전**	2.0×10^{-3}	5.0×10^{-4}	0	많이
	가한 후	1.5×10^{-3}	0	5.0×10^{-4}	많이

이를 전체 부피 0.025L(20ml+5ml)로 나누면 농도가 나온다.

이제 아세트산 이온화식에 어떤 수치를 대입하면 $[H^+]$를 구할 수 있는지 생각해 보자.

$$K_a = \frac{[CH_3COO^-][H^+]}{[CH_3COOH]}$$

K_a에는 이온화 상수 2.7×10^{-5}를 대입한다. 그리고 $[CH_3COO^-]$에는 NaOH를 가해 생긴 CH_3COONa의 몰 농도($5.0 \times 10^{-4} \div 0.025$)를 넣는다. CH_3COONa는 염이므로 수용액 속에서 완전히 이온화해 CH^3COO-와 Na^+가 되기 때문이다. $[CH_3COOH]$에는 아직 중화되지 않은 나머지 아세트산의 몰 농도 $1.5 \times 10^{-3} \div 0.025$를 대입한다. 그러면 다음처럼 된다.

$$2.7 \times 10^{-5} = \frac{\frac{1.5 \times 10^{-4}}{0.025} \times [H^+]}{\frac{1.5 \times 10^{-3}}{0.025}}$$

수용액 부피인 0.025는 지워도 되고 $[H^+] = 8.1 \times 10^{-5}$로부터 pH = 4.09가 된다. 이 계산으로 알 수 있는 것은 중화점까지 $[H^+]$를

$$[H^+] = \frac{[CH_3COOH]}{[CH_3COO^-]} \times K_a = \frac{\text{중화되지 않은 나머지 mol}}{\text{중화된 산의 mol(=더한 염기의 mol)}} \times K_a$$

이런 식으로 나타낼 수 있다는 사실이다.

③10ml, NaOH 수용액을 가했을 때 pH=4.57

20ml에서 중화점이므로 여기서는 처음에 있었던 아세트산 중 절반이 중화된다. 이를 중간점 또는 반중화점이라고 부르는데, 중간점에서는 중화된 산의 mol과 중화되지 않은 나머지 산의 mol이 똑같아지므로 $[H^+]=K_a$가 된다. 이를 계산하면 pH=4.57이다. 이때 pH를 계산하는 식에는 이온화 상수밖에 없다. 요컨대 약산과 염의 몰 농도는 pH에 영향을 주지 않는다. 이 말은 중간점에서는 수용액이 묽어져도 pH는 변화하지 않는다는 뜻이다. 이런 특성을 지닌 수용액을 완충 용액이라고 부른다. 아주 중요한 내용이니 잘 기억해 두자. 완충 용액에는 소량의 산(H^+)을 더해도 다량 존재하는 CH_3COO^-가 더해진 H^+와 결합해 $CH_3COO^-+H^+ \rightarrow CH_3COOH$라는 반응이 일어나기 때문에 H^+의 양은 거의 그대로이고 pH도 거의 변화하지 않는다.

또 소량의 염기(OH^-)를 가해도 다량 존재하는 CH^3COOH와 OH^-가 반응해서 $CH_3COOH+OH^- \rightarrow CH_3COO^-+H_2O$라는 중화 반응이 일어나므로 pH는 거의 변화하지 않는다. 이처럼 밖에서 오는 영향을 없애고 pH를 거의 일정하게 유지하는 작용을 완충 작용이라고 하며, 이런 작용을 하기에 완충 용액이라고 부르는 것이다.

④ 15ml, NaOH 수용액을 가했을 때 pH=5.04

②에서 쓴 식,

$$[H^+]=\frac{\text{중화되지 않은 나머지 mol}}{\text{중화된 산의 mol(=더한 염기의 mol)}}\times K_a$$

이대로 계산하면 $pH=-\log[H^+]=-\log\left(\frac{5.0\times10^{-4}}{1.5\times10^{-3}}\times K_a\right)=5.04$

⑤ 18ml, NaOH 수용액을 가했을 때 pH=5.52

마찬가지로 계산하면

$$pH = -\log[H^+] = -\log\left(\frac{2.0\times10^{-4}}{1.8\times10^{-3}}\times K_a\right) = 5.52$$

⑥ 19ml, NaOH 수용액을 가했을 때 pH=5.85

마찬가지로 계산하면 $pH = -\log[H^+] = 5.85$

⑦ 20ml, NaOH 수용액을 가했을 때(중화점) pH=8.63

이때는, $$[H^+] = \frac{\text{중화되지 않은 나머지 mol}}{\text{중화된 산의 mol(=더한 염기의 mol)}} \times K_a$$

이 식에서 분자가 0이 되어 버리기 때문에 이 계산식은 쓰지 않는다.

이때의 pH는 '염의 가수 분해'라는 개념을 써서 '염의 가수 분해 상수 K_h'를 이용해 계산할 수 있다.

중화점에서는 아세트산이 전부 아세트산나트륨이 되는데, 아세트산나트륨은 염이므로 완전히 이온화해 아세트산 이온과 나트륨 이온이 된다. 아세트산은 약산으로 이온화도가 작기 때문에 이온화한 아세트산 이온의 일부는 물과 반응해서 아세트산이 된다.

$$CH_3COO^- + H_2O \rightleftarrows CH_3COOH + OH^-$$

이 결과 OH^-의 농도가 높아져서 수용액은 약염기성이 된다. 이 반응을 염의 가수 분해라고 부른다. 이어서 구체적으로 pH를 계산해 보자. 아세트산 이온의 몰 농도는 0.10M인 아세트산 20ml를 중화한 것으로 몰수는 그대로인데 부피는 2배가 되기 때문에 절반인 0.050M가 된다. 이 중에 xM만 가수 분해를 했다면,

		CH_3COO^-	+ H_2O	$\rightleftarrows$ CH_3COOH	+ OH^-
가수 분해	**전**	0.050	많이	0	0
	후	$0.050-x$	많이	x	x

여기서 x는 0.050에 비해 충분히 작으므로, $0.050-x \fallingdotseq 0.050$에 근사한다.

$$K_h = \frac{[CH_3COOH][OH^-]}{[CH_3COO^-]} = \frac{x^2}{c-x} \fallingdotseq \frac{x^2}{c}(M)$$

$$x = \sqrt{c \times K_h}$$

또 아세트산의 이온화 상수 $K_a = 2.7 \times 10^{-5}$, 물의 이온곱상수 $K_W = 1.0 \times 10^{-14}$에 따라 K_h의 분자와 분모에 $[H^+]$를 곱하면 다음의 식이 성립하고, 결국 $K_h = K_W / K_a$가 되는 것이다.

$$K_h = \frac{[CH_3COOH][OH^-][H^+]}{[CH_3COO^-][H^+]} = \frac{[CH_3COOH]K_w}{[CH_3COO^-][H^+]} = \frac{K_w}{\frac{[CH_3COO^-][H^+]}{[CH_3COOH]}} = \frac{K_w}{K_a} = \frac{1.0 \times 10^{-14}}{2.7 \times 10^{-5}} = 3.7 \times 10^{-10}$$

따라서,

$$[OH^-] = x = \sqrt{c \times K_h}$$

그러므로, $pH = -\log[H^+] = 14 - pOH = 14 + \log[OH^-]$

$= 14 + \log\sqrt{c \times K_h} = 8.63$

⑧, ⑨ 중화점 이후의 pH

중화점 이후의 pH는 57절에 나오는 강산, 강염기의 적정과 같아진다.

그림 58-1

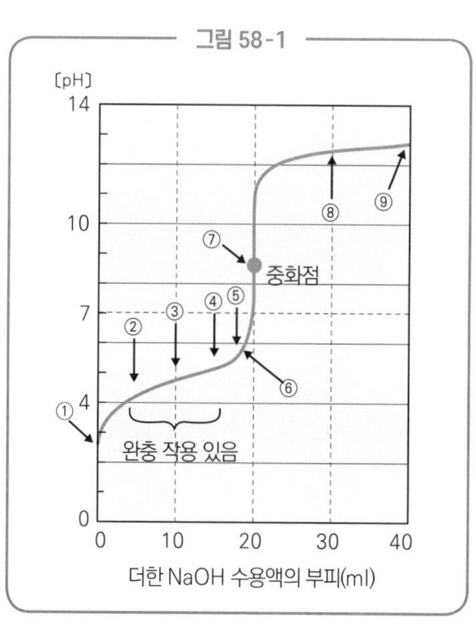

이론 화학

중화 적정은 어떤 기구를 써서 실험할까

◦ 중화 적정의 실험 방법 ◦

실제로 적정 곡선을 그리기 위한 실험 방법을 유리 기구와 중화점을 판단하기 위한 지시약에 주목해서 살펴보자. 이 실험을 중화 적정이라고 부른다.

정확한 농도를 알고 싶은 약 0.1M의 묽은 염산이 있다고 하자. 이 염산의 농도를 알려면 중화 공식인 그림 57-1의 (1)식을 바탕으로 생각해야 하는데, 염산의 부피를 정확하게 측정한 다음 농도를 정확하게 알고 있는 NaOH 수용액을 염산이 중화할 때까지 더하고 그 부피를 측정하면 된다.

그래서 여러분은 곧바로 NaOH 고체를 사용해서 0.100M의 NaOH 수용액을 만들려 했다. 그런데 실제로 1.00L의 물에 녹이려고 4.00g의 NaOH를 저울에 달아 측정했더니 NaOH 고체가 공기 중의 수분을 점점 흡수하는 바람에 저울 숫자가 계속 늘어났다!

이를 조해성이라고 한다. 그렇기 때문에 NaOH의 정확한 농도를 알려면 정확한 농도를 아는 산의 수용액을 써서 중화 적정을 할 필요가 있다. 그래서 조해성이 없는 2가 산인 옥살산을 써서 정확한 농도의 수용액(이를 표준 용액이라고 부른다)을 만든다. 이 옥살산 표준 용액으로 우선 NaOH 수용액의 정확한 농도를 정한 다음, 중화 적정으로 염산의 농도를 결정하는 두 단계의 과정이 필요하다.

그림 59-1

메니스커스
기준선
100mL
부피플라스크
기준선
10mL
홀 피펫

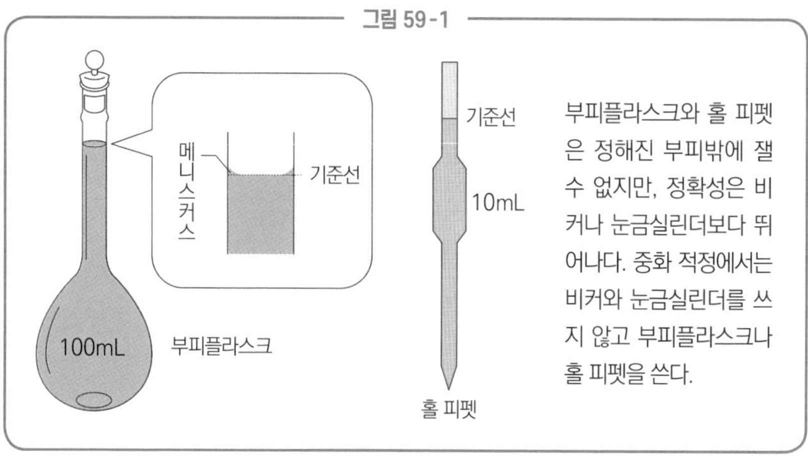

부피플라스크와 홀 피펫은 정해진 부피밖에 잴 수 없지만, 정확성은 비커나 눈금실린더보다 뛰어나다. 중화 적정에서는 비커와 눈금실린더를 쓰지 않고 부피플라스크나 홀 피펫을 쓴다.

그림 59-2 ● **옥살산 표준 용액을 쓴 중화 적정**

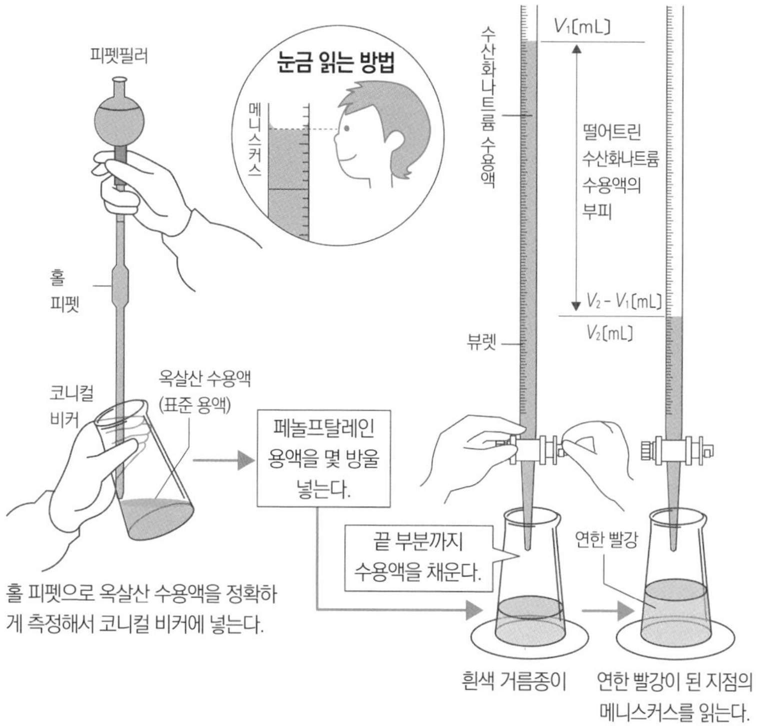

피펫필러
눈금 읽는 방법
메니스커스
홀 피펫
코니컬 비커
옥살산 수용액 (표준 용액)
페놀프탈레인 용액을 몇 방울 넣는다.
홀 피펫으로 옥살산 수용액을 정확하게 측정해서 코니컬 비커에 넣는다.
수산화나트륨 수용액
V_1[mL]
떨어트린 수산화나트륨 수용액의 부피
$V_2 - V_1$[mL]
V_2[mL]
뷰렛
끝 부분까지 수용액을 채운다.
연한 빨강
흰색 거름종이
연한 빨강이 된 지점의 메니스커스를 읽는다.

그럼 중화점은 어떻게 알 수 있을까? 53절에서 소개한 pH 지시약을 쓰면 된다. pH 지시약에는 변색 범위라는, 색깔이 변하는 pH 영역이 있다. pH 지시약은 중화 적정을 하는 산과 염기의 종류에 따라 페놀프탈레인과 메틸오렌지를 나눠서 써야 한다. 그림 59-3, 59-4를 보기 바란다. 적정 곡선 그래프가 변색 범위를 수직으로 관통하는 지시약을 써야 한다. 그림 59-3에서는 적정 곡선이 메틸오렌지와 페놀프탈레인의 변색 범위를 모두 수직으로 관통하기 때문에 둘 다 지시약으로 쓸 수 있다. 하지만 아세트산의 경우 메틸오렌지는 중화점 전이 변색 범위이기 때문에 지시약으로는 쓸 수 없다. 마찬가지로 그림 59-4와 같이 암모니아를 염산으로 적정했을 경우에는 페놀프탈레인은 쓰지 못하고 메틸오렌지만 쓸 수 있다.

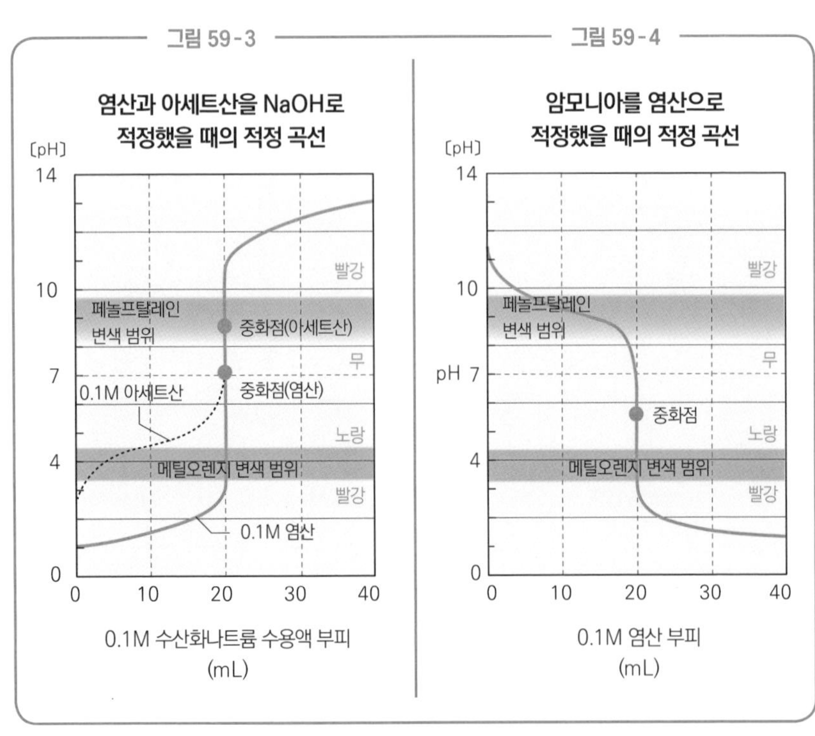

제 10 장

산화 환원 반응

'산화'는 정말 부정적인 일일까

◦ 산화와 환원의 올바른 정의란 ◦

'철이 녹스는 현상'은 철이 산소와 결합해 산화철이 되는 것으로, 녹슨 철은 삭아서 쓸 수 없게 되어 버린다. 또 '산화방지제'란 차나 주스가 산화되어 상하지 않도록 첨가하는 것이다. 이처럼 '녹슨다' 또는 '산화'라고 하면 부정적인 이미지가 떠오르는데 사실은 어떨까? 화학의 관점에서 살펴보자.

중학교에서는 '산화 반응'을 '산소와 결합하는 반응', '환원 반응'을 산화 반응의 반대말로 '결합한 산소 원자가 분리되는 반응'이라고 배운다(그림 60-1).

하지만 고등학교 화학에서는 산화와 환원을 전자의 교환으로 설명한다. 어

그림 60-1 ● 중학교에서는

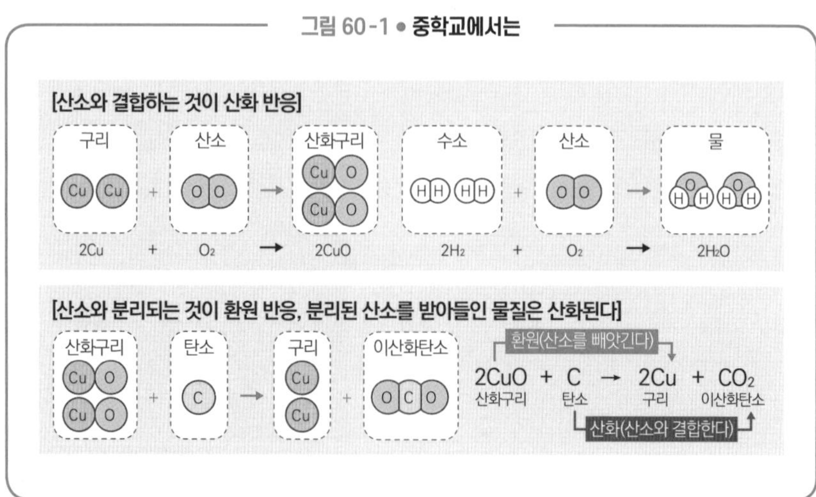

떤 원자가 전자를 잃었을 때 '그 원자는 산화되었다', 전자를 받았을 때 '그 원자는 환원되었다'라고 정의하는 것이다. 이렇게 정의하면 '철이 녹스는' 반응은 철이 산화됨과 동시에 산소 원자는 전자를 받아 환원된 셈이 된다. 즉 산화 반응과 환원 반응은 반드시 동시에 일어나며, 어느 하나만 일어나지는 않는다. 그래서 고등학교에서는 산화 환원 반응이라고 말한다. 무척 중요한 내용이니 반드시 기억해 두자.

그런데 전자를 기준으로 산화 환원 반응을 정의하면 어떤 장점이 있을까? '뜨거운 구리를 염소에 넣으면 염화구리가 된다.'라는 반응을 예로 생각해 보자(그림 60-2).

반응 후에 생긴 $CuCl_2$는 Cu^{2+}와 Cl^-이 이온 결합을 한 이온 결정이므로 전자 교환을 생각하면 Cu는 반응 후에 전자를 2개 잃어 산화되었고 Cl은 반응

그림 60-2 ● 산화 환원 반응은 전자의 이동이 기준이다

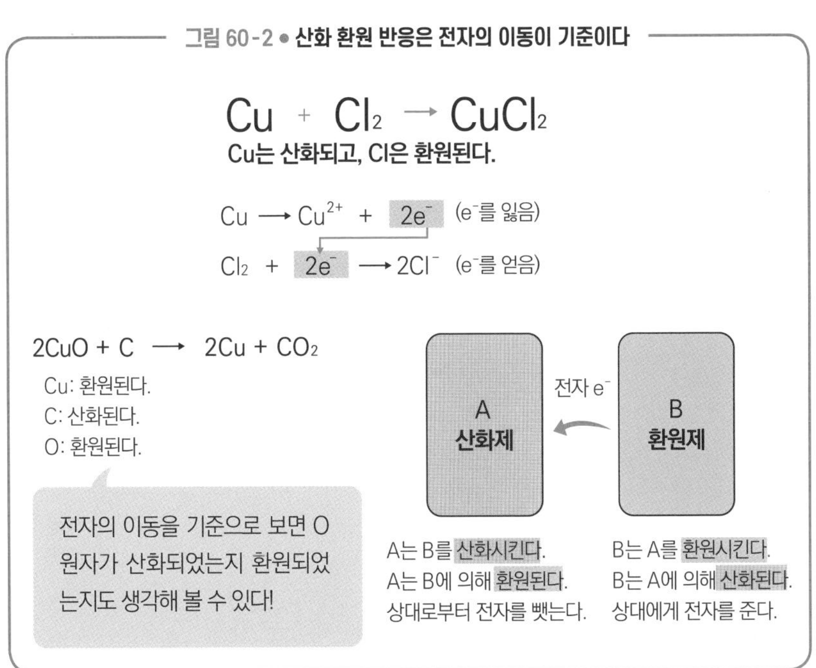

후에 전자를 1개 받아 환원되었다고 할 수 있다. 이때 Cu는 전자를 제공하여 상대를 환원시켰기 때문에 환원제, Cl_2은 상대 Cu로부터 전자를 빼앗아 산화시켰으므로 산화제라고 부른다. 이처럼 전자의 작용으로 생각하면 하나하나의 원자에 대해 명확하게 산화와 환원을 정의할 수 있다는 큰 장점이 있다.

처음에 든 예를 앞서 설명한 내용에 따라 생각해 보면 철이 녹슬거나 식품이 산화하는(정확한 표현은 '식품이 산화되었다'가 되겠다) 현상은 산화제인 산소에 의해 철이나 식품이 전자를 잃은 것이라 할 수 있다. 산화제와 환원제라는 용어도 앞으로 종종 등장할 테니 잘 기억해 두자.

이론 화학

산화와 환원을 판단하는 강력한 무기

◦ 산화수 ◦

산화 환원 반응이란 전자의 교환을 뜻한다고 앞서 설명했다. 그런데 실제 반응식을 통해 곧바로 산화인지 환원인지 판단하기란 무척 어려운 일이다. 이를테면 수소와 질소로부터 암모니아를 생성하는 $3H_2 + N_2 \rightarrow 2NH_3$이라는 반응을 보면 각 원자가 전자를 잃었는지 받았는지 한눈에 판단하기 힘들다. 이를 해결하기 위해 생각해 낸 것이 '산화수'다.

암모니아 생성 반응식을 보고 바로 전자의 교환을 파악할 수 없는 이유는 암모니아 NH_3가 이온 결합이 아니라 공유 결합으로 이루어진 물질이기 때문이다. 그런데 N-H 사이의 공유 결합에서는 전기 음성도(10절 참조)가 N원자 쪽이 크기 때문에 H원자가 원래 가지고 있던 전자는 N원자 쪽으로 치우친다. 따라서 이 공유 결합을 굳이 이온 결합에 비유하면 N은 전자를 받았고 H는 전자를 잃었다고 생각할 수 있다. 다시 말해 N_2, H_2가 홑원소 물질 상태에서 반응 후에 NH_3가 됨으로써, H는 1가 전자를 잃은 H^+ 상태가 되고, N은 3개의 H원자로부터 각각 1개씩 총 3개의 전자를 받아 N^{3-}의 상태가 되었다고 생각할 수 있다. 최초의 상태를 0이라고 하고, 각 전자의 증감을 숫자로 나타내면 H는 0 → +1, N은 0 → -3이 된 셈이다. H원자는 숫자가 늘어났으니 산화되었고, N원자는 숫자가 줄었으니 환원되었다고 할 수 있다.

그림 61-1

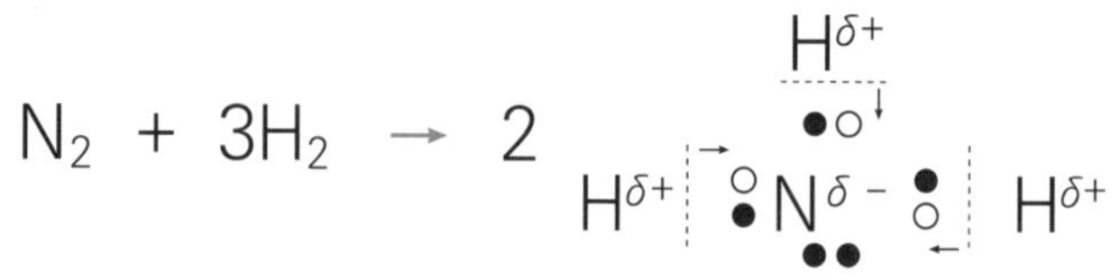

$$N_2 + 3H_2 \rightarrow 2\ NH_3$$

($N^{\delta-}$ 주위에 $H^{\delta+}$ 3개: 공유 전자쌍이 N 쪽으로 치우침)

이 숫자는 산화수라고 하는데, 각 원자가 얼마나 산화되는지 나타내는 숫자다. 반응 후에 산화수가 늘어났으면 그 원자는 산화되었고, 산화수가 줄었으면 그 원자는 환원되었음을 알 수 있기 때문에 산화수를 쓰면 한눈에 산화 환원 반응을 파악할 수 있어서 편하다.

산화수를 정하는 방법과 주의할 점은 표 61-1을 살펴보자.

표 61-1 ● **산화수 정하는 방법**

산화수는 어디까지나 원자 1개에 대해서 정한다는 점에 주의하자.

①	홑원소 물질 속 원자의 산화수는 0으로 한다.	H_2, Na, Cl_2는 원자의 산화수가 0.
	이유: 홑원소 물질은 결합에 쓰는 전자의 치우침이 없는 상태라고 보기 때문.	
②	화합물 속 수소 원자의 산화수는 +1, 산소 원자의 산화수는 −2라고 한다.	H_2O (H: +1, O: −2) NH_3 (H: +1)
	이유: 일반적으로 수소 원자는 전기 음성도가 작기 때문에 1가 양이온이 되거나 공유 결합에서 공유 전자쌍이 상대 원자 쪽으로 치우치는 경우가 많다. 산소는 그 반대다. **예외**: H_2O_2는 H-O-O-H 결합이기 때문에 O원자 사이의 공유 결합에서는 공유 전자쌍이 한쪽으로 치우치지 않는다고 보아 O의 산화수를 −1이라고 한다. NaH 등의 금속 원자와 H원자 화합물은 H원자보다도 금속 원자의 전기 음성도가 훨씬 작기 때문에 Na^+와 H^-의 금속 결합이라고 생각할 수 있으므로 H의 산화수는 −1이라고 한다.	
③	전하를 가지지 않은 화합물은 구성하는 원자의 산화수의 총합을 0이라고 한다.	NH_3 (N: x, H: +1) $x \times 1+(+1)\times 3=0$에서 $x=-3$ SO_2 (S: x, O: −2) $x \times 1+(-2)\times 2=0$에서 $x=+4$
④	단원자 이온의 산화수는 이온의 전하와 같다.	Na^+ (+1) Ca^{2+} (+2) Cl^- (−1)
⑤	다원자 이온의 경우는 구성하는 원자의 산화수가 총합이 이온의 전하와 같다	SO_4^{2-} (S: x, O: −2) $x \times 1+(-2)\times 4=-2$에서 $x=+6$ NH_4^+ (N: x, H: +1) $x \times 1+(+1)\times 4=+1$에서 $x=-3$

이론 화학

산화제와 환원제에는 어떤 종류가 있을까

◦ 산화제와 환원제의 산화력, 환원력 강도를 비교하다 ◦

여기서는 자주 등장하는 산화제와 환원제를 소개한다. 반쪽 반응식이란 산화 환원 반응이 일어났을 때 산화제에 의한 반응 부분과 환원제에 의한 반응 부분을 따로 나타낸 것이다. 그림 62-1은 각각 어느 정도의 산화력과 환원력이 있는지를 기준으로 나열했다. 오른쪽 위로 갈수록 강한 환원제, 왼쪽 아래로 갈수록 강한 산화제다. '그림 가운데 부분은?' 하는 의문이 생길 것이다. 자세히 살펴보자.

그림의 제일 위에는 $K^+ + e^- \rightleftarrows K$라는 반쪽 반응식이 쓰여 있다. 이는 K가 그림 62-1에서 제일 강한 환원제이며 K^+는 산화제 중 가장 약하다는 사실을 뜻하는데, 이 평형 반응(가운데에 화살표 $\rightleftarrows$가 있다)은 극단적으로 왼쪽에 치우쳐 있다. 즉 K는 주위에 전자를 내던지면서 점점 K^+가 되어 버리기 때문에 자연 상태에서는 K^+로만 존재한다는 것이다.

반대로 표의 밑에서부터 다섯 번째에 있는 $Cl_2 + 2e^- \rightleftarrows 2Cl^-$ 반쪽 반응식에서는 Cl_2가 강한 산화제이므로 평형은 극단적으로 오른쪽에 치우친다. K와 마찬가지로 홑원소 물질인 Cl_2는 주위로부터 전자를 빼앗아 Cl^-가 되어 버리기 때문에 자연계에는 존재하지 않는다. 하지만 Cl^-가 포함된 수용액에 더 강한 산화제인 MnO_4^-를 더하면 $Cl_2 + 2e^- \rightleftarrows 2Cl^-$ 반응식의 평형은 왼쪽으로 치우치기 때문에 Cl_2가 발생하는 것이다.

일반적으로는 이 표의 가운데에 있는 $2H^+ + 2e^- \rightleftarrows H_2$ 반쪽 반응식을 기준으

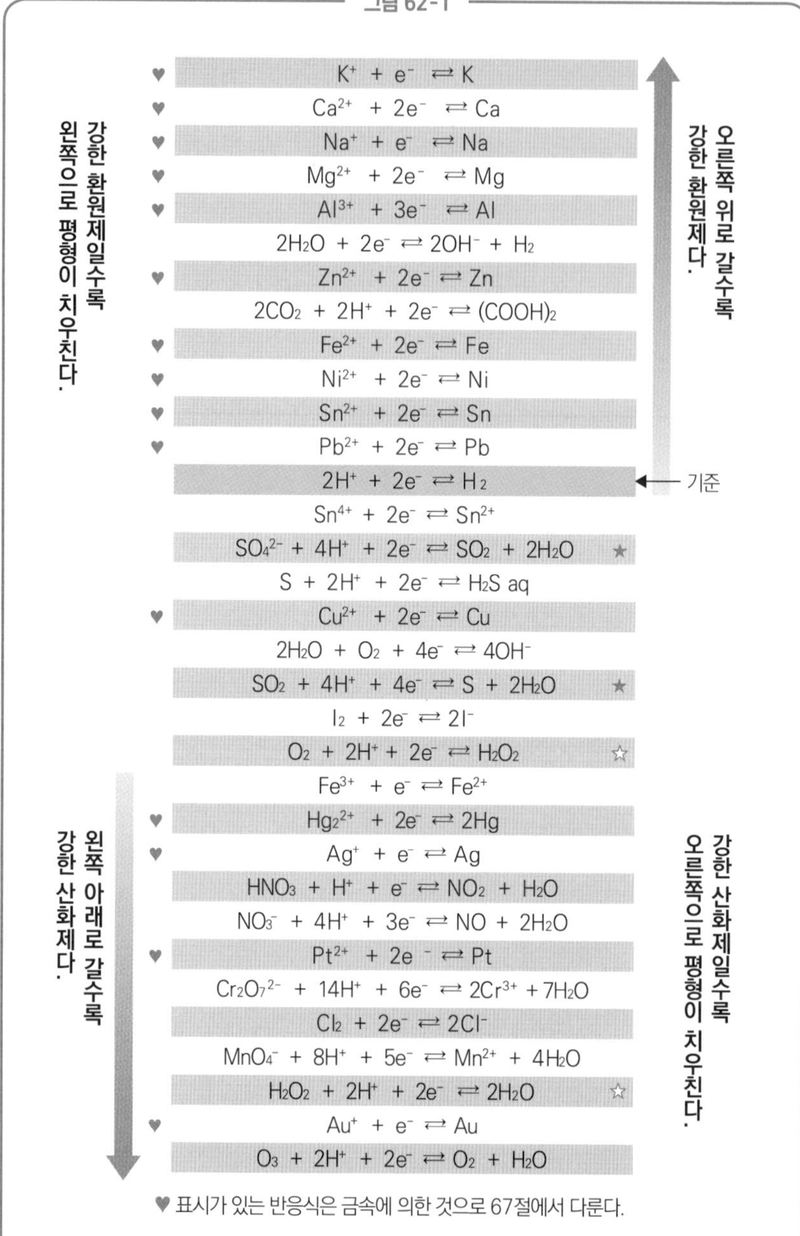
그림 62-1
♥ $K^+ + e^- \rightleftarrows K$
♥ $Ca^{2+} + 2e^- \rightleftarrows Ca$
♥ $Na^+ + e^- \rightleftarrows Na$
♥ $Mg^{2+} + 2e^- \rightleftarrows Mg$
♥ $Al^{3+} + 3e^- \rightleftarrows Al$
$2H_2O + 2e^- \rightleftarrows 2OH^- + H_2$
♥ $Zn^{2+} + 2e^- \rightleftarrows Zn$
$2CO_2 + 2H^+ + 2e^- \rightleftarrows (COOH)_2$
♥ $Fe^{2+} + 2e^- \rightleftarrows Fe$
♥ $Ni^{2+} + 2e^- \rightleftarrows Ni$
♥ $Sn^{2+} + 2e^- \rightleftarrows Sn$
♥ $Pb^{2+} + 2e^- \rightleftarrows Pb$
$2H^+ + 2e^- \rightleftarrows H_2$
기준
$Sn^{4+} + 2e^- \rightleftarrows Sn^{2+}$
$SO_4^{2-} + 4H^+ + 2e^- \rightleftarrows SO_2 + 2H_2O$ ★
$S + 2H^+ + 2e^- \rightleftarrows H_2S$ aq
♥ $Cu^{2+} + 2e^- \rightleftarrows Cu$
$2H_2O + O_2 + 4e^- \rightleftarrows 4OH^-$
$SO_2 + 4H^+ + 4e^- \rightleftarrows S + 2H_2O$ ★
$I_2 + 2e^- \rightleftarrows 2I^-$
$O_2 + 2H^+ + 2e^- \rightleftarrows H_2O_2$ ☆
$Fe^{3+} + e^- \rightleftarrows Fe^{2+}$
♥ $Hg_2^{2+} + 2e^- \rightleftarrows 2Hg$
♥ $Ag^+ + e^- \rightleftarrows Ag$
$HNO_3 + H^+ + e^- \rightleftarrows NO_2 + H_2O$
$NO_3^- + 4H^+ + 3e^- \rightleftarrows NO + 2H_2O$
♥ $Pt^{2+} + 2e^- \rightleftarrows Pt$
$Cr_2O_7^{2-} + 14H^+ + 6e^- \rightleftarrows 2Cr^{3+} + 7H_2O$
$Cl_2 + 2e^- \rightleftarrows 2Cl^-$
$MnO_4^- + 8H^+ + 5e^- \rightleftarrows Mn^{2+} + 4H_2O$
$H_2O_2 + 2H^+ + 2e^- \rightleftarrows 2H_2O$ ☆
♥ $Au^+ + e^- \rightleftarrows Au$
$O_3 + 2H^+ + 2e^- \rightleftarrows O_2 + H_2O$
강한 환원제일수록 왼쪽으로 평형이 치우친다.
오른쪽 위로 갈수록 강한 환원제다.
왼쪽 아래로 갈수록 강한 산화제다.
강한 산화제일수록 오른쪽으로 평형이 치우친다.
♥ 표시가 있는 반응식은 금속에 의한 것으로 67절에서 다룬다.

로 삼고, 이 반쪽 반응식보다 평형이 얼마나 왼쪽으로 치우치는지, 또는 얼마나 오른쪽으로 치우치는지 하는 기준으로 서열을 결정한다.

마지막으로 그림의 ★과 ☆에 주목해 보자. ★은 이산화황 SO_2에 ☆은 과산화수소 H_2O_2에 붙어 있다. 두 물질은 반응하는 상대에 따라 산화제로 반응할지 환원제로 반응할지가 달라진다. SO_2는 환원제인 황화수소 H_2S에 산화제로 작용해 S가 되는 반응에 잘 쓰인다. 또 H_2O_2는 일반적으로 강한 산화제로 작용하지만, 과망가니즈산 이온 MnO_4^-나 다이크로뮴산 이온 $Cr_2O_7^{2-}$ 등 더 강한 산화제와 반응할 때에는 환원제로 작용한다.

이론 화학

중요한 산화제, 환원제의 특징

◦ 자주 나오는 산화제와 환원제 ◦

62절의 그림에 나온 산화제와 환원제 반응식 중 중요한 것들을 그림 63-1에 정리했다. 각각의 특징을 살펴보자.

'그림 62-1에 산화제, 환원제가 엄청 많아서 겁난다.' 하는 것이 솔직한 생각이지 않을까? 하지만 ♥ 표시가 된 것은 전부 금속 이온이다. 금속은 산화되면 기본적으로 2가 양이온이 된다. 이 금속 이온들은 67절에서 자세히 다루므로 이것들을 제외하면 많이 줄어들지 않는가. 게다가 남은 것들 중에서도 자주 나오는 것만 정리한 것이 그림 63-1이다.

그림 63-1 ● **반쪽 반응식**

	반응식		
	$2CO_2 + 2H^+ + 2e^- \rightleftarrows (COOH)_2$		환원제
	$S + 2H^+ + 2e^- \rightleftarrows H_2S\ aq$		환원제
	$SO_4^{2-} + 4H^+ + 2e^- \rightleftarrows SO_2 + 2H_2O$	★	환원제
산화제	$SO_2 + 4H^+ + 4e^- \rightleftarrows S + 2H_2O$	★	
	$O_2 + 2H^+ + 2e^- \rightleftarrows H_2O_2$	☆	환원제
산화제	$Cr_2O_7^{2-} + 14H^+ + 6e^- \rightleftarrows 2Cr^{3+} + 7H_2O$		
산화제	$MnO_4^- + 8H^+ + 5e^- \rightleftarrows Mn^{2+} + 4H_2O$		
산화제	$H_2O_2 + 2H^+ + 2e^- \rightleftarrows 2H_2O$	☆	

8개 정도는 할 만하지 않은가? 8개 중 SO_2와 H_2O_2는 앞 절에서 말했듯 산화제로도 환원제로도 작용한다. 나머지 4개 중에 환원제로 작용하는 것은 $(COOH)_2$와 H_2S로 두 개, 산화제로 작용하는 것은 MnO_4^-와 $Cr_2O_7^{2-}$로 두 개다. 각각 자세히 알아보자.

먼저 MnO_4^-는 산화제 중 가장 유명하다. 칼륨염인 $KMnO_4$(과망가니즈산칼륨)는 보라색 결정으로, 물에 넣으면 아주 진한 보라색 수용액이 된다. $KMnO_4$는 반응 후에 Mn^{2+}가 되는데, 이 Mn^{2+} 수용액은 아주 연한 분홍색으로 거의 무색에 가깝다. 이어서 유명한 것은 $Cr_2O_7^{2-}$이다. $Cr_2O_7^{2-}$의 칼륨염인 $K_2Cr_2O_7$(다이크로뮴산칼륨)은 주황색 결정으로, 수용액도 예쁜 주황색이다. 하지만 환원제와 반응하면 Cr^{3+}로 변하면서 초록색이 된다. 환경문제를 일으키는 6가 크로뮴은 산화수가 +6인 $Cr_2O_7^{2-}$를 말하는데, 산화력이 강해서 생물에 미치는 독성이 무척 센 물질이다.

이어서 환원제다. $(COOH)_2$는 2가 산으로 칼슘염인 옥살산칼슘은 요로 결석의 원인 중 하나다. H_2S는 화산 지대에서 맡을 수 있는 냄새의 원인 물질이다. 이른바 '유황 냄새'인데, 실제로는 유황에 냄새가 있는 것이 아니고 H_2S에서 비롯한 것이다.

과산화수소 H_2O_2나 이산화황 SO_2가 산화제와 환원제 양쪽에 등장하는 것은 이들이 상대에 따라 산화제로도 환원제로도 쓸 수 있기 때문이다. H_2O_2는 기본적으로는 산화제이지만, $KMnO_4$나 $K_2Cr_2O_7$ 등 강한 산화 작용을 하는 상대와 반응할 때는 환원제로 작용한다. SO_2도 산화제와 환원제 양쪽 다 가능한데, SO_2가 등장하는 경우는 산화제로서 환원제 H_2S와 반응해서 S가 생성될 때가 대부분이다.

산화 환원 반응식, 누구나 쉽게 쓸 수 있다

◦ 산화제, 환원제의 반쪽 반응식 쓰는 법과 조합 방법 ◦

그림 63-1에 있는 반쪽 반응식은 중요해서 꼭 익혀 두어야 한다. 하지만 이 식을 통째로 외울 필요는 없다. 외우지 않아도 되는 비법을 소개한다.

제일 자주 나오는 $KMnO_4$의 반쪽 반응식 쓰는 방법을 소개한다.

① 반응 전과 반응 후의 산화수가 변화하는 물질을 기억한다. 이것만은 반드시 외우자.

$MnO_4^- \rightarrow Mn^{2+}$

② 반응에 O원자가 관련되어 있을 경우는 H_2O 분자를 넣어서 양변의 O원자 개수를 맞춘다.

$MnO_4^- \rightarrow Mn_2^+ + 4H_2O$

③ H^+로 양변의 H원자 수를 맞춘다.

$MnO_4^- + 8H^+ \rightarrow Mn^{2+} + 4H_2O$

④ 전하 e^-를 넣어서 양변을 맞춘다.

$MnO_4^- + 8H^+ + 5e^- \rightarrow Mn^{2+} + 4H_2O$

②~④까지는 쉽게 만들 수 있다. 물론 다른 산화제와 환원제의 반쪽 반응식도 똑같은 방식으로 만들면 된다. 그럼 이어서 산화제와 환원제를 조합하는 산화 환원 반응을 $KMnO_4$와 H_2O_2 반응을 예로 들어 생각해 보자. 갑자기 반응식을 쓰라고 하면 어렵지만, 산화제와 환원제 각각의 반쪽 반응식을 쓴 다음 합치면 수월하게 만들 수 있다.

① 우선 산화제로 작용하는 과망가니즈산칼륨의 반쪽 반응식((1)식)과 환원제로 작용하는 과산화수소의 반쪽 반응식((2)식)을 쓴다.

$MnO_4^- + 8H^+ + 5e^- \rightarrow Mn^{2+} + 4H_2O$ …… (1)

$H_2O_2 \rightarrow O_2 + 2H^+ + 2e^-$ …… (2)

② 전자를 같은 양만큼 방출하고 받아들이게 하기 위해 (1)식을 2배, (2)식을 5배로 만들어서 더한다.

$$2MnO_4^- + 16H^+ + 10e^- \rightarrow 2Mn^{2+} + 8H_2O$$

$$+)\quad 5H_2O_2 \rightarrow 5O_2 + 10H^+ + 10e^-$$

$$2MnO_4^- + 16H^+ + 5H_2O_2 + 10e^-$$

$$\rightarrow 2Mn^{2+} + 8H_2O + 5O_2 + 10H^+ + 10e^-$$

③ 양변에 $10e^-$가 있는데, 같은 양의 전자가 이동했음을 알 수 있으니 이것을 지우고, 양변에 있는 H^+도 정리한다. 그러면 식이 꽤 깔끔해진다.

$2MnO_4^- + 6H^+ + 5H_2O_2 \rightarrow 2Mn^{2+} + 8H_2O + 5O_2$

④ 그런데 아직 이온이 남아 있다. 과망가니즈산칼륨은 황산에 녹아 있으므로 반응식 속의 H^+는 황산 H_2SO_4에서 방출된 것이다. 또 MnO_4^-는 원래 $KMnO_4$에서 이온화된 것이므로 K^+도 존재한다. 이 두 개의 이온을 이용해 화학 반응식으로 나타낸다.

$2KMnO_4 + 3H_2SO_4 + 5H_2O_2 \rightarrow 2MnSO_4 + 8H_2O + 5O_2$

⑤ 좌변에 쓴 2개의 K^+와 1개의 SO_4^{2-}가 남아 있다. 이것들을 붙여서 우변에 K_2SO_4를 추가하면 화학 반응식이 완성된다.

$2KMnO_4 + 3H_2SO_4 + 5H_2O_2 \rightarrow 2MnSO_4 + 8H_2O + 5O_2 + K_2SO_4$

처음부터 화학 반응식을 쓰는 것은 어렵지만, 산화제와 환원제의 반쪽 반응식이 있으면 어떠한 반응이라도 화학 반응식을 만들 수 있다.

산화 환원 반응을 이용해 몰 농도를 계산하려면?

◦ 산화 환원 적정 ◦

산화제와 환원제 중 한쪽의 몰 농도를 알고 있을 때는 중화 적정과 같은 방법으로 다른 쪽의 몰 농도를 구할 수 있다. 이 방법을 산화 환원 적정이라고 한다.

중화 적정에서는 산에서 방출된 H^+의 몰수와 그것을 받아들이는 물질(즉 OH^-)의 몰수가 일치할 때가 중화였고 끝 지점이었다. 산화 환원 적정에서는 환원제로부터 방출되는 전자의 몰수와 산화제가 받는 전자의 몰수가 일치하는 때가 끝 지점이다.

농도를 알 수 없는 과산화수소 H_2O_2 수용액 20.00ml를 0.02000M의 과망가니즈산칼륨 $KMnO_4$ 수용액으로 적정해서, 과산화수소 수용액의 농도를 구하는 경우를 생각해 보자(그림 65-1).

그림 65-1

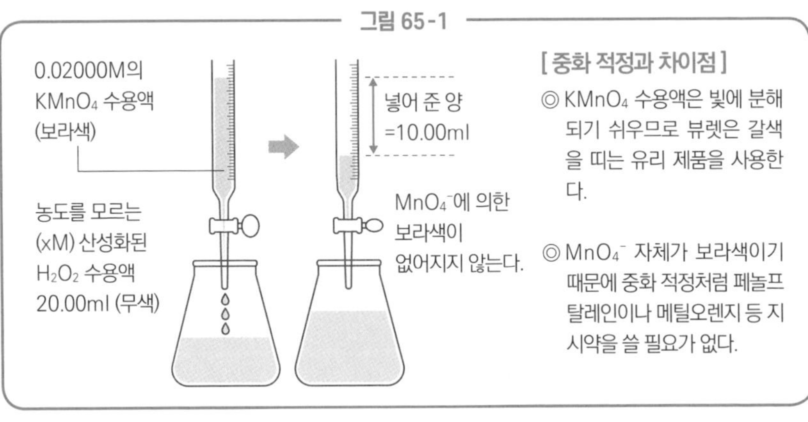

삼각 플라스크에 든 황산을 넣어 산성을 띠는 과산화수소 수용액에 과망가니즈산칼륨 수용액을 넣으면 산화 환원 반응이 일어나서 과망가니즈산칼륨 수용액의 보라색이 곧바로 사라지고 연한 분홍빛이 된다(단 정말로 연한 분홍빛이라 거의 무색투명한 것처럼 보인다). 거기에 과망가니즈산칼륨 수용액을 더 넣어서 과산화수소가 산화 환원 반응에 의해 완전히 소비되면, 그 후에 넣는 과망가니즈산칼륨 수용액의 보라색은 더 이상 없어지지 않는다. 이렇게 보라색이 없어지지 않게 되는 순간이 반응의 끝 지점이다. 가령 10.00ml 가했을 때가 반응의 끝 지점이라면 그림 65-2의 계산으로 과산화수소 H_2O_2 수용액의 몰 농도를 알 수 있다. 이를 산화 환원 적정이라고 부른다.

산화 환원 적정에서 색 변화를 통해 당량점(산화제와 환원제가 정확히 반응한 점)을 알 수 있는 방법으로는 아이오딘을 이용하는 것도 있다. 아이오딘의 반쪽 반응식은 $I_2+2e^- \rightleftarrows 2I^-$이므로 녹말을 조금 넣어 아이오딘 녹말 반응의 보라색이 사라지거나 나타나는 것을 보며 당량점을 판단할 수 있다.

그림 65-2

	농도	부피	교환하는 전자의 개수
$MnO_4^-+8H^++5e^- \rightarrow Mn^{2+}+4H_2O$ ··· (1)	0.02000M	10.00ml	5개
$H_2O_2 \rightarrow O_2+2H^++2e^-$ ··· (2)	xM	20.00ml	2개

(1)에서 $MnO4^-$, 1mol은 상대로부터 e^-, 5mol을 받았음을 알 수 있다. (5가 산화제)
(2)에서 H_2O_2, 1mol은 상대에게 e^-, 2mol을 줬음을 알 수 있다. (2가 환원제)
산화 환원 적정의 끝 지점에는 다음과 같은 관계식이 성립한다.
(산화제가 받은 e^-의 몰수)=(환원제가 방출한 e^-의 몰수)
구하는 과산화수소수의 농도를 xM라고 하면,

$0.02000(M) \times 10.00/1000(L) \times 5 = x \times 20.00/1000(L) \times 2$
$x = 0.02500(M)$가 되어 H_2O_2 수용액의 농도를 알 수 있다.

이론 화학

Cu와 Zn의 이온이 되기 쉬운 정도를 실험으로 비교하려면?

◦ 금속의 이온화 경향 ◦

철은 방치하면 녹슬어 버리는데 은, 금, 백금은 녹슬지 않기 때문에 귀금속이라고 부르며 반지나 목걸이를 만드는 데 쓰인다. 이는 철이 귀금속에 비해 '이온이 되기 쉬운' 점이 그 이유다. 금속이 얼마나 '이온이 되기 쉬운지'를 이온화 경향이라고 하며, 이온화 경향이 큰 순서대로 금속을 나열한 것을 이온화 서열이라고 한다.

이온화 서열은 어떻게 정할까? 그림 66-1의 아연 Zn과 구리 Cu의 이온화 경향을 비교하는 실험을 살펴보자. 황산아연 $ZnSO_4$ 수용액에 구리판을 담그면 아무런 일도 일어나지 않지만, 황산구리 $CuSO_4$의 파란색 수용액에 아연판을 담그면 아연 주위에서 구리가 석출된다(구리가 석출되면서 수용액의 파란색이 점점 연해지므로, 수용액 속 Cu^{2+}가 줄어들고 있음을 알 수 있다).

그림 66-1 ● 아연 Zn과 구리 Cu의 이온화 경향의 차이

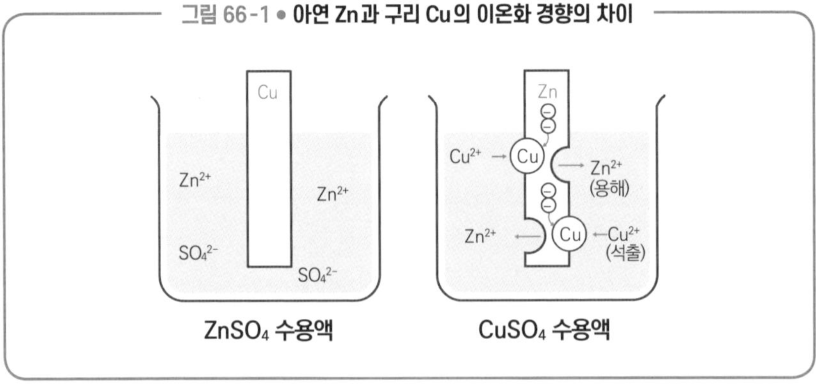

이 실험 결과를 통해 아연 Zn과 구리 Cu의 이온화 경향의 차이를 설명할 수 있다. 황산아연이란 황산 이온 SO_4^{2-}와 아연 이온 Zn^{2+}가 이온 결합을 한 물질이다. 여기에 구리판을 담그면 수용액 속에 SO_4^{2-}와 Zn^{2+}와 Cu가 존재하게 된다. 이때는 아무 일도 일어나지 않는다. 이어서 황산구리 수용액에 아연판을 담그면 수용액 속에 SO_4^{2-}와 Zn과 Cu^{2+}가 존재하게 된다. 이때는 Zn이 Cu^{2+}에 전자 2개를 건네 Zn^{2+}가 되고, 동시에 Cu^{2+}는 Cu가 되어 아연판 표면에 석출된다. 이 결과는 Cu에 비해 Zn이 이온화 경향이 더 크다는 사실을 의미한다.

그림 66-2의 이온화 서열에는 금속이 아닌 수소 H_2가 괄호 속에 쓰여 있다. 이는 염산 등 묽은 산과 반응해서 수소를 발생시키는 금속을 H_2의 왼쪽에 묽은 산과 반응하지 않는 금속을 오른쪽에 나열했기 때문이다. 이를테면 이온화 서열에서 H_2보다 왼쪽에 있는 Mg는 $Mg + 2HCl \rightarrow MgCl_2 + H_2$라는 반응을 한다. 이 반응에서 Mg는 Mg^{2+}가 되고 2개의 H^+는 H_2가 되므로 이온화 경향은 Mg 〉H_2라는 것을 알 수 있다.

그림 66-2 • 금속의 이온화 서열과 암기법

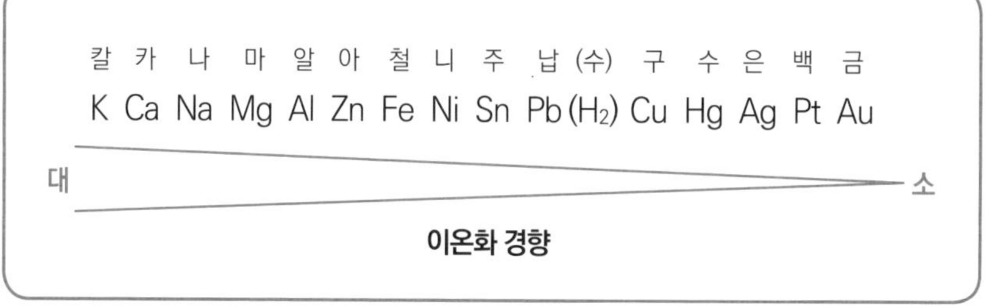

칼 카 나 마 알 아 철 니 주 납 (수) 구 수 은 백 금

K Ca Na Mg Al Zn Fe Ni Sn Pb (H_2) Cu Hg Ag Pt Au

대 ————— 소

이온화 경향

이론 화학

금과 백금이 영원히 빛나는 이유

◦ 이온화 경향으로 보는 금속의 성질 ◦

금속의 이온화 경향과 금속의 화학적 성질은 밀접한 연관이 있는데, 표 67-1과 같이 정리할 수 있다. 뒤에서 무기 화학을 다룰 텐데 이온화 경향을 잘 익혔는지에 따라 이해하는 속도가 달라진다. 어떤 선생님은 산화 환원 부분만 제대로 알아 두면 무기 화학은 문제 연습만 해도 된다고 말하기도 한다.

표 67-1 ● **금속의 이온화 서열과 화학적 성질**

금속 \ 조건	공기 중에서의 반응	물과의 반응	산과의 반응
K	빠르게 내부까지 산화된다.	차가운 물과 반응하여 수소를 발생한다.	묽은 산에 녹아 수소를 발생시킨다.
Ca			
Na			
Mg	상온에서 서서히 산화된다.	뜨거운 물과 반응한다.	
Al		고온의 수증기와 반응한다.	
Zn			
Fe 주1			
Ni		반응하지 않는다.	
Sn			
Pb 주2			
Cu			산화력이 있는 산에 녹는다
Hg	산화되지 않는다.		
Ag			
Pt			왕수(진한 질산과 진한 염산의 혼합액)에만 녹는다.
Au			

주1) Fe는 묽은 산과 반응하면 $Fe+2H^{+} \rightarrow Fe^{2+}+H_2$ 반응이 일어난다. 이것을 $2Fe+6H^{+} \rightarrow 2Fe^{3+}+3H_2$라고 쓰면 안 된다. 물론 공기 중에서는 수용액 속의 Fe^{2+}가 점차 Fe^{3+}로 산화되어 버린다. 하지만 단번에 $Fe \rightarrow Fe^{3+}$가 일어나기는 어렵다.

주2) Pb는 H_2보다 이온화 경향이 크지만 묽은 염산, 묽은 황산에 넣어도 반응하는 것처럼 보이지 않는다. 이는 묽은 염산이나 묽은 황산과 반응해서 생기는 $PbCl_2$와 $PbSO_4$가 물에 녹지 않아서 Pb의 표면을 덮어 내부까지 반응이 진행되는 것을 막기 때문이다.

표 67-1을 보면 칼륨 K와 나트륨 Na, 칼슘 Ca는 전자를 무척 잃기 쉬운, 즉 양이온이 되기 쉬운 금속이라는 사실을 알 수 있다. 공기 중에서 이온화 경향이 큰 금속은 공기 중 산소와 결합해 산화되어 버리기 때문이다. Na와 Ca 등을 두고 여러분이 금속을 떠올리기란 힘들 것이라고 생각하지만, 이온화 경향을 보면 당연한 셈이다.

반면 이온화 경향이 작은 은 Ag, 백금 Pt, 금 Au는 공기 중에서 가열해도 산화하지 않고 언제까지나 아름다운 금속광택을 유지한다. 그래서 귀금속이라고 불린다.

산과의 반응에 대해 생각하면 이온화 경향이 수소보다 큰 금속은 염산이나 묽은 황산에 담그면 수소를 발생시키며 녹는다. 반면 수소보다 이온화 경향이 작은 구리 Cu, 수은 Hg, 은 Ag는 염산이나 묽은 황산과 반응하지 않는다.

표 67-1에서 산화력 있는 산이란 뜨겁고 진한 황산과 질산을 가리킨다. 묽은 산은 산화제로 작용하는 물질이 H^+인 반면 진한 황산은 SO_4^{2-}, 질산은 NO_3^- 등 H^+보다 강한 산화제로 작용하는 성분을 포함하고 있다. 즉 구리 Cu, 수은 Hg, 은 Ag가 진한 황산이나 질산에 녹는 것은 H^+에 산화되어서가 아니라 산에 포함된 더 강한 산화제와 반응하기 때문이다. 그 증거로 진한 황산과 질산의 반응에서는 수소가 발생하지 않는다. 진한 황산과 반응했을 때는 이산화황 SO_2이, 묽은 질산에서는 일산화질소 NO가, 진한 질산에서는 NO가 더욱 산화된 이산화질소 NO_2가 각각 발생한다.

표 67-1에서 이온화 경향이 작은 금 Au나 백금 Pt는 예부터 부의 상징으로 귀하게 여겨져 왔다. 이는 금과 백금이 어떠한 산에도 녹지 않기 때문이다. 하지만 금과 백금이 절대로 녹지 않는 것은 아니다. 진한 염산과 진한 질산을 3:1의 부피비로 섞은 왕수에서는 NO_3^-가 산화제로, Cl^-가 착이온의 배위자가 되는 착화제로 작용하여 금과 백금도 녹는다.

이론 화학

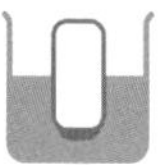

전지는 어떻게 전기 에너지를 낼 수 있을까

◦ 전지의 메커니즘 ◦

아연 Zn을 황산구리 $CuSO_4$ 수용액에 넣으면 Zn과 Cu^{2+}에서 전자 교환이 일어난다는 사실을 배웠다(그림 66-1 참조). 전자가 이동하여 전류가 흐르는 것이므로, 교환되는 전자를 외부로 꺼낼 수 있으면 전지로서 전기 에너지를 쓸 수 있다. 그 기본적인 메커니즘을 소개한다.

우선 그림 68-1처럼 아연판을 염산에 넣으면 어떻게 될까? 아연이 염산 속의 수소 이온 H^+와 반응해서 수소가 발생한다. 그럼 그림 68-2와 같이 구리판을 염산에 넣으면 어떻게 될까? 금속의 이온화 경향을 배운 여러분이라면 답을 알 것이다. Cu는 H_2보다 이온화 경향이 작으므로 아무 반응도 일어나지 않는다.

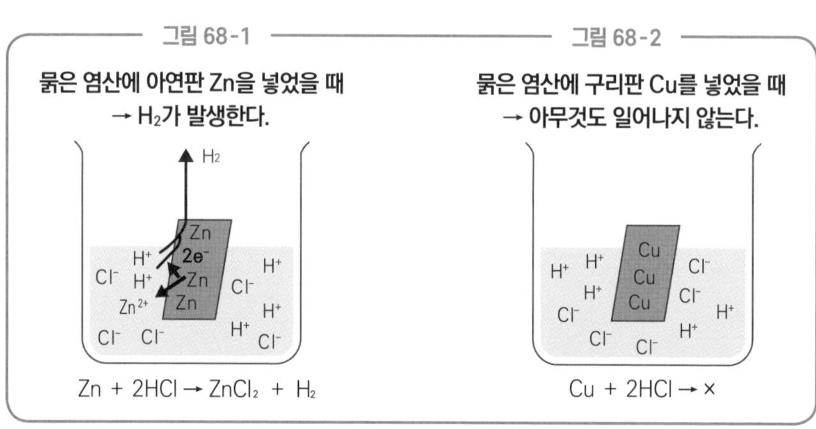

그림 68-3처럼 아연판과 구리판을 겹쳐서 염산에 넣으면 어떻게 될까? 물론 아연판에서는 수소가 발생하지만, 무려 구리판에서도 수소가 발생한다! 이 현상을 어떻게 생각해야 할까? 수용액 속 H^+가 수소 H_2로 되기 위해서는 전자를 어딘가로부터 받아들여야만 한다. 그래서 이번에는 그림 68-4와 같이 아연판과 구리판을 'ㄷ' 모양으로 이어서 염산에 넣어 보자. 마찬가지로 수소가 발생한다. 즉 'ㄷ' 모양으로 접한 부분을 전자가 통과한다는 뜻이다. 그래서 여기에 꼬마전구를 이으면 전구에 불이 켜진다.

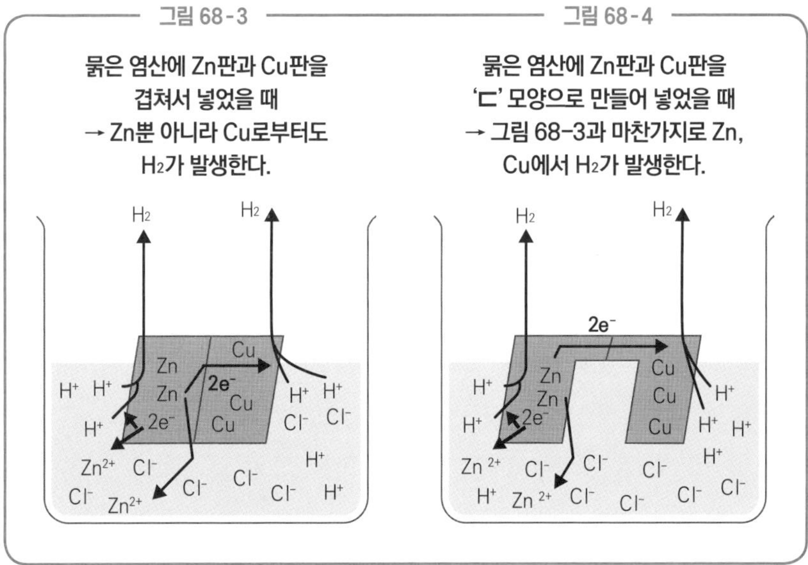

이처럼 Zn이 Zn^{2+}로 산화되는 반응, 그리고 H^+가 H_2로 환원되는 반응을 따로 떨어진 장소에서 일으킴으로써 외부로 전자를 흘려 보내 전기에너지를 내는 장치를 전지라고 한다. 그림 68-5처럼 Zn과 Cu 사이에 도선을 연결한 것을 볼타 전지라고 한다. 전지에는 (+)극과 (-)극이 있는데, 이온화 경향이 작은 금속이 (+)극이 되어 환원 반응이 일어난다. (-)극은 이온화 경향이 큰 금속으로 산화 반응이 일어난다. 무척 중요한 내용이니 잘 기억해 두자. 또 볼타 전지의 (-)극 Zn에서는 반응하는 물질도 Zn이지만, (+)극 Cu에서 실제로 반응에 관여하는 것은 H^+다. 이때 H^+처럼 (+)극에서 실제로 반응과 관련하는 물질을 (+)극 활물질이라고 부른다((-)극 활물질은 Zn이다).

그림 68-5 ● **볼타 전지**

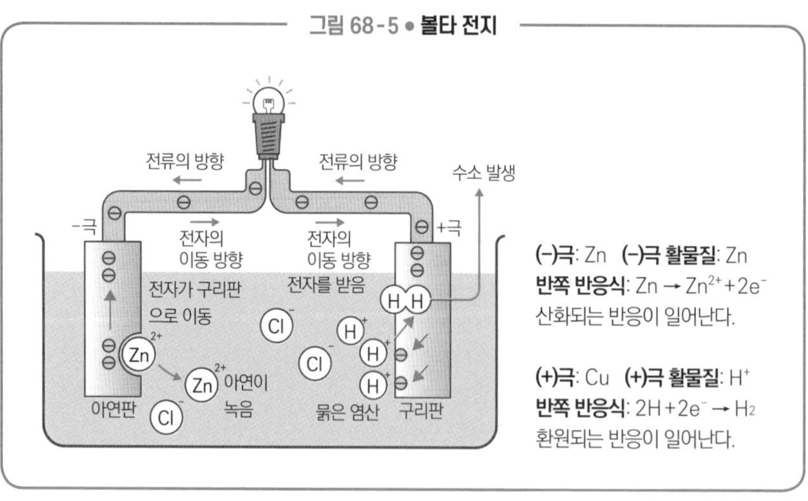

볼타 전지는 발명자 알레산드로 볼타(Alessandro Volta, 1745~1827)의 이름을 딴 것이다. 볼타는 전압의 단위인 볼트의 유래가 된 사람으로, 그 전까지 전기라고 하면 정전기밖에 없었던 시대에 최초로 전류를 계속해서 만들어 내는 장치를 발명했다. 그는 프랑스 황제 나폴레옹의 앞에서 볼타 전지의 공개 실험을 해 나폴레옹으로부터 격찬과 함께 금메달을 받았다고 한다. 볼타는 우연히 아연과 구리를 전극으로 썼지만 아연과 은, 철과 구리 등 이온화 경향이 다른 두 종류의 금속을 쓰면 얼마든지 전지를 만들 수 있다.

이론 화학

볼타 전지의 약점을 개선하다

◦ 다니엘 전지 ◦

볼타 전지에는 수소 기체가 발생해서 전류의 흐름을 방해하기 때문에 전압이 금세 떨어지고 마는 문제점이 있었다. 이를 해결한 것이 바로 다니엘 전지다. 볼타 전지가 발명된 지 36년이 지난 후의 일이었다.

그림 69-1의 다니엘 전지 구조를 보자. 볼타 전지와 어디가 다른지 알겠는가? 그렇다, Zn판이 들어 있는 전해액과 Cu판이 들어 있는 전해액 사이에 셀로판으로 칸막이가 되어 있다. 이 칸막이는 두 전해질을 구분하면서도 전기가 절연되지 않도록 작은 구멍이 뚫려 있어서 아주 조금씩 전해액을 통과시킬 수

그림 69-1 ● **다니엘 전지**

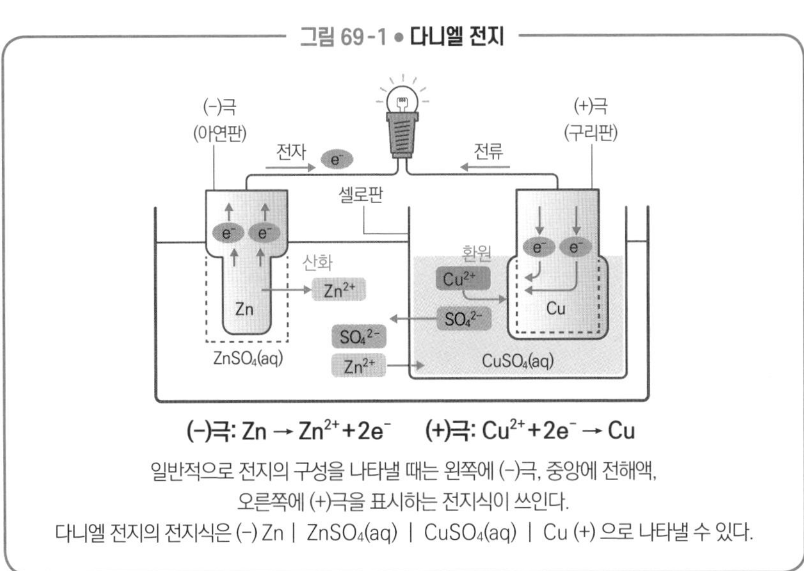

(-)극: $Zn \rightarrow Zn^{2+} + 2e^-$ (+)극: $Cu^{2+} + 2e^- \rightarrow Cu$

일반적으로 전지의 구성을 나타낼 때는 왼쪽에 (-)극, 중앙에 전해액, 오른쪽에 (+)극을 표시하는 전지식이 쓰인다.

다니엘 전지의 전지식은 (-) Zn | $ZnSO_4(aq)$ | $CuSO_4(aq)$ | Cu (+) 으로 나타낼 수 있다.

있어야 한다. 그래서 일반 비닐 등은 안 되고 셀로판과 같은 반투막이나 얇은 판이 쓰인다. 반투막에는 이온이 통과할 수 있는 작은 구멍이 뚫려 있어서 다니엘 전지를 며칠씩 방치하면 전해액이 섞이고 만다.

그러면 발전 메커니즘에 대해 좀 더 자세히 살펴보자. Zn판이 들어 있는 것은 황산아연 $ZnSO_4$ 수용액, Cu판이 들어 있는 것은 황산구리 $CuSO_4$ 수용액이다. 둘 다 황산 이온 수용액인 것은 황산 이온이 안정적이고 실온에서 산화도 환원도 되지 않기 때문이다. 꼭 황산 이온이 아니라 염화 이온이나 질산 이온이라도 전지가 된다. 또 황산아연 수용액 쪽에는 Zn이 Zn^{2+}가 되어 녹을 뿐이므로 전해질 수용액은 Zn과 반응하지 않는 것이라면 무엇을 써도 괜찮기 때문에 $ZnCl_2$이나 $Zn(NO_3)_2$뿐 아니라 NaCl 수용액과 KCl 수용액이라도 상관없다. Cu판과 $CuSO_4$ 수용액의 조합은 Zn보다 이온화 경향이 작은 금속이면 무엇이든 괜찮아서 Ag판과 $AgNO_3$ 수용액의 조합이어도 된다(Ag_2SO_4도 괜찮지만, 물에 녹기 어려우므로 보통은 $AgNO_3$를 쓴다). 또한 그림 69-2에 나타나 있듯 전지를 이었을 때 기전력은 금속의 이온화 경향의 차이가 클수록 커지므로 Zn과 Ag의 조합이 기전력이 크다.

그림 69-2 ● 금속의 이온화 서열과 각 금속의 산화 환원 전위

산화 환원 전위란 H_2를 기준으로 이온화 경향의 차를 전압 수치로 나타낸 것이다. 예를 들어 다니엘 전지의 기전력은 Zn과 Cu의 차로 1.10V가 된다. 마찬가지로 Zn과 Ag를 전극으로 쓴 전지의 기전력은 1.56V다. 다만, 기전력 수치는 온도와 전해질의 농도에 영향을 받기 때문에 어디까지나 상대적이다.

칼	카	나	마	알	아	철	니	주	납	수	구	수	은	백	금
K	Ca	Na	Mg	Al	Zn	Fe	Ni	Sn	Pb	(H_2)	Cu	Hg	Ag	Pt	Au
−2.93	−2.84	−2.71	−2.67	−1.66	−0.76	−0.44	−0.23	−0.14	−0.13	0	+0.34	+0.79	+0.80	+1.19	+1.50

기본적인 구조는 100년 넘게 변하지 않았다

◦ 납축전지와 건전지 ◦

현재 여러분이 쓰고 있는 납축전지와 건전지를 소개한다. 납축전지처럼 충전해서 계속 쓸 수 있는 전지를 2차 전지, 망가니즈 건전지나 알칼리 건전지처럼 한 번밖에 쓸 수 없는 전지를 1차 전지라고 한다.

납축전지

현재 쓰이는 자동차 배터리는 대부분 납축전지로 기본적인 구조는 100년 넘게 변하지 않았다(그림 70-1). 납축전지는 (-)극에 납 Pb, (+)극에 산화납 PbO_2, 전해액으로는 질량 퍼센트 농도가 약 30%인 황산을 쓰며 기전력은 약 2V다. 전류를 낼 때는 (1)식의 오른쪽 방향으로 반응이 일어난다.

(-)극에서는 Pb가 산화되어 Pb^{2+}가 되고, 액체 속의 SO_4^{2-}와 바로 결합해서 황산납 $PbSO_4$가 되어 극판에 붙는다. 이 전지의 핵심은 생성된 $PbSO_4$가 황산 속에 녹아들지 않는다는 점이다. (+)극에서는 전자를 받아 산화납 PbO_2가 환원된다. 이때 (-)극과 마찬가지로 황산납 $PbSO_4$가 되어 극판에 붙는다. 기전력이 저하한 납축전지를 다른 외부 전지와 연결하면 방전과 반대인 (1)식의 왼쪽 방향으로 반응이 일어난다. 이때 (-)극의 $PbSO_4$는 환원되어 Pb로 돌아가며 (+)극에서는 PbO_2가 되어 기전력이 원래대로 돌아온다.

그림 70-1 • **납축전지**

$$(-)\text{Pb} \mid H_2SO_4\ \text{aq} \mid PbO_2(+)$$

$$(-)\text{극: } Pb + SO_4^{2-} \rightarrow PbSO_4 + 2e^-$$

$$+)\quad (+)\text{극: } PbO_2 + 4H^+ + SO_4^{2-} + 2e^- \rightarrow PbSO_4 + 2H_2O$$

$$\text{전체: } Pb + PbO_2 + 2H_2SO_4 \underset{\text{충전}}{\overset{\text{방전}}{\rightleftarrows}} 2PbSO_4 + 2H_2O \cdots\cdots (1)$$

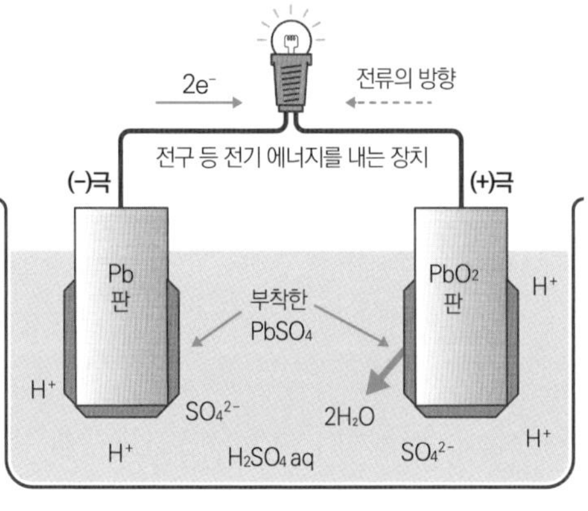

방전되면 황산이 소비되어 물이 되고, 충전하면 황산으로 돌아온다. 이에 따라 전해액의 밀도가 달라지므로 밀도를 측정하면 납축전지의 충전과 방전 상태를 알 수 있다.

일반적인 자동차의 배터리는 12V인데, 납축전지의 기전력은 2.0V이므로 납축전지 6개를 이어서 12V로 만든다.

배터리가 완전히 방전되면 전극이 황산납으로 뒤덮여서 전류가 흐르지 않기 때문에 충전도 되지 않는다.

6개 직렬로 연결되어 있다.

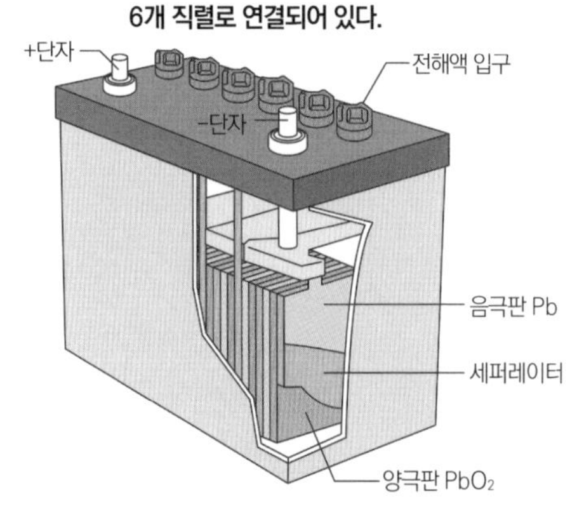

건전지

전지를 소형화하기 위해 전해액을 페이스트 형태로 굳혀서 휴대할 수 있게 한 것이 건전지다. (+)극에는 구리 대신 분말 형태인 이산화망가니즈 MnO_2를 쓴다. 건전지에는 망가니즈 건전지와 알칼리 건전지 두 종류가 있는데 둘 다 (+)극에 이산화망가니즈 MnO_2, (-)극에 아연 Zn을 쓴다. 차이는 망가니즈 건전지(그림 70-2)가 전해액 대신 페이스트 형태로 가공한 염화아연 $ZnCl_2$를 쓰는 데 비해 알칼리 건전지는 전해액으로 수산화칼륨 수용액을 쓴다는 것이다. 알칼리 건전지는 망가니즈 건전지과 달리 전해액으로 액체를 쓰기 때문에 (-)극과 (+)극 활물질이 수월하게 이동할 수 있어 계속해서 큰 전류를 얻을 수 있다는 장점이 있다. 다만 전해액이 새는 '누액 현상'이 일어날 위험이 있었는데, 현재는 새지 않도록 대책을 강구해 이러한 결점이 극복되었다.

그림 70-2 ● **망가니즈 건전지**

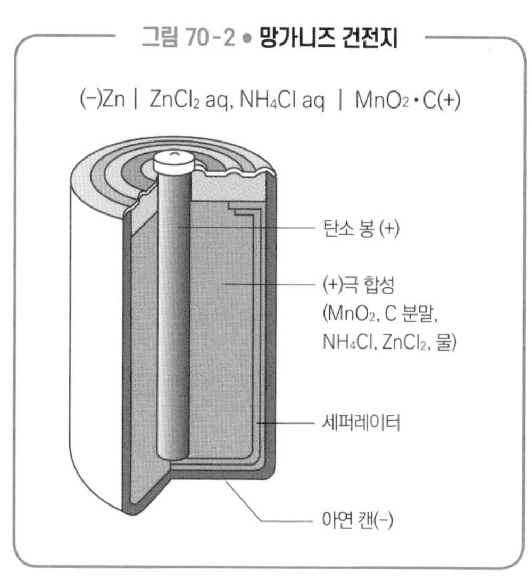

한편 망가니즈 건전지는 전해액을 페이스트 형태로 가공했기 때문에 한동안 쓰지 않으면 전압이 다소 회복된다. 그래서 텔레비전 리모컨 등 간헐적으로 쓰는 기계에 적합하다.

이론 화학

친환경 자동차에 탑재된 전지의 차이

◦ 리튬 이온 전지, 연료 전지 ◦

친환경 자동차에는 전기 자동차(EV), 하이브리드 자동차(HV), 연료 전지차(FCV)까지 세 종류가 있는데 각각 다른 전지를 사용한다. 세 종류의 친환경 자동차에 쓰이는 전지의 차이를 살피며 전지에 대해 한층 깊게 이해해 보자.

친환경 자동차에는 어떤 특징이 있는지 표 71-1에 정리했다. EV는 가솔린 엔진 대신 리튬 이온 전지를 동력원으로 쓴다. 리튬 이온 전지는 스마트폰이나 노트북 등에 폭넓게 이용되는 2차 전지인데, (-)극 활성물로는 리튬을 포함한 흑연, (+)극 활물질로는 코발트산리튬을 쓴다. 왜 리튬일까? 리튬은 반응성이 낮으나 안정적인 금속이다. 리튬 이온 전지는 높은 전압을 얻을 수 있고, 전해액에 물이 없기 때문에 저온에서 얼지 않아 추위에도 강하다.

HV는 엔진과 전지를 모두(하이브리드: 다른 종류를 조합했다는 의미) 동력원으로 사용한다. 그 전까지 HV에는 니켈 수소 전지가 쓰였다. 니켈 수소 전지의 (-)극 활물질은 수소 저장 합금에 저장된 수소이고, (+)극은 옥시수산화니켈(Ⅲ)이다. H^+가 (-)극과 (+)극 사이를 왕복하는 간단한 구조이므로 급방전과 과충전에도 강하고 비교적 큰 전류를 장시간 흘릴 수 있다. 하지만 리튬 이온 전지의 성능 향상이 두드러지게 이뤄져서 최근 발매되는 대부분의 HV에는 리튬 이온 전지가 탑재되어 있다.

FCV에는 연료 전지가 탑재된다. 수소가 연소하면 $2H_2 + O_2 \rightarrow 2H_2O$라는 화학 반응이 일어나 열이 발생한다. 이 반응은 수소가 산화되고 산소가 환원되는 산화 환원 반응이므로 각 반응을 분리된 장소에서 일으키면 전기 에너지를 만들어 낼 수 있다. 이 전지를 연료 전지라고 한다(그림 71-1).

표 71-1 ● 세 가지 친환경 자동차의 특징

	전기 자동차 EV (Electric Vehicle)	**하이브리드 자동차 HV** (Hybrid Vehicle)	**연료 전지차 FCV** (Fuel Cell Vehicle)
동력 기관	리튬 이온 전지	엔진+리튬 이온 전지 (1세대 전까지는 니켈 수소 전지)	연료 전지
연료	전기	가솔린+전기	수소
항속 거리	짧다	길다	길다
연료 보급 시간	길다(급속 충전도 30분)	짧다	짧다
연료 보급 장소	전기차 충전소	주유소	수소 충전소
연비 (1km 달리는 데 드는 비용)	약 10원	약 50원	약 100원

연료 전지는 전해액에 산성 수용액을 이용하고, 전극에는 (+)극과 (-)극 모두에 기체가 쉽게 이온화하도록 백금 촉매를 넣은 다공질 흑연 전극을 쓴다. 수소가 (-)극 활물질 그리고 산소가 (+)극 활물질로 반응한다. 그림 71-1에서는 전극이 꽤 두꺼워 보이지만 실제로는 팔랑팔랑하게 얇은 물질로, 전해액은 새지 않지만 기체는 통과할 수 있는 미세한 구멍이 많은 구조로 되어 있다. 방전 시에는 (-)극에서 수소 H_2의 일부가 H^+로 이온화해서 전해액에 녹아드는

그림 71-1 • **연료 전지의 구조**

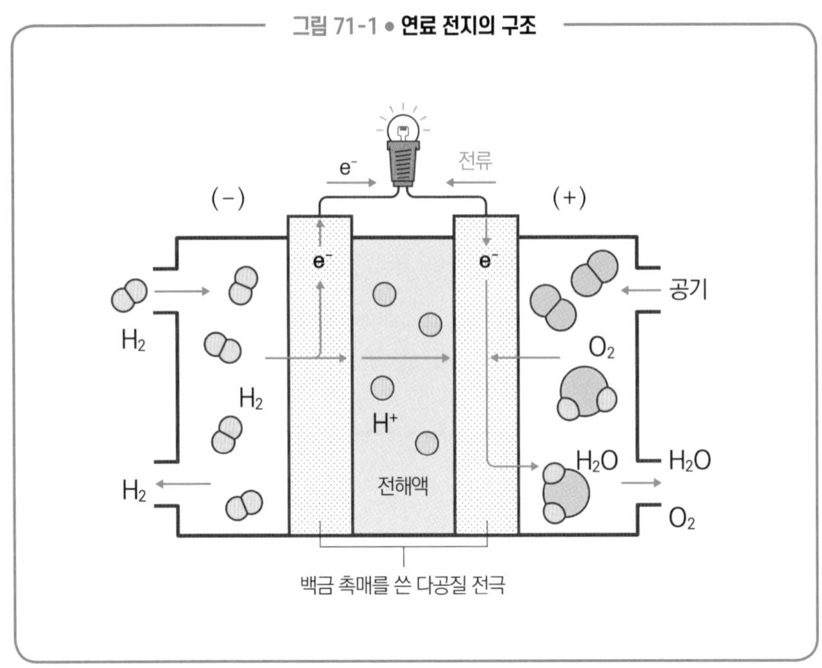

데 이때 극판에 전자를 보낸다. 한편 (+)극에서는 산소 O_2의 일부가 전극에서 전자를 받고 또 전해액 속의 H^+와 반응해서 물이 되어 배출된다. EV와 FCV는 주행 시 CO_2를 배출하지 않아서 친환경 차량으로 평가받고 있다.

자연계에 존재하지 않는 Na의 홑원소 물질을 얻으려면?

◦ 용융염 전해로 이해하는 전기 분해 ◦

전지가 발명되어 안정적인 전류를 계속 얻을 수 있게 되자, 자연계에서는 일어나지 않는 반응도 전기 에너지를 이용해 강제로 일으킬 수 있게 되었다. 바로 전기 분해다. 전기 분해의 발명에 따라 물로부터 수소와 산소를 얻거나 자연계에서 양이온으로만 존재하던 금속을 환원해 홑원소 물질을 얻는 등, 예전에는 어렵거나 불가능했던 반응을 쉽게 일으킬 수 있게 되었다.

전기 분해가 발명되기 전에 이온화 경향이 아연 Zn보다 큰 알루미늄 Al이나 나트륨 Na, 칼륨 K 등 금속의 홑원소 물질을 얻기란 불가능했다. 이들 금속은 자연계에서 반드시 양이온의 형태로 음이온과 이온 결합하여 존재한다. 지금부터 나트륨 Na를 예로 들어 금속의 홑원소 물질을 전기 분해해서 얻는 방법을 소개하겠다.

우선 그림 72-1에 나와 있는 대로, 염화나트륨 NaCl을 녹여서 액체로 만든다. 물에 녹이는 것이 아니다. NaCl 고체를 800℃ 이상의 고온에서 녹여 액체로 만드는 것이다. '전기 에너지를 가한다.'는 것은 물질에 억지로 전류를 흘리는 것으로 전극을 넣고 도선으로 전원 장치에 연결한다. 전원 장치의 (+)극에 연결한 전극을 양극, (-)극에 연결한 전극을 음극이라고 부른다.

또 전지의 경우는 전극으로 무엇을 쓰는지가 중요했다. 전극에 쓰는 물질에 따라 얻을 수 있는 전압이 결정되기 때문이다. 하지만 전기 분해는 전원 장치

그림 72-1 • NaCl의 용융염 전해 (융해염 전해)

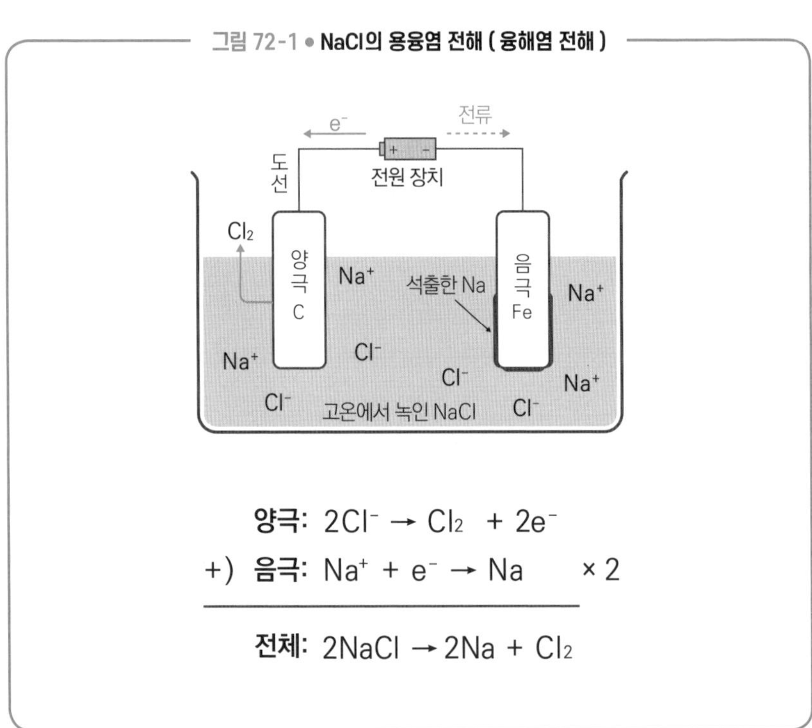

를 써서 강제로 전류를 흘리기 때문에 전극의 소재는 전류가 잘 통하고 안정적이며 분해되기 어렵기만 하면 무엇이든 별로 상관없다. 보통은 흑연 C 전극 아니면 백금 Pt 전극을 쓴다. NaCl의 전기 분해에서는 양극에 흑연, 음극에 값싼 철을 쓴다. 양극에서는 전자가 염화 이온 Cl^-에서 강제로 빠져나와 (+)극으로 옮겨가고, 음극에서는 (-)극에서 흘러온 전자가 나트륨 이온 Na^+에 점점 강제로 달라붙는다고 상상하기 바란다. 양극에서는 전자가 빠져나오므로 산화 반응이 일어나 염소 Cl_2가 발생한다. 음극에서는 전자가 억지로 달라붙으며 환원 반응이 일어나 Na가 발생한다. 이처럼 이온 결정을 고온에서 융해하여 전기 분해하는 것을 용융염 전해(또는 융해염 전해)라고 한다. 알루미늄도 그림 72-2처럼 용융염 전해로 만들어진다.

그림 72-2 ● **알루미나(Al_2O_3)의 용융염 전해**

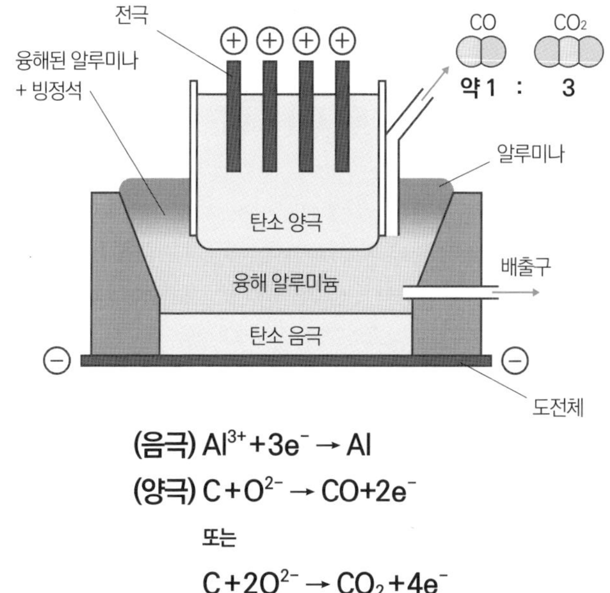

$$(음극)\ Al^{3+} + 3e^- \rightarrow Al$$

$$(양극)\ C + O^{2-} \rightarrow CO + 2e^-$$

또는

$$C + 2O^{2-} \rightarrow CO_2 + 4e^-$$

◎ 원료인 알루미나 Al_2O_3는 보크사이트(주성분 $Al_2O_3 \cdot nH_2O$)에 NaOH 수용액을 섞어서 Al_2O_3를 녹인 후 결정화해서 생기는 무색투명한 결정이다.

◎ 알루미나는 녹는점이 약 2,000℃로 높기 때문에 녹는점이 약 1,000℃인 빙정석 Na_3AlF_6를 우선 녹여서 액체로 만들고, 여기에 알루미나를 녹임으로써 950℃에서 용융염 전해를 가능하게 한다.

◎ 환원되어 만들어진 Al의 홑원소 물질은 녹는점이 660℃이므로 탄소 음극의 위에 액체로서 모이고 배출구로 빠져나온다.

◎ 산화 이온은 산화될 때 양극인 탄소와 반응해 CO와 CO_2가 된다.

구리의 순도를 99%에서 99.99%로 올리려면

◦ 전해 정련 ◦

이온화 경향이 작은 구리 Cu와 은 Ag는 이온으로 녹아 있는 수용액을 전기 분해하면 음극에서 전자를 받아 검출할 수 있다. 또 양극으로 홑원소 물질인 Cu와 Ag를 이용하면, 전자를 빼앗기고 Cu^{2+}와 Ag^{+}가 되어 수용액 속에 녹아든다. 이 원리를 이용해 구리와 은의 순도를 높이는 것이 전해 정련이다.

그림 73-1의 전기 분해 장치도를 보자. 양극에는 순도가 낮은 구리(거친 구리)를 달았다. 순도가 낮다고 해도 99%인 구리다. 이를 전해 정련으로 순도를 99.99%까지 올린다. 왜 이렇게까지 순도를 올려야 하느냐고? 구리는 전기 전도성이 뛰어나 전선 등에 쓸 수 있는데, 불순물이 조금만 섞여도 전기가 통하기 어려워지거나 유연성을 잃어버리기 때문이다. 거친 구리를 양극, 얇고 순수한 구리판을 음극으로 하고, 황산을 넣어 산성으로 만든 황산구리 수용액 속에서 전기 분해를 한다. 그러면 양극에서는 거친 구리판이 산화되어 Cu^{2+}가 되어 녹아 나오고, 음극에서는 수용액 속 Cu^{2+}가 환원되어 Cu로 석출된다. 이때 거친 구리 속에 포함된 철과 아연 등 구리보다 이온화 경향이 큰 금속은 구리가 녹아 나올 때 같이 이온이 되는데, 음극에서 석출되지 않기 때문에 수용액 속에 이온 상태 그대로 남는다. 또 금과 은 등 이온화 경향이 작은 금속은 홑원소 물질인 채로 양극에서 찌꺼기로 쌓인다. 이렇게 거친 구리에 포함된 불순물은 제거되고, 99.99%의 순수한 구리가 음극의 순수한 구리판 주위에서 석

출되는 것이다.

그림 73-1 • **구리의 전해 정련**

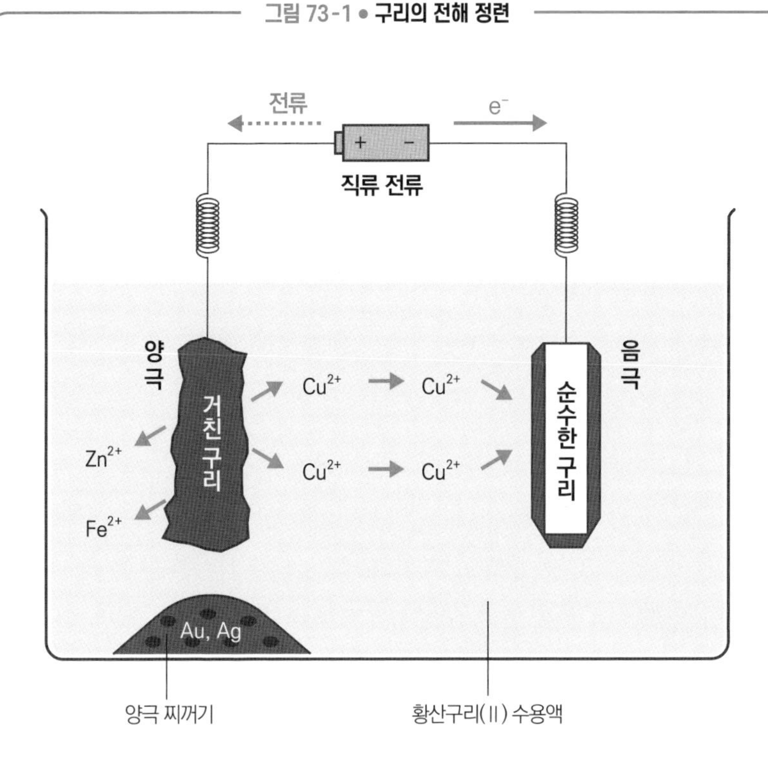

양극: $Cu \rightarrow Cu^{2+} + 2e^-$ **음극: $Cu^{2+} + 2e^- \rightarrow Cu$**

◎ 양극 찌꺼기에서 Au와 Ag를 석출할 수 있다. 가고시마의 히시카리 광산은 오늘날 일본의 유일한 금광산인데, 채굴한 광석을 가루로 만든 후 용해된 구리에 넣는다. 구리의 전해 정련 때 쌓이는 양극 찌꺼기를 모아 반사로에서 가열 융해하면 금과 은의 혼합물을 얻을 수 있다. 이 혼합물을 양극으로 하고, 순수한 은판을 음극으로 해 질산 산성인 $AgNO_3$ 수용액 속에서 다시 전해 정련을 하면 Au만 포함된 양극 찌꺼기를 얻을 수 있다.

◎ 구리 광석에서 거친 구리를 석출할 때는 '제련', 거친 구리의 순도를 높일 때는 '정련'이라는 단어를 쓴다.

이론 화학

전류와 mol의 관계는?

◦ 패러데이의 법칙에 따른 전기 분해의 양적 관계 ◦

전기 분해를 할 때는 어느 정도 전류로 몇 초 전기 분해를 하면 생성물이 몇 g 나오는지 알아 두어야 한다. 전기 분해의 양적 관계 계산에 쓰이는 것이 바로 패러데이의 전기 분해 법칙이다.

전기 분해를 할 때 흐르는 전류의 크기는 A(암페어)라는 단위로 쓰고, 반응한 양의 단위로는 mol을 쓴다. 즉 A와 mol의 관계를 알면 전기 분해의 양적 관계를 알 수 있다. 1833년 영국의 마이클 패러데이(Michael Faraday, 1791~1867)는 전하량(전류의 크기와 흐른 시간의 곱)과 음극 및 양극에서 반응하는 물질의 양은 비례한다는 사실을 깨달았다. 이를 패러데이의 법칙이라고 부른다. 즉 패러데이 상수라는 비례 상수를 알면 전류의 크기와 흐른 시간을 바탕으로 물질이 얼마나 변했는지 알 수 있다.

그럼 구리의 전해 정련을 예로 들어 생각해 보자. 음극에서는 $Cu^{2+}+2e^{-} \rightarrow Cu$라는 반응이 일어난다. Cu(질량 63.5g, 원자량 63.5) 1mol을 얻기 위해서는 전자가 2mol 필요하다는 것에 주의하자(Ag는 Ag^{+}이므로 전자가 1mol이면 된다. 계산할 때 곧잘 틀리는 부분이므로 주의하자). 그림 74-1과 같이 계산하면 Cu를 1mol 얻기 위해서는 1A의 전류를 패러데이 상수와 같은 시간(초)의 2배만큼 흐르게 하면 되는 셈이다.

그림 74-1 ● 패러데이의 전기 분해 법칙

전기 분해에서 반응한 물질의 양을 nmol이라고 하면, n은 질량 mg을 몰 질량 Mg/mol로 나눈 값이다. 이 n은 전하량 QC와 비례한다(비례 상수 K)는 것이 패러데이 법칙이다.

$$n = \frac{m}{M} = K \times Q \quad \cdots\cdots(1)$$

◎ 전하량이란? 패러데이 상수란?

전하량: 물질이 얼마나 강하게 대전했는지 수치로 나타낸 것. 전자 1개는 1.60×10^{-19}(C)의 전하량을 가지고 있다.(C는 쿨롱이라고 읽으며 전하량의 단위다)

겨울에 플라스틱 책받침을 머리에 비비면 정전기가 일어나 머리카락이 곤두선다. 이때 책받침은 마이너스로 대전해 있으며 전하량을 숫자로 나타내면 1.0×10^{-8}(C) 정도다.

패러데이 상수: 전자 1mol이 가진 전하량

1mol은 6.02×10^{23}(개)의 집단이므로, 전자 약 1mol이 가진 전하량을 계산하면 $1.60 \times 10^{-19} \times 6.02 \times 10^{23}$(mol)=$9.65 \times 10^{4}$(C/mol)이 되고, 이를 패러데이 상수라 부른다(패러데이 상수는 문제를 풀 때 알려주므로 외워 둘 필요는 없다).
1.0A의 전류가 1.0초 흘렀을 때 옮겨진 전하량이 1.0C이므로, 1.0A의 전류를 9.65×10^{4}(초)(26.8시간) 흐르게 하면 패러데이 상수의 전하량, 즉 전자 1mol이 회로를 흐른 셈이다.

[알루미늄은 재활용 우등생]

알루미늄은 이온이 되면 Al^{3+}로 3가이고, 원자량이 27로 작아서 같은 전력을 사용해도 다른 금속에 비해 얻을 수 있는 홑원소 물질의 질량이 적다. 예를 들어 Cu^{2+}를 환원해서 1.0g의 Cu를 얻는 것과 Al^{3+}을 환원해서 1.0g의 Al을 얻는 것에 필요한 전하량을 비교해 보면,

$$\text{Cu: } 1.0(g) \div 63.5(g/mol) \times 9.65 \times 10^{4}(C/mol) \times 2 = 3.0 \times 10^{3}(C)$$

$$\text{Al: } 1.0(g) \div 27(g/mol) \times 9.65 \times 10^{4}(C/mol) \times 3 = 11 \times 10^{3}(C)$$

이렇게 알루미늄은 구리보다 3배 이상 전하량이 필요하다는 사실을 알 수 있다. 게다가 알루미늄은 수용액 속에서 전기 분해가 불가능하므로, 원료인 알루미나를 고온에서 융해해 용융염 전해를 하는 데 전기가 더 쓰인다. 하지만 버려진 알루미늄을 회수해서 지금(地金, 다듬기 전의 금속)으로 되돌리는 데 필요한 전하량은 용융염 전해에 필요한 전하량의 약 3%에 불과하기 때문에, 알루미늄은 재활용 우등생이라고 할 수 있다.

이론 화학

전기 분해 총 정리

◦ 다양한 수용액의 전기 분해 ◦

염화나트륨 수용액을 전기 분해할 때는 물의 영향을 생각해야 하므로 용융염 전해와 똑같지는 않는다. 다양한 염의 수용액을 전기 분해할 때는 무엇을 고려하면 좋을까?

염화나트륨 수용액을 전기 분해할 때는 나트륨 Na가 이온화 경향이 큰 금속이기 때문에 용융염 전해 때처럼 음극에서 나트륨이 석출되는 반응은 일어나지 않는다. 그 대신 물이 전기 분해되어 수소가 발생한다($2H_2O + 2e^- \rightarrow H_2 + 2OH^-$). 양극에서는 용융염 전해와 같은 반응이 일어나 Cl_2가 발생한다($2Cl^- \rightarrow Cl_2 + 2e^-$). 다양한 수용액을 전기 분해했을 때 일어나는 반응을 정리하면 표 75-1과 같다.

일반적인 수용액의 전기 분해에서는 Ag^+와 Cu^{2+} 등 이온화 경향이 작은 금속 이온의 수용액을 전기 분해하면 그 금속의 홑원소 물질이 석출되는데, Al^{3+}, Na^+ 등 이온화 경향이 큰 금속의 수용액을 전기 분해하면 물이 전기 분해되어 수소가 발생한다. 또 음이온 Cl^-와 I^- 등의 수용액을 전기 분해하면 Cl_2, I_2 등 홑원소 물질이 석출되는데, OH^-, NO^{3-}, SO_4^{2-} 등의 수용액을 전기 분해하면 이러한 이온들은 물과 강하게 수화하기 때문에 전기 분해가 되지 않는 대신 물이 전기 분해되어 산소가 발생한다.

한편 양극에 흑연 C 등 안정적인 물질이 아니라, 구리나 은 같은 금속 전극을 쓰면 어떻게 될까? 구리와 은은 전자를 빼앗겨 구리 이온과 은 이온이 되고

표 75-1 ● **주요 전기 분해 반응**

전해액	음극에서 일어나는 반응(환원 반응)		양극에서 일어나는 반응(산화 반응)	
	전극	반쪽 반응식	전극	반쪽 반응식
$NaOH$ 수용액	Pt	$2H_2O + 2e^- \rightarrow H_2 + 2OH^-$	Pt	$4OH^- \rightarrow 2H_2O + O_2 + 4e^-$
H_2SO_4 수용액	Pt	$2H^+ + 2e^- \rightarrow H_2$	Pt	$2H_2O \rightarrow 4H^+ + O_2 + 4e^-$
KI 수용액	Pt	$2H_2O + 2e^- \rightarrow H_2 + 2OH^-$	Pt	$2I^- \rightarrow I_2 + 2e^-$
$AgNO_3$ 수용액	Pt	$Ag^+ + e- \rightarrow Ag$	Pt	$2H_2O \rightarrow 4H^+ + O_2 + 4e^-$
$CuSO_4$ 수용액	Pt	$Cu_2^+ + 2e- \rightarrow Cu$	Pt	$2H_2O \rightarrow 4H^+ + O_2 + 4e^-$
$CuSO_4$ 수용액	Cu	$Cu_2^+ + 2e^- \rightarrow Cu$	Cu	전극이 Cu^{2+}가 되어 녹아 나온다. (구리의 전해 정련)
$NaCl$ 수용액	Fe	$2H_2O + 2e^- \rightarrow H_2 + 2OH^-$	C	$2Cl^- \rightarrow Cl_2 + 2e^-$(NaOH 제조)
$NaCl$ 융해액	C	$Na^+ + e^- \rightarrow Na$	C	$2Cl^- \rightarrow Cl_2 + 2e^-$(용융염 전해)

전해액 속에 녹아든다. 이를 역으로 이용해서 전극을 녹아 나오게 함으로써 전기 분해를 하는 것이 전해 정련이었다.

다시 NaCl 수용액의 전기 분해를 살펴보면 염화 이온은 소비되어 줄어들지만, 나트륨 이온은 줄지 않기 때문에 수산화나트륨 수용액으로 변한다. 현재는 양극과 음극 사이를 양이온 교환막으로 구별하는 이온 교환막법을 사용해서 공업적으로 바닷물로부터 수산화나트륨을 제조하고 있다(그림 75-1).

양극 쪽에는 진한 염화나트륨 수용액을 주입하고, 흑연 전극으로 염소를 발생시킨다. 음극 쪽에는 처음에 묽은 수산화나트륨 수용액을 넣고, 그 후에 순수한 물을 주입한다. 그러면 수소가 발생하고 동시에 생긴 수산화 이온과 양극 쪽에서 이동한 나트륨 이온에 의해 진한 수산화나트륨을 얻을 수 있다. 이온 교환막법은 연속적으로 전기 분해가 가능하고, 양이온 교환막을 이용함으로써 발생한 염소가 수산화 이온과 반응해 버리는 것을 방지하는 장점이 있다.

그림 75-1 • 양이온 교환막법에 의한 수산화나트륨의 제조

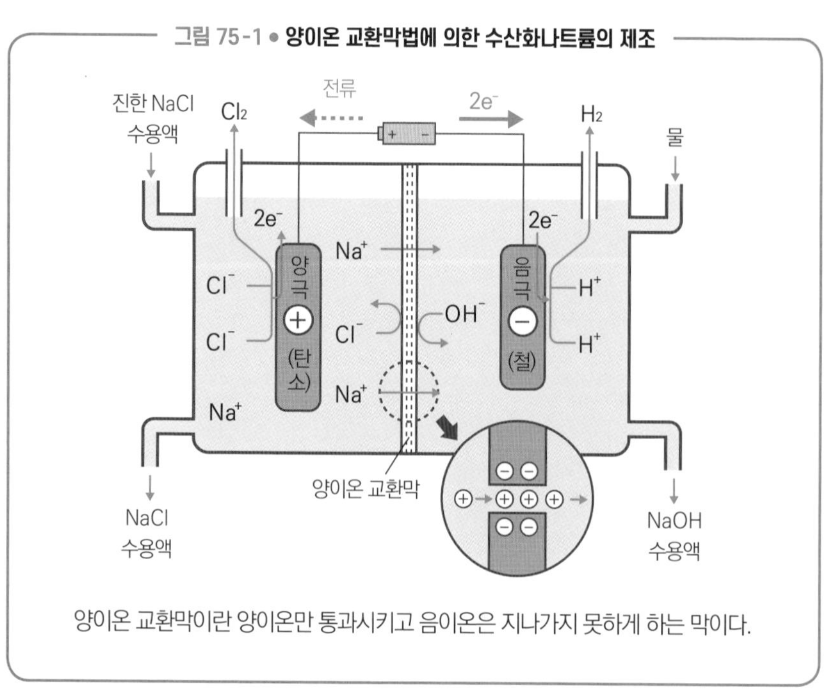

양이온 교환막이란 양이온만 통과시키고 음이온은 지나가지 못하게 하는 막이다.

기초 화학 | 이론 화학 | 무기 화학 | 유기 화학 | 고분자 화학

제 11 장

전형 원소의 성질

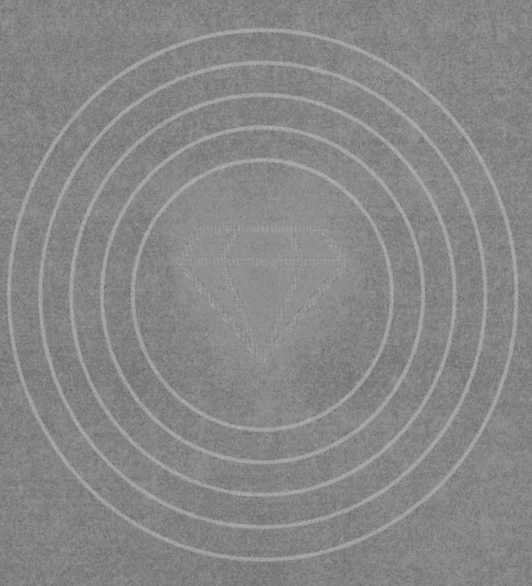

무기 화학

무기 화학을 본격적으로 다루기 전에 알아 둘 사실

◦ 주기율표의 원소를 분류하다 ◦

무기 화학은 각각의 원소를 하나의 족으로 묶어 공부해야 한다. 우선 주기율표를 보고, 원소 나열법의 특징부터 알아보자.

전형 원소와 전이 원소

우선 그림 76-1을 보자. 주기율표의 원소를 크게 두 그룹으로 나누면 1, 2족과 12~18족의 전형 원소, 그리고 3~11족의 전이 원소로 분류할 수 있다. 전형 원소는 이름 그대로 1족 원소는 이런 성질이 있고, 2족 원소는 이런 성질이 있다고 하듯이 각 족마다 공통적인(즉 전형적인) 성질이 있다.

전이 원소에서 '전이'란 '이동해 변한다.'라는 뜻인데, 어디에서 유래했을

그림 76-1 ● 원소의 분류

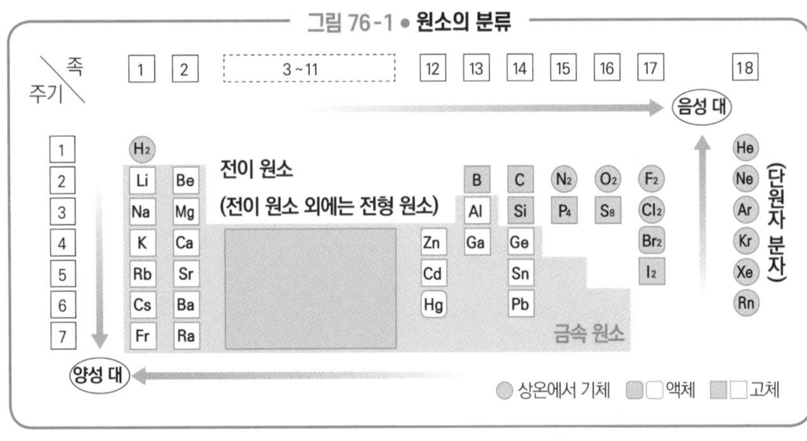

까? 사실 초기 주기율표는 12~18족의 원소를 하나로 묶어 표시했다. 2족과 12~18족에 있고 '전형 원소의 성질이 변화하는 도중에 있는 원소'라는 의미로 '전이'라는 단어가 쓰였는데, 지금까지도 남아 있는 것이다.

양성 원소와 음성 원소

이 부분은 7절의 이온화 에너지 및 전자 친화력과 밀접한 관련이 있다.

전자를 잃고 양이온이 되기 쉬운 원소를 양성 원소, 전자를 받아 음이온이 되기 쉬운 원소를 음성 원소라고 부른다(양이온이 되기 쉬운 정도가 이온화 에너지, 음이온이 되기 쉬운 정도가 전자 친화력이다). 같은 주기의 원소에서는 채워진 껍질의 비활성 기체를 제외하면 오른쪽으로 갈수록 원자핵의 양성자가 늘어나 원자핵이 전자를 끌어당기는 힘이 강해지기 때문에 음성이 커진다(=전자 친화력이 커지고 이온화 에너지도 커진다). 동족 원소는 아래로 내려갈수록 원자 반지름이 커져 원자핵으로부터 멀어져 원자핵이 전자를 끌어당기는 힘이 약해지기 때문에 양성이 커진다(=이온화 에너지가 작아진다). 즉 전형 원소에서는 주기율표의 왼쪽 아래에 위치한 Fr의 양성이 제일 크고, 오른쪽 위에 위치한 F의 음성이 제일 크다.

금속 원소와 비금속 원소

주기율표의 원소는 금속과 비금속이라는 기준에 따라서도 분류할 수 있다. 금속 원소는 주기율표의 왼쪽 아래부터 중앙에 위치하고, 비금속 원소는 주기율표의 오른쪽 위에 위치한다. 규소 Si와 저마늄 Ge처럼 양쪽 경계 부근에 위치한 원소는 금속 원소와 비금속 원소의 양쪽 성질을 지니며, 준금속이라고 부른다.

전형 원소는 금속 원소와 비금속 원소가 약 절반씩인 반면, 전이 원소는 전부 금속 원소다.

헬륨 He, 네온 Ne, 아르곤 Ar, 크립톤 Kr, 제논 Xe, 라돈 Rn

◦ 수소와 비활성 기체 ◦

놀이동산에서 파는 풍선에는 헬륨이 들어 있다. 수소를 넣어도 풍선이 뜨지만, 수소는 가연성이어서 위험하기 때문에 헬륨을 쓰는 것이다. 공기보다 가볍다는 점은 같으나 헬륨은 수소와 달리 반응성이 전혀 없다. 주기율표 1족의 수소와 18족의 비활성 기체를 소개한다.

수소

수소는 우주에 존재하는 비율이 가장 큰 원소다. 반응성이 높기 때문에 일부 나라에서는 수소가 가득 찬 가스통에 붉게 표시하도록 법이 정해져 있다. 새빨간 가스통은 '위험한 가스'라는 느낌을 주기 때문이다. 여러분은 가까운 곳에서 붉은 가스통을 보거나 수소를 쓸 일은 없을 거라고 생각하겠지만, 발생시키는 것은 간단하다. 66절의 금속 이온화 서열(그림 66-2)에서, H_2보다 이온화 경향이 큰 금속을 묽은 산에 넣으면 발생한다(아연의 경우는 $Zn + 2HCl \rightarrow ZnCl_2 + H_2$).

수소는 우리 주위에서 수소 화합물로 존재한다. 이 수소 화합물의 특징은 표 77-1과 13절의 배위 결합, 수소 결합 부분을 확인하기 바란다.

그림 77-1 ● **수소 발생법과 모으는 방법**

① Y자형 시험관의 돌기가 달린 쪽에 아연 2g, 반대쪽에 3M의 황산 5ml를 넣는다.
② Y자형 시험관을 기울여 아연에 황산을 붓고, 그때 발생하는 수소를 수상치환으로 시험관에 모은다.
③ 기체 발생을 멈추고 싶으면 아연을 돌기에 걸친 다음 황산만 원위치로 되돌린다(돌기는 고체를 걸리게 하기 위해 존재한다).
④ 시험관 입구에 불이 붙은 성냥을 가까이 가져가면 펵 소리를 내며 연소한다.

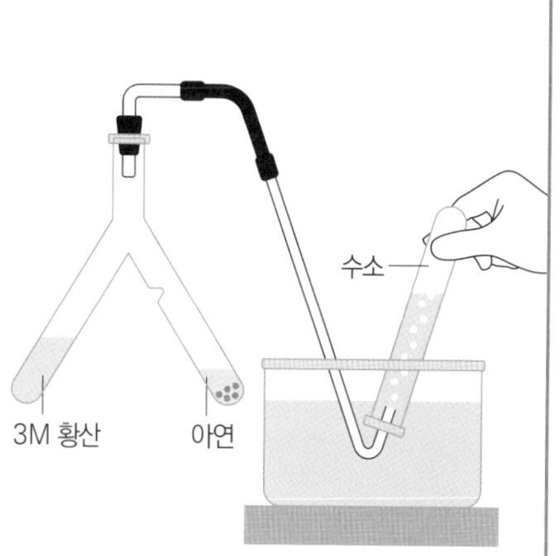

표 77-1 ● **비금속 원소 수소 화합물의 성질과 끓는점**

주기 \ 족	15	16	17
2	암모니아 NH_3 약염기성(−33℃)	물 H_2O 중성(100℃)	플루오린화수소 HF 약산성(20℃)
3	인화수소 PH_3 약염기성(−88℃)	황화수소 H_2S 약산성(−61℃)	염화수소 HCl 강산성(−85℃)

비활성 기체

홑원소 물질은 무색·무취의 기체로 아르곤과 헬륨이 공기 중에 아주 조금 존재한다. 원자가 전자의 수가 0개이므로 단원자 분자의 기체로 존재한다. 이 '다른 원자와 결합하지 않는' 성질이 우리 사회에서 활용되고 있다. 이를테면 풍선이나 비행선은 옛날에는 수소를 썼지만 폭발 위험이 있어서 지금은 대신 헬륨을 쓰고 있고, 백열전구에는 필라멘트의 산화를 막아 오래갈 수 있도록 하는 아르곤이 들어 있다.

플루오린 F, 염소 Cl, 브로민 Br, 아이오딘 I, 아스타틴 At

◦ 할로겐 ◦

주기율표의 17족을 할로겐이라고 한다. 중요도는 Cl>I>>Br>F>>>>>At이다. At가 덜 중요한 이유는 방사성 원소여서 만들어도 금방 붕괴되어 성질을 조사하기 어렵기 때문이다.

플루오린 F부터 아이오딘 I까지 할로겐 홑원소 물질의 성질을 표 78-1에 정리했다. 하지만 암기해야 하는 것은 아니다.

할로젠은 원자가 전자가 7개이므로, 채워진 껍질이 되려면 전자 1개가 더 필요하다. 그 전자가 들어가는 최외각은 F가 원자껍질에 가장 가깝기 때문에 전자를 원하는 강도(산화력)는 주기율표에서 위로 갈수록 커진다. 산화력의 차이는 브로민화칼륨 KBr 수용액에 염소 Cl_2 물을 넣으면 브로민 이온 Br^-의 전자가 Cl_2에 빼앗겨서 유색 브로민 Br_2가 분리되는 것으로 확인할 수 있다. 금속의 이온화 경향이 '양이온이 되기 쉬운 정도' 순서였다면, 할로젠의 산화력은 '음이온이 되기 쉬운 정도'를 나타내는 것이다.

즉 Br^-와 Cl_2가 공존했을 때는 염소가 더 음이온이 되기 쉬우므로 브로민 이온은 산화되어 브로민이 되고, 염소는 환원되어 염화 이온이 된다. 끓는점과 녹는점이 주기율표에서 아래로 갈수록 큰 것은 분자가 커지면서 분자 간 힘도 강해지기 때문이다. 분자 간 힘이 강하면 끓어올라서 분자 간 힘을 끊고 자유롭게 움직이는 데 필요한 열에너지도 커진다.

표 78-1 ● 할로젠의 성질

홑원소 물질	녹는점(℃)	끓는점(℃)	상태	색깔	산화력	수소와 반응	물과 반응
플루오린 F_2	−219	−188	기체	담황색	강	어떤 장소에서도 폭발적으로 반응	격렬하게 반응하며 산소를 발생
염소 Cl_2	−101	−34	기체	황록색	↑	빛에 의해 폭발적으로 반응	일부가 반응해서 HCl, HClO를 생성
브로민 Br_2	−7	59	액체	적갈색	↓	가열+촉매로 반응	염소보다 약하게 반응
아이오딘 I_2	114	185	고체	검자주색	약	가열+촉매로 조금만 반응	대부분 물에 녹지 않고 반응도 하지 않음

플루오린

플루오린 F는 산화력이 무척 강하기 때문에 홑원소 물질 F_2를 얻기 어렵다. 많은 화학자가 여기에 도전했고 다치거나 죽기도 했을 정도인데, 1886년 프랑스의 앙리 무아상(Ferdinand Frédéric Henri Moissan, 1852~1907)이 한쪽 눈을 잃으면서도 홑원소 물질을 분리하는 데 성공해 노벨상을 받았다.

염소

염소는 자극적인 냄새를 풍기는 황록색의 유독한 기체로, 공기보다 무겁다. 공업적으로는 75절에서 설명했듯이 염화나트륨 수용액을 전기 분해해 만드는데, 실험실에서 건조한 염소를 만들려면 그림 78-1에 나타나 있듯 산화망가니즈(Ⅳ)에 진한 염산을 넣고 가열한다.

염소의 발생법과 비슷해 곧잘 헛갈리는 것이 염화수소의 발생법이다(그림 78-2). 두 그림을 비교해 차이를 잘 파악해 보자.

염소는 물에 녹으면 일부가 물과 반응해 염화수소 HCl과 하이포아염소산

그림 78-1 • **염소의 발생법과 모으는 법**

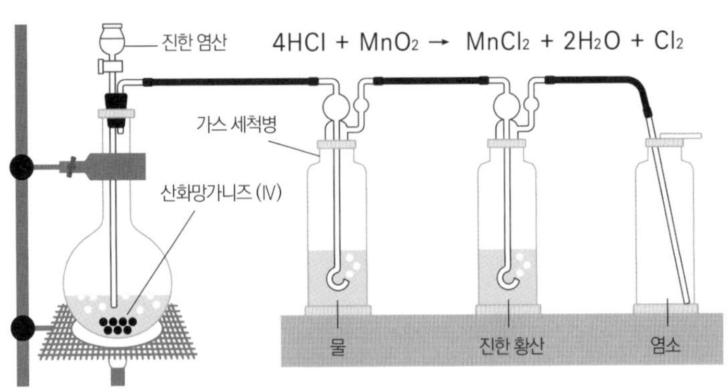

물은 염화수소를, 진한 황산은 수분을 제거하기 위해 쓰인다. 두 개의 가스 세척병을 잇는 방법과 순서(반대로 하면 수증기와 염소가 섞이고 만다), 염소를 하방 치환으로 모으는 것이 중요하다. 염소는 고도 표백분에 묽은 염산을 넣어도 얻을 수 있다.

$$\underset{\text{고도 표백분}}{Ca(ClO)_2 \cdot 2H_2O} + 4HCl \rightarrow CaCl_2 + 4H_2O + 2Cl_2$$

그림 78-2 • **염화수소의 발생법과 모으는 법**

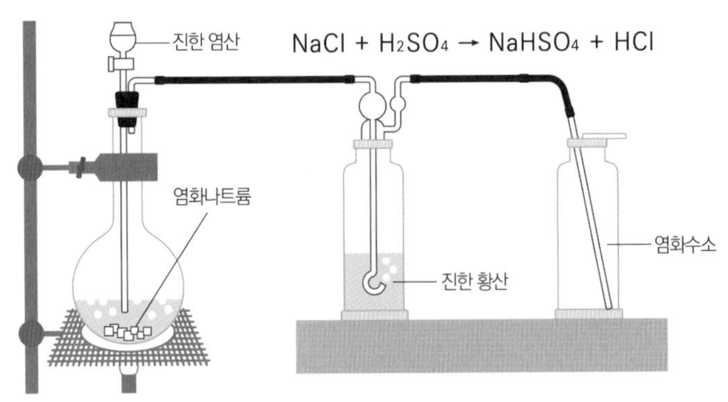

NaCl에 H_2SO_4를 가하면 Na^+, H^+, Cl^-, SO_4^{2-}까지 총 네 종류의 이온이 존재하게 된다. 그중 가열했을 때 기체가 되어 튀어나올 수 있는 것은 H^+와 Cl^-의 조합뿐이므로 HCl을 얻을 수 있다.

$HClO$을 만든다.

$Cl_2 + H_2O \rightleftarrows HCl + HClO$

어려운 반응식이구나 생각할지도 모르지만 흔한 반응이다. 세제에 "섞으면 위험"이라는 문구가 쓰인 걸 본 적 없는가? 표백제에 포함된 하이포아염소산과 세제에 포함된 염산을 섞으면 염소 가스가 발생하기 때문이다.

브로민

브로민은 적갈색을 띠며, 상온에서 액체인 유일한 비금속 원소다. 일상에는 드물지만 액체는 다루기 쉬워서 유기 화학에 자주 쓰인다.

아이오딘

상온에서 보라색을 띠는 고체로 승화성이 특징이다. 승화성을 이용해 염화나트륨과 아이오딘 혼합물에서 아이오딘을 분리할 수 있다(그림 78-3). 아이오딘은 녹말과 아이오딘, 아이오딘화칼륨 수용액이 반응해 보라색이 되는 아이오딘 녹말 반응으로도 익숙할 것이다.

그림 78-3 ● 승화에 의한 아이오딘의 분리

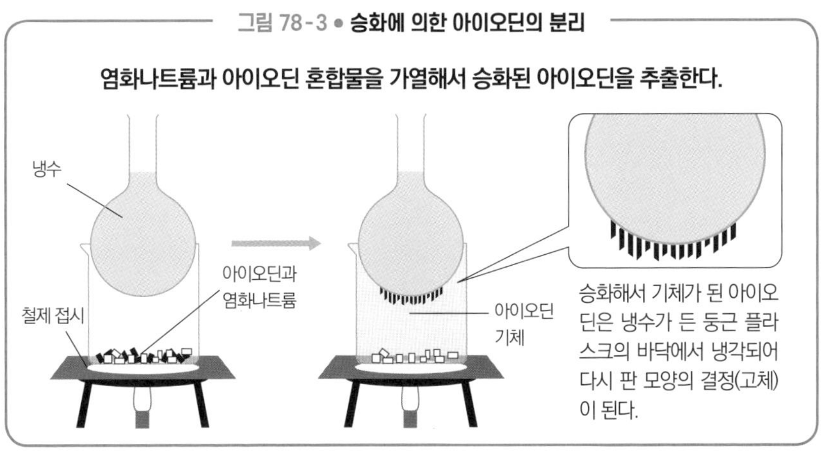

탄소 C, 규소 Si, 저마늄 Ge, 주석 Sn, 납 Pb

◦ 탄소 · 규소와 그 화합물 ◦

14족 원소는 4개의 원자가 전자를 가지며, 주기율표에서 아래로 내려갈수록 금속성이 증가한다. 여기서는 탄소와 규소를 살펴보자.

탄소 C 동소체

탄소 C로 된 홑원소 물질은 자연계에 흑연과 다이아몬드, 풀러렌, 탄소나노튜브 등이 있는데 서로 동소체의 관계에 있다(표 79-1). 목탄과 그을음 등도 흑연과 구조는 똑같다. 탄소 원자는 고압일 때만 다이아몬드가 되고, 보통은

표 79-1 ● **탄소 동소체**

동소체	다이아몬드	흑연	풀러렌(C_{60}, C_{70} 등)	카본나노튜브
구조	입체적 그물 구조	평면 층 모양 구조	공 모양 (축구공 형태 등)	튜브 모양 (흑연의 1층을 원통 모양으로 만든 형태)
성질	무색투명, 팔면체 결정, 전기 전도성 없음, 3.5g/cm^3	검은색 불투명, 판형태 결정, 전기 전도성 있음, 2.3g/cm^3	검은색 불투명한 분말, 전기 전도성 없음, 1.7g/cm^3	검은색 불투명한 분말, 전기 전도성 있음, 약 1.43g/cm^3
용도	보석, 연마제	전극, 연필심	(현재 연구 중)	(현재 연구 중)

흑연 상태로 존재한다. 다이아몬드는 맨틀에서 지각을 뚫고 분출한 화성암인 킴벌라이트에 들어 있다. 지하 깊은 곳에 있는 맨틀 속은 압력이 무척 높아서 그에 포함된 탄소는 다이아몬드 상태다. 그 탄소 중 지표 근처까지 단숨에 이동해 흑연으로 미처 변하지 못한 것이 우리가 찾아내는 다이아몬드다.

풀러렌은 1985년, 카본나노튜브는 1991년에 발견되었다. 카본나노튜브는 지름이 같은 구리의 1,000배 가까이 전류를 보낼 수 있고, 강철의 20배나 되는 인장 강도를 가졌기 때문에 꿈의 소재로 현재 연구가 진행 중이다.

일산화탄소가 위험한 이유?

탄소를 포함한 기체에는 일산화탄소와 이산화탄소가 있다. 각 기체의 발생법을 그림 79-1에 정리했다. 일산화탄소는 무척 유해한 기체다. 몸속에서 산소를 운반하는 헤모글로빈에 산소보다 강하게 결합하기 때문에 아주 적은 양으로도 혈중 산소 농도를 낮추어 생명의 위험을 초래한다. 이것이 바로 일산화탄소 중독이다. 일산화탄소는 공기 중의 산소와 바로 결합해 이산화탄소가 되기 때문에 충분히 환기해 산소를 풍부하게 공급한다면 일산화탄소에 중독될 염려는 없다. 난로에 "1시간마다 환기해 주십시오."라고 적혀 있는 것은 일산화탄소 중독을 막기 위해서다.

이산화탄소가 온실가스로 불리는 이유는?

지구는 태양으로부터 받은 열과 같은 양의 열을 우주 공간에 방출한다. 이산화탄소를 온실가스라고 하는 이유는 지구가 우주 공간에 열을 방출하는 것을 막기 때문이다. 예를 들어 따뜻한 봄철에 잔디밭에 누워 있으면 햇빛을 받아 따끈따끈하지만, 저녁이 되어 해가 지면 열이 달아나서 추워진다. 그나마 담요를 덮으면 얼마간 온기를 유지할 수 있다. 여기서 담요 역할을 하는 것이 온실가스다. 온실가스가 증가하는 건 지구가 덮은 담요가 두꺼워진다는 뜻이라 우주 공간으로 열이 달아나기 어려워진다. 평균 기온이 올라가면 심각한 환경 문제가 일어나기 때문에 온실가스 증가를 우려하는 것이다.

그림 79-1

[일산화탄소 발생법]

폼산과 진한 황산을 섞어 가열하면 발생하므로 수상 치환해서 모은다.
진한 황산의 탈수 작용에 의해 물이 없어진다고 생각하면 된다.

$$HCOOH \rightarrow CO + H_2O$$

공업적으로는 빨갛게 달군 코크스에 고온의 수증기를 보내 만든다.

$$C + H_2O \rightarrow H_2 + CO$$

생성된 혼합 가스를 더욱 반응시키면 메탄올을 만들 수 있다.

[이산화탄소 발생법]

$CaCO_3$가 주성분인 석회석에 묽은 염산을 반응시켜 발생시킨다.

$$CaCO_3 + 2HCl \rightarrow CaCl_2 + CO_2 + H_2O$$

공업적으로는 석회석을 펄펄 끓여 만들 수 있다.

$$CaCO_3 \rightarrow CaO + CO_2$$

발생한 이산화탄소는 석회수에 닿으면 탄산칼슘이 가라앉으면서 백탁 현상이 일어나는 것으로 검출할 수 있다.

$$Ca(OH)_2 + CO_2 \rightarrow CaCO_3 + H_2O$$

규소 Si와 그 화합물

규소 Si보다 실리콘이라는 이름이 더 익숙할 것이다. 실리콘은 반도체의 재료로 빼놓을 수 없는 물질이다. 규소는 지구상에 산소 다음으로 많이 존재하는 원소인데, 자연계에는 화합물의 형태(주로 암석의 성분인 이산화규소)로만 존재한다. 그래서 반도체를 제조하려면 먼저 규소를 홑원소 물질로 만들어야 한다. 순도가 높을수록 고성능 반도체를 만들 수 있기 때문에 현재는

99.999999999%까지 순도를 높인 홑원소 물질이 제조되고 있다.

그런데 왜 반도체를 만들 때 규소가 없으면 안 될까? 규소는 금속 같은 도체와 유리 같은 절연체의 중간 성질을 가져서 주위 환경에 따라 전류가 통하기도 하고 통하지 않기도 하기 때문이다. 디지털 세계의 언어는 2진법이라서 0 또는 1의 신호로 모든 것을 나타낸다. 반도체는 전류를 흘리거나 끊음으로써 0 또는 1의 신호를 보낸다.

그림 79-2 • **규소 화합물과 특징**

우리가 잘 아는 유리에는 사실 규소가 포함되어 있다. 유리의 원료는 규사, 탄산나트륨, 탄산칼슘이다. 규사는 화학식으로 나타내면 SiO_2. 바닷가 모래알을 살펴보면 반짝거리는 투명한 입자가 섞여 있는데, 그것이 바로 규사다. SiO_2는 비금속 원소 산화물이므로 산성 산화물이고, NaOH와 Na_2CO_3라는 염기와 섞어 열을 강하게 가하면 반응한다. 여기서 실리카겔과 유리가 만들어진다. 그 때문에 NaOH 고체나 진한 수용액을 유리병에 담아 보관하면 유리가 녹아 뚜껑과 내용물이 달라붙어서 뚜껑을 열 수 없게 된다.

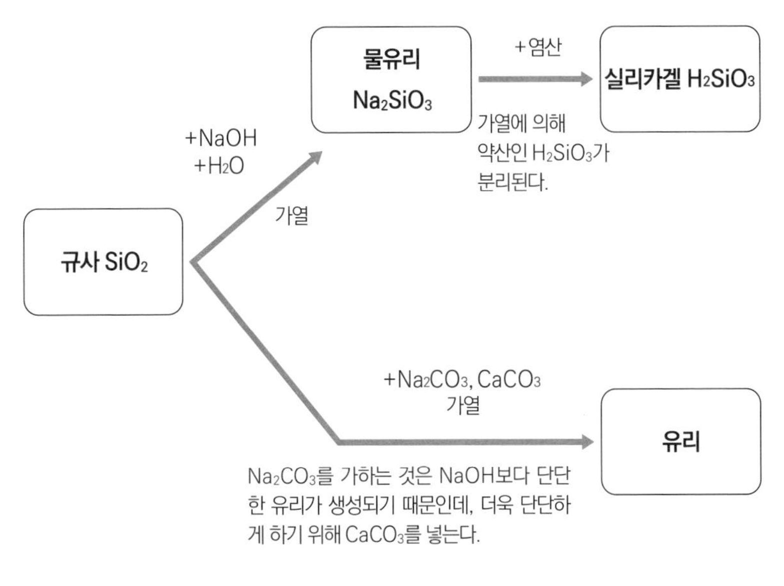

무기 화학

공기 중에 아주 많은데도 쓸 수 있는 형태로 만들기 어렵다

◦ 질소와 그 화합물 ① ◦

질소를 떠올리면 공기 중에 약 80% 함유되어 있는 안정적인 기체라고 생각할 텐데, 그 화합물인 질산 HNO_3은 비료와 화약 원료로 무척 중요한 물질이다. 질소에서 질산에 이르기까지의 흐름을 꼼꼼히 살펴보자.

자연계에서 질소가 질소 화합물로 바뀌는 과정 중 대표적인 것은 콩과 식물의 뿌리에 공생하는 뿌리혹박테리아가 공기 중의 질소를 받아들여 암모니아 NH_3를 생성하는 질소 고정이라는 과정이다.

이 암모니아는 토양 속의 다른 박테리아에 의해 산화되어 질산염이 되는데, 이를 생물이 영양원으로 쓸 수 있다. 하지만 대부분의 식물은 공기 중의 질소를 거둬들일 수 없기 때문에 농업에서는 비료로 질산암모늄(초안)과 질산칼륨 등이 쓰인다. 또한 질산 화합물은 화약 연료로도 중요하다. 흑색화약은 황과 목탄, 질산칼륨을 섞어 만들고, 연기가 적게 나는 무연 화약에는 나이트로셀룰로오스, 나이트로글리세린 등 질산 화합물이 쓰인다('나이트로'가 붙는 화합물은 질산과 반응하여 결합하는 나이트로기 $-NO_2$를 포함하는 물질이다).

질산 화합물을 만드는 데 필요한 질산의 원료로 제1차 세계 대전 전까지는 광산에서 초석(주성분은 질산칼륨)을 채굴해 썼다. 이 초석을 황산과 섞고 가열해서 질산을 얻었던 것이다. 하지만 제1차 세계 대전 직전, 독일인 화학자 프리츠 하버가 촉매를 써서 질소와 수소로부터 효율적으로 암모니아를 합성하는 데 성공했다(그림 80-1, 하버-보슈법). 이 암모니아를 산화하면 질산도 쉽게 제조할 수 있었다. 즉 초석을 채굴하지 않아도 질산을 만들 수 있게 된 것이다. 현재까지도 우리가 화약과 비료의 원료로 쓰는 암모니아는 하버가 개발한 방법과 같은 원리로 만들어지고 있다.

그림 80-1 • **하버 - 보슈법**

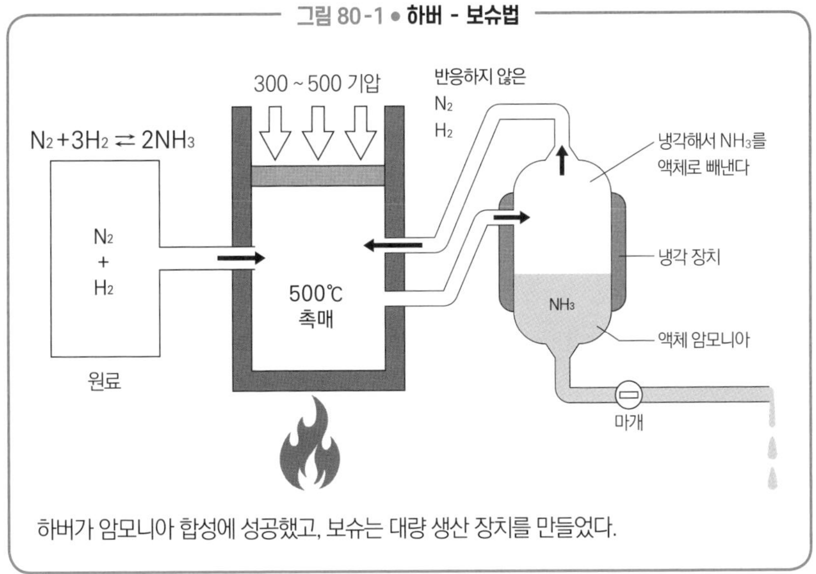

하버가 암모니아 합성에 성공했고, 보슈는 대량 생산 장치를 만들었다.

질소 화합물에는 암모니아 외에도 일산화질소 NO, 이산화질소 NO_2 등 광화학 스모그(질소 산화물이 햇빛을 받아 광화학 반응을 일으키며 발생하는 황갈색 안개-옮긴이)의 원인이 되는 질소 산화물이 있다. 실험실에서 만드는 방법을 그림 80-2에 정리했다.

그림 80-2 ● **실험실에서 질소 화합물을 만드는 방법**

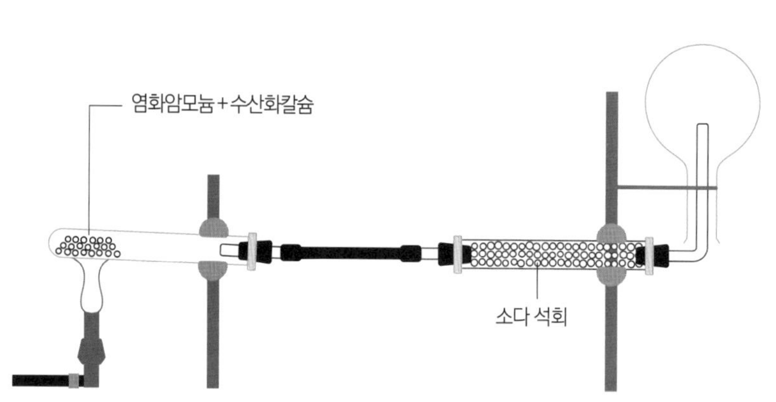

[실험실에서 암모니아 발생시키는 방법]

$$2NH_4Cl + Ca(OH)_2 \rightarrow CaCl_2 + 2NH_3 + 2H_2O$$

◎ 발생한 암모니아는 실온에서 컵 1잔 분량의 물에 약 70L나 녹고, 공기보다 가벼워서 상방 치환으로 모은다.

◎ 반응으로 생긴 물이 가열부에 흐르면 시험관이 깨지기 때문에, 시험관 입구를 조금 내린다.

◎ 건조한 암모니아를 얻으려면 소다 석회(NaOH와 CaO 혼합물) 속을 통과시켜 수분을 없앤다. 염화칼슘은 암모니아와 반응하기 때문에 건조제로 쓸 수 없다.

[일산화질소 발생법과 그 특징]

구리에 묽은 질산을 반응시키면 발생하고, 수상 치환으로 모은다.

$$3Cu + 8HNO_3 \rightarrow 3Cu(NO_3)_2 + 2NO + 4H_2O$$

공기 중에서는 재빨리 산화되어 적갈색 NO_2가 된다.

$$2NO + O_2 \rightarrow 2NO_2$$

[이산화질소 발생법과 그 특징]

구리에 진한 질산을 반응시키면 발생하며, 하방 치환으로 모은다.

$$Cu + 4HNO_3 \rightarrow Cu(NO_3)_2 + 2NO_2 + 4H_2O$$

물에 잘 녹는 적갈색 기체로, 자극적인 냄새가 나며 독성이 있다. 물에 녹으면 질산이 된다.

$$3NO_2 + H_2O \rightarrow 2HNO_3 + NO$$

질소 N, 인 P, 비소 As, 안티몬 Sb, 비스무트 Bi

◦ 질소와 그 화합물 ② / 인과 그 화합물 ◦

여기서는 암모니아를 공업적으로 질산까지 산화시키는 오스트발트법, 진한 황산의 성질, 그리고 질소와 같은 15족 원소인 인과 그 화합물에 대해서 설명한다.

오스트발트법과 질산의 성질

비료와 화약 원료로 쓰이는 것은 질산이므로 하버-보슈법으로 만들어진 암모니아를 산화시켜 질산을 만들어야만 한다. 암모니아를 질소로 만드는 것이 오스트발트법이다. 하버-보슈법이 나오기 조금 전에 이론적으로는 완성되어 있었지만, 실제로 쓰이게 된 것은 하버-보슈법으로 암모니아가 대량 생산이 가능해진 후부터다.

질산은 빛과 열에 분해되기 쉬워서, 갈색 병에 담아 서늘한 곳에 보관한다.

그림 81-1 • **오스트발트법**

① 백금 Pt를 촉매로 써서, 암모니아를 산화시켜 일산화질소를 만든다.
② 일산화질소를 공기 중의 산소로 산화시켜 이산화질소를 만든다.
③ 이산화질소를 온수에 흡수시켜 질산을 만든다.

① $4NH_3 + 5O_2 \xrightarrow{Pt} 4NO + 6H_2O$
② $2NO + O_2 \rightarrow 2NO_2$
③ $3NO_2 + H_2O \rightarrow 2HNO_3 + NO$

정리하면,
$NH_3 + 2O_2 \rightarrow HNO_3 + H_2O$
라는 반응식이 된다.

진한 질산과 묽은 질산 모두 산화력이 강해서 산에 녹지 않는 Cu와 Ag도 녹인다. 한편 Al, Fe, Ni는 산에 녹지만 진한 질산에는 녹지 않는다. 금속 표면에 촘촘한 산화 피막을 만들어 내부를 보호하기 때문이다. 이러한 상태를 부동태라고 부른다.

NO_x(질소 산화물)와 SO_x(황 산화물)

일산화질소와 이산화질소는 합해서 NO_x(질소 산화물)라고 부르며, SO_x(황 산화물, SO_2와 SO_3 등)와 함께 대기오염, 산성비의 원인 물질로 꼽힌다. NO_x에는 NO, NO_2, N_2O, N_2O_3, N_2O_4, N_2O_5 등 많은 질소 산화물이 포함되어 있다. 이 질소 산화물은 최종적으로 NO_2가 되는데, 이것이 비에 녹아들어 질산 HNO_3이 되어 산성비가 되는 것이다. 또 석유와 석탄에 포함된 황은 연소되면 SO_2로 대기 중에 방출되는데, 산소에 의해 산화되어 SO_3가 된다. SO_3는 고체여서 에어로졸(대기 중에 있는 액체 또는 고체의 미립자-옮긴이)의 형태로 부유하고, 이것이 비에 녹아 황산이 되어 산성비가 내리는 것이다. 현재 일본에서는 대기 오염과 산성비를 막기 위하여 석유를 정제할 때 탈황 장치를 반드시 부착해 황 성분을 제거하고 있다.

SO_x는 원인 물질인 황을 연소 전에 없애면 거의 발생하지 않지만, NO_x는 고온에서 공기 중의 질소와 산소가 화합해 발생해 버리고 만다. 고온으로 만들지 않으면 되겠다고 생각할지도 모르지만, 자동차 엔진이 연소하면서 산소를 빨아들일 때 질소도 동시에 들어가기 때문에 NO_x가 발생할 수밖에 없다. 이처럼 SO_x에 비해 NO_x의 발생은 막기가 어렵다. 그래서 이미 생겨 버린 NO_x를 없애기 위해 촉매를 써서 NO_x를 질소로 되돌린 후 대기 중에 방출하고 있다.

인과 그 화합물

인 P는 자연계에서 홑원소 물질로 존재하지 않아야 하는데, 그 물질이 사실은 우리와 가까운 곳에 있다. 성냥갑 옆에 있는 적갈색의 거칠거칠한 부분은 성냥에 불을 붙일 때 쓰이는데, 이게 바로 인의 홑원소 물질로 붉은인(적린)이라고 부른다.

인에는 붉은인 외에도 흰인(황린)이라는 동소체가 있다. 동소체란 같은 원소로 되어 있는 홑원소 물질을 말하는데, 성질은 서로 다르다. 주로 황 S, 탄소 C, 산소 O, 인 P에 동소체가 존재한다. SCOP라고 기억하면 된다. 동위체와 헷갈리기 쉬우니 조심하기 바란다. 흰인은 자연 발화하고, 독성이 무척 강한 물질이어서 물속에 보관한다. 홑원소 물질인 인을 연소시키면 산화인(V) P_4O_{10}이 된다. P_4O_{10}에 물을 넣고 가열하면 인산이 생성된다 ($P_4O_{10} + 6H_2O \rightarrow 4H_3PO_4$).

인 화합물은 좀처럼 볼 기회가 없는데, 사실 우리 몸속에 인이 많이 들어 있다. DNA에는 인산이 연결된 형태로 함유되어 있고, 세포를 감싸는 막은 인지질로 되어 있다. 뼈의 주성분도 인산칼슘이다. 식물은 인이 부족하면 잘 자라지 않아서 과인산석회(제1인산칼슘 $Ca(H_2PO_4)_2$와 황산칼슘 $CaSO_4$ 혼합물)를 비료로 주기도 한다.

무기 화학

82 노란 다이아몬드라고 불린 적도 있었다

◦ 황과 그 화합물 ◦

황의 홑원소 물질은 노란 분말인데, 흑색화약의 원료로 절대 빼놓을 수 없는 물질이다. 황은 화산 분기공 근처에서 많이 채취할 수 있는데, 중국 대륙에는 화산이 거의 없어서 화산국인 일본은 헤이안 시대(784~1192)부터 중국에 황을 수출했다. 전쟁 때는 황의 가격이 '노란 다이아몬드'라고 불릴 정도로 폭등하면서 황 광산이 몹시 번성했지만, 석유를 정제하는 과정에서 불순물로 포함된 황을 뽑아내는 기술이 완성된 오늘날 황 광산은 채산이 나빠서 전부 폐광되었다.

황의 홑원소 물질에는 사방황, 단사황, 고무황까지 총 세 종류의 동소체가 있다(그림 82-1).

그림 82-1 • **황의 동소체**

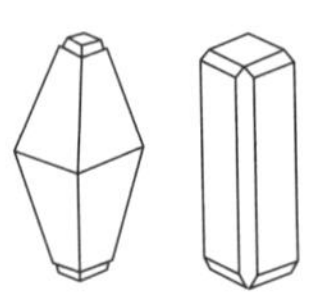

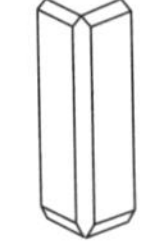

실온에서는 사방황이 안정적이지만, 가열해서 온도를 올리면 사방황 → 단사황 → 검은 액체 상태의 황으로 변하고, 검은 액체 상태에서 급랭하면 고무황이 된다. 단사황도 고무황도 실온에 내버려 두면 사방황으로 변한다.

황화수소 H_2S

황화수소 H_2S는 썩은 달걀 냄새가 나는 유독 기체다. 화산 지대에 감도는 냄새를 '유황 냄새'라고 말하곤 하는데, 사실 홑원소 물질 황은 아무 냄새도 나지 않고 H_2S가 원인이다. H_2S는 금속 황화물에 산성 액체를 가했을 때 발생한다

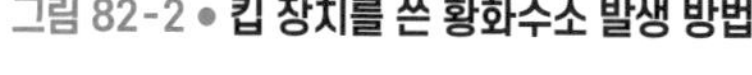

그림 82-2 • 킵 장치를 쓴 황화수소 발생 방법

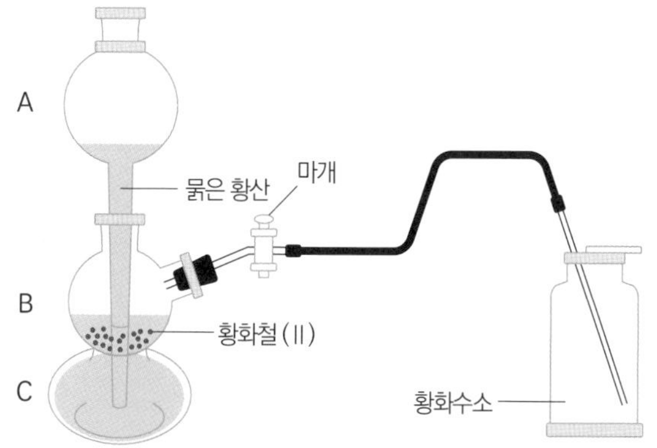

B와 C 사이에는 작은 알갱이 상태의 황화철(II)보다 작은 구멍이 뚫린 유리판이 끼워져 있다. 마개를 열면 A의 액체통에 있는 묽은 황산이 떨어져 C에 쌓이고, 그 후에 B에 도달하면 FeS와 접촉해서 H_2S가 발생한다($FeS+H_2SO_4 \rightarrow FeSO_4+H_2S$). H_2S의 발생을 멈추고 싶을 때 마개를 잠그면, B 안의 H_2S의 압력이 올라가 액체 표면을 눌러서 밑으로 내려 FeS와 H_2SO_4가 멀어져서 반응이 멈춘다. 이 킵 장치는 아연 입자와 산에 의한 수소 발생, 석회석과 산에 의한 이산화탄소 발생에도 사용된다.

(그림 82-2). 황화수소의 특징은 물에 녹아 약산성을 띤다는 것과 강한 환원성이 있다는 것이다. 화산 지대에서 황을 채취할 수 있는 것은 화산 가스에 포함되어 있는 H_2S가 공기 중의 산소 및 이산화황과 산화 환원 반응을 하기 때문이다($2H_2S+O_2 \rightarrow 2S+2H_2O$, $2H_2S+SO_2 \rightarrow 3S+2H_2O$).

이산화황 SO_2

무색에 자극적인 냄새를 풍기는 유독 기체로 황이 연소함으로써 발생한다($S+O_2 \rightarrow SO_2$). 가열한 진한 황산과 구리를 반응시켜도 얻을 수 있지만($Cu+2H_2SO_4 \rightarrow CuSO_4+2H_2O+SO_2$), 고온의 진한 황산은 위험하므로 실험실에서 간단하게 만들려면 아황산나트륨에 묽은 황산을 가해야 한다

$(Na_2SO_3 + H_2SO_4 \rightarrow Na_2SO_4 + H_2O + SO_2)$. 이산화황을 물에 녹이면 아황산 H_2SO_3가 만들어지고, 약한 산성을 띤다.

황산 H_2SO_4 만드는 방법과 성질

우선 SO_2를 산화바나듐(V) V_2O_5를 촉매로 써서 산소와 산화시켜 고체 SO_3를 만든다($2SO_2 + O_2 \rightarrow 2SO_3$). 이 SO_3를 물과 섞는데, SO_3를 H_2O에 넣으면 많은 열이 발생해서 잘 섞이지 않기 때문에 일단 진한 황산에 흡수부터 시킨다. 그러면 잘 섞여서 계속 흰 연기 같은 SO_3 증기를 내는 발연 황산이 만들어진다. 이것을 묽은 황산으로 희석해 진한 황산을 제조한다.

황산에는 다섯 가지 중요한 성질이 있다. 진한 황산의 성질은 ① 비휘발성 ② 흡습성 ③ 탈수 작용 ④ 산화 작용이고, 묽은 황산의 성질은 ⑤ 산성이다(그림 82-3). 염산보다 황산이 더 위험해 보이는 것은 진한 황산에 ①~④의 성질이 있기 때문일 것이다.

그림 82-3 ● 황산의 성질

① 비휘발성: 황산을 떨어트리면 안에 포함된 물은 증발하지만 원래 황산은 고체 SO_3가 물에 녹은 것이기 때문에 농도가 점점 진해진다. 묽은 황산이라도 옷에 흘렸을 경우 물에 씻어 내지 않으면 ③ 탈수 작용에 의해 옷에 구멍이 뚫린다.

② 흡습성: 진한 황산은 수분을 흡수해서 건조제로 쓰인다.

③ 탈수 작용: 진한 황산은 유기물로부터 H와 O를 2:1의 비율로 빼앗는 탈수 작용을 하는데, 예를 들어 수크로스에 진한 황산을 뿌리고 잠시 두면 격렬한 반응이 일어나 새카만 탄소가 분리된다($C_{12}H_{22}O_{11} \rightarrow 12C + 11H_2O$).

④ 산화 작용: 황산은 안정적이지만, 뜨거운 진한 황산은 강한 산화 작용을 하기 때문에 구리나 은과 반응하면 SO_2를 발생시킨다.

⑤ 진한 황산은 산으로서 거의 작용하지 않는다. 산으로 쓰려면 진한 황산을 물로 희석해 묽은 황산을 만들어야 한다. 이때 진한 황산에 물을 가하면 발열하며 수증기가 발생해 황산이 주위에 마구 튀어 위험하므로 물을 충분히 식히면서 조금씩 진한 황산을 가한다.

무기 화학

산소 화합물을 얼마나 열거할 수 있는가

◦ 산소와 그 화합물 ◦

여러분은 산소 화합물을 얼마나 열거할 수 있는가? 이산화탄소 CO_2, 산화철 (Ⅲ) Fe_2O_3, 황산 H_2SO_4, 그리고 수산화나트륨 NaOH도 산소 화합물이다. 산소는 금속 원소와 비금속 원소를 가리지 않고 화합물을 만들기 때문에 많은 화합물이 존재한다. 여기서 정리해 보자.

산소를 얻으려면?

산소는 암석이나 광물의 성분 원소로 지각 속에 가장 많이 포함되어 있다. 산소부터 순서대로 O → Si → Al → Fe → Ca → Na → K → Mg……(오시알페 카나칼마…로 기억해 보자)로 이어진다. 산소는 공기 중에 약 20% 포함되어 있는데, 의료 현장에서는 호흡 부전 환자를 위해 높은 농도의 산소가 필요하다. 100% 산소를 얻을 수 있는 방법은 세 가지가 있다(그림 83-1).

산화물의 성질과 옥소산

산소는 반응성이 뛰어나기 때문에 대부분의 원소와 화합해서 산화물을 만든다. Na_2O, MgO 등 금속 원소 산화물은 물과 반응하면 NaOH와 $Mg(OH)_2$라는 염기를 만들기 때문에 염기성 산화물이라고 불린다. 또 Al_2O_3나 ZnO는 물에 녹지 않지만 산과 염기 모두와 반응한다. 이를테면 염산과 반응하면 $AlCl_3$이나 $ZnCl_2$, 수산화나트륨과 반응하면 $Na[Al(OH)_4]$나 $Na_2[Zn(OH)_4]$

그림 83-1 • **순수한 산소를 얻기 위한 세 가지 방법**

1: 공기 분류

1기압(1,013hPa)에서는 산소의 끓는점이 −183℃, 질소의 끓는점이 −196℃이므로 공기를 그보다 낮은 온도로 낮추어 액체 공기로 만든다. 이를 서서히 증발시키면 끓는점이 낮은 질소가 먼저 증발하고, 남은 액체 공기 중의 산소 농도는 서서히 올라가므로 마지막에는 순수한 액체 산소를 얻을 수 있다.

2: 과산화수소수(3% H_2O_2 수용액, 이른바 옥시돌)에 산화망가니즈(Ⅳ) MnO_2를 가하는 방법. $2H_2O_2 \rightarrow 2H_2O + O_2$

가장 일반적이어서 초등학생도 이 방법으로 배운다. 산소는 불붙인 향이 격렬하게 타오르는 모습으로 확인한다.

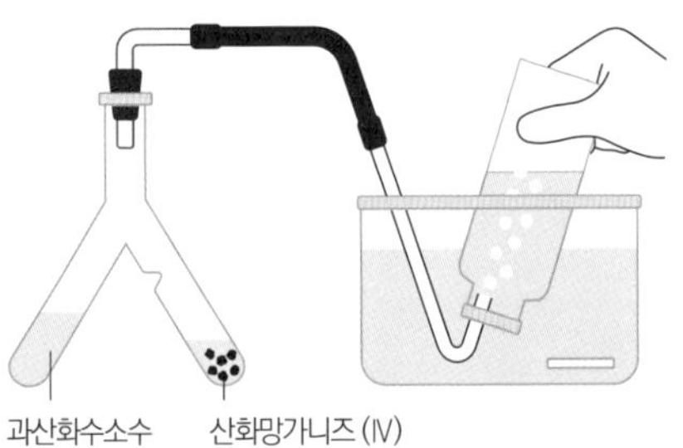

① Y자형 시험관의 돌기가 있는 쪽에 산화망가니즈(Ⅳ) 1g, 반대쪽에 3%의 과산화수소수 10ml를 넣고 반응시킨다.
② 발생한 기체는 수상 치환으로 병에 모은다.
③ 불붙인 향을 집기병에 넣으면 격렬하게 타오른다. ⇒ O_2 확인.

3: 염소산칼륨 $KClO_3$에 촉매로 MnO_2를 넣고 가열하는 방법. $2KClO_3 \rightarrow 2KCl + 3O_2$

불꽃놀이의 폭죽 중에는 물에 넣어도 계속 불타오르는 것이 있는데, 폭죽이 잘 터지도록 화약에 $KClO_3$를 섞었기 때문이다. 고온에서 $KClO_3$는 촉매 없이도 분해되어 산소가 만들어진다.

가 된다. 이러한 금속 원소 산화물을 양쪽성 산화물이라고 부른다(Al, Zn, Sn, Pb의 원소 산화물이 양쪽성 산화물이므로 각 원소명의 머리글자를 따서 '알아주납은 산과 염기에 모두 녹는 양쪽성 산화물'이라고 외우면 된다).

SO_2, NO_2, CO_2 등 비금속 원소 산화물은 물과 반응해서 산을 만들거나 염기와 반응해서 염을 만들기 때문에 산성 산화물이라고 부른다. 산성 산화물이

물과 반응하면 분자 속에 산소 원자를 포함하는 옥소산이 생성된다. 표 83-1에 나와 있듯, 동일 원소의 옥소산에는 중심 원자에 결합하는 산소 원자의 수가 많을수록 산성이 강해진다는 특징이 있다. 또 같은 주기 원소의 옥소산에서는 $H_3PO_4 < H_2SO_4 < HClO_4$와 같이 주기율표 오른쪽에 있을수록 산성이 강해진다.

표 83-1 ● 다양한 옥소산

화학식	옥소산	Cl의 산화수	산의 강도
$HClO$	하이포아염소산	+1	약함 ↑
$HClO_2$	아염소산	+3	
$HClO_3$	염소산	+5	
$HClO_4$	과염소산	+7	↓ 강함

화학식	옥소산	S의 산화수	산의 강도
H_2SO_3	아황산	+4	약함
H_2SO_4	황산	+6	강함

화학식	옥소산	N의 산화수	산의 강도
HNO_2	아질산	+3	약함
HNO_3	질산	+5	강함

오존

산소의 동소체로 잊어서는 안 되는 것이 오존이다. 오존의 화학식은 O_3인데, 지구 상공 10~50km에서는 태양으로부터 온 자외선이 안정적인 산소 분자 O_2에 닿아 $3O_2 \rightarrow 2O_3$ 반응이 일어나 오존이 생성된다. 이렇게 만들어진 것이 바로 오존층이다. 오존 생성 반응으로 자외선이 흡수되기 때문에 지표면까지 자외선이 내려오지 않는 것이다. 하지만 프레온 가스가 있으면 오존을 파괴해 오존층에 구멍이 뚫리는 문제가 일어난다.

오존을 발생시키는 것 자체는 간단하다. 산소에 강한 자외선을 비추거나 고전압을 가하면 생성된다. 오존은 불안정해서 산소로 돌아가려고 산화 이온을 주위에 내던지기 때문에 강한 산화 작용을 한다. 그래서 음료수의 살균이나 섬유 표백 및 공기 정화 등에 이용된다. 오존을 확인하려면 염소와 마찬가지로 물에 적신 아이오딘화칼륨 녹말 종이가 청자색으로 바뀌는지 보면 된다.

무기 화학

리튬 Li, 나트륨 Na, 칼륨 K, 루비듐 Rb, 세슘 Cs, 프랑슘 Fr

◦ 알칼리 금속(1족) ◦

수소를 제외한 주기율표 1족의 원소를 알칼리 금속이라고 부른다. 원자가 전자를 1개 가지므로 이 1개 전자를 방출해 1가 양이온이 되기 쉬운 특징이 있다. Fr은 방사성 원소라서 만들어도 바로 붕괴되기 때문에 여기서는 Li~Cs까지만 알아보자.

나트륨 Na은 98℃, 칼륨 K은 63℃로 둘 다 녹는점이 낮아서 리튬 Li과 더불어 마치 치즈처럼 칼로 썰 수 있는 부드러운 금속이다(표 84-1). 또 전부 이온화 경향이 커서 1가 양이온이 되기 쉽기 때문에 상온에서 공기 중의 산소 및 수증기와 반응하여 산화물과 수산화물이 된다. 이를테면 나트륨은 다음과 같이 반응한다.

산소와 반응 $4Na + O_2 \rightarrow 2Na_2O$

수증기와 반응 $2Na + 2H_2O \rightarrow 2NaOH + H_2$

이때 생긴 산화나트륨 Na_2O와 수산화나트륨 NaOH는 이온 결합하고 있으므로, 나트륨은 반응에 의해 나트륨 이온이 되었다고 말할 수 있다.

리튬 Li은 나트륨이나 칼륨과 비교하면 끓는점이 181℃로 조금 더 높아서, 상온에서는 냉장고에 넣은 버터와 비슷한 굳기를 지닌 금속이다. 휴대전화에는 리튬 이온 전지가 쓰이고, 나트륨 이온 전지나 칼륨 이온 전지는 쓰이지 않

표 84-1 • 알칼리 금속 홑원소 물질의 성질

원소명	원소 기호	밀도(g/cm³)	녹는점(℃)	불꽃 반응
리튬	Li	0.53	181	빨강
나트륨	Na	0.97	98	노랑
칼륨	K	0.86	63	보라
루비듐	Rb	1.53	39	빨강
세슘	Cs	1.87	28	파랑

불꽃 반응이란 금속 이온이 든 용액을 불꽃에 넣었을 때 특유의 색을 드러내는 현상이다. 주로 1족, 2족 원소에서 볼 수 있다.

주요 불꽃 반응 암기법

원소명		불꽃	암기 예
리튬	Li	빨강	빨리
나트륨	Na	노랑	나랑
칼륨	K	보라	칼륨 보자
구리	Cu	청록	구청에서
바륨	Ba	황록	바로(록)
칼슘	Ca	주황	칼슘 주고
스트론튬	Sr	진한 빨강	스트로(론) 빨자

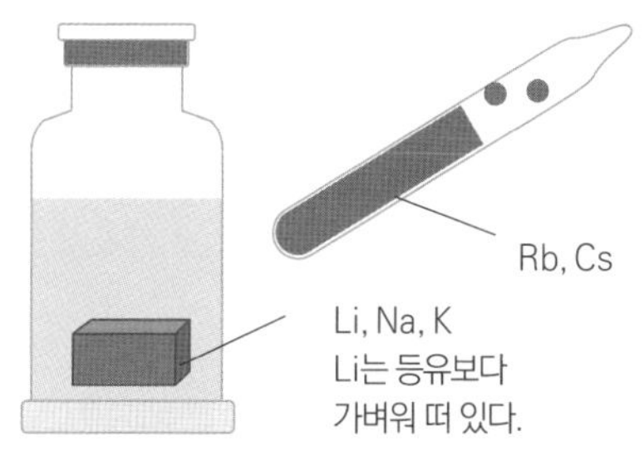

알칼리 금속은 반응성이 뛰어나 등유 속에 보관한다.
루비듐과 세슘은 반응성이 더 높기 때문에 앰풀(유리에 넣어 완전히 밀봉하고, 쓸 때는 유리를 깨야 하는 일회용품이다)에 넣어 보관한다.

는데, 리튬을 전지 재료로 쓰면 나트륨이나 칼륨을 쓸 때보다 큰 전압을 얻을 수 있기 때문이다. 다만 리튬은 채굴할 수 있는 곳이 남미에 치우쳐 있어서, 더 값싼 나트륨으로 대체할 수 없을지 연구가 진행 중이다.

나트륨 화합물에서는 수산화나트륨 NaOH와 탄산나트륨 $NaCO_3$가 중요하다. NaOH 제조법은 75절에서 설명했으므로, 여기서는 Na_2CO_3의 제조법인 암모니아 소다법(솔베이법)에 대해 알아본다(그림 84-1).

그림 84-1 ● **암모니아 소다법**

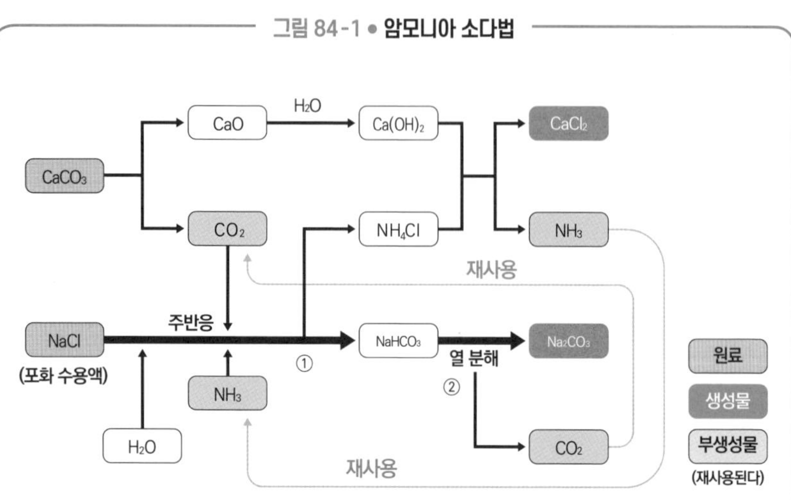

① 염화나트륨의 포화 수용액에 암모니아와 이산화탄소를 불어넣으면 물에 잘 녹지 않는 탄산수소나트륨이 가라앉는다.

$$NaCl + H_2O + NH_3 + CO_2 \longrightarrow NaHCO_3 + NH_4Cl$$

② 이 앙금을 모아 가열하면 탄산나트륨이 생성된다.

$$2NaHCO_3 \longrightarrow Na_2CO_3 + H_2O + CO_2$$

암모니아 소다법의 놀라운 점은,

$$2NaCl + CaCO_3 \longrightarrow Na_2CO_3 + CaCl_2$$

이렇게 평소라면 절대 일어나지 않는 반응을 단계를 나눔으로써 가능하게 만들었다는 것이다. 원료는 바다에서 얼마든지 구할 수 있는 염화나트륨 NaCl과 석회암으로 산에서 얼마든지 구할 수 있는 탄산칼슘 $CaCO_3$다. 심지어 부생성물도 전부 재사용 가능하기 때문에 환경 파괴 염려도 없다.

베릴륨 Be, 마그네슘 Mg, 칼슘 Ca, 스트론튬 Sr, 바륨 Ba, 라듐 Ra

◦ 알칼리 토류 금속(2족) ◦

2족 원소는 베릴륨 Be, 마그네슘 Mg 그룹과 그보다 아래인 칼슘 Ca, 스트론튬 Sr, 바륨 Ba 그룹으로 나뉘는데, 후자 그룹을 알칼리 토류 금속이라고 부른다.

2족 원소에는 표 85-1과 같은 특징이 있다. 베릴륨과 마그네슘이 알칼리 토류 금속에 들어가지 않는 이유는 표 85-2와 같은 차이가 있기 때문이다.

표 85-1 ● 알칼리 금속 홑원소 물질의 성질

원소명		원소 기호	밀도(g/cm³)	녹는점(℃)	불꽃 반응
베릴륨		Be	1.85	1,282	없음
마그네슘		Mg	1.74	650	없음
알칼리 토류 금속	칼슘	Ca	1.55	839	주홍
	스트론튬	Sr	2.54	769	진한 빨강
	바륨	Ba	3.59	727	황록

표 85-2 ● 2족 원소 성질의 차이

	Be Mg	Ca Sr Ba
불꽃 반응	나타나지 않는다.	나타난다.
냉수와 반응성	반응하지 않는다.	반응한다.
수산화물의 성질	물에 잘 녹지 않는다.	물에 녹는다.
황산염의 성질	물에 녹는다.	물에 녹지 않는다.

2족 원소 중에서 우리에게 가장 친근한 것은 칼슘 Ca이다. 표 85-3에 오래 전부터 쓰고 있는 칼슘 화합물의 또 다른 명칭도 함께 소개했다. 물론 금강석(다이아몬드), 수정(이산화규소) 등 두 가지 이상의 명칭으로 불리는 화합물들이 많지만, 칼슘이 포함된 화합물만큼 별칭이 일반적으로 잘 쓰이는 것도 없다.

그만큼 칼슘 화합물이 예부터 흔히 쓰였다는 뜻이다.

표 85-3 • 칼슘 화합물 일람

화학식	명칭	별칭	
$CaCO_3$	탄산칼슘	석회석	석회암, 대리암(석회암이 열의 작용에 의해 변성되어 생긴 변성암)의 주성분. 달걀껍질과 조개껍데기도 주성분은 $CaCO_3$다.
CaO	산화칼슘	생석회	'생'이라는 글자가 붙은 이유는 물을 가하면 발열하는 모습이 마치 살아 있는 것처럼 보여서다.
$Ca(OH)_2$	수산화칼슘	소석회 (수용액이 석회수)	'소(消)'라는 글자가 붙은 이유는 '소화하다'라는 의미의 영어에서 왔기 때문. 이 $Ca(OH)_2$를 물에 녹인 수용액이 석회수다.
$CaSO_4 \cdot 2H_2O$	황산칼슘 2수화물	석고	2수화물은 황산칼슘 1개당 H_2O가 2개 붙어 있음을 의미한다.

탄산칼슘을 가열하면 열분해가 일어나 산화칼슘 CaO와 이산화탄소 CO_2로 나뉜다($CaCO_3 \rightarrow CaO + CO_2$).

산화칼슘은 생석회라고도 하는데, 물을 가하면 많은 열을 내며 반응해 수산화칼슘 $Ca(OH)_2$가 된다($CaO + H_2O \rightarrow Ca(OH)_2$). 일본의 기차역에서 파는 도시락 중에는 끈을 당기면 김이 나오며 도시락이 따뜻하게 데워지는 것이 있는데, 끈을 당기면 밀봉되었던 물과 산화칼슘이 섞여서 발열하기 때문이다. 이 반응으로 생기는 $Ca(OH)_2$는 하얀 분말이다. 학교 운동장에 선을 그을 때 흰색 분말을 쓰는데, 옛날에는 $Ca(OH)_2$를 사용했었다. 하지만 $Ca(OH)_2$는 강염기성이어서 눈에 들어가면 해롭기 때문에 현재는 그 대신에 $CaCO_3$

를 쓰고 있다. $Ca(OH)_2$ 수용액은 석회수라고 하는데, 이산화탄소를 불어넣으면 하얀 $CaCO_3$ 앙금이 생긴다($Ca(OH)_2 + CO_2 \rightarrow CaCO_3 + H_2O$). 거기서 이산화탄소를 계속해서 불어넣으면 탄산수소칼슘이 생기며 녹는다($CaCO_3 + H_2O + CO_2 \rightleftarrows Ca(HCO_3)_2$).

또 하나, 칼슘이 포함된 화합물 중 유명한 것이 석고 $CaSO_4 \cdot 2H_2O$다. 석고는 잘 타지 않아서 집을 지을 때 외벽 마감재로 석고 보드가 널리 쓰이고 있다. 석고를 120℃까지 서서히 가열하면 수화한 물의 일부를 잃고 반수화물 $CaSO_4 \cdot \frac{1}{2}H_2O$가 된다. 이를 소석고라고 하는데, 물을 붓고 잘 반죽하면 약 30분 만에 굳어서 다시 석고로 돌아간다. 이 성질을 이용해 의료용 깁스와 석고 세공에 활용하고 있다.

바륨 Ba 화합물 중에는 황산바륨 $BaSO_4$가 중요하다. $BaSO_4$는 인체에 무해하고 X선을 흡수하기 때문에 위와 장의 X선 촬영 때 조영제로 쓰인다. 건강검진 때 '바륨을 마신다.'라는 표현을 쓰는 것은 $BaSO_4$를 가리킨다.

무기 화학

루비에서 금까지, 의외의 물질에 포함되어 있다

◦ Al과 Zn ◦

12족에서 14족까지 포함된 양쪽성 금속(알루미늄 Al, 아연 Zn, 주석 Sn, 납 Pb를 '알아주납'으로 암기하기로 했었다)과 실온에서 유일하게 액체인 금속 수은에 대해 알아보자. 우선 Al과 Zn부터 알아보고 착이온에 대해서도 설명한다.

알루미늄

알루미늄 Al은 금속의 이온화 경향으로 생각하면 무척 산화가 잘되는 금속으로, 철보다도 이온이 되기 훨씬 쉽다. 하지만 알루미늄 포일은 녹슨 철처럼 삭지 않는다. 왜냐하면 알루미늄을 공기 중에 방치하면 표면에 세밀한 산화 피막이 생기는데, 이것이 알루미늄 내부까지 산화가 진행되지 않도록 보호하기 때문이다. 알루미늄의 경우 산화 피막이 투명해서 우리 눈에는 녹슨 것처럼 보이지 않는다. 알루미늄박 등을 보면 늘 반짝반짝 빛나서 녹슬지 않는 금속이라고 오해하기 쉬운데, 실제로는 그렇지 않은 것이다. 알루미늄의 산화 피막은 Al을 진한 질산에 넣었을 때 생기는 부동태와 같은 것인데, 정체는 산화알루미늄 Al_2O_3이다. '알루미나'라고도 부르는데, 천연으로는 무색투명한 강옥(커런덤)으로 산출되며, 다이아몬드의 뒤를 잇는 굳기여서 연마제로 이용된다. 보석으로 유명한 루비, 사파이어도 주성분은 산화알루미늄이며, 불순물로 소량의 크로뮴을 포함하면 색이 붉은 루비가 되고, 소량의 철과 타이타늄을 포함하면 색이 파란 사파이어가 된다.

그림 86-1 • 양쪽성 원소

알칼리 금속, 알칼리 토류 금속 외의 전형적인 금속 원소는 12~16족에 위치한다. 그중에서 알루미늄 Al과 아연 Zn, 주석 Sn과 납 Pb에는 산성 용액과 염기성 용액에 모두 잘 녹는 양쪽성 금속(양쪽성 원소)이라는 공통점이 있다. Al, Zn, Sn, Pb를 각각 염산에 녹이면 다음과 같은 반응이 일어난다(반응식에 나오는 X는 Zn, Sn, Pb 무엇이든 괜찮다. 단 Pb+HCl은 $PbCl_2$가 난용성이어서 녹지 않는다).

$$2Al + 6HCl \longrightarrow 3H_2 + 2AlCl_3$$

$$X + 2HCl \longrightarrow H_2 + XCl_2$$

또 수산화나트륨에 녹이면 다음과 같다.

$$2Al + 2NaOH + 6H_2O \longrightarrow 3H_2 + 2Na^+ + 2[Al(OH)_4]^-$$

$$X + 2NaOH + 2H_2O \longrightarrow H_2 + 2Na^+ + [X(OH)_4]^{2-}$$

아연

아연 Zn도 이온화 경향이 큰 금속이어서 건전지의 (-)극에 쓰인다. 합금 재료로도 유용해서 5엔 동전(한국의 경우 50원 동전)과 금관악기 등이 구리와 아연의 합금인 황동으로 만들어진다. 네 종류의 양쪽성 금속 중 암모니아를 배위자(리간드, 착화합물 중 중심 원자를 둘러싸고 배위 결합한 이온 또는 분자)로 해서 착이온이 될 수 있는 유일한 금속이다.

금속 산화물은 보통 검은색이 많은데, 아연 산화물인 산화아연 ZnO는 흰색이다. 물에 녹지 않지만 산과 염기 수용액 모두와 반응하는 양쪽성 산화물이다. 흰색 물감의 원료로 ZnO가 쓰이고 있다.

그림 86-2 ● 착이온이란?

[착이온이란 무엇일까?]

알루미늄 이온과 수산화 이온이 수용액 속에서 독립적으로 존재하고 있을 경우는 $Al^{3+}+4OH^-$라고 쓰지만, Al^{3+}에 OH^-가 4개 배위 결합해 하나의 이온으로 움직일 경우에는 [ ]를 사용해서 하나의 이온으로 다룬다. 이를 착이온이라고 부른다. Al^{3+}에 OH^-를 가하면 처음에는 수산화알루미늄 $Al(OH)_3$이 하얀 앙금으로 발생하는데, 계속 OH^-를 더하면 착이온이 발생해 하얀 앙금이 녹아 없어진다. 착이온은 물에 녹는 것이 특징이어서 수산화 이온 OH^-와 결합해 착이온이 될 수 있는 금속(알루미늄 Al, 아연 Zn, 주석 Sn, 납 Pb)은 염기성 수용액으로도 녹일 수 있다. 이때 비공유 전자쌍을 주고 배위 결합하는 분자나 음이온을 배위자, 그 수를 배위수라고 부른다.

	암모니아	물	사이안화 이온	염화 이온	수산화 이온
화학식	NH_3	H_2O	CN^-	Cl^-	OH^-
배위자명	암민	아쿠아	시아나이드	클로라이드	하이드록사이드

중요한 착이온 4종류를 나타낸다. 착이온의 명칭은 아래 순서대로 붙인다.

배위자의 수(1:모노, 2:다이, 3:트라이, 4:테트라, 5:펜타, 6:헥사…)+배위자의 명칭+중심 금속의 원소명+중심 금속의 산화수+ ○○이온(착이온이 음이온일 경우는 ○○산이온으로 한다).

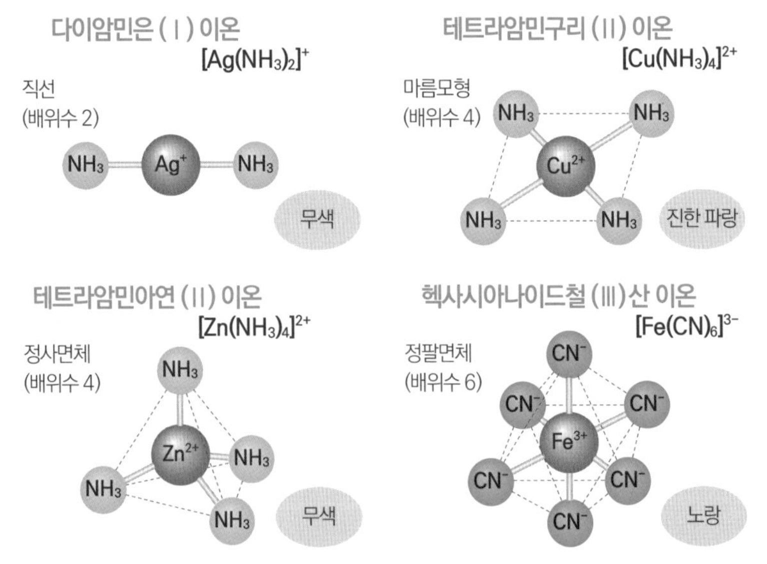

무기 화학

수은과 납, 옛날에는 그 독성을 몰랐다

◦ Hg와 Sn, Pb ◦

여기에서는 아연 Zn과 같은 12족인 수은 Hg과 양쪽성 금속 중 Sn, Pb를 다룬다.

수은 Hg

수은 Hg는 실온에서 액체인 유일한 금속인데, 천연에서는 심홍색 결정인 진사(HgS)로 산출된다. 진사는 주황색 도료나 한방약으로 귀하게 여겨져 왔으나, 현재는 수은이 인체에 해롭다는 사실이 밝혀져서 한방약으로는 쓰지 않게 되었다. 또 진사는 공기 중에서 가열하기만 해도 수은 증기가 발생하기에 이것을 모아 냉각하면 수은 홑원소 물질을 얻을 수 있다.

주석 Sn

주석 Sn은 다른 금속과 세트로 널리 쓰이고 있다. 구리와 주석 합금은 청동(브론즈), 납과 주석 합금은 땜납, 철에 주석을 도금해 만드는 양철 등으로 우리에게 친숙하다. 올림픽 동메달은 순수한 동이 아니라 청동으로 만든다(그래서 영어로 브론즈 메달이라고 하는 것이다). 홑원소 물질은 비교적 독성이 적어서 과거에는 식기 등에도 널리 이용되었지만, 현재는 대부분 쓰지 않고 있다. 주석의 홑원소 물질은 저온 환경에 장시간 두면 삭아 버리는 약점이 있기 때문이다.

납 Pb

납은 무른 금속으로 종이에 그으면 글씨가 써져서 고대 로마인들은 양피지에 납으로 글자를 썼다. 납이 들어가지 않는데도 연필에 납 연(鉛) 자를 쓰는 것은 이 때문이다. 납 화합물은 노란색(PbO, $PbCrO_4$)이나 빨간색(Pb_3O_4) 등이라 오래전부터 다채로운 안료로 사용되었다. 하지만 체내에 축적되기 쉽고 독성도 강하다. 염기성 탄산납($2PbCO_3 \cdot Pb(OH)_2$)은 '연백'이라고 불리며 일본에서는 17세기부터 화장품으로 널리 쓰였는데, 납이 피부를 통해 흡수되기 때문에 납 중독 환자도 있었을 것이다. 납 화합물은 물에 잘 녹지 않는 것이 많은데 질산납 $Pb(NO_3)_2$나 아세트산납 $Pb(CH3COO)_2$는 물에 녹아 이온이 된다. 수용액 속의 납(Ⅱ) 이온 Pb^{2+}는 다양한 음이온과 반응해 앙금이 된다(그림 87-1).

그림 87-1 • Pb^{2+}의 다양한 반응

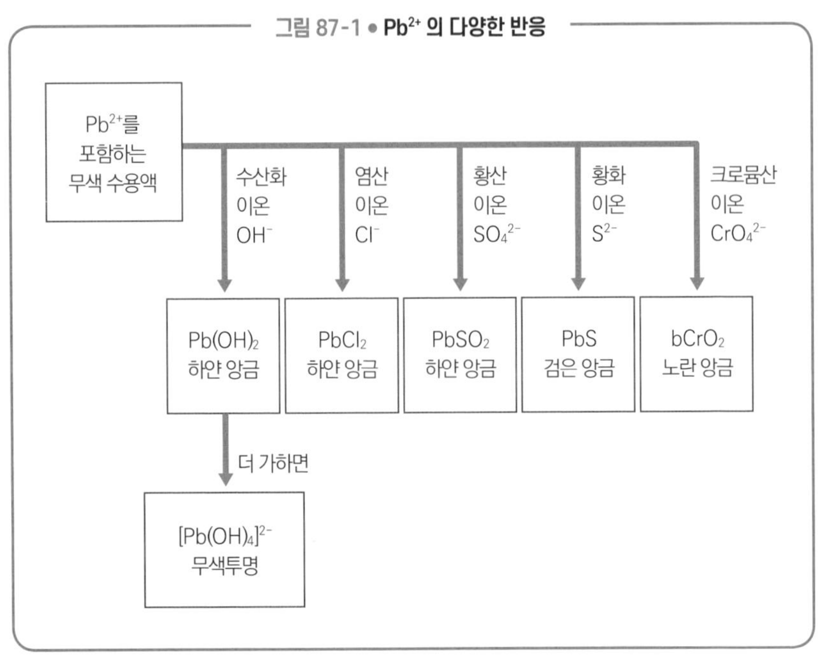

제 12 장

전이 원소의 성질

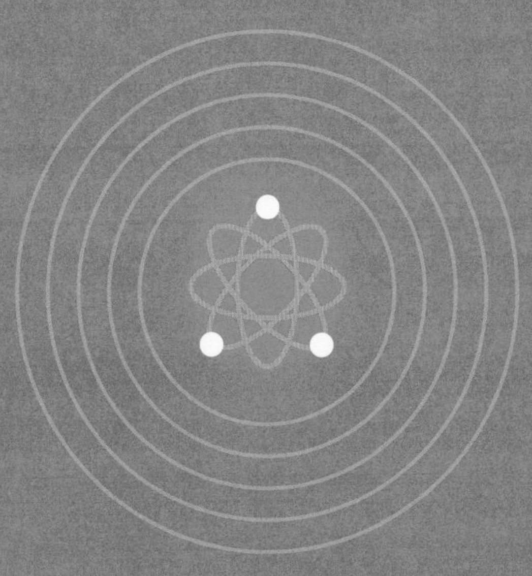

스칸듐 Sc, 타이타늄 Ti, 바나듐 V, 크로뮴 Cr, 망가니즈 Mn, 철 Fe, 코발트 Co, 니켈 Ni, 구리 Cu

◦ 전이 원소의 특징 ◦

주기율표는 크게 전형 원소와 전이 원소로 나뉜다. 전이 원소는 전부 금속 원소다. 원자 번호 21번 다음 원소는 스칸듐 Sc, 타이타늄 Ti, 바나듐 V, 크로뮴 Cr, 망가니즈 Mn, 철 Fe, 코발트 Co, 니켈 Ni, 구리 Cu까지 전이 원소고, 그 뒤에 아연 Zn, 갈륨 Ga 등 전형 원소가 다시 이어진다.

전이 원소의 특징 중 하나는 여러 종류의 양이온이 될 수 있다는 것이다. 전형 금속 원소의 이온은 나트륨 이온 Na^{+}, 칼슘 이온 Ca^{2+}로 정해져 있지 Na^{2+}나 Ca^{+} 같은 이온은 없다. 그런데 전이 원소는 철 이온만 해도 Fe^{2+}와 Fe^{3+}라는 두 가지 상태가 있고, 구리 이온도 Cu^{+}와 Cu^{2+}라는 두 가지 상태가 있다. 그래서 전이 원소의 이온은 원소명 뒤에 가수를 로마자로 표기해 Fe^{2+}는 철(Ⅱ) 이온, Fe^{3+}는 철(Ⅲ) 이온, Cu^{+}는 구리(Ⅰ) 이온, Cu^{2+}는 구리(Ⅱ) 이온이라고 표기해 구별한다.

산화물도 마찬가지다. 전형 금속 원소의 산화물, 이를테면 산화나트륨은 Na_2O, 산화칼슘은 CaO로 각각 한 종류밖에 없다. 반면 산화구리는 Cu_2O와 CuO로 두 종류가 있으므로 Cu_2O는 산화구리(Ⅰ), CuO는 산화구리(Ⅱ)로 나타내 구별한다.

표 88-1 • 4주기 전이 원소의 홑원소 물질 성질

[전이 원소의 특징]

전이 원소는 원자 번호가 증가하면 원자가 전자가 1개 혹은 2개인 채로 하나 안쪽의 전자껍질에 전자가 늘어난다. 그 결과 전이 원소 중 같은 주기 원소들의 성질은 ①~⑤와 같이 유사하다는 특징이 있다.

① 홑원소 물질은 밀도가 크고, 끓는점이 높은 것이 많다.

족	3	4	5	6	7	8	9	10	11
원소 기호	Sc	Ti	V	Cr	Mn	Fe	Co	Ni	Cu
밀도(g/cm^3)	3.0	4.5	6.1	7.2	7.4	7.9	8.9	8.9	9.0
녹는점(℃)	1,541	1,660	1,887	1,860	1,244	1,535	1,495	1,453	1,083

② 하나의 원소가 여러 종류의 양이온이 될 수 있다(여러 산화수를 취할 수 있다).

(예) **Fe(+2, +3), Cu(+1, +2), Mn(+2, +4, +7), Cr(+2, +3, +6)**

③ 화합물 또는 수용액에는 색이 있는 것이 많다.

Fe^{2+}: 연녹색, Fe^{3+}: 황갈색, Cu^{2+}: 파란색, Cr^{3+}: 초록색, Mn^{2+}: 연분홍색, Ni^{2+}: 초록색

④ 홑원소 물질과 화합물 중에 촉매로 작용하는 것이 많다.

(예) **과산화화수소수의 분해에 의한 산소 발생: MnO_2, 접촉법에 의한 황산 제조: V_2O_5, 오스트발트법에 의한 질산 제조: Pt, 하버-보슈법에 의한 암모니아 제조: Fe_3O_4**

⑤ 다른 이온이나 분자와 결합하여 착이온을 만드는 것이 많다(86절 참조).

무기 화학

친근하지만 심오하다

◦ 철과 그 화합물 ◦

자연계에서 모든 철 Fe는 산화물로 존재하기 때문에 처음에 인류가 운석에 포함된 운철을 이용했는지(우주에는 산소가 없어서 운석에 포함된 철은 산화되지 않는다), 산불 등으로 자연스럽게 산화철에서 환원된 철을 썼는지 분명치 않다. 하지만 기원전 1500년경에는 철광석을 쓴 제철 기술이 확립되어 철기가 널리 쓰였다.

철의 산화물에는 두 종류가 있는데 붉은 녹이라고 불리는 산화철(Ⅲ) Fe_2O_3와 검은 녹이라고 불리는 산화철(Ⅱ, Ⅲ) Fe_3O_4(Fe^{2+}와 Fe^{3+}가 1 : 2로 섞인 산화물)다.

붉은 녹은 못을 방치했을 때나 오래된 강철솜에 생겨난다. 이런 녹은 쇠가 망가지는 원인으로 꺼려지곤 한다. 붉은 녹과 달리 검은 녹은 철 표면을 균일하게 덮으면 내부까지 녹스는 것을 막아주는 효과가 있다. 일본 도호쿠 지방의 전통 공예품인 남부철기는 겉이 검은색인데 철기의 형태를 만든 다음 800~1,000℃의 목탄 불에 구워서 철의 표면에 일부러 검은 녹이 슬게 만들어 내부를 보호하는 것이다.

우리가 일상적으로 사용하는 철은 전부 Fe_2O_3 또는 Fe_3O_4 중 하나의 산화철을 환원해서 제조한 것이다. 그림 89-1은 초기 제철 기술, 89-2는 오늘날 제철소에서 쓰고 있는 제철법이다.

철은 염산이나 황산 등의 산과 반응해서 Fe^{2+}가 된다.

$$Fe + 2H^+ \rightarrow H_2 + Fe^{2+}$$

이온화 경향이 H^+보다 Fe가 크기 때문에 이런 반응이 일어난다. Fe^{2+} 수용액은 연녹색인데 공기 중의 산소에 쉽게 산화되어 황갈색 Fe^{3+} 수용액이 된다. 이처럼 전이 원소는 주위 환경에 따라 산화수가 달라진다.

그림 89-1 ● **초기의 제철**

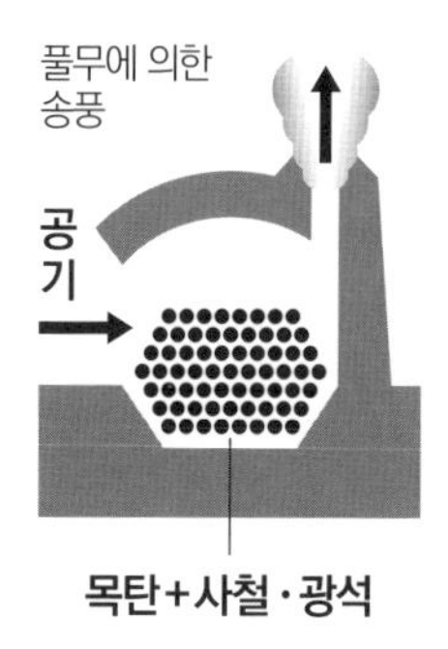

초기 제철은 흙으로 화로를 만들고 그 안에 목탄과 사철, 광석 혹은 철광석을 층층이 쌓고 공기를 불어넣었던 것으로 짐작한다. 불어넣은 산소와 목탄이 반응해서 생긴 일산화탄소가 산화철로부터 산소를 떼어 내면서 철이 생성된다. 한 번 제철이 완료될 때마다 화로를 무너뜨리는데, 그 속에서 생성된 철을 꺼낸다.

이 제철법에는 대량의 목재가 필요하기 때문에 산에 있는 나무를 너무 많이 소비해서 환경 파괴가 일어난다는 문제점이 있다.

그림 89-2 ● **현대의 제철**

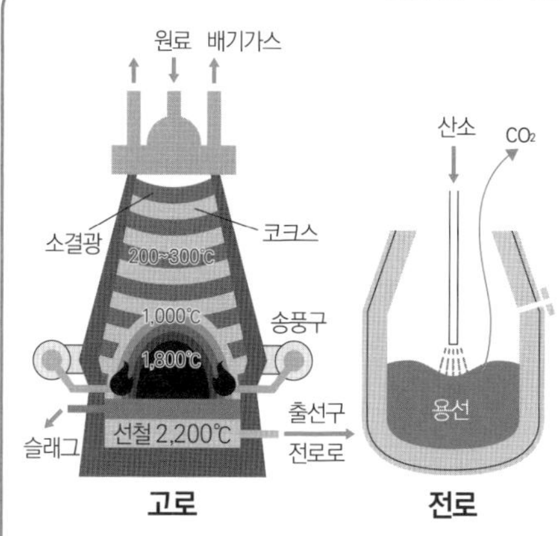

고로(高爐)에는 철광석 분말에 석회암(주성분은 탄산칼슘 $CaCO_3$)을 깬 것을 섞어서 구운 다음 펠릿 형태로 굳힌 것(소결광)과 석탄을 가열해 코크스로 만든 것을 교대로 안에 넣는다. 소결광과 코크스 모두 크기가 골프공보다 조금 더 작은데, 계속 쌓이면 고로 안에 적당한 공간이 생기기 때문에 코크스로부터 발생한 일산화탄소 CO에 의해 산화철이 원활하게 환원된다. 생성된 액체 형태의 철(이를 선철이라고 부른다)은 용광로 바닥으로 나온다.

선철은 약 4%의 탄소를 포함하며, 딱딱하지만 깨지기 쉬운 성질이 있기에 전로에서 탄소와 O_2를 반응시켜 탄소량을 조절한다. 포함되는 탄소의 양이 적으면 물러지고 많으면 딱딱해진다. 부드러운 연강은 자동차 차체 등에 쓰이고, 딱딱한 경강은 칼이나 레일 등에 쓰인다.

무기 화학

구리 광산 광독 사건의 원인

◦ 구리와 그 화합물 ◦

구리 Cu는 아주 적게나마 자연동을 천연에서 구할 수 있다. 그래서 인류가 최초로 이용한 금속은 구리였다고 전해진다. 현재는 철, 알루미늄에 이어서 세 번째로 많이 생산되는 중요한 금속이다.

구리도 철과 마찬가지로 용광로와 전로에서 만들어진다. 제철처럼 고로가 아니라 소규모 용광로로 충분한 이유는 동광석이 철광석에 비해 환원되기 쉽기 때문이다. 또 구리는 철보다 전기와 열이 잘 통해서 도선 등 전기 관련 재료로 쓰인다. 불순물이 섞이면 전기 저항이 커져 전기 재료로는 쓸 수 없다. 그래서 전해 정련(73절 참조)을 이용해 구리에 포함된 불순물을 최대한 제거한 99.99% 순동을 쓰는 점도 제철과 다르다.

동광석은 황동광 $CuFeS_2$이 주요 광석인데, 황화물이 많기 때문에 용광로에서 전로로 환원을 할수록 이산화황 SO_2가 대량으로 발생한다. 현재는 이산화황을 외부로 전혀 내보내지 않고 SO_3로 산화한 다음 물과 섞어 황산 H_2SO_4로 활용하고 있는데, 20세 초까지만 해도 전부 대기 중에 방출했다. 그래서 방출된 이산화황이 산성비가 되어 내렸고, 구리 제련 공장 주위의 나무들이 말라 죽고 말았다. 한편 구리 광석은 철광석에 비해 구리 함유량이 0.5~2%로 낮기 때문에 곱게 부순 다음 구리를 많이 포함한 광석만 선별하는 '선광'이라는 과정이 필요하다. 이 선광을 물속에서 했는데 사용한 물을 그대로 강에 버리는 바람에 유해한 금속 이온이 농작물에 피해를 끼쳤다. 다나카 쇼조(田中正造)가 메이지 천황에게 직접 상소를 올린 것으로 유명한 아시오 구리 광산 광독 사건(19세기 후반 후루카와 광업이 구리 광산을 개발하면서 광독 가스와 매연 등으로 주변 환경을 오염시킨 사건-옮긴이)은 ① 산성비 때문에 나무가 말라 민둥산이 되어 산사태가 일어남 ② 이산화황에 의한 연기 피해, 산성비 피해 ③ 강에 스며든 유해한 금속 이온에 의한 농작물 피해와 건강 피해 등 여러 가지 요인이 복합적으로 얽힌 환경 문제였다.

그림 90-1 • **구리 화합물과 Cu^{2+}의 반응**

1: 구리를 공기 중에서 가열하면 검은색 CuO가 생성되지만, 고온에서는 붉은색 Cu_2O가 생성된다.

2: 구리를 뜨거운 진한 황산에 녹이면 황산구리(II) $CuSO_4$가 생성된다.

$Cu+2H_2SO_4 \rightarrow CuSO_4+2H_2O+SO_2$

3: $CuSO_4$ 수용액은 파란색을 띠는데 테트라아쿠아구리(II) 이온 $[Cu(H_2O)_4]^{2+}$의 착이온의 색깔이다. 수용액에서 결정을 석출하면 착이온에 또 하나의 H_2O 분자가 붙은 $CuSO_4 \cdot 5H_2O$의 파란색 결정을 얻을 수 있다. 이 결정을 가열하면 수화수를 전부 잃은 흰색 분말 형태의 황산구리(II) 무수물 $CuSO_4$를 얻을 수 있다. 이 무수염은 물을 흡수하면 다시 파란색으로 돌아간다.

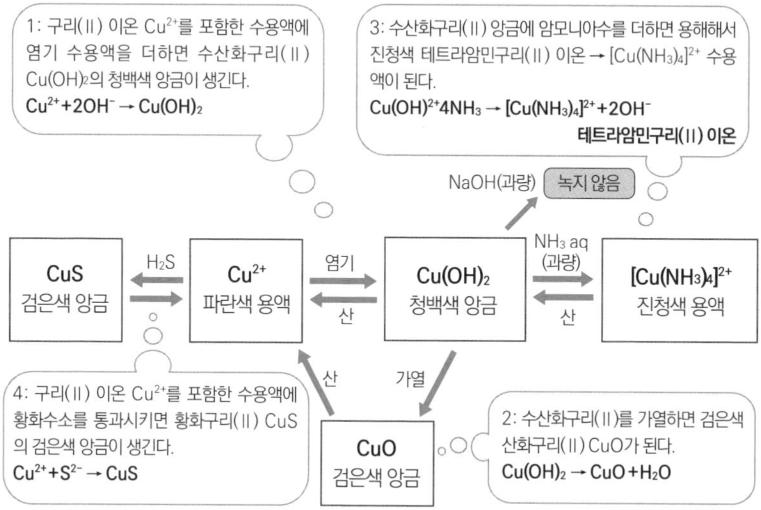

1: 구리(II) 이온 Cu^{2+}를 포함한 수용액에 염기 수용액을 더하면 수산화구리(II) $Cu(OH)_2$의 청백색 앙금이 생긴다.
$Cu^{2+}+2OH^- \rightarrow Cu(OH)_2$

3: 수산화구리(II) 앙금에 암모니아수를 더하면 용해해서 진청색 테트라암민구리(II) 이온 → $[Cu(NH_3)_4]^{2+}$ 수용액이 된다.
$Cu(OH)^{2+}4NH_3 \rightarrow [Cu(NH_3)_4]^{2+}+2OH^-$
테트라암민구리(II) 이온

NaOH(과량) 녹지 않음

CuS 검은색 앙금 ⇄ (H_2S) Cu^{2+} 파란색 용액 ⇄ (염기 / 산) $Cu(OH)_2$ 청백색 앙금 ⇄ (NH_3 aq (과량) / 산) $[Cu(NH_3)_4]^{2+}$ 진청색 용액

$Cu(OH)_2$ → 가열 → CuO 검은색 앙금 → 산 → Cu^{2+}

4: 구리(II) 이온 Cu^{2+}를 포함한 수용액에 황화수소를 통과시키면 황화구리(II) CuS의 검은색 앙금이 생긴다.
$Cu^{2+}+S^{2-} \rightarrow CuS$

2: 수산화구리(II)를 가열하면 검은색 산화구리(II) CuO가 된다.
$Cu(OH)_2 \rightarrow CuO+H_2O$

무기 화학

예부터 인류가 원했던 것

◦ 은과 그 화합물 ◦

은 Ag는 귀금속으로서 예부터 화폐로 사용되어 왔다. 스페인이 잉카 제국을 정복한 후에 발견한 포토시 은산에서 막대한 양의 은을 채굴하여 은의 가치가 뚝 떨어지는 바람에 은의 가치를 물가의 기준으로 삼았던 당시 유럽 각국에 인플레이션이 일어날 정도였다.

은은 이온화 경향이 작아서 녹슬기 어렵고, 식품 속 산 성분과 반응하지 않아서 식기로도 사용되어 왔다. 다만 황화수소와는 반응해서 황화은 Ag_2S가 되어 검게 변색하기 때문에 황이 많이 함유된 식품, 이를테면 삶은 달걀을 은으로 된 접시에 두면 검게 변한다. 은은 모든 금속 중에서 열전도성과 전기 전도성이 가장 뛰어난데, 무척 비싸고 밀도도 커서 전선에는 구리가 쓰인다.

은은 염산이나 묽은 황산에는 녹지 않지만, 질산에는 녹아서 질산은 $AgNO_3$가 된다.

$$Ag + 2HNO_3(\text{진한}) \rightarrow AgNO_3 + NO_2 + H_2O$$

$$3Ag + 4HNO_3(\text{묽은}) \rightarrow 3AgNO_3 + NO + 2H_2O$$

이온화 경향이 작다는 것은 Ag^+가 되어도 전자를 주위로부터 빼앗아 환원되기 쉽다는 뜻이다. 그러므로 무색투명한 결정인 질산은은 빛이 닿는 장소를 피해 보관하지 않으면 서서히 홑원소 물질인 은이 생성되면서 점점 거무스름해진다. 이때 생성되는 은이 매우 작은 입자여서 금속광택이 없는 단순한 검은색으로 보이기 때문이다.

환원되기 쉬운 성질이 있는 은은 주위에 세균이 있으면 세균으로부터 전자를 빼앗아 죽여 버리는 살균 작용도 해낸다. 이런 성질을 이용해 탈취 스프레이 등에 은 이온 Ag^+을 포함한 것이 판매되고 있다.

그림 90-1 • Ag^+의 반응

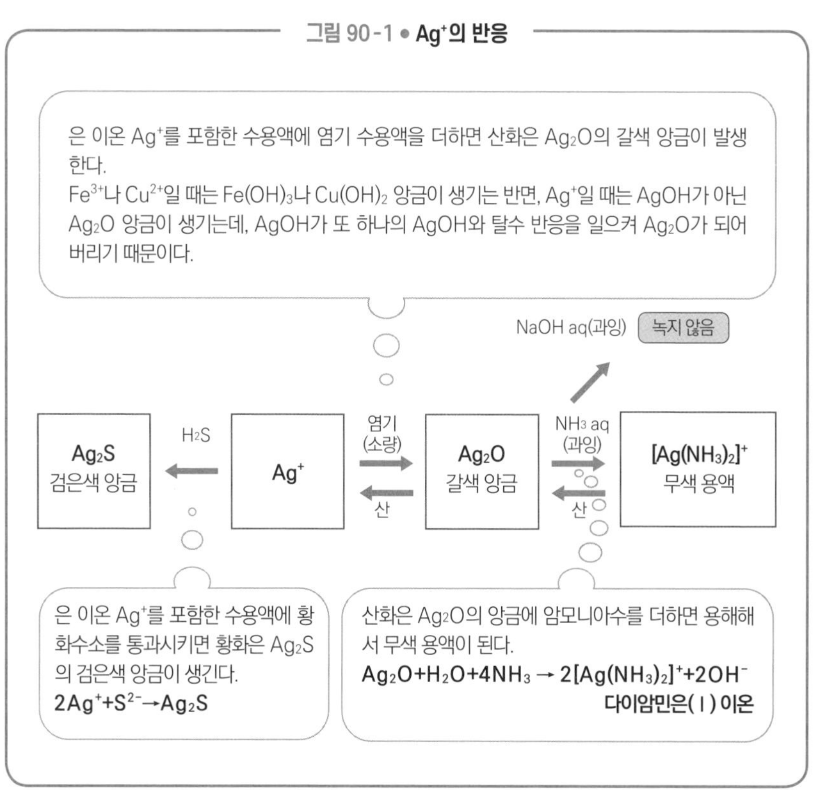

무기 화학

전이 금속의 명품 조연

◦ 크로뮴 • 망가니즈와 그 화합물 ◦

철 Fe, 구리 Cu, 은 Ag까지 알아보았으니 이번에는 크로뮴 Cr과 망가니즈 Mn에 대해 살펴보자. 두 금속은 홑원소 물질의 성질보다도 산화제인 다이크로뮴산칼륨 $K_2Cr_2O_7$, 과망가니즈산칼륨 $KMnO_4$으로 나오는 것이 대부분이므로, 산화 환원의 복습 차원으로 봐 주기 바란다.

크로뮴 Cr

홑원소 물질인 크로뮴은 안정적이고 잘 녹슬지 않는 무해한 금속인데, 크로뮴 도금으로 철에 덧씌우거나 철과 합금되어 스테인리스로 널리 쓰이고 있다. 크로뮴은 +3과 +6 산화수를 가지며, 지구에서는 주로 3가 크로뮴이라고 불리는 +3 크로뮴의 형태로 폭넓게 존재한다. +6 크로뮴은 6가 크로뮴이라고 하는데 몹시 강한 독성을 지녔다. 대표적인 6가 크로뮴인 $K_2Cr_2O_7$은 강력한 산화제로 쓰인다는 점만 봐도 알 수 있듯이 무척 산화력이 강한 불안정한 물질이다. 유기물과 접촉하면 그 유기물을 산화시키고 자신은 3가 크로뮴으로 변하는 성질이 있는데, 이 강한 산화력이 독성의 원인이다.

크로뮴산칼륨 K_2CrO_4과 다이크로뮴산칼륨 $K_2Cr_2O_7$

크로뮴산칼륨 K_2CrO_4는 노란색 결정으로 물에 녹이면 CrO_4^{2-}가 생겨난다. 다이크로뮴산칼륨 $K_2Cr_2O_7$은 주황색 결정으로 물에 녹이면 $Cr_2O_7^{2-}$이 만들어진다. 둘 다 아름다운 결정이고 수용액 역시 화려한 빛을 띠지만, Cr의 산화수는 양쪽 모두 +6으로 독성이 강한 6가 크로뮴이기 때문에 다룰 때 주의가 필요하다. 두 화합물은 다른 화합물처럼 보여도 수용액의 pH를 바꾼 것뿐이어서 서로 교체할 수 있다(그림 92-1).

그림 92-1

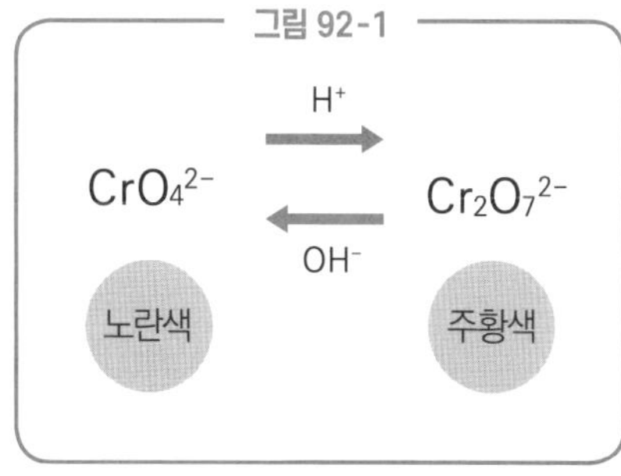

크로뮴산 이온 CrO_4^{2-}의 반응

크로뮴산 이온은 Ag^+, Pb^{2+}, Ba^{2+} 등과 반응해서 각각 크로뮴산은 Ag_2CrO_4(암적색), 크로뮴산납(Ⅱ) $PbCrO_4$ (노란색), 크로뮴산바륨 $BaCrO_4$(노란색)의 침전물을 만들기 때문에, 이들 금속 이온의 분리와 확인에 사용된다. 이를테면 Ag^+와 Fe^{3+}가 섞인 수용액이 있을 때 크로뮴산칼륨 K_2CrO_4 수용액을 더하면 Ag^+만 Ag_2CrO_4(암적색) 앙금이 생기기 때문에 Ag^+를 분리할 수 있다. 물론 NaCl을 가해도 AgCl 앙금이 생기므로 Ag^+를 떼어 낼 수 있다. 보통은 K_2CrO_4보다 독성이 낮은 NaCl을 쓴다.

망가니즈 Mn

홑원소 물질 망가니즈 Mn는 은백색 금속인데, 홑원소 물질로 이용되지는 않는다. 산업계에서 Mn은 첨가제로 철강에 들어간다. 탄소를 첨가하는 것보다 효과적으로 강도를 높일 수 있기 때문이다. 여러분도 잘 아는 망가니즈 건전지의 이름은 (+)극에 이산화망가니즈 MnO_2가 쓰이는 데에서 유래했다. MnO_2라고 하면, 과산화수소수를 분해해 산소를 발생시킬 때 넣는 촉매로 유명하다. 또 다른 유명한 화합물은 산화제로 쓰는 $KMnO_4$가 있다. 산화제로 유명한 것을 딱 하나만 꼽으라면 $KMnO_4$를 들 수밖에 없다.

섞여 버린 양이온을 분리하려면?

◦ 금속 이온의 정성 분석 ◦

시료 수용액 속에 여러 종류의 금속 이온이 들어 있을 때 각 금속 이온을 분리해서 확인하는 것을 정성 분석이라고 한다. 이 절을 다 읽고 나면 무려 15종류나 되는 금속 이온이 섞인 수용액에서 각 금속 이온을 깔끔하게 분리해 확인할 수 있을 것이다.

우선 15종류의 금속 이온을 비슷한 성질끼리 묶어서 제1~6속으로 그룹을 나누었다(표 93-1). 제1속부터 순서대로 하면 수월하게 검출할 수 있다. 이때 쓰이는 시약을 분속 시약이라고 부른다. 그 후에는 속별로 금속 이온을 하나씩 동정해 가는 것이다.

표 93-1 ● **금속 이온 분속표**

속	분속 시약	형태	분리되는 금속 이온
제1속	묽은 염산	염화물	Ag^{+}, Pb^{2+}
제2속	황화수소(산성일 때)	황화물	Hg^{2+}, Pb^{2+}, Cu^{2+}
제3속	암모니아수+염화암모늄	수산화물	Al^{3+}, Fe^{3+}, Cr^{3+}
제4속	황화수소(염기성일 때)	황화물	Ni^{2+}, Mn^{2+}, Zn^{2+}
제5속	탄산암모늄+염화암모늄	탄산염	Ba^{2+}, Sr^{2+}, Ca^{2+}
제6속	인산수소이나트륨+염화암모니아수	인산염	Mg^{2+}

그림 93-1 ● **금속 이온의 계통 분석**

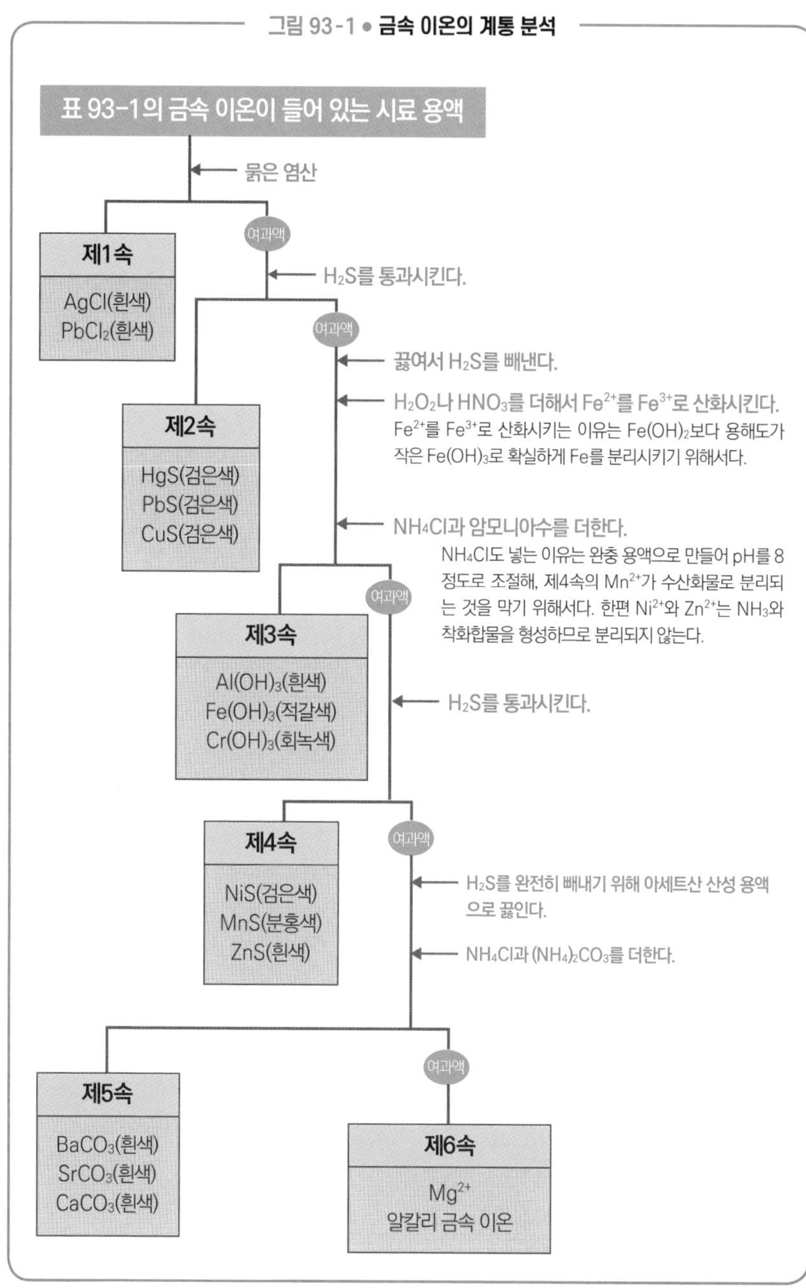

제1속 금속 이온의 분석법

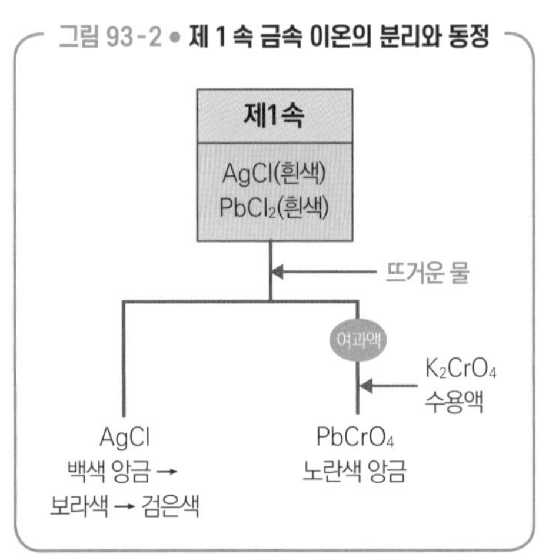

그림 93-2 ● 제 1 속 금속 이온의 분리와 동정

제1속과 제2속의 금속 이온은 황화물 용해도가 낮은 그룹인데, 그중에서도 특히 염화물의 용해도가 낮은 것을 제1속으로 분류했다. 시료 용액에 묽은 염산을 더하면 Ag^+와 Pb^{2+}가 염화물로 분리되는데, 이것을 여과하여 제1속 금속 이온을 분해할 수 있다. 거름종이 위 앙금에 뜨거운 물을 부으면 $PbCl_2$는 뜨거운 물에 녹으므로(100℃에서 용해도 3.3) 여과액에 모을 수 있다. 그 후 여과액에 K_2CrO_4 수용액을 더하면 $PbCrO_4$의 노란색 앙금이 생긴다(Pb의 동정). AgCl의 흰색 앙금은 그대로 내버려 두면 빛을 받아 Ag의 홑원소 물질이 유리되기 때문에 흰색 → 보라색 → 검은색으로 색깔 변화가 일어난다(Ag의 동정).

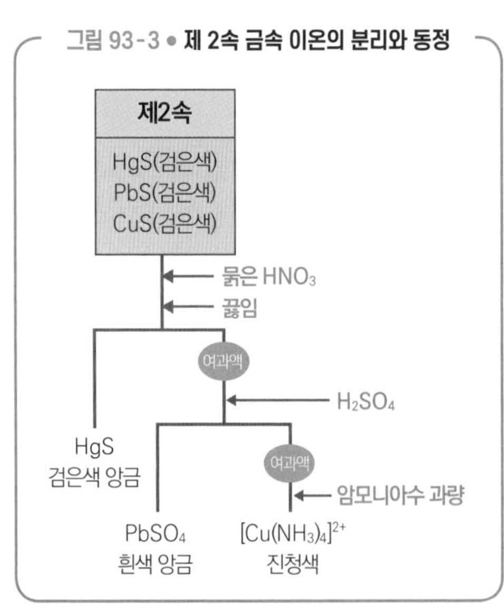

그림 93-3 ● 제 2속 금속 이온의 분리와 동정

제2속 금속 이온의 분석법

제1속 금속 이온을 분리시킨 후 산성 여과액에 기체 H_2S를 통과시키면 HgS, PbS, CuS가 분리된다($PbCl_2$는 용해도가 크기 때문에 일부 여과액에 남는데, 여기서 거의 모든 Pb^{2+}가 PbS로 분리된다). 생성된 앙금에 묽은 질산을 가해서 끓여도 HgS의 검은 앙금은 용해되지 않지만(Hg의 동정), PbS와 CuS는 용해된다. 용액을 여과하고 여과액에 H_2SO_4를 더해 가열하면 $PbSO_4$의 흰색 앙금이 생성된다(Pb의 동정). 또 여과액에 암모니아수를 과량 넣으면 진청색 $[Cu(NH_3)_4]^{2+}$를 확인할 수 있다(Cu의 동정).

제3속 금속 이온의 분석법

제2속을 분리한 여과액은 H_2S를 포함하기 때문에 끓여서 이것을 떼어 낸다. H_2S를 제거하지 않으면 염기성을 띠었을 때 제4속 금속 이온의 황화물(NiS, MnS, ZnS)이 생성되기 때문이다. 그 후 암모니아수를 가해 제3속 금속 이온을 수산화물로 만든다. 그림 93-4에 나와 있는 세 종류의 수산화물 앙금은 $Al(OH)_3$만 OH^-와 착화합물을 만들어 용해하는 성질을 이용해서 분리한다. 세 종류의 수산화물 앙금을 염산을 써서 금속 이온으로 되돌린 다음 NaOH 수용액을 더해 주면 Al^{3+}만 $Al(OH)_3$로 한 번 분리됐다가 $[Al(OH)_4]^-$로 다시 용해되는데, Fe^{3+}와 Cr^{3+}는 수산화물이 되어 분리된 그대로 남아 있다. 그다음 여과액에 묽은 염산을 가하면 $Al(OH)_3$가 한천 상태의 흰색 앙금으로 가라앉는다(Al

그림 93-4 ● 제 3속 금속 이온의 분리와 동정

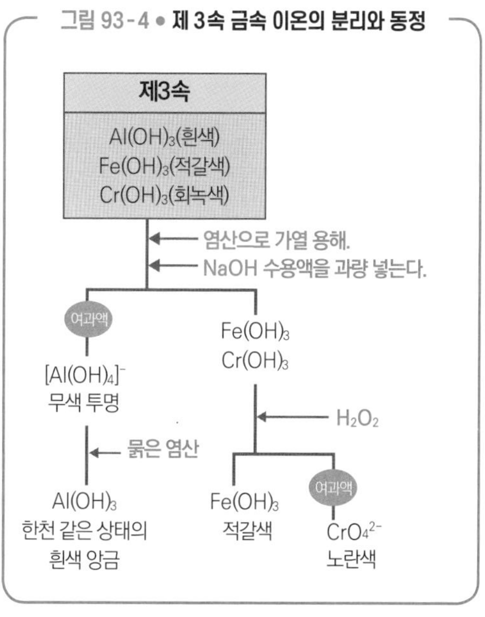

의 동정). 또 앙금에 H_2O_2를 가하면 Cr^{3+}는 CrO_4^{2-}로 산화되어 용해하고 노란색이 된다(Cr의 동정). 그리고 이것을 걸러서 $Fe(OH)_3$을 분리할 수 있다(Fe의 동정).

제4속 금속 이온의 분석법

제4속 금속 이온은 염기성으로 H_2S를 통과시켰을 때 황화물로 분리되는 그룹이다. H_2S는 약산성이기 때문에 수용액 속에서

$$H_2S \rightleftarrows H^+ + HS^- \rightleftarrows 2H^+ + S^{2-}$$

이런 평형 상태를 취하는데, 염기성에서는 이 평형이 오른쪽으로 치우치며 S^{2-}의 농도가 커진다. 그래서 제2속 금속의 황화물보다 용해도곱이 커서 산성하에서 H_2S를 통과시켜도 분리되지 않던 제4속 금속 이온을 황화물로 분리시킬 수 있는 것이다. 분리된 황화물에 묽은 염산을 더하면 MnS, ZnS는 용해하지만 NiS는 용해되지 않기 때문에, 여과시켜 NiS를 분리할 수 있다(Ni의 동정). 용해한 Mn^{2+}, Zn^{2+} 수용액을 가열해 H_2S를 빼내고 NaOH 수용액을 넣는다. Zn만 $Zn(OH)_2$로 한 번 분리된 후 OH^-와 착화합물을 형성해서 $[Zn(OH)_4]^{2-}$가 되어 재용해되는데, Mn^{2+}는 $Mn(OH)_2$가 되어 분리된 그대로 남아 있다(Mn의 동정). 이 여과액에 다시

그림 93-5 ● 제 4속 금속 이온의 분리와 동정

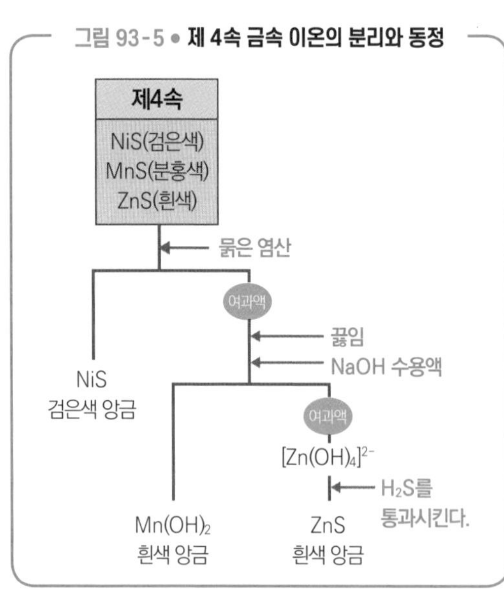

H_2S를 통과시키면 ZnS의 흰색 앙금을 확인할 수 있다(Zn의 동정).

제5속 금속 이온의 분석법

제5속의 금속 이온은 $(NH_4)SO_4$를 더하면 탄산염으로 분리된다. 분리된 탄산염에 CH_3COOH 수용액을 더하여 끓이고, 앙금이 용해된 뒤 다시 K_2CrO_4 수용액을 넣으면 $BaCrO_4$의 노란 앙금이 생겨난다(Ba의 동정). 여과액은 그림 93-6처럼 하여 Sr^{2+}와 Ca^{2+}로 분리한다(Sr과 Ca의 동정). Sr이 Ca보다 황산염에 덜 용해된다는 성질을 이용한 것이다. 남은 수용액에는 오로지 Mg^{2+}만 포함되어 있다. 이 수용액에 묽은 염산을 넣어 약산성으로 만들고 Na_2HPO_4 수용액과 암모니아수를 더하면 결정성이 있는 흰색 앙금 $MgNH_4PO_4 \cdot 6H_2O$가 만들어진다(Mg의 동정).

만약 시료 용액에 알칼리 금속 이온이 포함되어 있다면 앙금을 만드는 방식으로는 어렵고 불꽃 반응을 이용해 동정하는 게 낫다.

그림 93-6 ● 제 5속 금속 이온의 분리와 동정

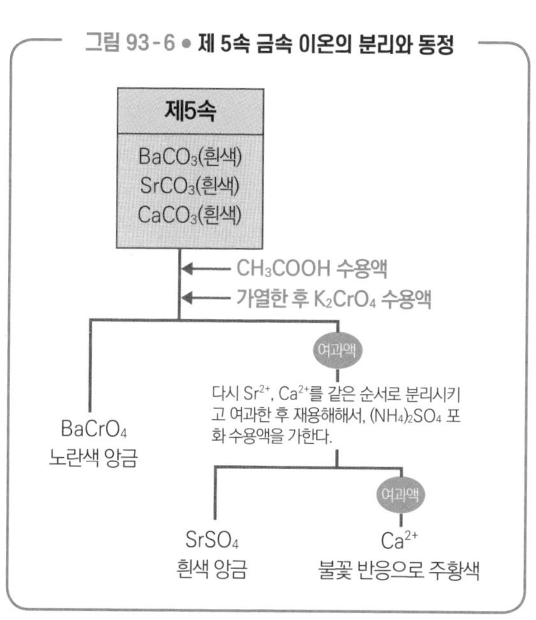

무기 화학

유리, 도자기, 시멘트를 통틀어 뭐라고 부를까

◦ 세라믹 ◦

금속 외의 무기 물질을 고온에서 구워 만드는 고체 재료를 세라믹이라고 부른다. 세라믹은 크게 유리, 도자기, 시멘트로 세 종류가 있다. 세라믹은 단단하고 녹슬지 않으며 불에 타지 않는다는 장점이 있지만 충격과 급격한 온도 변화에 약한 단점도 있다.

유리: 고체지만 결정은 아니다?

유리는 주로 SiO_2가 주성분인 규사로 이뤄지는데, 녹는점을 낮추기 위해 Na_2CO_3나 $CaCO_3$를 더하여 융해하고 식힌 다음 원하는 모양으로 성형한다. 그래서 Si와 O의 네트워크 사이에 Na^+나 Ca^{2+}가 끼어들어서 원자의 배치가 불규칙한 채로(결정이 아닌 상태로) 고체화된다. 이를 어모퍼스(amorphous, 비결정성)라고 부르는데, 정해진 녹는점이 없고 가열하면 서서히 연화되어 성형 및 가공이 용이하다(반면 수정은 결정성을 지닌 석영이다).

유리에는 산화물을 미량 첨가함으로써 색을 입힐 수 있다. CoO는 파란색, Cr_2O_3는 초록색, Fe_2O_3는 노란색, MnO_2는 보라색이 나온다. 오키나와의 명물 류큐 유리도 이탈리아의 명물 베네치아 유리도 붉은색이 다른 색보다 20퍼센트 정도 비싼데, 붉은색을 내려면 비싼 Au를 첨가하거나, 식힐 때 온도 조절이 어려워 환원제도 필요한 CdSe를 첨가해야 하기 때문이다.

도자기: 도기와 자기는 무엇이 다를까?

흙을 고온에서 구워 낸 것을 도자기라고 한다. 도자기는 다음과 같은 과정을 거쳐 만드는데, 굽는 온도와 재료에 따라 토기, 도기, 자기로 분류할 수 있다.

① 성형: 원료인 점토질 흙에 물을 붓고 잘 반죽한 다음 공기를 빼내 성형한다. 이때 흙의 성질이 완성된 도자기의 기본 성질을 결정하므로 흙 선택이 중요하다.

② 건조: 햇빛에 잘 말린다.

③ 초벌구이: 저온에서 굽는다. ③까지 끝낸 것이 토기다.

④ 마침구이: 유약을 바르고 고온에서 다시 굽는다. 유약이란 석영과 장석, 혹은 짚과 목탄 등의 분말을 물에 섞은 진흙 상태의 잿물이다. 이것을 바르고 고온에서 구우면 SiO_2가 녹아 유리질의 피막을 형성하고, 흡수성이 사라지면서 강도가 올라간다. 재료에 '도토'라는 점토를 써서 대략 1,200℃에서 구우면 도기가 된다. 또 도석이라는 암석을 써서 1,300℃라는 더 높은 온도에서 구우면 자기가 된다.

시멘트와 콘크리트: 건축물에 빼놓을 수 없다

석회석, 점토, 석고를 섞어 가열하면 만들어지는 결합제를 시멘트라고 한다. 시멘트에 물을 부어 반죽하면 석회석이 분해되며 생성되는 산화칼슘이 발열하면서 반응하다가 고체화된다. 시멘트에 모래와 돌멩이 등을 섞어 굳힌 것이 콘크리트인데, 압축에 강해도 잡아당기는 것에는 약하기 때문에 철근을 넣은 철근콘크리트로 이용한다.

무기 화학

동전은 구리일까? 아니, 사실은 합금이다

◦ 다양한 합금 ◦

황동, 청동, 백동 등 두 종류 이상의 금속이 섞인 합금은 단일 금속의 약점을 보완하거나 새로운 성질을 갖는 경우가 많기 때문에 일상생활에 폭넓게 쓰인다.

일본의 동전 중 1엔 동전은 유일하게 알루미늄 홑원소 물질로 되어 있지만, 그 외의 동전은 전부 합금으로 만들어진다. 5엔 동전은 구리가 60~70%, 아연이 30~40%로 된 황동(또는 진유)이라는 합금으로 되어 있다. 황동은 산화되

표 95-1 • 일본의 동전 일람

동전 종류	소재	질량	지름	동전 종류	소재	질량	지름
1엔 동전	**알루미늄** 알루미늄 100%	1.0g	20 mm	50엔 동전	**백동** 구리: 75% 니켈: 25%	4.0g	21 mm
5엔 동전	**황동** 구리: 60~70% 아연: 30~40%	3.75g	22 mm	100엔 동전	**백동** 구리: 75% 니켈: 25%	4.8g	22.6 mm
10엔 동전	**청동** 구리: 95% 아연: 3~4% 주석: 1~2%	4.5g	23.5 mm	500엔 동전	**니켈 황동 (양백, 양은)** 구리: 72% 아연: 20% 니켈: 8%	7.0g	26.5 mm

기 쉬운 아연의 결점과 변형되기 쉬운 구리의 결점을 보완한 우수한 합금이다. 트럼펫과 트롬본 등 금관 악기에도 황동이 쓰인다.

10엔 동전은 색깔이 순수한 구리처럼 보이지만 사실은 아연과 주석이 조금씩 섞인 청동이라는 이름의 합금이다. 청동은 아연과 주석이 섞이면서 구리의 녹는점이 내려가(순동은 녹는점이 1,000℃를 넘는 반면, 청동은 700℃ 정도까지 내려간다) 변형되기 쉬운 구리의 약점을 보완해 준다.

청동이라고 하면 역사 속에 등장하는 동검과 청동거울이 유명하다. 세계 최초로 금속을 사용한 수메르인은 주석이 섞인 동광석을 그대로 제련했기 때문에 청동을 썼다. 청동은 더욱 단단한 철의 제조 기술이 확립되기 전까지 무기와 항아리, 거울, 제사도구 등에 폭넓게 쓰였다. 청동이라고 하면 커다란 불상이나 자유의 여신상 등의 청동빛이 떠오르는데, 이 색은 녹청이라고 하며 구리가 산소, 이산화탄소, 물과 반응해 생기는 것이다.

$$2Cu + O_2 + CO_2 + H_2O \rightarrow CuCO_3 \cdot Cu(OH)_2$$

본래 청동의 색깔은 주석의 비율에 따라 달라진다. 비율이 낮으면 적동색, 높아질수록 점점 황금색, 은백색으로 변하는데, 전부 거울로 쓸 수 있을 만큼 금속광택이 있다. 즉 우리가 일상생활에서 흔히 보는 청동색이란 본래 청동의 색깔이 아니라 녹청의 색깔인 것이다.

50엔과 100엔 동전에는 구리 75%, 니켈 25%인 백동이 쓰인다. 1950~60년대에는 100엔 동전에 은이 60%나 들어 있었는데, 은의 가격이 훌쩍 뛰는 바람에 비슷하게 빛나는 백동으로 바꾸었다. 예전에는 500엔 동전도 백동이었지만, 현재 500엔 동전은 구리 72%, 아연 20%, 니켈 8%인 니켈 황동을 쓴다.

표 95-2 ● 다양한 합금과 용도

합금 이름	소재 (굵게 쓴 원소가 주성분)	특징	용도
스테인리스강	**Fe**, Cr, Ni	녹이 잘 스는 철의 단점을 보완해 준다. 스테인리스라는 이름은 영어 stainless(stain은 녹, -less는 직전 어구의 부정에 사용되기 때문에 녹슬지 않는다는 의미)에서 유래했다.	• 철도 차량 • 건축물 외장 • 수술 도구
두랄루민	**Al**, Cu, Mg, Mn	개발지인 독일 서부 마을 '듀렌'과 알루미늄의 합성어다. 알루미늄에 구리 등을 조금씩 섞은 합금으로 가벼우면서도 파단에 강한 특징이 있다.	• 항공기 • 트럭
18K	**Au**, Ag, Cu	Au는 무척 부드러운 금속이어서 금의 아름다움, 내식성을 유지하면서도 Ag와 Cu를 섞어서 적당한 굳기를 갖게 한다. 순금을 24K로 정의하고, 18K는 18/24 = 0.75 → 75%가 Au, 나머지 25%가 Ag와 Cu다. 용도에 따라 Au의 비율을 줄인 14K 등도 있다.	• 보석 장식품 • 만년필 등의 펜촉
마그네슘 합금	**Mg**, Al, Zn	밀도가 큰 Fe(7.9g/cm^3)를 그보다 밀도가 작은 Mg(1.7g/cm^{3}으로, Al의 밀도 2.7g/cm^{3}보다도 작다)로 치환함으로써 경량화할 수 있다. 반면 부식되기 쉽고 절삭하면서 생기는 가루가 무척 불에 잘 탄다는 약점도 있다.	• 노트북 • 자동차의 휠
니크롬	**Ni**, Cr	니켈과 크로뮴 합금으로 저항이 무척 크다. 최근에는 그보다 뛰어난 Fe, Cr, Al 합금인 칸탈로 대체하기도 한다.	• 전열선
땜납	**Sn**, Pb	녹는점이 약 180℃로 낮다. 최근에는 환경 보호 차원에서 Pb를 쓰지 않고 Sn, Cu, Ag 합금이 쓰이는데, 녹는점이 약 210℃로 Pb를 쓴 땜납보다 높다.	• 전자기기의 접착
네오듐 자석	**Fe**, Nd, B	자력이 무척 강하다. 그만큼 종래의 자석보다 소형화할 수 있다. 녹이 잘 슬기 때문에 니켈로 코팅해서 사용한다.	• 모터 • 헤드폰

기초 화학 | 이론 화학 | 무기 화학 | 유기 화학 | 고분자 화학

제 13 장

지방족 화합물

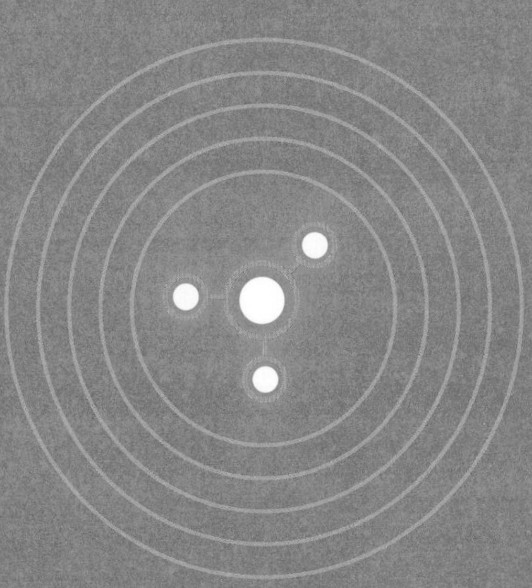

유기 화학

유기 화학, 유기 농업, 유기 비료… 유기란 대체 무엇일까

◦ 유기의 진짜 의미는? ◦

유기 화학에서 유기 화합물이란 CO, CO_2 등의 무기질을 제외한, 탄소 원자를 포함한 화합물을 가리킨다. 왜 '유기'라는 단어를 쓸까? 유기란 생명 기능을 나타내는 '기(機)'가 '있다(有)'는 뜻이다. 즉 살아 있는 것으로만 만들 수 있는 것을 '유기물'이라고 부른다. 흑연을 태우면 바로 생기는 일산화탄소와 이산화탄소를 유기 화합물에 포함시키지 않는 것도 그 때문이다.

옛날에는 유기 화합물을 생물로만 만들 수 있고 인공적으로 합성하는 것은 불가능하다고 여겼다. 하지만 독일의 화학자 프리드리히 뵐러(Friedrich Wöhler, 1800~1882)는 1828년에 사이안산암모늄이라는 무기물로부터 요소를 만들어 냈다. 그동안 생체에서만 만들어지는 줄 알았던 유기 화합물을 처음으로 실험실에서 합성해 낸 것이다.

$$NH_4OCN \rightarrow CO(NH_2)_2$$

사이안산암모늄　　요소

그 후 무수한 유기 화합물이 인공적으로 만들어져서 지금은 '유기'의 원래 정의가 완전히 무너졌지만, 우리의 생활에 밀접한 관련이 있는 탄소 화합물을 가리키는 데 편리하기 때문에 아직도 이름만은 남아 있는 것이다.

유기 화합물의 기초 콘셉트

탄소 원자는 4개의 공유 결합을 만들 수 있다. 이 공유 결합을 '손'이라고 표현하고, 이 '손'에 수소를 붙여 보자. 수소의 '손'은 하나이므로 총 4개의 수소를 탄소에 붙일 수 있다. 이것은 '메테인'이라는 물질인데, 가장 단순한 유기 화합물이다. 그림 96-1의 왼쪽은 메테인을 평면에 그린 것이고 오른쪽은 메테인의 실제 형태를 입체적으로 그린 것이다. 입체도에서 앞으로 나온 손을 검은색 삼각형, 뒤쪽으로 향하는 손을 점선으로 그렸다.

그림 96-1

메테인의 평면상 그림(왼쪽)과 입체적으로 표현한 그림(오른쪽)

```
     H              H
     |              |
H — C — H           C''''H
     |          H ⁄   ▼
     H                 H
```

메테인에서 C의 수를 하나 더 늘리면 에테인이 된다. 에테인의 두 C 원자 사이나 C-H 결합 사이에 2개의 '손'을 가진 O원자를 넣으면 또 다른 유기 화합물이 생성된다(그림 96-2). 이런 식으로 유기 화합물은 무수히 존재한다.

무수히 존재하는 유기 화합물을 어떻게 표기하는지는 다음 절에서 설명하겠다. 다이메틸에테르와 에탄올은 구조식으로 쓰면 분명히 다른 물질이지만, 분자식으로 쓰면 같은 C_2H_6O가 된다. 이러한 물질의 관계를 구조 이성질체라고 부른다. 구조 이성질체는 유기 화학을 이해하는 데에 중요한 개념이므로 98절에서 더 자세히 알아보자.

그림 96-2 ● **다이메틸에테르와 에탄올**

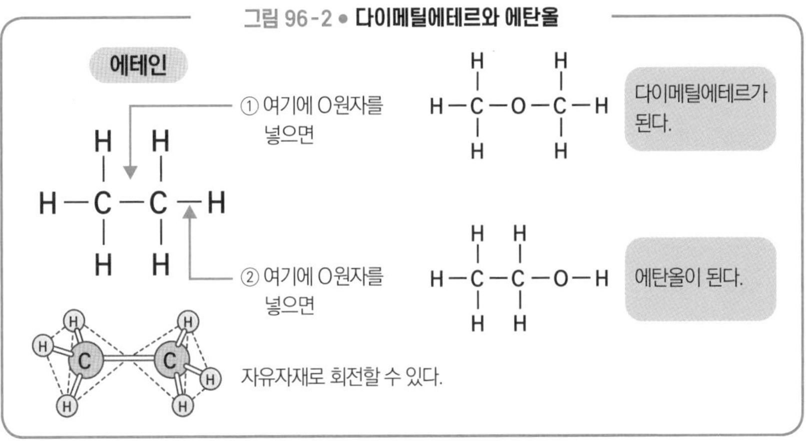

유기 화학

무수한 유기 화합물을 분류해서 정리해 보자

◦ 탄소 골격에 따른 분류와 작용기에 따른 분류 ◦

유기 화합물은 무수히 있는 만큼 그룹으로 나누면 편리하다. 분류 방법으로는 탄소 원자 C와 수소 원자 H만으로 된 그룹을 탄화수소라고 부르며, C와 H 외에 산소 원자 O와 질소 원자 N 등을 포함한 그룹과 구별한다. 이것이 기본 분류다. 그렇다면 탄화수소와 탄화수소 이외의 것을 어떻게 분류하는지 살펴보자.

탄화수소의 분류

우선 탄화수소에서 C가 연결되는 방법에 주목해 보자. 그러면 사슬 모양 탄화수소(지방에는 사슬 모양 탄화수소밖에 없기 때문에 사슬 모양 탄화수소를 지방족 탄화수소라고도 부른다)와 고리 모양 탄화수소로 분류한다. 고리 모양 탄화수소 중 벤젠 고리를 포함한 화합물은 방향족 탄화수소라고 하여 특별히 다룬다(그 이유는 113절에서 자세히 설명한다).

각 탄화수소는 C 원자 사이의 결합이 전부 단일 결합인 포화 탄화수소, 2중 결합 혹은 3중 결합을 포함한 불포화 탄산수소로 다시 나눌 수 있다. 사슬 모양 탄화수소 중 포화 탄화수소를 알케인, 2중 결합을 하나 포함한 불포화 탄화수소를 알켄, 3중 결합을 하나 포함한 불포화 탄화수소를 알카인이라고 한다. 고리 모양 탄화수소는 이름 앞에 '사이클로'를 붙이는 것이 규칙이다.

그림 97-1 ● **탄화수소의 분류**

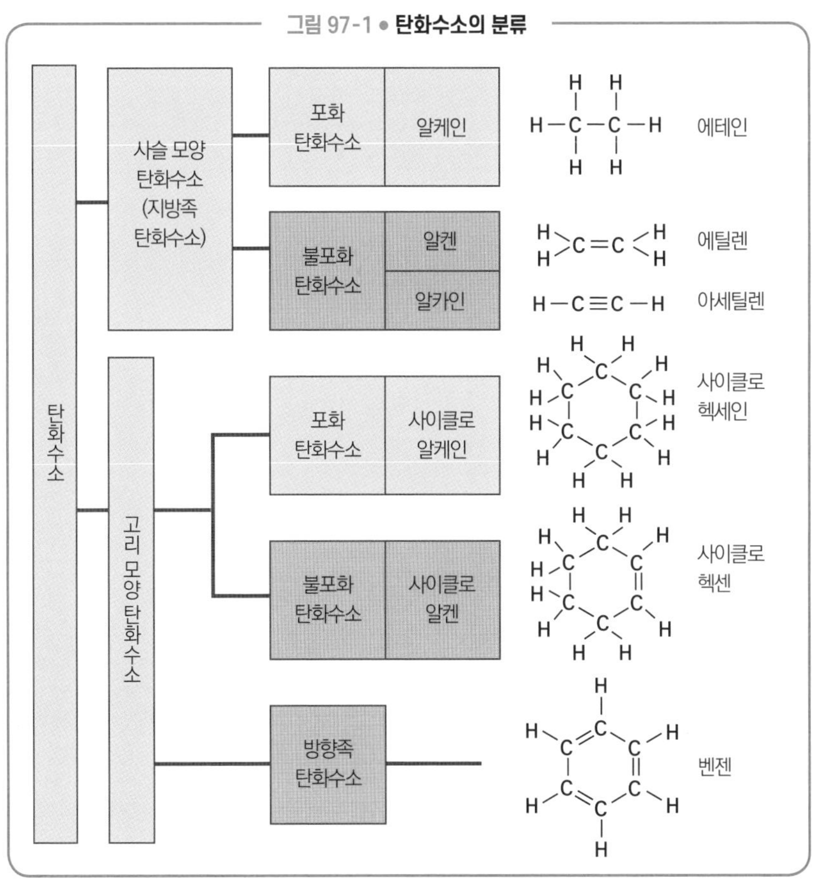

작용기에 따른 분류

이를테면 메탄올 CH_3OH은 메테인 CH_4의 H원자 1개를 -OH라는 원자단으로 치환한 구조라고 생각할 수 있다. 마찬가지로 에탄올 C_2H_5OH 역시 에테인 C_2H_6에서 H 1개를 -OH로 바꾼 구조라고 볼 수 있다. 하이드록시기 -OH를 가진 유기 화합물은 공통적으로 끓는점이 높고 알칼리 금속과 반응하기 때문에 이를 하나의 그룹으로 묶는다. 이처럼 유기 화합물을 다양한 작용기 종류에 따라 표 97-1과 같이 분류할 수 있다.

표 97-1 ● 작용기에 따른 분류

작용기의 종류	구조	화합물의 일반명	화합물의 예
하이드록시기	$-OH$	알코올 $R-OH$	메탄올 CH_3-OH
		페놀류 $R-OH$	페놀 C_6H_5-OH
에테르기	$-O-$	에테르 R^1-O-R^2	다이에틸에테르 $C_2H_5-O-C_2H_5$
카보닐기	$-C(=O)-H$ 알데하이드기	알데하이드 $R-CHO$	아세트알데하이드 CH_3-CHO
	$-C(=O)-$ 케톤기	케톤 R^1-CO-R^2	아세톤 CH_3COCH_3
카복시기	$-C(=O)-OH$	카복실산 $R-COOH$	아세트산 CH_3-COOH
에스터기	$-C(=O)-O-$	에스터 $R^1-COO-R^2$	아세트산에틸 $CH_3-COO-C_2H_5$
나이트로기	$-NO_2$	나이트로 화합물 $R-NO_2$	나이트로벤젠 $C_6H_5-NO_2$
아미노기	$-NH_2$	아민 $R-NH_2$	아닐린 $C_6H_5-NH_2$
술포기	$-SO_3H$	술폰산 $R-SO_3H$	벤젠술폰산 $C_6H_5-SO_3H$

이성질체를 이해하면 유기 화학이 쉬워진다!

◦ 구조 이성질체와 입체 이성질체 ◦

유기 화합물에는 분자식이 같아도 원자 결합 방식이 다른 화합물이 여럿 존재한다. 이러한 화합물을 이성질체라고 부른다. 이성질체에는 구조 이성질체와 입체 이성질체가 있는데, 입체 이성질체에는 시스-트랜스 이성질체(기하 이성질체)와 거울상 이성질체(광학 이성질체)가 있다.

구조 이성질체란 원자 결합의 순서가 달라 구조식이 달라지는 이성질체를 말한다. 우선 곧은 사슬 모양 탄화수소를 살펴보자. 표 98-1에는 C가 1~7개의 탄화수소 중 C가 사슬 모양으로 나열된 알케인의 명칭과 그 구조 이성질체의 수가 정리되어 있다.

표 98-1

C의 수에 따른 알케인의 명칭과 구조 이성질체의 수

분자식	명칭	구조 이성질체의 수
CH_4	메테인	0
C_2H_6	에테인	0
C_3H_8	프로페인	0
C_4H_{10}	뷰테인	2
C_5H_{12}	펜테인	3
C_6H_{14}	헥세인	5
C_7H_{16}	헵테인	9

그림 98-1

C_4H_{10}의 구조 이성질체

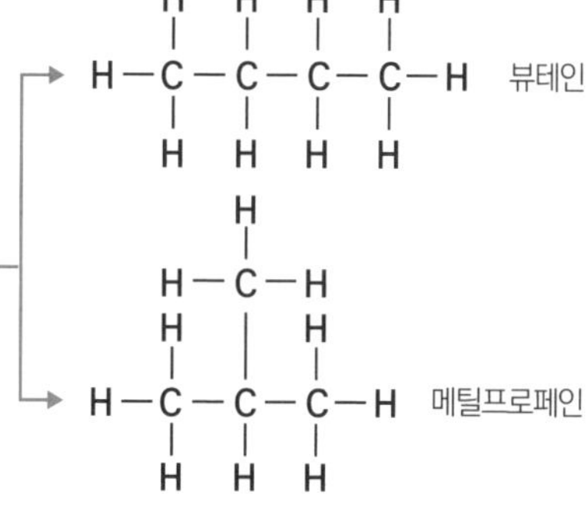

메테인, 에테인, 프로페인은 구조 이성질체의 수가 0이지만 뷰테인은 2, 펜테인은 3으로 점점 늘어난다. 이는 뷰테인 이후로 직선 모양 탄화수소뿐 아니라 가지를 친 탄화수소도 만들 수 있기 때문이다(그림 98-1).

이번에는 2중 결합의 위치 차이에 의한 구조 이성질체를 생각해 보자(그림 98-2).

그림 98-2 • 뷰테인에서 H원자를 2개 뗐을 때 생기는 구조 이성질체

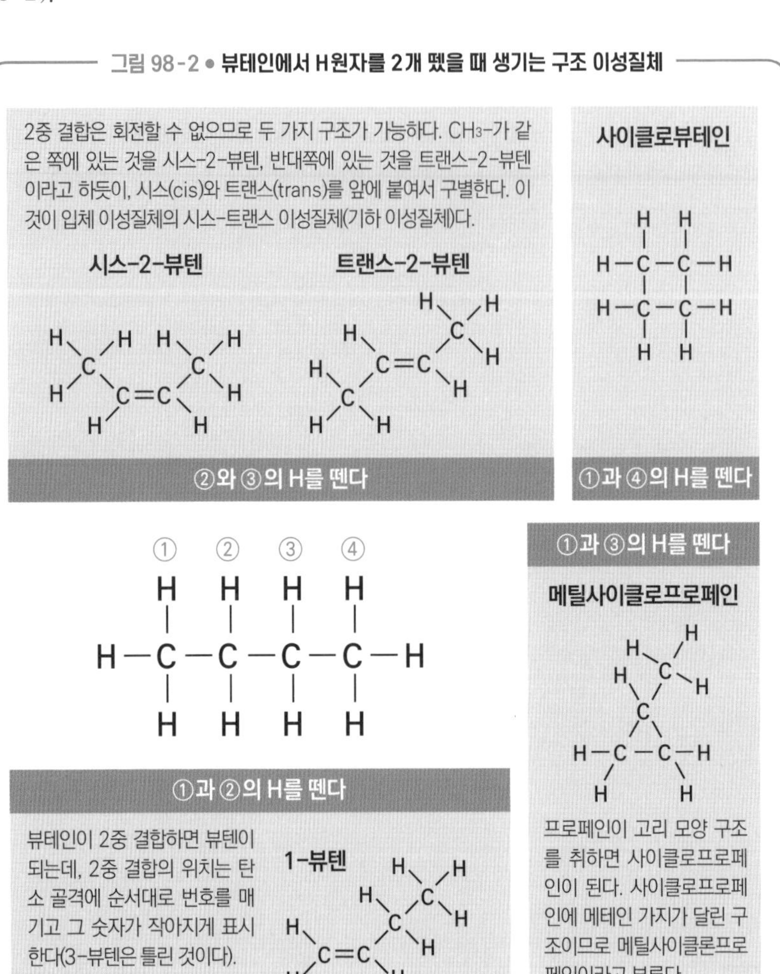

뷰테인으로부터 H원자를 2개 떼어 낸다. 그냥 떼어 내기만 하면 C원자에 결합할 '손'이 남아 버리므로, 남은 '손'끼리 이어 준다. 옆에 있던 C끼리 이어 주면 2중 결합이 생기며, 떨어진 C끼리 이으면 고리 모양 구조가 된다.

이어서 뷰테인에 O원자를 1개 더한 경우를 생각해 보자(그림 98-3).

그림 98-3 ● **뷰테인에 O원자를 1개 더할 때 생기는 구조 이성질체**

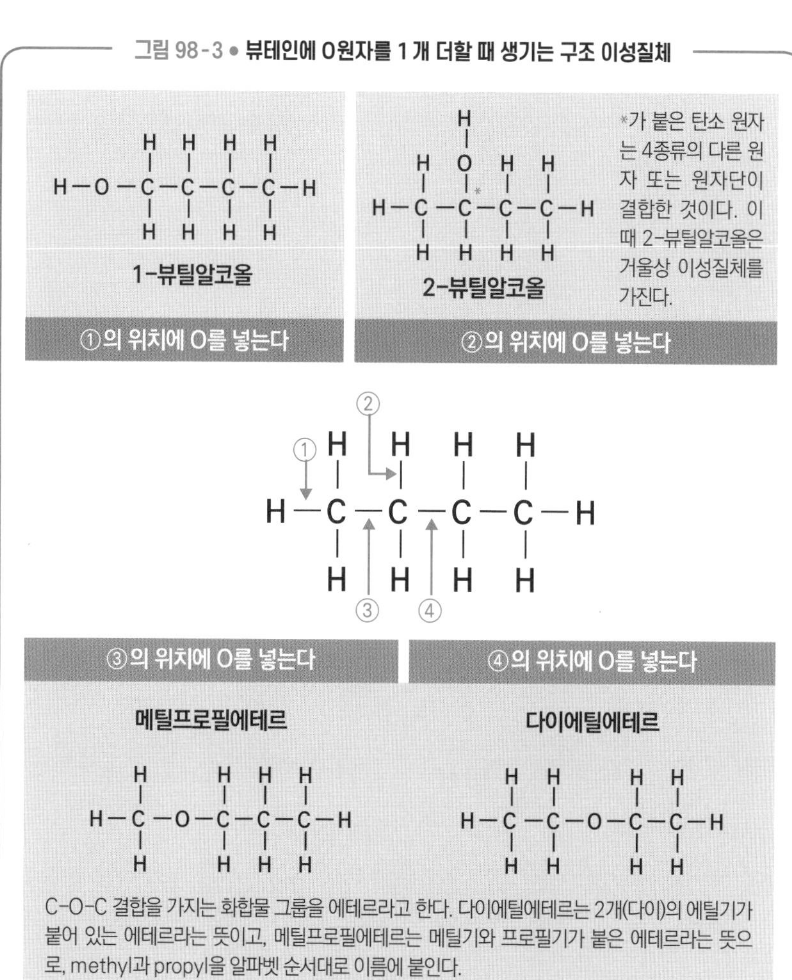

O가 결합하는 손의 개수는 2개이므로 O원자를 넣었을 때 생기는 구조 이성질체는 4종류가 있다. C-C 결합 사이에 넣으면 에테르, C-H 결합 사이에 넣으면 알코올이 생긴다. 특히 2-뷰틸알코올의 경우 하이드록시기 -OH가 결합한 탄소 원자에는 4종류의 서로 다른 원자 또는 원자단이 결합한다. 이러한 탄소 원자를 비대칭 탄소 원자라고 부르며, 비대칭 탄소 원자를 가지는 화합물에는 거울상 이성질체가 있다. 거울상 이성질체란 그림 98-4와 같이 나타낼 수 있다. 두 가지 2-뷰틸알코올은 서로 포갤 수 없다. 두 구조는 서로 마치 거울에 비친 듯한 모양을 하고 있다. 그래서 두 입체 이성질체의 관계를 거울상 이성질체라고 하는 것이다.

이처럼 구조 이성질체와 입체 이성질체는 탄소 골격의 연결 방식뿐 아니라 2중 결합 등 불포화 결합의 위치, 작용기의 종류와 위치 등이 다를 때도 나타난다.

그림 98-4 • 2- 뷰틸알코올의 거울상 이성질체

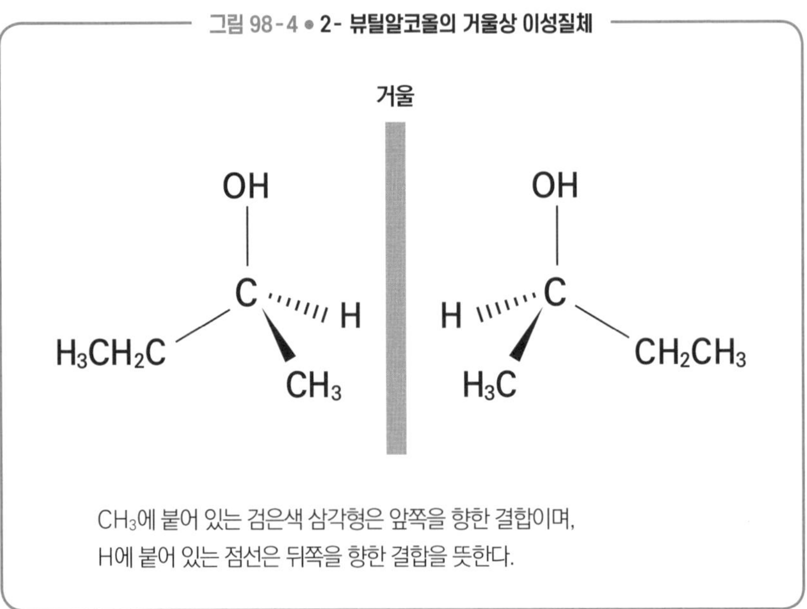

CH_3에 붙어 있는 검은색 삼각형은 앞쪽을 향한 결합이며,
H에 붙어 있는 점선은 뒤쪽을 향한 결합을 뜻한다.

유기 화학

도시가스, 라이터, 가솔린, 등유, 주로 연료에 쓰인다

◦ 포화 탄화수소(알케인) ◦

메테인 CH_4나 에테인 C_2H_6 등 단일 결합만으로 이뤄진 사슬 모양 탄화수소를 알케인이라고 부른다. CH_4, C_2H_6, C_3H_8, C_4H_{10}… 이렇게 C가 1개씩 늘어나면 H는 2개씩 늘어나기 때문에, 탄소 원자의 수를 n이라고 하면 일반식 C_nH_{2n+2}로 나타낼 수 있다. 여기서는 알케인의 성질에 대해 알아보자.

표 99-1에 사슬 모양(곧은 형태의 탄화수소) 알케인의 명칭과 성질을 표로 정리했다. 최소한 헥세인까지는 이름을 기억해 두자. 못해도 뷰테인까지는 꼭 외우자. 펜테인은 영어로 오각형을 뜻하는 펜타곤(pentagon)에서(미국의 국방부도 건물이 오각형 모양이어서 별칭이 펜타곤이다) 유래했고, 헥세인 역시 육각형을 뜻하는 영어 단어 헥사곤(hexagon)에서 유래했음을 떠올리며 잘 기억해 보자. 만약 데케인까지 암기가 가능하다면 가장 좋다.

그림 99-1을 보면 탄소 사슬이 길어질수록 녹는점과 끓는점이 올라간다는 사실을 알 수 있다. 이는 탄소 사슬이 길어질수록 분자의 크기가 커지기 때문이다. 분자끼리 상호 작용을 하는 면적이 커져서 분자 간 힘도 커지며 분자들이 서로를 강하게 잡아당기는 것이다. 다만 같은 탄소 수라도 가지가 갈라지면 끓는점이 낮아진다. 이를테면 펜테인의 끓는점은 36℃이지만, 그 구조 이성질체인 메틸뷰테인의 끓는점은 28℃, 다이메틸프로페인의 끓는점은 10℃이다. 가지가 많이 갈라질수록 분자의 형태가 공 모양에 가까워

지며 표면적이 작아지기 때문에 분자 간 힘까지 작아지는 것으로 짐작된다.

한편 알케인의 구조 이성질체의 수는 표 99-1과 같이 탄소 수가 늘어날수록 비약적으로 증가한다. 구조 이성질체를 찾는 비결을 다음 절에서 살펴보자.

표 99-1 • **곧은 사슬 모양 알케인의 명칭과 성질**

탄소 수	명칭		분자식	녹는점(℃)	끓는점(℃)	구조 이성질체의 수	상온·상압에서의 상태
1	메테인	methane	CH_4	−183	−161	1	기체
2	에테인	ethane	C_2H_6	−184	−89	1	
3	프로페인	propane	C_3H_8	−188	−42	1	
4	뷰테인	butane	C_4H_{10}	−138	−1	2	
5	펜테인	pentane	C_5H_{12}	−130	36	3	액체
6	헥세인	hexane	C_6H_{14}	−95	69	5	
7	헵테인	heptane	C_7H_{16}	−91	98	9	
8	옥테인	octane	C_8H_{18}	−57	126	18	
9	노네인	nonane	C_9H_{20}	−54	151	35	
10	데케인	decane	$C_{10}H_{22}$	−30	174	75	
20	에이코산	eicosan	$C_{20}H_{42}$	37	345	366,319	고체

그림 99-1 • **C_5H_{10} 의 구조 이성질체와 끓는점의 차이**

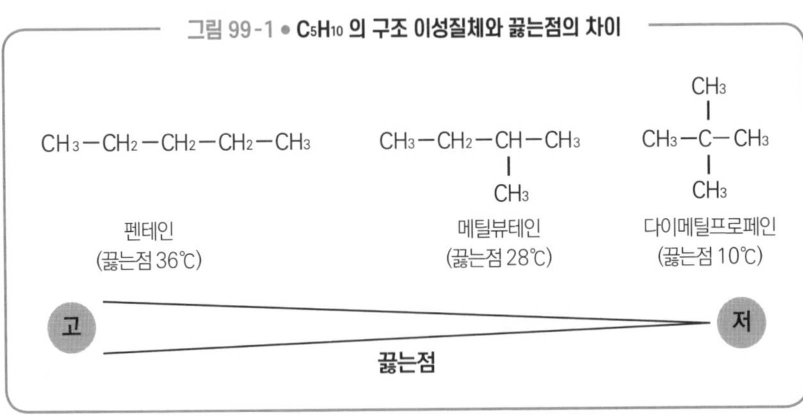

유기 화학

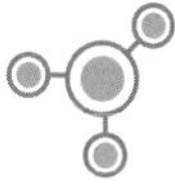

구조 이성질체 찾는 방법과 명명법의 비법

알케인의 구조 이성질체

유기 화학에 통달하는 비법에는 두 가지가 있는데, ① 작용기별 특징과 반응성을 기억하는 것 ② 구조를 3차원적으로 파악해서 구조 이성질체의 이름을 붙일 줄 아는 것이다. ①은 외우는 수밖에 없지만 ②에는 비법이 있다.

헵테인 C_7H_{16}의 구조 이성질체를 생각해 보자. 헵테인의 구조 이성질체는 표 99-1에 나와 있듯이 9개다. 아무것도 보지 않고 9개의 구조 이성질체를 쓸 수 있는가? 꽤 어려울 것이다. '전부 썼다!' 하고 생각하더라도 나중에 자세히 보면 사실은 같은 구조를 여러 번 쓴 경우가 많다. 그래서 구조 이성질체를 빼놓지 않고 찾을 수 있는 비법을 전수하려 한다. 우선 7개의 C가 전부 곧은 모양으로 이어진 헵테인이 첫 번째다(그림 100-1). 이 그림에서는 H원자를 생략했다. H원자는 '손'이 1개이므로 C원자의 남아 있는 손에 반드시 H원자가 결합한다. 그래서 H원자는 생략해도 문제없는 것이다.

그럼 지금부터 헵테인 이외의 구조 이성질체를 찾아볼 텐데, 구조 이성질체를 전부 찾아내는 비법은 C원자가 가장 길어지는 사슬을 의식하는 것이다. 예컨대 헵테인 다음은 C원자의 수가 6개인 사슬을 그리고, 이 사슬에 가지를 그려 C원자 1개를 결합시킨다(그림 100-2). 이때 제일 긴 사슬을 '주사슬'이라고

그림 100-1

C—C—C—C—C—C—C

곧은 사슬 모양의 C_7H_{16}(헵테인)
H원자는 생략했다.

그림 100-2 ● 주사슬이 6 개인 C_7H_{16} 이성질체

```
C—C—C—C—C—C          C—C—C—C—C—C
  |                        |
  C                        C
```

2-메틸헥세인
× 5-메틸헥세인

3-메틸헥세인
× 4-메틸헥세인

명명법 규칙 ①

주사슬에 해당하는 탄화수소의 명칭 앞에 결합하는 측사슬의 치환기 명칭을 붙인다. 하지만 이것만으로는 위의 두 구조식 모두 메틸헥세인이 되어 버려서 구별할 수 없다. 그래서 규칙 ②가 필요하다.

명명법 규칙 ②

치환기의 위치는 주사슬 끝에서부터 번호를 붙여 나타낸다. 위치 번호가 최대한 작아지도록 오른쪽 끝 혹은 왼쪽 끝부터 붙인다. 즉 5-메틸헥세인이 아니라 2-메틸헥세인이 된다.

하고, 갈라진 가지의 탄소 사슬을 '측사슬'이라고 한다. 이렇게 해서 두 개의 구조 이성질체를 구했으므로 명명법 규칙 ①, ②에 따라 명명한다.

그다음 C원자의 수가 5개인 사슬을 쓰고, 이 사슬에 C원자 2개의 가지를 그려 결합시킨다(그림 100-3). 이때 2개의 C원자를 이어서 에틸산으로 만들 수도 있고, 떼서 2개의 메틸기로 만들 수도 있다. 그 결과 5개의 구조 이성질체가 더 만들어진다. 명명법 규칙 ③에도 주의해서 5개의 구조 이성질체에 이름을 붙인다. 이때 언뜻 새로운 구조로 보여도, 주사슬을 고려하면 사실은 3-메틸헥세인과 구

표 100-1 ● 측사슬의 이름 붙이는 방법

탄소수	알킬기	명칭
1	CH_3-	메틸기
2	CH_3CH_2-	에틸기
3	$CH_3CH_2CH_2-$	프로필기
	CH_3CH- ǀ CH_3	아이소프로필기
4	$CH_3CH_2CH_2CH_2-$	뷰틸기
	$CH_3CH_2CHCH_3$ ǀ	*s*-뷰틸기
	CH_3CHCH_2- ǀ CH_3	아이소뷰틸기
	CH_3 ǀ CH_3C- ǀ CH_3	*t*-뷰틸기

s: 세컨더리, *t*: 터셔리라고 읽는다.

조식이 같은 것도 있으니 주의하자.

마지막으로 C원자 사슬이 4개인 구조식을 하나 완성하면(그림 100-4), 총 9개의 구조 이성질체를 찾은 것이다. 이렇게 해서 모든 구조 이성질체를 찾아내는 데 성공했다. 또한 3-메틸헥세인과 2, 3-다이메틸펜테인에는 비대칭 탄소 원자(98절)가 있으므로, 입체 이성질체인 거울상 이성질체까지 고려하면 2개의 이성질체가 더 있다.

그림 100-3 ● 주사슬이 5 개인 C_7H_{16} 이성질체

남은 C원자 2개를 에틸기로 연결하는 방식

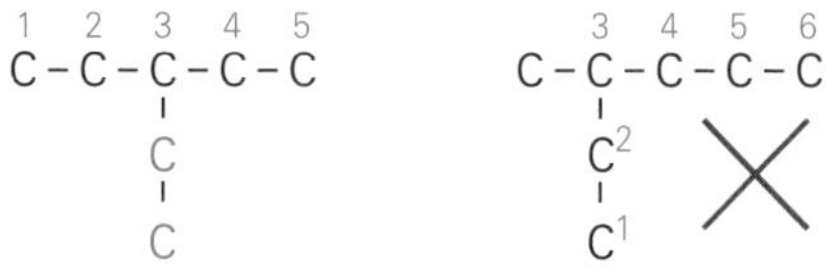

```
1   2   3   4   5
C - C - C - C - C
        |
        C
        |
        C
```

3-에틸펜테인

```
    3   4   5   6
C - C - C - C - C
    |
    C²
    |
    C¹
```

3-메틸헥세인과 같은 구조

남은 C원자 2개를 메틸기 2개로 연결하는 방식

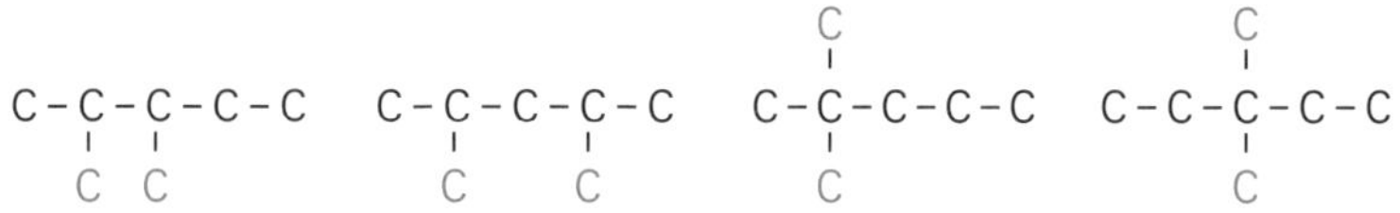

```
C - C - C - C - C
    |   |
    C   C
```

2, 3-다이메틸펜테인

```
C - C - C - C - C
    |       |
    C       C
```

2, 4-다이메틸펜테인

```
    C
    |
C - C - C - C - C
    |
    C
```

2, 2-다이메틸펜테인

```
        C
        |
C - C - C - C - C
        |
        C
```

3, 3-다이메틸펜테인

명명법 규칙 ③

같은 치환기가 몇 개 존재할 경우 2개 있으면 다이, 3개 있으면 트라이, 4개 있으면 테트라, 5개 있으면 펜타, 하는 식으로 치환기의 이름 앞에 수사를 붙인다.

그림 100-4 ● 주사슬이 4 개인 C_7H_{16} 이성질체

```
    C
    |
C - C - C - C
    |   |
    C   C
```

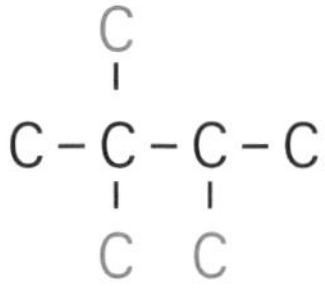

2, 2, 3-다이메틸펜테인

유기 화학

'불포화'라는 단어가 무척 중요하다!

◦ 불포화 탄화수소(알켄) ◦

탄소 원자에는 '손'이 4개 있는데 그중 2개를 옆 원자와의 결합에 쓸 수 있다(이를 2중 결합이라고 한다). 탄소 원자 사이에 2중 결합을 가진 탄화수소를 알켄이라고 한다.

가장 단순한 알켄은 C원자가 2개인 에틸렌이다. 알케인이 2중 결합을 가지면 알켄이라고 이름이 달라지듯이, 에테인 → 에텐, 프로페인 → 프로펜, 뷰테인 → 뷰텐… 하고 알케인의 영어명 어미 '-ane'를 '-ene'로 바꾼다. 단 에텐은 에틸렌, 프로펜은 프로필렌이라는 명칭이 관용어로 더 널리 쓰이고 있으니 알아 두기 바란다. 그림 101-1은 에틸렌이 평면 구조임을 보여 주고 있다. 에테인은 정사면체 모양을 두 개 연결한 입체 구조인데, 에틸렌은 2중 결합으로 인접하는 원소 전부가 동일한 평면에 존재한다. 또 C가 3개인 프로필렌은 3개의 C원자와 2중 결합하는 C원자에 결합한 H원자 3개가 함께 동일 평면에 있다.

그림 101-1 ● 에테인(왼쪽) 에틸렌(가운데) 프로필렌(오른쪽)

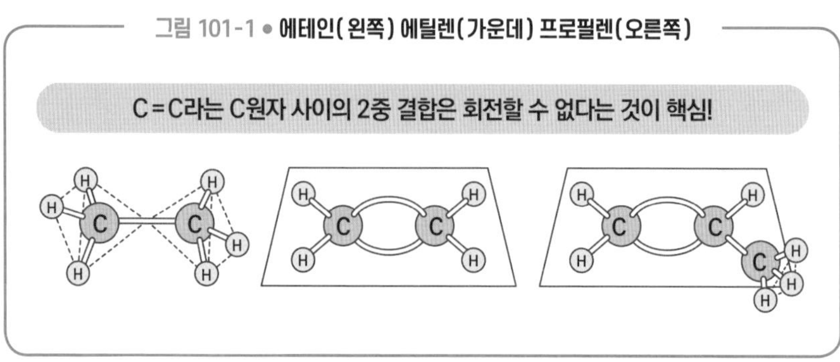

또 뷰텐 이후로는 2중 결합의 위치 후보가 2개 이상 있으므로, 2중 결합 위치를 숫자로 나타내서 1-뷰텐, 2-뷰텐 하는 식으로 표현한다. 2-뷰텐은 시스·트랜스 이성질체가 존재하는 경우도 있으니 주의하자.

표 101-1 • 알켄의 예

명칭	구조식	녹는점	끓는점(℃)
에텐 (에틸렌이라고도 한다.)	$H_2C{=}CH_2$	-169	-102
프로펜 (프로필렌이라고도 한다.)	$H_2C{=}CH(CH_3)$	-185	-47
2-메틸프로펜	$H_2C{=}C(CH_3)_2$	-140	-7
1-뷰텐	$H_2C{=}CH(CH_2CH_3)$	-190	-6

시스형

$H(H_3C)C{=}C(H)(CH_3)$

시스-2-뷰텐
(녹는점 -139℃, 끓는점 4℃)

트랜스형

$H(H_3C)C{=}C(CH_3)(H)$

트랜스-2-뷰텐
(녹는점 -106℃, 끓는점 1℃)

알켄을 만드는 법

알켄은 알코올의 탈수 반응으로 얻을 수 있다. 이를테면 에틸렌은 그림 101 -2에 나와 있듯 에탄올과 진한 황산 혼합물을 약 170℃로 가열해서 발생시킨다.

그림 101-2 • 에틸렌을 만드는 법

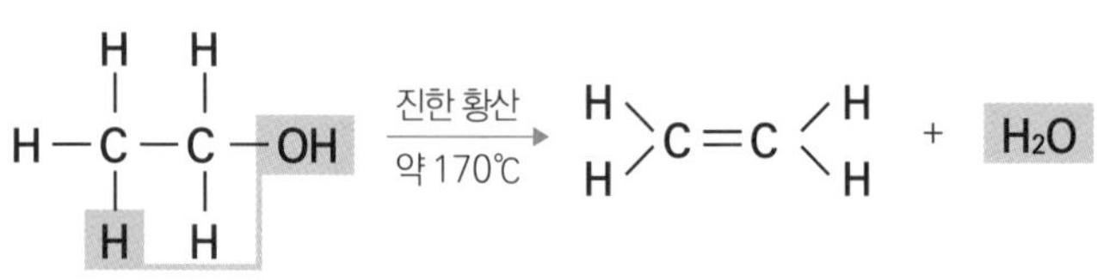

온도계 끝을 에탄올에 담그고, 170℃를 유지하도록 가열한다. 온도가 낮으면 다이에틸에테르가 생기고 만다. 한편 안전병은 수조 속 물이 역류해서 플라스크 안에 들어가는 것을 막기 위해 필요하다.

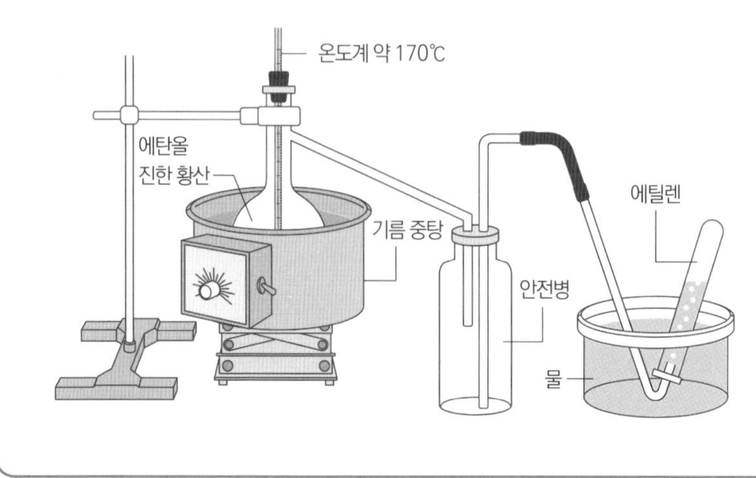

유기 화학

3중 결합이라는 굳건한 인연

◦ 불포화 탄화수소(알카인) ◦

탄소 원자의 손 중에 세 개를 옆 탄소 원자와 결합하는 데 쓰면 알카인이 생긴다. 알카인이라는 이름은 에테인 → 에타인, 프로페인 → 프로핀, 뷰테인 → 뷰타틴처럼 알케인의 어미 'ane'를 'yne'로 바꾼 것이다. 알카인 중에는 에타인(아세틸렌이라고 부르는 것이 일반적이다)이 자주 언급된다.

알켄의 2중 결합 주위가 평면 구조였던 데 반해, 알카인의 3중 결합 주위는 직선 구조다. 그래서 그림 102-1과 같이 아세틸렌은 4개의 원자가 전부 직선상에 존재한다. 또 C가 3개인 프로핀은 3개의 C원자와, 3중 결합을 하는 C원자에 결합한 H원자 1개까지가 함께 직선상에 있다.

그림 102-1 ● **에테인(왼쪽) 아세틸렌(가운데) 프로핀(오른쪽)**

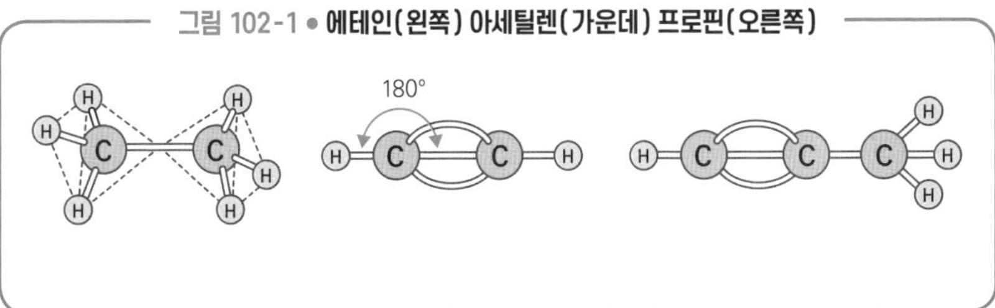

아세틸렌

아세틸렌을 산소와 섞어 완전 연소를 하면 3,300℃나 되는 고온이 발생하기 때문에 금속 가공 공장에서 금속을 절단하는 아세틸렌 버너로 주로 쓰인다. 아세틸렌을 발생시키려면 탄화칼슘(카바이드) CaC_2에 물을 넣으면 된다(그림 102-2).

제13장 지방족 화합물

그림 102-2 ● **아세틸렌을 만드는 법**

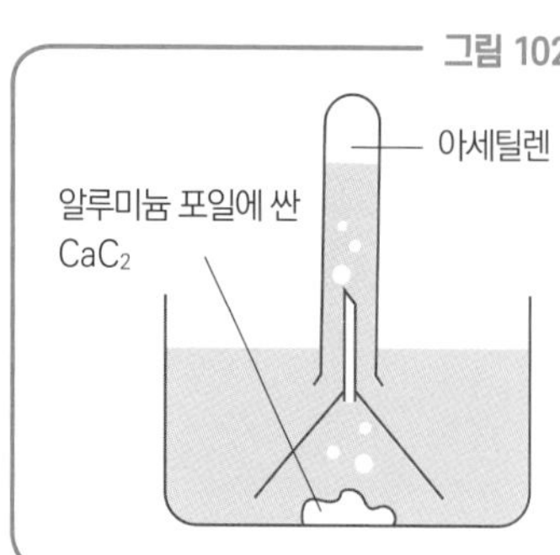

$CaC_2 + 2H_2O \rightarrow CH \equiv CH + Ca(OH)_2$

시험관 내에 50~100%의 아세틸렌을 모은 다음 시험관 입구에 불을 가까이 가져가면 서서히 연소해 시험관 내에 다량의 그을음이 남는다. 시험관 내에 10~20%의 아세틸렌을 모은 후 불을 시험관 입구에 가까이 가져가면 소리를 내며 폭발적으로 연소해서 그을음이 남지 않는다.

알카인 이성질체

탄소 원자의 수를 n이라고 하면 알케인의 일반식은 C_nH_{2n+2}로 나타낼 수 있는데, 알카인은 어떨까? 알카인은 3중 결합을 가지고 있으므로, H의 수가 4개 줄어서 C_nH_{2n-2}로 나타낸다.

그러면 C의 수가 4개일 때 어떤 이성질체가 있을까? 1-프로핀($HC \equiv C-CH_2-CH_3$)과 2-프로핀($H_3C-C \equiv C-CH_3$)이 있다. 다만 이것은 알카인에 한정했을 경우다. 알카인 외에도 알켄이나 사이클로알케인의 구조 이성

표 102-1

① 3중 결합 1개	C−C−C≡C　　C−C≡C−C
② 2중 결합 2개	C−C=C=C　　C=C−C=C
③ 2중 결합 1개, 고리 1개	C / C = C − C (삼원 고리)　　C − C / C = C (삼원 고리)　　C / C − C = C (삼원 고리)　　C−C C=C (사원 고리)
④ 고리 2개	C, C, C, C (이중 고리)

※ H는 생략했다.

질체가 있으므로, 사실은 표 102-1에 나와 있듯이 전부 9개의 구조 이성질체가 있다. 이때 구조 이성질체는 3중 결합 1개 또는 2중 결합 2개 또는 2중 결합을 1개+고리 모양 구조 또는 고리 모양 구조 2개를 가지는데, 이를 두고 '불포화도는 2이다'라고 표현한다. 다만, 구조 이성질체를 쓸 수 있다고 해서 모든 구조가 안정적으로 존재한다고 말할 수는 없음을 주의해야 한다. 알케인의 C원자가 가장 안정적인 것은 C원자 주위의 결합이 메테인의 C-H 결합 각도와 같은 109.5℃일 때이고, 알켄의 C원자가 가장 안정적인 것은 C원자 주위의 결합이 에틸렌의 C=C 결합과 C-H 결합이 이루는 각도와 같은 120℃일 때다(그림 102-3). 즉 ③, ④의 구조는 어떤 C원자 주위에 힘을 가해 결합을 억지로 일그러뜨린 것이기 때문에 만들 수는 있어도 반응성이 높아 불안정하다.

같은 이유로 사이클로헥세인 역시 평면에 그리면 그림 102-3의 A가 되는데, 실제로는 C-H 결합끼리의 각도가 메테인과 같도록 B의 입체 구조를 취한다는 사실이 밝혀졌다.

그림 102-3

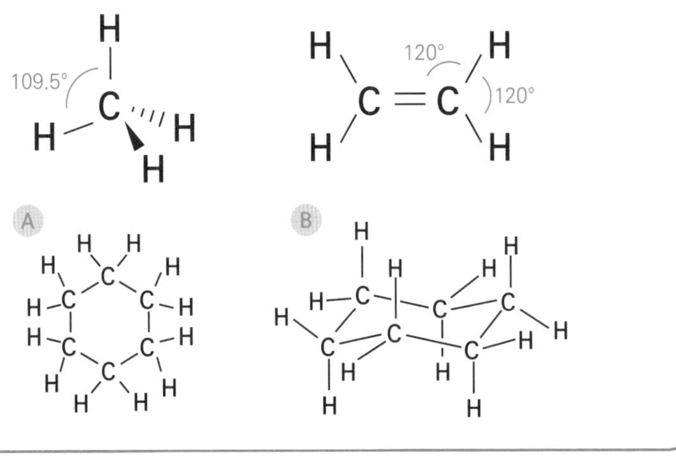

알케인과 알켄, 이름은 비슷한데 반응성은 정반대?

◦ 탄화수소의 반응성 차이 ◦

알케인은 반응성이 낮아서 자외선이라는 강한 빛을 받아야 겨우 반응이 일어나는 반면, 알켄은 반응성이 높아서 2중 결합 부분이 간단히 반응한다.

알케인의 반응성: 치환 반응을 일으킨다는 점이 핵심!

알케인은 반응성이 낮아서 자외선 등 강한 빛이 닿으면 염소와 브로민 등 할로젠과 반응한다(그림 103-1). 이 반응에서는 수소 원자가 다른 원자로 치환되므로 치환 반응이라고 부른다.

그림 103-1 ● 알케인의 반응 - 주로 치환 반응이다

$$\mathrm{H{-}\underset{H}{\overset{H}{C}}{-}H \xrightarrow[\text{빛}]{Cl_2} H{-}\underset{H}{\overset{H}{C}}{-}Cl \xrightarrow[\text{빛}]{Cl_2} H{-}\underset{Cl}{\overset{H}{C}}{-}Cl \xrightarrow[\text{빛}]{Cl_2} Cl{-}\underset{Cl}{\overset{H}{C}}{-}Cl \xrightarrow[\text{빛}]{Cl_2} Cl{-}\underset{Cl}{\overset{Cl}{C}}{-}Cl}$$

메테인 → 클로로메테인(염화메테인) → 다이클로로메테인(염화메틸렌) → 트라이클로로메테인(클로로폼) → 테트라클로로메테인(사염화탄소)

알켄의 반응성: 첨가 반응을 일으킨다는 점이 핵심!

알켄은 불포화 결합을 하는 탄소 원자 사이의 2중 결합 중 한 결합이 끊겨서 반응하는 원자와 새로운 결합을 형성한다. 이 반응을 첨가 반응이라고 부른다(그림 103-2).

그림 103-2 ● **알켄의 반응 - 주로 첨가 반응이다**

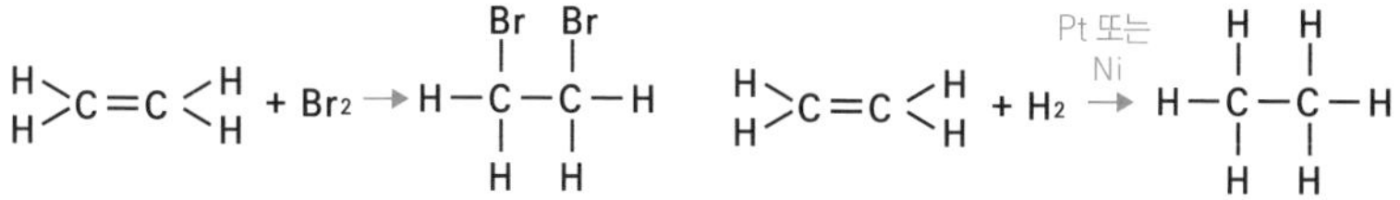

$$CH_2=CH_2 + Br_2 \rightarrow CH_2Br-CH_2Br$$

에틸렌 → 1, 2-다이브로모에테인

$$CH_2=CH_2 + H_2 \xrightarrow{\text{Pt 또는 Ni}} CH_3-CH_3$$

에틸렌 → 에테인

브로민을 녹인 브로민수는 브로민 때문에 적갈색을 띠는데, 여기에 기체 에틸렌을 불어넣으면 첨가 반응이 일어나 적갈색이 사라진다. 그래서 불어넣은 기체에 2중 결합이 있다는 사실을 알 수 있다.

그런데 첨가 방법이 두 가지 있을 때에는 어느 쪽을 우선해야 할까? 이때는 '마르코브니코프의 법칙'(그림 103-3)을 알고 있으면 도움이 된다. 또 알켄은 산화되기 쉽다는 특징도 있는데, 오존 분해에 의한 산화법과 $KMnO_4$에 의한 산화법도 알아 두자(그림 103-4).

그림 103-3 ● **마르코브니코프의 법칙 - H는 친구가 많은 쪽에 붙는다!**

예를 들어 프로펜 같은 화합물에 HCl이나 HBr, H_2O 등이 첨가되는 경우는 어떻게 될까?

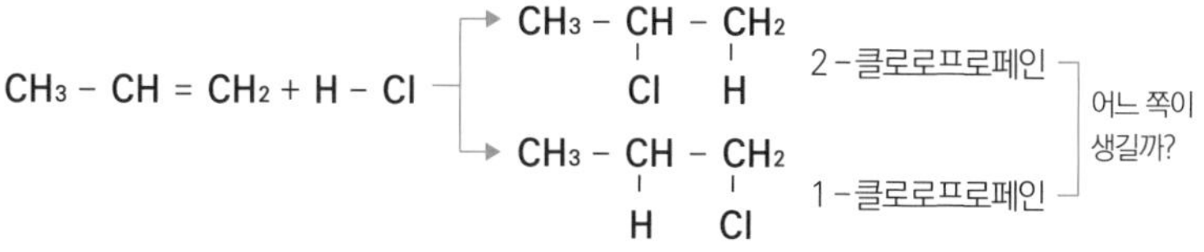

$CH_3-CH=CH_2 + H-Cl$ →

- $CH_3-CH(Cl)-CH_2(H)$: 2-클로로프로페인
- $CH_3-CH(H)-CH_2(Cl)$: 1-클로로프로페인

어느 쪽이 생길까?

이 반응에서는 2-클로로프로페인이 주 생성물(아주 많이 생긴다)이고, 1-클로로프로페인은 부생성물(조금만 생긴다)이다.

여러분은 미나마타병에 대해 들어 본 적 있는가? 미나마타병은 바다로 흘러 들어간 공장 폐수의 유기 수은을 물고기가 먹고, 그 병든 물고기를 잡아먹은 사람이 손발 마비, 시력 장애 등 신경 장애를 일으키는 공해병이다. 미나마타병이 문제가 되었을 시기에는 아세틸렌으로 아세트알데하이드가 대량 생산

되고 있었다. 아세트알데하이드가 다양한 화학 제품의 원료이기 때문이다. 아세트알데하이드는 아세틸렌에 물을 첨가해 제조하는데, C≡C 결합의 거리는 C=C 결합에 비해 짧아서 H_2O 분자가 반응하기 쉬워지도록 Hg^{2+}를 촉매로 더한다. 이때 쓰인 Hg가 공장 폐수에 들어가 미나마타병이 일어났던 것이다. 그래서 현재는 Hg를 쓰지 않는 방법으로 아세트알데하이드를 만들고 있다.

그림 103-4 • 오존 분해와 $KMnO_4$에 의한 알켄의 산화

오존 분해는 알데하이드에서 그치지만, $KMnO_4$는 알데하이드에서 멈추지 않고 카복실산이 된다.

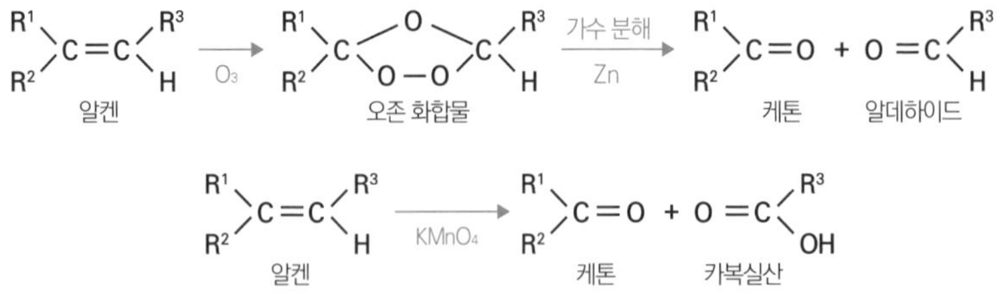

2중 결합은 첨가 반응뿐 아니라 $KMnO_4$나 오존 등 산화제에 의한 산화도 잘 받아들인다. 2중 결합이 끊겨 O원자가 2개 이어지는데, $KMnO_4$는 알데하이드에서 멈추지 않고 카복실산까지 산화되는(카복실산이 폼산일 때는 CO_2와 H_2O까지 산화된다) 점이 다르다.

그림 103-5 • 미나마타병과 알카인의 깊은 관계

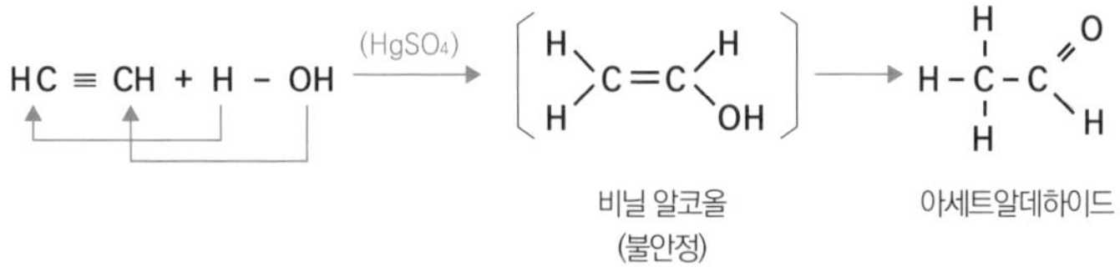

탄소 원자 사이의 3중 결합은 2중 결합보다 거리가 짧기 때문에 H_2O가 달라붙기 어렵다. 그래서 수은(II) 이온 Hg^{2+}를 3중 결합에 붙여서 전자를 끌어당김으로써 탄소 원자 사이의 거리를 넓혀 H_2O를 첨가하기 쉽게 했다.

103 알케인과 알켄 이름은 유사한데 반응성은 정반대?

유기 화학

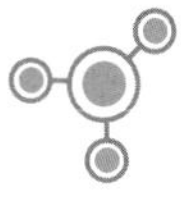

애주가는 사실 알코올이 아니라 에탄올을 좋아하는 것

◦ 알코올 ◦

이 절부터는 작용기 그룹들을 하나하나 소개한다.

술을 알코올이라고도 부르는데, 알코올이란 -OH라는 작용기를 가진 물질의 총칭으로 개별 물질명은 표 104-1과 같다. 메테인 CH_4에서 4개의 H 중에 하나가 OH가 된 것을 메탄올이라고 한다. 실제로 술에 들어 있는 것은 에탄올이다. 프로판올 다음부터는 -OH가 여러 곳에 붙을 수 있기 때문에 -OH가 결합한 C의 번호를 앞쪽에 붙여서 표기한다. 특히 탄소 수가 많은(기준은 6개 이상) 알코올을 고급 알코올이라고 한다. 고급이라고 하면 '가격이 비싸다'라는 이미지가 있지만, 여기서 말하는 '고급'이란 단순히 탄소 수의 차이로 가격과는 아무런 관계가 없다.

표 104-1의 알코올은 전부 -OH가 1개인 것인데 2개, 3개인 알코올도 물론 있으며 표 104-2와 같이 이것을 2가 알코올, 3가 알코올이라고 한다. 1, 2-에틸렌다이올은 에틸렌글리콜이라고도 하는데, 자동차 엔진 냉각용으로 사용하고 있다. 알코올보다 물이 냉각 효과는 훨씬 뛰어나지만, 물은 0℃ 이하에서 얼어 버리기 때문에 에틸렌글리콜을 섞어서 동결 온도를 최대 -50℃까지 낮춘다. 또 1, 2, 3-프로페인트리올은 글리세롤이라고도 하는데, 에틸렌글리콜과 달리 독성이 없고 점성이 뛰어난 특징을 살려 의약품과 화장품에 보습제·윤활제로 쓰이고 있다. 이를테면 시럽 기침약에 끈적함을 더하는 성분으로 에틸

렌글리콜이 들어가 있다.

또 한 가지, 알코올에는 중요한 분류가 있다. 1차 알코올, 2차 알코올, 3차 알코올이라는 분류다. -OH가 결합한 탄소 원자에 다른 탄소 원자(탄화수소기)가 몇 개 결합하는지에 따라 표 104-3과 같이 1차 알코올, 2차 알코올, 3차 알코올로 분류할 수 있다. 이런 분류가 왜 중요한지는 다음 절에서 설명하

표 104-1 • **알코올과 그 성질**

탄소 수	명칭	시성식	녹는점 (℃)	끓는점 (℃)	물에 대한 용해도 (g/물 100g)
1	메탄올	CH_3OH	-98	65	∞
2	에탄올	CH_3CH_2OH	-115	78	∞
3	1-프로판올	$CH_3CH_2CH_2OH$	-127	97	∞
4	1-뷰틸알코올	$CH_3CH_2CH_2CH_2OH$	-90	117	7.4
5	1-펜탄올	$CH_3(CH_2)_4OH$	-78	138	2.2
6	1-헥산올	$CH_3(CH_2)_5OH$	-52	157	0.59
10	1-데카놀	$CH_3(CH_2)_9OH$	6.4	233	녹지 않음

표 104-2 • **1~3가 알코올의 예**

	1가 알코올	2가 알코올	3가 알코올
구조식 · 명칭	H H | | H—C—C—OH | | H H 에탄올	H H | | H—C—C—H | | OH OH 1, 2-에테인다이올 (에틸렌글리콜)	H H H | | | H—C—C—C—H | | | OH OH OH 1, 2, 3-프로페인트리올 (글리세롤)
녹는점	-115℃	-13℃	18℃
끓는점	78℃	198℃	290℃

겠다.

표 104-3 ● 1~3차 알코올의 분류

메탄올은 0차 알코올로 분류한다는 점에 주의하자. 또한 탄소 원자를 4개 이상 지니는 알코올에는 1~3차 알코올 모두에 구조 이성질체가 존재한다. 다음 표에 탄소 원자가 4개인 C_4H_{10}의 구조 이성질체 7개 중 알코올인 4개를 표시했다.

	1차 알코올	2차 알코올	3차 알코올
일반식	$R^1-\overset{H}{\underset{H}{C}}-OH$ R 1개	$R^1-\overset{R^2}{\underset{H}{C}}-OH$ R 2개	$R^1-\overset{R^2}{\underset{R^3}{C}}-OH$ R 3개
예	$CH_3-CH_2-CH_2-CH_2-OH$ 1-뷰틸알코올 $(CH_3)_2CH-CH_2-OH$ 2-메틸-1-프로판올	$CH_3-CH_2-\underset{CH_3}{CH}-OH$ 2-뷰틸알코올	$CH_3-\overset{CH_3}{\underset{CH_3}{C}}-OH$ 2-메틸-2-프로판올

유기 화학

헥세인과 에탄올을 구별하려면?

◦ 알코올의 반응성 ◦

여러분의 눈앞에 헥세인 $CH_3(CH_2)_4CH_3$와 에탄올 CH_3CH_2OH가 있다면 어떻게 구별할 수 있을까? 둘 다 무색투명한 액체다. 핥아 볼까? 안 된다! 냄새를 맡아 볼까? 손바닥에 떨어트려 볼까? 유기 화합물은 대부분 인체에 해롭다. 따라서 어떤 물질을 가해 반응하는지 하지 않는지, 반응성으로 구별하는 수밖에 없다.

앞선 질문의 정답은 '나트륨 Na를 가했을 때 거품(수소)이 일어나는 것이 에탄올이고 아무 반응이 없으면 헥세인'이다. 알코올의 중요한 성질 중에는 'Na와 반응해서 수소를 발생시킨다.'라는 것이 있다. 이 성질을 이용하면 -OH의 유무를 판별할 수 있다.

그림 105-1 ● **알코올과 Na의 반응과 H_2O와 Na의 반응**

$$2ROH + 2Na \rightarrow 2RONa + H_2$$

알코올 → 알콕시화나트륨

$$2C_2H_5OH + 2Na \rightarrow 2C_2H_5ONa + H_2$$

에탄올 → 나트륨에톡사이드

$$2H_2O + 2Na \rightarrow 2NaOH + H_2$$

이 반응은 -OH의 'H'와 Na의 치환 반응으로 볼 수 있다. 알킬기가 길어질수록 반응이 조용히 일어난다. 그래서 Na 덩어리를 처분할 때는 물과 섞으면 폭발적으로 반응해서 위험하므로 메탄올을 섞고, 그래도 위험할 때는 에탄올을 반응하지 않을 때까지 섞으면서 폐액 처리해야 한다.

그렇다면 알코올끼리는 어떻게 구별할까? 앞 절에서 설명한 1~3차 알코올은 반응성의 차이에 따라 구별할 수 있다(그림 105-2). 1차 알코올은 산화되어 알데하이드를 거쳐 카복실산까지 산화된다. 2차 알코올은 케톤까지 산화된다. 3차 알코올은 산화되지 않는다. 예를 들어 그림 105-2처럼 메탄올, 에탄올, 2-프로판올, 2-메틸-2-프로판올까지 네 종류의 유기 화합물이 있다고 가정해 보자. 이것들은 실온에서 전부 무색투명한 액체다. 여기에 과망가니즈산칼륨 수용액 $KMnO_4(aq)$를 더하면 2-메틸-2-프로판올만 산화

그림 105-2 ● 1~3차 알코올의 반응성 차이

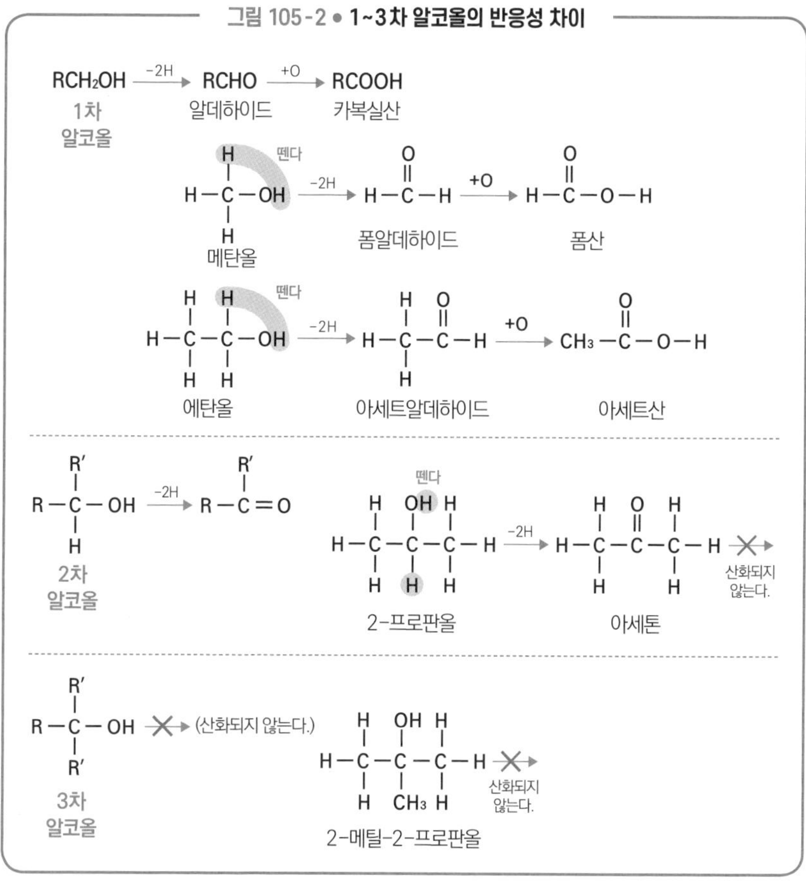

되지 않아서 색이 보라색 그대로지만 그 외의 세 가지는 산화되어 갈색 MnO_2 앙금이 생긴다. 음? 그럼 나머지 세 가지는 어떻게 구별하느냐고? 좋은 질문이다. 107절을 읽으면 그 답을 알 수 있다.

탈수 반응

유기 화합물에서 물 H_2O를 빼는 반응을 탈수 반응이라고 한다. 알코올을 진한 황산과 가열하면 탈수 반응이 일어나는데, 생성물은 반응 온도에 따라 다르다(그림 105-3). 그런데 탈리 반응에서 떼는 방식이 두 가지 있을 경우에는 어느 쪽을 우선할까? 그림 103-3에서 2중 결합에 첨가 반응이 일어날 때의 '마르코브니코프의 법칙'을 소개했는데, 탈리해서 2중 결합이 생길 때는 '세이체프의 법칙'을 알면 도움이 된다(그림 105-4).

그림 105-3 ● 온도에 따른 알코올 탈수 반응의 차이

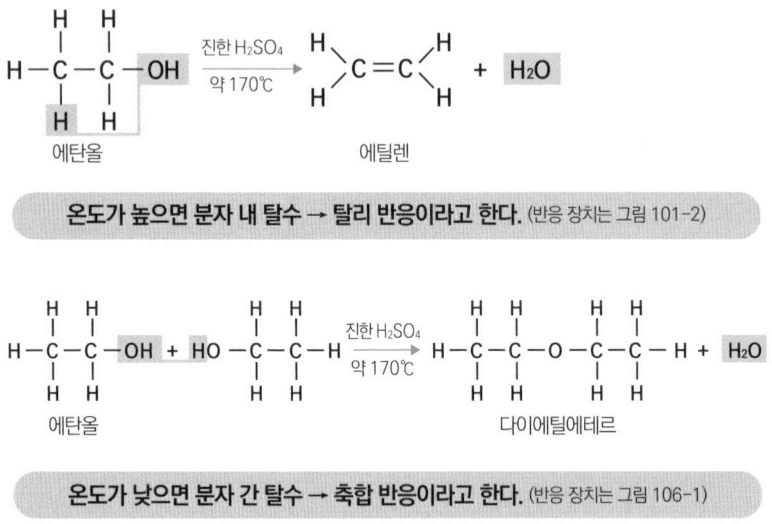

CH_3-CH_2-OH (에탄올) —진한 H_2SO_4, 약 170℃→ $CH_2=CH_2$ (에틸렌) + H_2O

온도가 높으면 분자 내 탈수 → 탈리 반응이라고 한다. (반응 장치는 그림 101-2)

CH_3-CH_2-OH + $HO-CH_2-CH_3$ (에탄올) —진한 H_2SO_4, 약 170℃→ $CH_3-CH_2-O-CH_2-CH_3$ (다이에틸에테르) + H_2O

온도가 낮으면 분자 간 탈수 → 축합 반응이라고 한다. (반응 장치는 그림 106-1)

그림 105-4 ● **세이체프의 법칙 - H는 친구가 적은 쪽에서 떼어 낸다!**

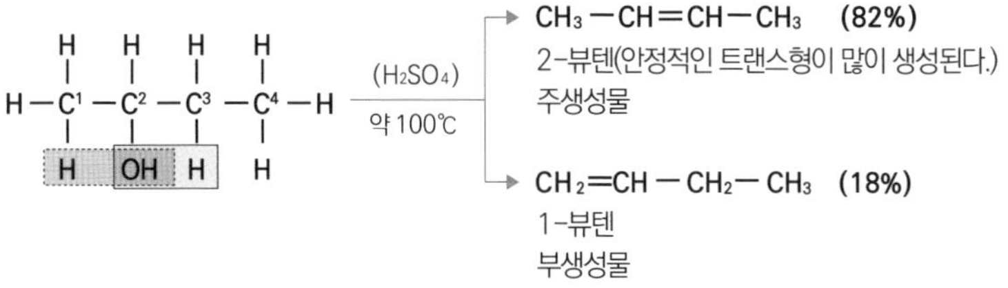

$$H-C^1H_2-C^2H(OH)-C^3H_2-C^4H_3 \xrightarrow[\text{약 } 100℃]{(H_2SO_4)}$$

→ $CH_3-CH=CH-CH_3$ (82%)
2-뷰텐(안정적인 트랜스형이 많이 생성된다.)
주생성물

→ $CH_2=CH-CH_2-CH_3$ (18%)
1-뷰텐
부생성물

2-뷰틸알코올이 탈수 반응을 일으킬 때, 1위 탄소에는 H원자가 3개 결합하고 3위 탄소에는 H원자가 2개 결합하기 때문에 3위 탄소 원자에 결합한 H원자가 떨어져서 만들어진 화합물이 주생성물이 된다.

유기 화학

무척 뛰어난 마취약

◦ 에테르 ◦

에탄올의 구조 이성질체를 생각해 보자. −OH의 O원자가 C원자 사이에 들어가면 CH_3-O-CH_3이라는 구조가 된다. 이렇게 산소 원자에 2개의 탄화수소기가 결합한 화합물을 에테르라고 한다.

표 106-1에 세 종류의 에테르를 소개했는데, 다이에틸에테르가 가장 자주 등장한다. 다이에틸에테르뿐 아니라 모든 에테르는 -OH가 없어 수소 결합할 수 없기 때문에 끓는점이 알코올에 비해 낮다. 또 나트륨과도 반응하지 않는다. 이 두 가지가 에테르와 알코올의 중요한 차이점이다. 이를테면 다이에틸에테르는 끓는점이 34℃이므로 무더운 여름철에 다이에틸에테르가 들어 있는 병의 뚜껑을 열면 어느새 증발해 버리고 만다. 게다가 증발한 다이에틸에테르 기체는 인화성이 무척 높기 때문에 많은 주의가 필요하다.

다이에틸에테르는 마취 작용을 하고 인체에 독성이 낮기 때문에 예전에는 마취약으로 전 세계에서 써왔다. 지금도 개발 도상국에서는 마취약으로 폭넓게 이용하고 있지만, 수술에 전자기기를 많이 사용하는 선진국에서는 화재의 위험성 때문에 쓰지 않게 되었다.

표 106-1 • **에테르의 예**

명칭	구조	끓는점(℃)
다이메틸에테르	CH_3OCH_3	-25
에틸메틸에테르	$CH_3OC_2H_5$	7
다이에틸에테르	$C_2H_5OC_2H_5$	34

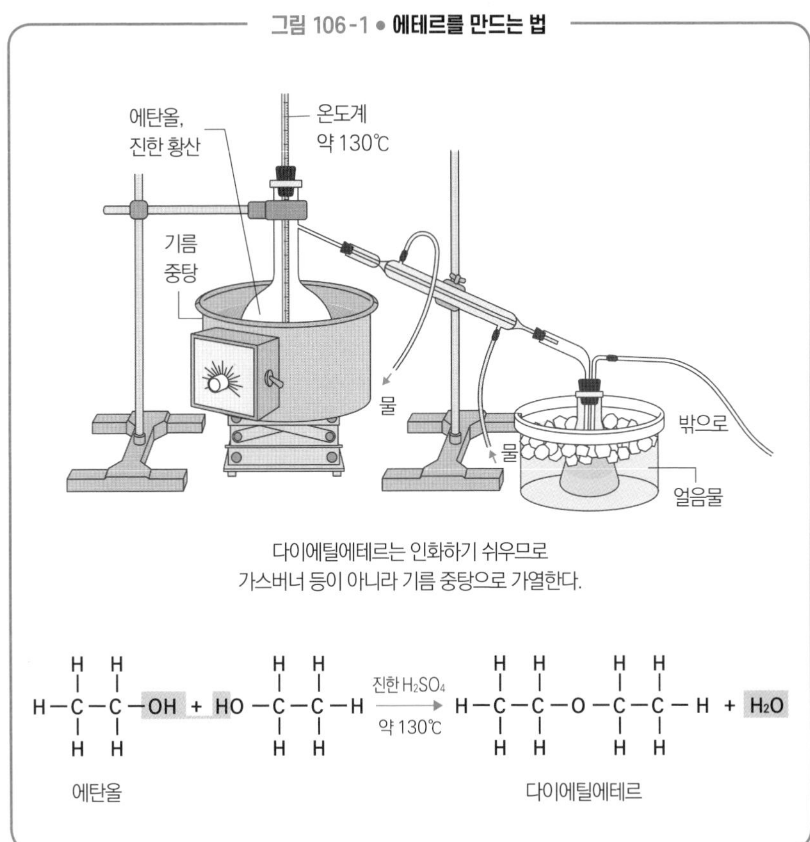

그림 106-1 ● **에테르를 만드는 법**

다이에틸에테르는 인화하기 쉬우므로
가스버너 등이 아니라 기름 중탕으로 가열한다.

유기 화학

생소하지만 알고 보면 주위에서 활약 중

◦ 알데하이드와 케톤 ◦

알데하이드와 케톤이라는 단어는 평소에 들을 일이 별로 없고, 왠지 어려운 것 같다. 하지만 포르말린이나 매니큐어 리무버는 들어본 적 있지 않은가? 포르말린에는 알데하이드, 매니큐어를 지우는 폴리시리무버에는 케톤이 들어 있다.

그림 107-1을 보기 바란다. 알데하이드와 케톤은 모두 카보닐기를 가지는 그룹의 명칭인데, 알데하이드는 카보닐기에 H원자가 1개 결합한 알데하이드기를 가진 화합물이고, 케톤은 카보닐기에 2개의 탄화수소기가 결합한 케톤기를 가진 화합물이다.

그림 107-1 • **알데하이드와 케톤**

알데하이드				케톤
R—C(=O)—H	←	—C(=O)—	→	R^1—C(=O)—R^2
알데하이드기		카보닐기		케톤기

알데하이드

알데하이드는 두 가지 방법으로 만들 수 있다. 제1급 알코올을 산화하는 방법($R\text{-}CH_2OH \xrightarrow{-2H} R\text{-}CHO$)과 알카인을 산화하는 방법(그림 103-5 참조)이다. 알데하이드는 산화되기 쉬워서 스스로 산화하여 카복실산이 되고 대신 다른 물질을 환원한다. 이러한 성질을 '알데하이드는 환원성이 있다.'라고 하는데, 은거울 반응과 펠링 반응(그림 107-2)으로 확인할 수 있다.

표 107-1 ● 자주 나오는 알데하이드와 케톤

화합물 시성식	끓는점(℃)	용도
폼알데하이드 HCHO	-19	메탄올을 산화하면 얻을 수 있는데, 더 산화하면 폼산이 된다. 페놀수지, 요소수지의 재료로 쓰이고, 해부한 생물을 담가 보관하는 액체(포르말린)는 폼알데하이드 수용액이다.
아세트알데하이드 CH_3CHO	20	에탄올을 산화하면 얻을 수 있는데, 더 산화하면 아세트산이 된다. 시중에 판매하는 식초는 곡물을 발효해 만드는 것이고, 공업적으로 알데하이드를 통해 만드는 아세트산은 용제로 쓰이는 아세트산에틸의 원료가 된다.
아세톤 CH_3COCH_3	56	2-프로판올을 산화하면 얻을 수 있다. 그 이상은 산화하지 않는다. 물과 유기 용매에 모두 잘 섞인다. 폴리시리무버의 주성분이다.

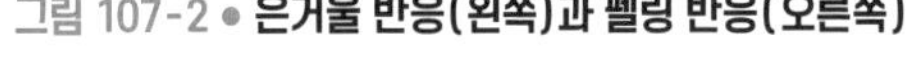
그림 107-2 ● **은거울 반응(왼쪽)과 펠링 반응(오른쪽)**

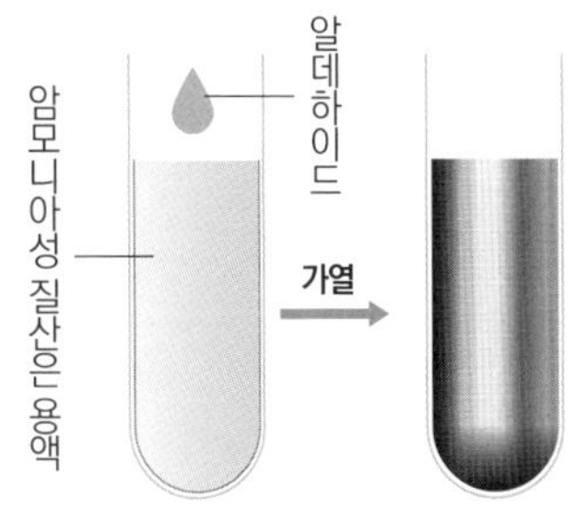

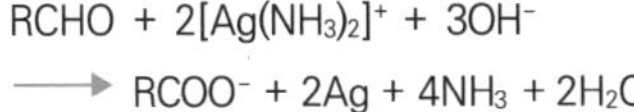

$$RCHO + 2[Ag(NH_3)_2]^+ + 3OH^- \longrightarrow RCOO^- + 2Ag + 4NH_3 + 2H_2O$$

알데하이드를 암모니아성 질산은에 넣어 가열하면 Ag^+가 환원되어 은이 되고, 그것이 시험관 안쪽에 붙어 거울처럼 된다.

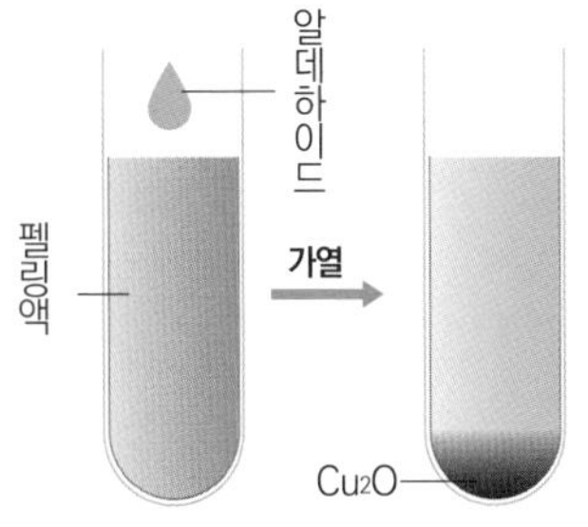

$$RCHO + 2Cu^{2+} + 5OH^- \longrightarrow RCOO^- + Cu_2O + 3H_2O$$

알데하이드를 펠링액과 함께 가열하면 Cu^{2+}가 환원되어 Cu^+가 되고, 붉은색을 띠는 Cu_2O가 분리된다.

케톤

케톤은 제2급 알코올을 산화하면 생성된다. 케톤은 산화되기 어려우므로 알데하이드와 달리 환원성을 띠지 않는다. 요컨대 은거울 반응과 펠링 반응에 음성(반응하지 않는다)이기 때문에 알데하이드와 구별할 수 있다.

아이오도폼 반응

아세톤에 아이오딘과 수산화나트륨 수용액을 반응시키면 특유의 주기를 지니는 아이오도폼 CHI_3의 노란색 앙금이 생긴다. 이 반응을 아이오도폼 반응이라고 부른다(그림 107-3). 이 반응은 아세틸기의 구조를 지니는 케톤과 알데하이드, 에탄올, 2-프로판올 등에서 관찰할 수 있다. 아이오도폼 반응에 쓰이는 시약은 산화제로 작용하기 때문에 에탄올과 2-프로판올은 아세틸기의 구조에 산화된 후 아이오도폼 반응을 일으키는 메커니즘이다.

그러면 105절 마지막에 나온 메탄올, 에탄올, 2-프로판올은 어떻게 구별할까? 아이오도폼 반응에 양성이고 서서히 산화하면 은거울 반응에 양성인 것이 에탄올이고, 아이오도폼 반응에 양성이면서 산화해도 은거울 반응에 음성인 것은 2-프로판올, 아이오도폼 반응에 음성이면서 서서히 산화하면 은거울 반응에 양성인 것이 메탄올이다.

그림 107-3 • 아이오도폼 반응

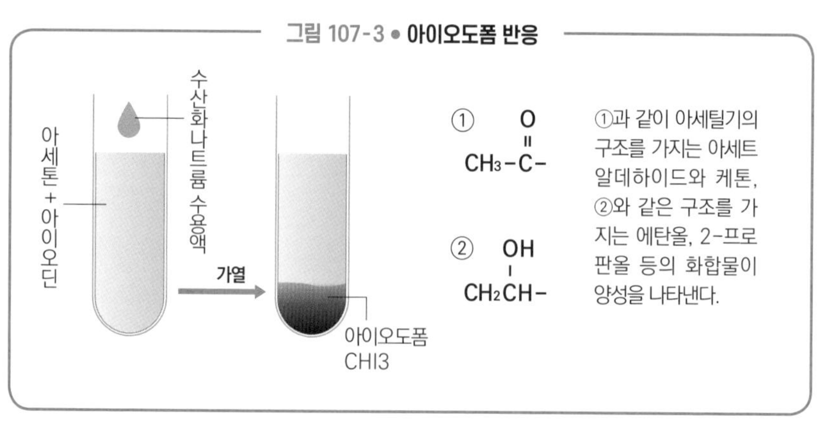

아세트산은 세계에서 제일 유명한 카복실산

◦ 카복실산 ◦

산이라고 하면 지금까지 염산 HCl aq, 황산 H_2SO_4, 질산 HNO_3, 아세트산 CH_3COOH가 나왔는데, 이 중에서 아세트산 CH_3COOH만 유기 화합물이다. 카복실기 −COOH를 가진 화합물을 카복실산이라고 한다. 알코올을 산화시키면 알데하이드를 거쳐서 카복실산을 얻을 수 있다.

카복실산은 2중 결합을 가지지 않는지(포화), 가지는지(불포화), 카복시기를 하나 가지는지(모노카복실산), 두 개 가지는지(다이카복실산) 등에 따라 표 108-1과 같이 분류할 수 있다.

표 108-1 ● **카복실산의 분류**

분류	명칭	시성식
포화 모노카복실산	폼산	$HCOOH$
	아세트산	CH_3COOH
	프로피온산	CH_3CH_2COOH
	뷰티르산	$CH_3CH_2CH_2COOH$
불포화 모노카복실산	아크릴산	$CH_2=CHCOOH$
포화 다이카복실산	옥살산	COOH | COOH
불포화 다이카복실산	말레산	$(HOOC)(H)C=C(COOH)(H)$ 시스형
	퓨말산	$(H)(HOOC)C=C(COOH)(H)$ 트랜스형

그림 108-1 • 알코올과 카복실산의 수소 결합

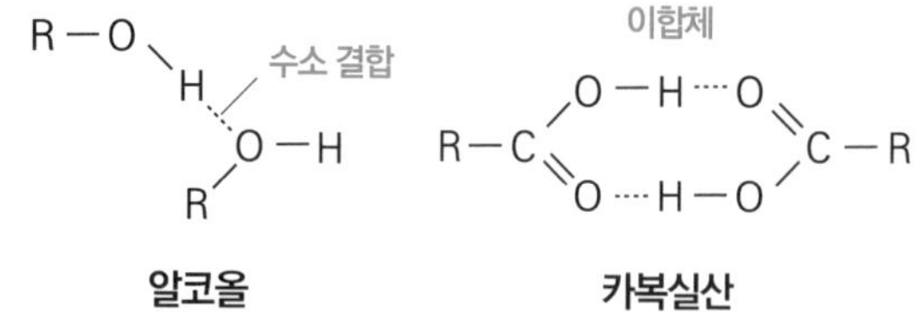

카복실산도 알코올과 마찬가지로 끓는점과 녹는점이 높은 것이 특징이다. 이는 카복실기의 H원자가 다른 산소 원자와 수소 결합을 형성하기 때문이다. 특히 카복실산은 그림 108-1과 같이 두 개의 분자가 수소 결합으로 단단히 이어진 이합체를 형성해서 끓는점이 더욱 높다.

또 다른 카복실산의 특징으로는 자극적인 냄새가 있다. 슈퍼에서 판매하는 식초 냄새를 상상해 보자. 식초에 들어 있는 아세트산의 질량 퍼센트 농도는 4%에 불과한데, 아세트산 100%에서는 그야말로 코를 푹 찌르는 듯한 냄새가 난다. 아세트산의 CH_3- 부분을 CH_3CH_2-로 바꾸면 프로피온산이 되고, C를 하나 더 늘려 $CH_3CH_2CH_2$-로 바꾸면 뷰티르산이 되는데, 뷰티르산이 되면 신 냄새보다는 썩은 내가 더 강해진다.

카복실산의 성질

물에 잘 녹지 않는 고급 지방산이라도 염기 수용액에는 중화 반응을 일으켜 카복실산염을 만들기 위해 용해된다.

$R-COOH + NaOH \rightarrow R-COONa + H_2O$

카복실산은 탄산보다 강산이어서 NaOH보다 약한 염기인 탄산염이나 탄산수소염과도 반응해 CO_2를 발생시키며 염을 만들고 용해한다.

$R-COOH + NaHCO_3 \rightarrow R-COONa + CO_2 + H_2O$

반대로 물에 녹아 있는 카복실산염에 강산을 반응시키면 약산인 카복실산이 분리된다.

$$R\text{-}COONa + HCl \rightarrow R\text{-}COOH + NaCl$$

이 성질은 120절에 나오는 페놀과 벤조산을 분리할 때 쓰이니 잘 기억해 두기 바란다.

그림 108-2 ● **자주 등장하는 카복실산**

폼산 HCOOH

개미산이라고도 한다. 벌이나 개미의 독선 속에 들어 있는데, 불개미를 증류하면 얻을 수 있는 데에서 유래했다. 폼알데하이드의 산화로 만들 수 있고(HCHO → HCOOH), 알데하이드기를 가지고 있어 환원성을 띤다.

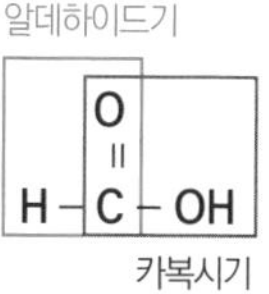

아세트산 CH_3COOH

식초에 약 4% 들어 있다. 순수한 아세트산은 녹는점이 17℃로, 추우면 응고하기 때문에 빙초산이라고도 부른다. 두 개의 아세트산으로부터 물 1분자를 떼어 내고 축합하면 아세트산 무수물을 얻을 수 있다. 아세트산 무수물은 카복시기가 없어졌기 때문에 중성이다. 아세트산 무수물처럼 두 개의 카복시기에서 물 1분자를 떼어 내고 축합한 화합물을 산무수물이라고 한다.

$CH_3-C(=O)-OH$ + $CH_3-C(=O)-OH$ ⇄ (축합 / 가수 분해) $(CH_3CO)_2O$ + H_2O

아세트산 무수물

말레산 퓨말산

말레산은 시스형, 퓨말산은 트랜스형으로 서로 시스-트랜스 이성질체 관계에 있다. 둘 다 무색의 하얀 결정이다.

가열하면 시스형 말레산만 분자 내에서 탈수 반응을 일으키고 말레산 무수물을 얻는다. 트랜스형 퓨말산은 2개의 카복시기끼리 떨어져 있기 때문에 산무수물을 만들지 않는다.

H, HOOC > C = C < H, COOH

말레산(시스형)

H, HOOC > C = C < COOH, H

퓨말산(트랜스형)

말레산 → 말레산 무수물 + H_2O

말레산

말레산 무수물

유기 화학

원재료에 '향료'라고 쓰여 있으면 대체로 에스터가 들어 있다

◦ 에스터 ◦

빙수에 뿌리는 딸기 시럽은 무과즙인데도 딸기 향을 물씬 풍긴다. 이는 향료 덕분이다. 인간의 미각은 후각에 많이 의존하기 때문에, 딸기 과즙이 들어가지 않아도 딸기 향이 있으면 '딸기'라고 인식한다. 이런 과일 향료에는 에스터라는 유기 화합물이 중요한 역할을 맡고 있다.

그림 109-1 ● **에스터의 합성법**

$$R^1-\overset{\overset{O}{\|}}{C}-O-H + H-O-R^2 \xrightarrow{\text{진한 } H_2SO_4} R^1-\overset{\overset{O}{\|}}{C}-O-R^2 + H_2O$$

카복실산 알코올 에스터

카복실산과 알코올 혼합물에 진한 황산을 넣고 가열하면 축합 반응이 일어나 에스터 결합 -COO-를 가지는 에스터가 생성된다(그림 109-1). 카복실산의 카복시기와 알코올의 하이드록시기라는 극성 높은 작용기끼리 반응해서 생성되기 때문에 에스터는 물에 잘 녹지 않고 유기 용매에 잘 녹는다. 아세트산에틸(그림 109-2)로 예를 들면, 아세트산과 에탄올 모두 물과 자유롭게 섞이는 반면 아세트산에틸은 물에 잘 녹지 않는다. 끓는점도 수소 결합을 하는 아세트산은 118℃, 에탄올은 78℃인 반면 아세트산에틸은 분자량이 커졌는데도 불구하고 끓는점이 77℃이다.

그림 109-2

$$CH_3COOH + HOC_2H_5 \longrightarrow CH_3COOC_2H_5 + H_2O$$

	아세트산	에탄올	아세트산에틸	
끓는점	118℃	78℃	77℃	100℃
분자량	60	44	88	18
물에 대한 용해성	∞	∞	8.3g/100mL	

에스터의 가수 분해와 비누화

에스터에 묽은 염산과 묽은 황산을 더해 가열하면 H^+가 촉매로 작용해서 에스터화의 역반응이 일어나 카복실산과 알코올이 생성된다. 이 반응을 에스터의 가수 분해라고 부른다(그림 109-3).

또 에스터에 강염기 수용액을 더해 가열하면 카복실산의 염과 알코올이 생긴다. 이 가수 분해 방법을 특별히 비누화라고 한다. 산에 의한 가수 분해는 평형 반응이지만, 강염기에 의한 비누화는 불가역적인 반응이다. 산에 의한 에스터의 가수 분해는 평형 반응이고 에스터의 합성과 반대 방향이다. 결국 에스터를 합성할 때는 최대한 평형이 오른쪽으로 치우치도록 진한 황산을 쓰는 것이 좋다(물이 많이 포함된 묽은 황산을 쓰면 평형이 오른쪽으로 치우치기 어려워진다). 비누화는 에스터가 분해되어 생긴 카복실산이 염이 되기 때문에 역반응이 일어나지 않는다(그림 109-4).

그림 109-3 ● 가수 분해와 비누화

◎ 가수분해 …… 가수분해는 평형 반응이다. 에스터의 합성도 실은 평형 반응이다. 그림 109-1이 불가역 반응처럼 쓰인 것은 평형을 최대한 오른쪽으로 치우치게 하기 위해 물이 함유되지 않은 진한 황산을 썼기 때문이다.

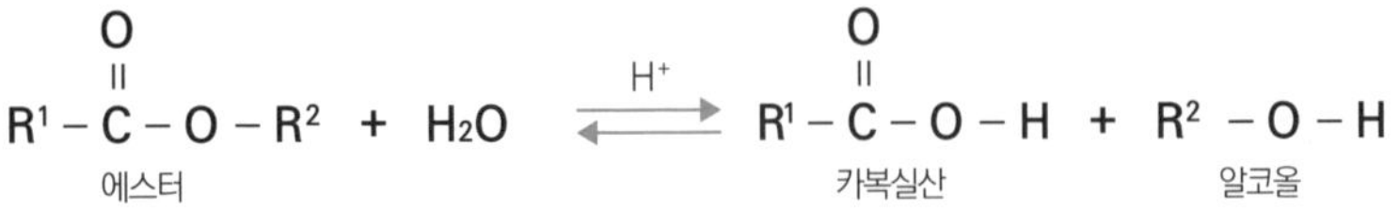

$$\underset{\text{에스터}}{R^1-\overset{\overset{\displaystyle O}{\|}}{C}-O-R^2} + H_2O \overset{H^+}{\rightleftarrows} \underset{\text{카복실산}}{R^1-\overset{\overset{\displaystyle O}{\|}}{C}-O-H} + \underset{\text{알코올}}{R^2-O-H}$$

◎ 비누화 …… 비누화는 불가역 반응이다.

$$R^1COOR^2 + NaOH \longrightarrow R^1COONa + R^2OH$$

그림 109-4 ● 카복실산 이외에서 생기는 에스터

카복실산 이외에 황산이나 질산 등의 산도 알코올과 축합해서 에스터가 될 수 있다. 전자를 황산에스터, 후자를 질산에스터라고 한다.

◎ 황산에스터의 예 …… 1-도데칸올의 황산에스터는 황산수소도데실이라고 하는데, 그 나트륨염은 합성 세제로 이용되고 있다.

$$\underset{\text{1-도데칸올}}{CH_3(CH_2)_{11}OH} + \underset{\text{황산}}{HOSO_3H} \longrightarrow \underset{\text{황산수소도데실}}{CH_3(CH_2)_{11}OSO_3H} + H_2O \xrightarrow[\text{(중화)}]{NaOH}$$

$$\underset{\text{황산도데실나트륨(알킬황산의 염)}}{C_{12}H_{25}-OSO_3Na}$$

◎ 질산에스터의 예 …… 1, 2, 3-프로페인트리올(글리세롤)에 진한 황산과 진한 질산 혼합물을 반응시키면 질산에스터인 나이트로글리세린이 생성된다. 나이트로글리세린은 다이너마이트의 원료이며 심장병 약으로도 쓰인다.

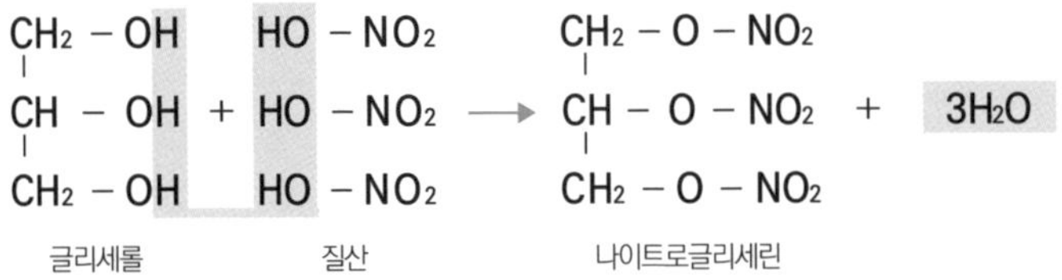

$$\underset{\text{글리세롤}}{\begin{matrix} CH_2-OH \\ | \\ CH-OH \\ | \\ CH_2-OH \end{matrix}} + \underset{\text{질산}}{\begin{matrix} HO-NO_2 \\ \\ HO-NO_2 \\ \\ HO-NO_2 \end{matrix}} \longrightarrow \underset{\text{나이트로글리세린}}{\begin{matrix} CH_2-O-NO_2 \\ | \\ CH-O-NO_2 \\ | \\ CH_2-O-NO_2 \end{matrix}} + 3H_2O$$

화학적 관점에서 본 버터와 샐러드유의 차이

◦ 유지 ◦

버터나 라드 등 동물성 유지는 식물성 유지에 비해 녹는점이 높다. 녹는점이 높으면 혈액 속에서도 고체로 존재하기 쉬우므로 섭취 후 혈관 내부에 잘 달라붙는다. 반면 샐러드유나 참기름 등 식물성 유지는 녹는점이 낮아 실온에서 액체이므로 혈관에 잘 쌓이지 않는다.

일반적인 유지는 그림 110-1과 같이 고급 지방산과 글리세롤(1, 2, 3-프로페인트리올)의 에스터 구조를 가지고 있다. 탄화수소를 나타내는 3개의 -R 부분에 붙어 있는 탄소의 수와 2중 결합의 수에 따라 성질이 달라진다.

표 110-1에 나타나 있듯 동물성 유지에는 R 부분이 주로 $C_{15}H_{31}$인 팔미트산이나 $C_{17}H_{35}$인 스테아르산이라는 포화 지방산으로 되어 있는 반면, 식물성 유지는 R 부분이 주로 $C_{17}H_{33}$인 올레인산과 $C_{17}H_{31}$인 리놀레산같은 탄소 원자 사이에 2중 결합을 가지는 불포화 지방산으로 되어 있다.

그림 110-1 ● **유지는 글리세롤과 고급 지방산으로 만들어진 에스터**

$$\begin{matrix} R^1COOH \\ R^2COOH \\ R^3COOH \end{matrix} + \underset{\text{글리세롤}}{\begin{matrix} CH_2OH \\ | \\ CHOH \\ | \\ CH_2OH \end{matrix}} \xrightarrow{\text{에스터화}} \underset{\text{유지}}{\begin{matrix} R^1COOCH_2 \\ | \\ R^2COOCH \\ | \\ R^3COOCH_2 \end{matrix}} + 3H_2O$$

표 110-1 ● **지방산의 종류와 유지 함유율**

유지를 구성하는 지방산		시성식	녹는점 (℃)	2중 결합의 수	상태 (상온)	소기름	돼지 기름 (라드)	올리브유	유채씨유	콩기름
포화 지방산	팔미트산	$C_{15}H_{31}COOH$	63	0	고체	33	30	10	1~4	11
	스테아르산	$C_{17}H_{35}COOH$	71	0		18	15	1	0~2	2
불포화 지방산	올레인산	$C_{17}H_{33}COOH$	13	1	액체	45	41	80	10~35	24
	리놀레산	$C_{17}H_{31}COOH$	−5	2		3	9	8	10~20	51
	리놀렌산	$C_{17}H_{29}COOH$	−11	3		0	2	0	1~10	9

유지 깨알 지식

햄이나 베이컨은 돼지를 원료로 만드는데, 소기름이 돼지기름보다 녹는점이 높기 때문이다. 여러분도 알다시피 로스트비프는 속이 붉은데, 소기름은 사람 체온보다 녹는점이 살짝 높아서 차가워진 상태에서는 감칠맛을 느끼기 힘들다. 물론 햄과 베이컨 역시 따뜻해야 더 맛있지만 말이다.

올레인산과 리놀레산은 스테아르산에 비해 H의 수가 각각 2개, 4개 적기 때문에 탄소 원자 사이에 2중 결합이 올레인산은 1개, 리놀산은 2개 있음을 알 수 있다. 이는 그림 110-2에 그려져 있듯 굽은 구조의 원인이 되어서, 불포화 지방산을 많이 포함한 식물성 유지는 녹는점이 낮다.

그림 110-2 ● **포화지방산(a)과 불포화지방산(b)**

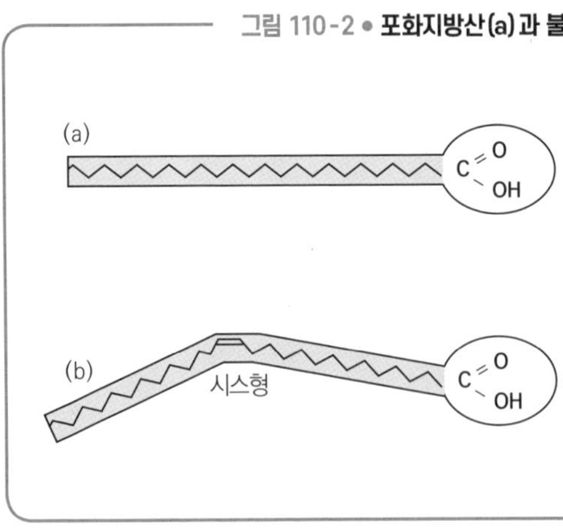

(a)처럼 포화 지방산은 직선 모양의 분자로, 분자끼리 접근하기 쉬워서 분자 간 힘이 강하기 때문에 녹는점이 높다. 한편 불포화 지방산은 시스형 2중 결합을 가지고 있어서 (b)처럼 굽은 모양의 분자가 된다. 그래서 분자끼리 접근할 수 없고 뿔뿔이 흩어져 배열되기 때문에 간격이 넓어져 분자 간 힘이 약해진다. 따라서 녹는점이 낮다.

불포화 지방산의 2중 결합에 니켈을 촉매로 써서 H_2를 더하면 포화 지방산처럼 녹는점이 올라간다. 이렇게 생성한 유지를 경화유라고 부른다. 이 성질을 이용한 것이 마가린이다. 버터는 우유의 지방분을 모은 것으로 포화 지방산이 많이 함유되어 있기 때문에 실온에서 고체다. 버터는 소에서 만들어지기 때문에 식물로 만들어지는 식물유에 비해 생산량을 늘리기 어렵다는 문제점이 있었다. 그래서 식물유의 녹는점을 높여 버터와 비슷한 풍미가 나도록 만든 것이 마가린이다. 시중에 판매되는 마가린에는 경화유에 색소와 젖 성분, 비타민 등을 첨가되어서 버터와 비슷한 풍미를 느낄 수 있다.

그림 110-3 • **비누화 값과 아이오딘 값**

유지는 다양한 포화 지방산을 함유하는데, 그 비율이 일정하지 않기 때문에 유지는 보통 혼합물이다. 그래서 어떤 유지에 대해 알고 싶을 때에는 평균 분자량이 큰지 작은지, 즉 글리세롤에 결합한 지방산이 짧은지 긴지, 그리고 지방산에 2중 결합이 많은지 적은지 같은 정보가 필요하다. 이 두 가지를 파악할 수 있으면 혼합물인 유지를 구성하는 평균 지방산을 알 수 있어서 편리하다. 분자량의 대소를 알 수 있는 것이 비누화 값이고, 2중 결합의 수를 알 수 있는 것이 아이오딘값이다.

비누화 값

유지 1g을 비누화하는 데 필요한 수산화칼륨의 mg 단위 질량을 나타낸다. 유지 1mol을 완전히 비누화하는 데에는 3mol의 KOH가 필요해서, 유지의 평균 분자량을 M이라고 하면,

$$\text{비누화 값} = \frac{1}{M} \times 3 \times 56(\text{KOH의 식량}) \times 10^3$$

이런 식으로 나타낼 수 있다. M은 분모이므로 비누화 값이 클수록 분자량이 작아진다. 대부분의 유지는 비누화 값이 190 전후다.

아이오딘 값

유지 100g에 더하는 아이오딘의 g 단위 질량을 나타낸다. 유지 속의 C=C 1개당 아이오딘 분자가 1개 덧붙으므로, 유지의 평균 분자량을 M, 유지의 불포화도(2중 결합의 수)를 n이라고 하면,

$$\text{아이오딘 값} = \frac{100}{M} \times n \times 254(I_2\text{의 분자량})$$

이런 식으로 나타낼 수 있다. 아이오딘 값이 큰 유지는 2중 결합을 많이 포함하고, 그 2중 결합에 공기 중의 산소가 결합해서 굳어지기 쉽기 때문에 건성유라고 부른다. 건성유의 아이오딘 값은 130 이상이다. 아이오딘 값이 100 이하이면 불건성유라고 하여 공기 중에서는 굳지 않는다. 그 사이의 아이오딘 값인 100~130 유지는 반건성유라고 하는데, 공기 중에서 산소와 반응해 유동성은 떨어지지만 완전히 굳지는 않는다.

유기 화학

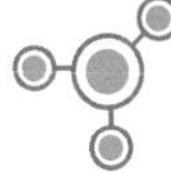

세제는 비누의 약점을 보완한다

◦ 비누와 합성 세제 ◦

유지에 수산화나트륨 수용액을 가해 가열하면 비누화되어 글리세롤과 지방산의 나트륨염을 만든다(그림 111-1). 비누란 바로 이 지방산나트륨이다. 이번 절에서는 비누, 그리고 비누의 약점을 보완하기 위해 개발된 합성 세제에 대해 알아보자.

그림 111-1

유지를 NaOH로 비누화하면 지방산의 나트륨염(이것이 비누)과 글리세롤(1, 2, 3-프로페인트리올)을 생성한다.

$$\begin{array}{l} R^1COOCH_2 \\ \quad\quad\quad | \\ R^2COOCH \\ \quad\quad\quad | \\ R^3COOCH_2 \end{array} + 3NaOH \longrightarrow \begin{array}{l} R^1COONa \\ R^2COONa \\ R^3COONa \end{array} + \begin{array}{l} CH_2OH \\ | \\ CHOH \\ | \\ CH_2OH \end{array}$$

유지 / 지방산나트륨(비누) / 글리세롤

비누는 그림 111-2 (a)에 나와 있듯이 물과 잘 어울리지 못하는 소수성기와 물과 잘 어울리는 친수성기를 모두 가진다. 비누를 물에 녹이면 그림 111-2 (b)처럼 친수성기 부분은 물과 친화되기 때문에 바깥쪽을 향하고, 소수성기 부분은 물에 닿는 것을 피하려고 하기 때문에 소수성기끼리 모여서 안쪽을 향한다. 이렇게 해서 만들어진 콜로이드 입자를 회합 콜로이드, 특히 마이셀이라고 부른다.

그런데 비누는 어떻게 해서 더러운 걸 깨끗하게 만들까? 그림 111-3을 보

그림 111-2 ● **비누의 구조(a)와 비누액에서 마이셀의 상태 (b)**

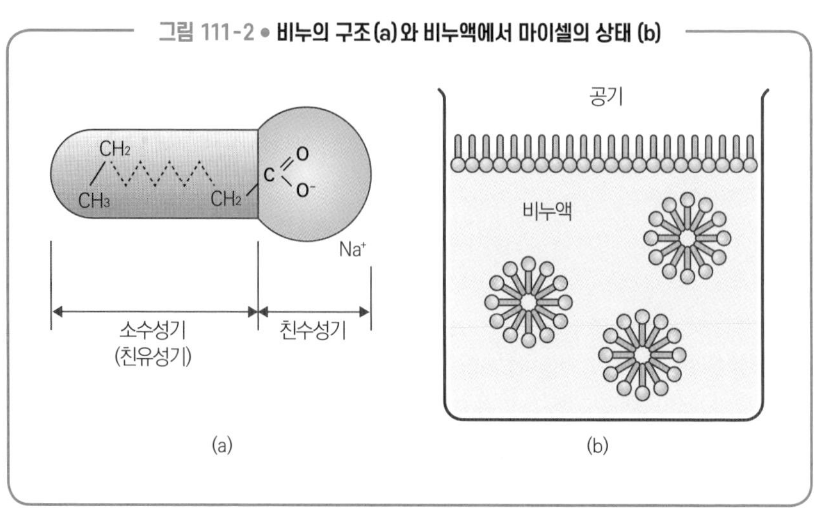

기 바란다. 비누가 기름때에 닿으면 비누의 소수성기 부분이 기름때와 서로 맞닿으면서 소수성기가 푹 박힌다. 그러면 기름때는 섬유 표면에서 떨어져 마이셀 내부로 끌려 들어가고 미립자가 되어 물속으로 퍼져 나간다. 이러한 작용을 비누의 유화 작용이라고 하며, 비누처럼 소수성기와 친수성기를 모두

그림 111-3 ● **비누가 오염물을 씻어 내는 메커니즘**

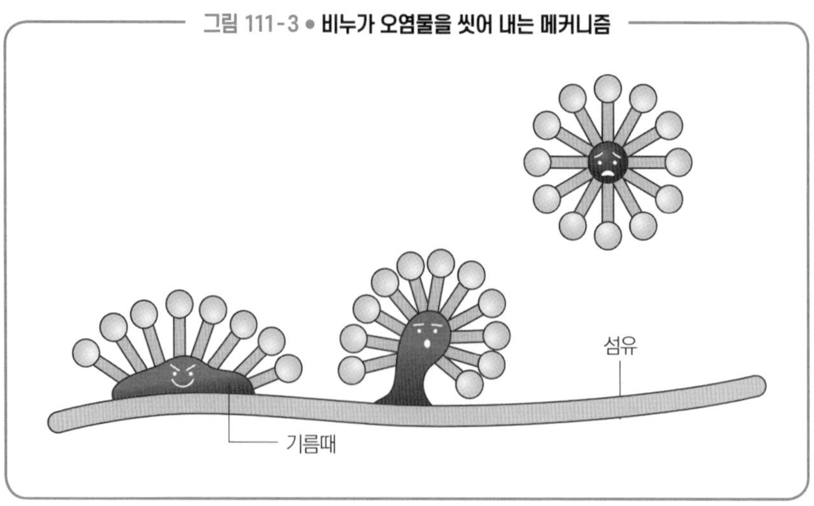

가지는 물질을 계면 활성제라고 한다.

하지만 비누(지방산나트륨)는 약산과 강염기의 염이어서 염기성을 띤다. 염기성은 단백질을 침범하는 성질이 있어서 양모와 비단 등 동물성 섬유에 손상을 입히기 때문에 세탁할 때는 쓰지 않는다(비누로 손을 씻으면 미끌미끌한 것은 손 표면의 단백질을 침범했기 때문이다). 또 산성 수용액 속에서는 지방산의 나트륨염이 지방산 형태로 돌아오기 때문에 역시 쓸 수 없다. 나아가 Ca^{2+}와 Mg^{2+}를 다량 함유한, 이른바 경수 속에서는 Na^{+}가 Ca^{2+}와 Mg^{2+}로 치환되어 물에 불용성인 염을 만들기 때문에 세정력이 떨어진다.

이러한 약점을 개선한 것이 합성 세제다(그림 111-4). 합성 세제는 강산인 황산과 강염기인 수산화나트륨으로 이뤄진 염이어서 가수 분해되지 않는다. 수용액이 중성이기 때문에 중성 세제라고도 불린다.

그림 111-4 • **주요 합성 세제**

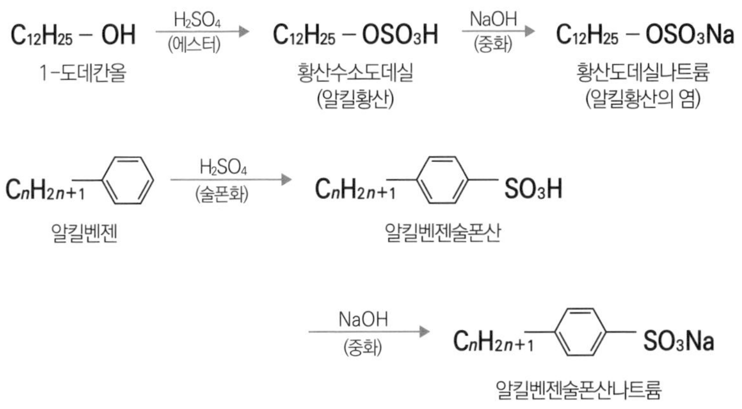

$C_{12}H_{25}-OH \xrightarrow[\text{(에스터)}]{H_2SO_4} C_{12}H_{25}-OSO_3H \xrightarrow[\text{(중화)}]{NaOH} C_{12}H_{25}-OSO_3Na$

1-도데칸올 → 황산수소도데실 (알킬황산) → 황산도데실나트륨 (알킬황산의 염)

$C_nH_{2n+1}-C_6H_5 \xrightarrow[\text{(술폰화)}]{H_2SO_4} C_nH_{2n+1}-C_6H_4-SO_3H$

알킬벤젠 → 알킬벤젠술폰산

$\xrightarrow[\text{(중화)}]{NaOH} C_nH_{2n+1}-C_6H_4-SO_3Na$

알킬벤젠술폰산나트륨

112

유기 화학

지방족 유기 화합물 총 정리

◦ 원소 분석에서 구조 결정까지 ◦

지금 여러분의 눈앞에 무색투명한 지방족 유기 화합물 액체가 있다고 하자. 이 액체가 어떤 구조식인지 알아보려면 어떻게 해야 좋을까? 순서대로 살펴보자.

그림 112-1 • 유기 화합물 구조식을 정하는 순서

순수한 시료 → 성분 원소 확인 → 원소 분석 → 조성식 결정 → 분자량 측정 → 분자식 결정 → 작용기 확정 → 이성질체 구별 → 구조식 결정

구조식을 정하는 순서를 그림 112-1에 소개했다. 원래 성분 원소의 확인도 필요하지만 N이나 S 등 C, H, O 이외의 원소를 포함하면 구조 결정까지 순서가 무척 복잡하므로 여기서는 C, H, O만으로 구성된 화합물을 다룬다.

우선 C, H, O 각 원소의 함유량을 조사하기 위해 원소 분석을 한다. 그림 112-2의 장치를 보자. 시료를 완전 연소시키면 시료 속의 C는 CO_2, H는 H_2O가 된다(산화구리(Ⅱ)는 불완전 연소로 생긴 CO를 CO_2로 산화하는 역할을 한다). 이 기체를 먼저 염화칼슘을 담은 흡수관을 통하게 해서 H_2O를 흡수시키고, 이어서 소다 석회(CaO와 NaOH를 섞은 것)를 담은 흡수관을 통하게 해서 CO_2를 흡수시킨다. H_2O와 CO_2를 흡수한 만큼 흡수관의 질량이 증

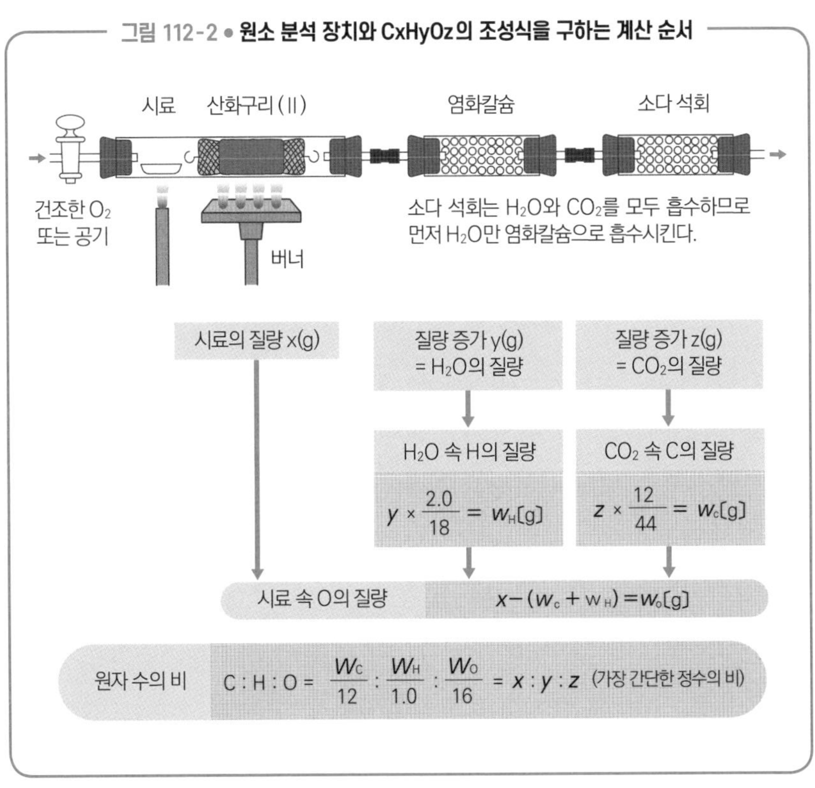

그림 112-2 ● 원소 분석 장치와 CxHyOz의 조성식을 구하는 계산 순서

가하므로 원래 시료의 질량을 xg, 발생한 H_2O의 질량을 yg, 발생한 CO_2의 질량을 zg이라고 하면, 시료 속 H의 질량은 y × 2.0/18, C의 질량은 z × 12/44가 된다.

이 질량을 각 원소의 원자량으로 나누어 조성식을 구할 수 있다. 조성식은 원자 수의 비이므로, 이를테면 $C_2H_4O_2$인 아세트산도 CH_2O인 폼알데하이드도 $C_4H_8O_4$도 조성식은 전부 같은 CH_2O가 된다. 그래서 분자량을 구해 분자식을 결정한다. 분자량을 구하려면 끓는점이 낮은 물질의 경우 가열해서 기체로 만들어 기체의 상태 방정식을 이용하고, 끓는점이 높은 물질인 경우에는 어는점 내림이나 삼투압법을 이용한다. 그 후, 작용기에 무엇이 있는지 조사해서 구조식을 확정한다. 예제를 풀면서 한층 깊게 이해해 보자.

예 제

C, H, O만으로 된 에스터 33.0mg을 완전 연소시켰더니 CO_2가 66.0mg, H_2O가 27.0mg 생겼다. 또 이 에스터 4.40g을 벤젠 100g에 녹인 용액의 어는점은 벤젠(몰 어는점 내림 5.12K·kg/mol)보다도 2.56℃ 내려갔다. 게다가 이 에스터를 가수 분해했더니, 은거울 반응에 양성인 카복실산과 아이오도폼 반응에 양성인 알코올을 얻을 수 있었다. 이 에스터의 구조식을 써 보자.

답 33.0mg의 A에 들어가는 각 원자의 질량은 아래와 같다.

$$C : 66.0 \times \frac{12}{44} = 18[mg] \qquad H : 27.0 \times \frac{2.0}{18} = 3.00[mg]$$

$$O : 33.0 - (18.0 + 3.00) = 12.0[mg]$$

원자수의 비는 다음과 같으므로, 조성식은 C_2H_4O가 된다.

$$C : H : O = \frac{18.0}{12} : \frac{3.00}{1.0} : \frac{12.0}{16} = 1.50 : 3.00 : 0.75 = 2 : 4 : 1$$

$\varDelta t = km$ 에서,

$$2.56 = 5.12 \times \frac{4.40/M}{100/1000}$$

$$M = 88.0$$

한편 어는점 내림도 측정 결과를 통해, 분자량은 88.0이고 분자식은 $C_4H_8O_2$라는 것을 알 수 있다. 이 분자식을 가지는 에스터는 ①~④까지 네 종류인데, 은거울 반응에 양성인 카복실산은 알데하이드 구조를 가지는 폼산이어서 후보는 ①과 ②, 1-프로판올과 2-프로판올이며, 그중 아이오도폼 반응에 양성인 것은 2-프로판올이므로 이 에스터는 ②의 구조식을 가진다.

① $HCOOCH_2CH_2CH_3$ 폼산-1-프로필	$HCOOH$ 폼산	$CH_3CH_2CH_3OH$ 1-프로판올
② $HCOOCH(CH_3)_2$ 폼산-2-프로필	$HCOOH$ 폼산	$(CH_3)_2CHOH$ 2-프로판올
③ $CH_3COOCH_2CH_3$ 아세트산에틸	CH_3COOH 아세트산	CH_3CH_2OH 에탄올
④ $CH_3CH_2COOCH_3$ 프로피온산메틸	CH_3CH_2COOH 프로피온산	CH_3OH 메탄올

제 14 장

방향족 화합물

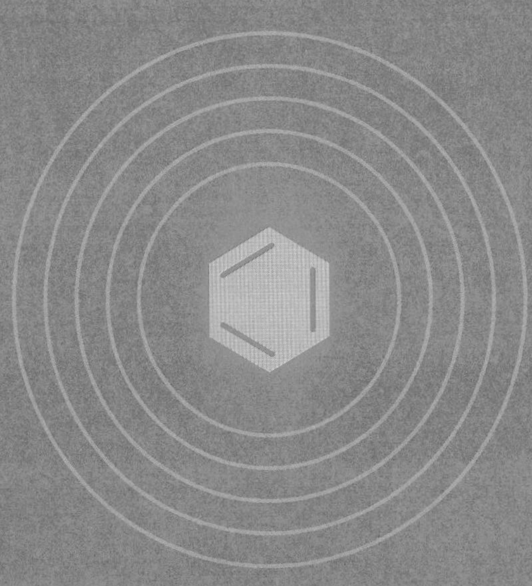

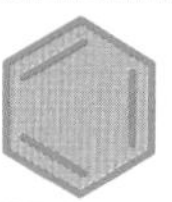

벤젠이 든 유기 화합물만 특별 취급

◦ 벤젠의 비밀 ◦

벤젠은 탄소 원자 6개와 수소 원자 6개로 이뤄진 탄화수소다. 탄소 원자 6개는 육각형 고리 모양으로 이어져 있는데, 이 구조를 벤젠 고리라고 부른다. 벤젠 고리를 포함한 유기 화합물은 방향족 화합물로 유기 화학에서도 특별 취급하고 있다.

벤젠 고리는 그림 113-1의 (A) 구조식으로 나타낼 수 있는데, 간략화한 (B)와 (C) 구조식도 많이 쓴다.

그림 113-1 ● **벤젠의 그리는 세 가지 방법**

(A) (B) (C)

왜 벤젠 고리를 포함한 유기 화합물만 특별히 취급하는 것일까? 그 이유는 벤젠이 특수한 성질을 지니고 있기 때문이다. 특수한 성질이란 탄소 원자 사이에 2중 결합 C=C를 가지고 있음에도 불구하고, 1개의 결합이 열려서 반응하는 첨가 반응이 일어나기 어렵다는 것이다. 벤젠은 고온 · 고압이나 에너지

그림 113-2 ● 벤젠의 첨가 반응

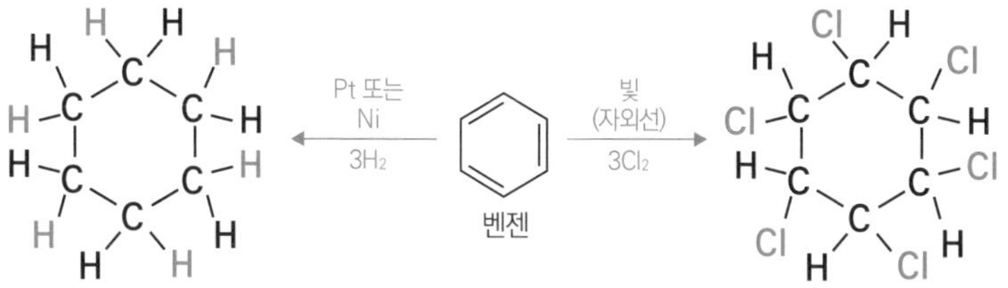

Pt 또는 Ni / $3H_2$ ← 벤젠 → 빛(자외선) / $3Cl_2$

사이클로헥세인

벤젠에 백금 또는 니켈을 촉매로 삼아 수소와 작용시키면 사이클로헥세인 C_6H_{12}이 생성된다.

헥사클로로사이클로헥세인

벤젠에 자외선을 비추면서 염소를 반응시키면 헥사클로로사이클로헥세인 $C_6H_6Cl_6$이 생성된다.

가 큰 빛을 받는 등 매우 가혹한 조건이 아니라면 첨가 반응을 일으키지 않는다(그림 113-2).

이러한 모순은 벤젠에서 탄소 원자 사이의 결합이 '2중 결합 3개+단일결합 3개'가 아닌 '1.5중 결합이 6개'라고 생각함으로써 해결할 수 있다. 요컨대 2중 결합이 특정 위치에 존재하는 것이 아니라 C 원자 6개 전체가 2중 결합을 부담해서 안정화하는 것이라고 말할 수 있다. 그림 113-1의 (C) 구조식은 벤젠 고리가 안정화된 상태를 잘 보여 준다. 이처럼 2중 결합을 탄소 원자 전체가 부담하는 성질을 방향족성이라고 하며, 벤젠 고리를 구조식 속에 포함하는 유기 화합물은 방향족성을 가지므로 방향족 화합물이라고 부른다.

방향족성 때문에 첨가 반응은 일으키기 힘든 벤젠이지만, 벤젠 고리에 결합한 수소 원자가 다른 원자로 바뀌는 치환 반응은 쉽게 일어난다(그림 113-3). 이때 핵심은 벤젠 고리의 수소 원자가 수소 이온이 되어 빠져나갈 수 있도록 치환하고 싶은 것의 양이온을 벤젠 고리에 가까이 가져가는 것이다. 치환 반응을 이용하면 벤젠 고리에 결합한 작용기를 화학 반응으로 차례차례 바꿀 수 있는데, 그 덕에 유용한 방향족 화합물을 만들어 낼 수 있다.

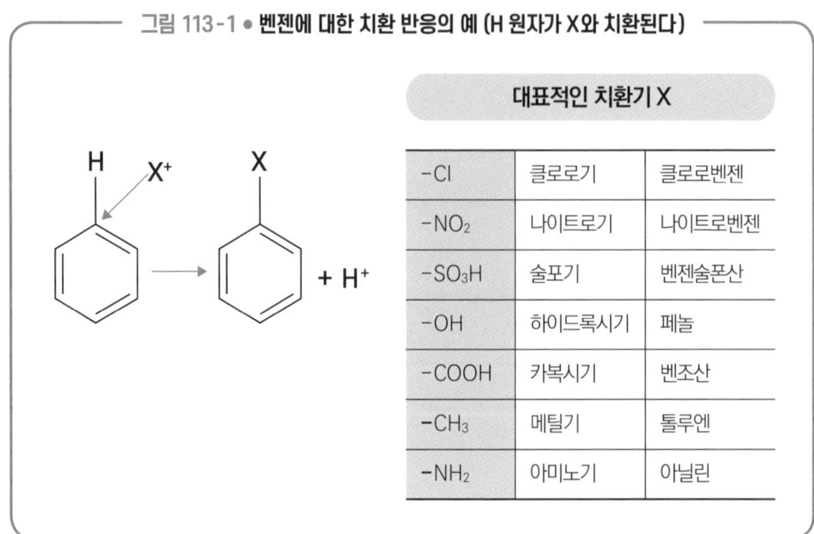

대표적인 치환기 X

$-Cl$	클로로기	클로로벤젠
$-NO_2$	나이트로기	나이트로벤젠
$-SO_3H$	술포기	벤젠술폰산
$-OH$	하이드록시기	페놀
$-COOH$	카복시기	벤조산
$-CH_3$	메틸기	톨루엔
$-NH_2$	아미노기	아닐린

그림 113-1 ● **벤젠에 대한 치환 반응의 예 (H 원자가 X와 치환된다)**

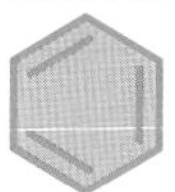

벤젠 고리는 깨지지 않고 치환기가 치환된다

◦ 방향족 화합물의 반응 ◦

방향족 화합물이 어떤 반응을 하는지, 대략 살펴보자. 반응을 하나씩 짚어 나가면 마지막 반응을 볼 때에는 처음 반응을 새카맣게 잊어버리기 쉽다. 그래서 먼저 전체적인 반응 양상을 훑어보는 것이 중요하다.

그림 114-1과 그림 114-2를 보자. 그림 114-1은 벤젠으로 시작해서 페놀을 경유해 염료인 p-하이드록시아조벤젠까지, 그림 114-2는 페놀의 나트륨염인 나트륨페녹사이드로 시작해서 의약품인 아세틸살리실산(아스피린)과 살리실산메틸까지 다다르는 반응 경로다.

방향족 화합물은 염료나 의약품의 원료로 중요한데, 보통 염료 대표로 p-하이드록시아조벤젠, 의약품 대표로 아세틸살리실산(아스피린)과 살리실산메틸을 다루는 만큼 이것들을 종착점으로 하는 반응 경로를 우선 살펴보겠다. 둘 다 페놀을 경유해야 한다는 점에 주목하자. 페놀은 그 자체로는 별로 도움이 되지 않지만, 의약품이나 염료의 원료로 무척 중요한 유기 화합물이다. 이 뒤로 방향족 화합물을 공부하다 길을 헤매면 다시 이 페이지로 돌아오기 바란다.

그림 114-1 • 벤젠에서 *p*-하이드록시아조벤젠까지의 반응 경로

벤젠

진한 H_2SO_4 술폰화 → 벤젠술폰산 (SO_3H)

Cl_2 ($FeCl_3$) 클로로화 → 클로로벤젠 (Cl)

$CH_2=CH-CH_3$ ($FeCl_3$) 알킬화 반응 → 쿠멘 (CH_3, C — H, CH_3)

HNO_3 (H_2SO_4) 나이트로화 → 나이트로벤젠 (NO_2)

벤젠술폰산 → NaOH (s) 고온 알칼리 융해 → 나트륨 페녹시드 (ONa)

클로로벤젠 → NaOH 수용액 고압·고온 가수 분해 → 나트륨 페녹시드 (ONa)

쿠멘 → O_2 산화 → 쿠멘하이드로퍼옥사이드 (CH_3, C — O — OH, CH_3)

나이트로벤젠 → Sn HCl NaOH 환원 → 아닐린 (NH_2)

나트륨 페녹시드 → H^+ 산 처리 → 페놀 (OH)

쿠멘하이드로퍼옥사이드 → 가열 분해 → 페놀, 아세톤 ($CH_3 - C(=O) - CH_3$)

아닐린 → 묽은 염산 $NaNO_2$ 0~5℃ 다이아조화 → 염화벤젠 다이아조늄 ($N^+ \equiv NCl^-$)

나트륨 페녹시드 + 염화벤젠 다이아조늄 → *p*-하이드록시아조벤젠 ($C_6H_5-N=N-C_6H_4-OH$)

여기가 핵심!

◎ 벤젠 고리를 2개 가지는 p-하이드록시아조벤젠을 얻기 위해서 벤젠 고리를 하나 가지는 방향족 화합물을 각각 반응시키고 마지막으로 합체시킨다.

◎ 중요한 물질인 페놀의 합성법은 세 가지 있다.

그림 114-2

나트륨페녹시드에서 살리실산메틸과 아세틸살리실산까지의 반응 경로

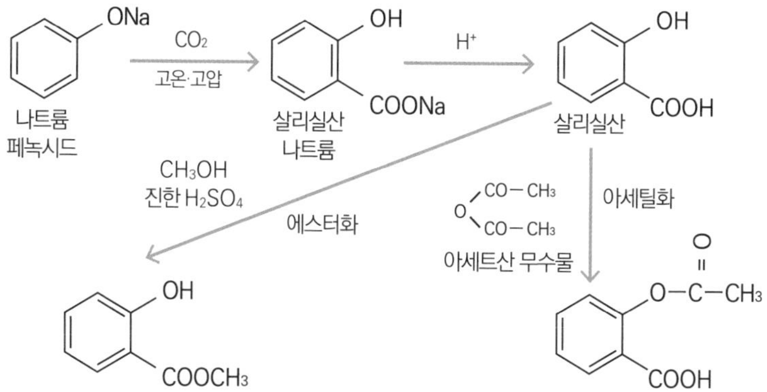

나트륨 페녹시드 (ONa) → CO_2, 고온·고압 → 살리실산 나트륨 (OH, COONa) → H^+ → 살리실산 (OH, COOH)

살리실산 → CH_3OH, 진한 H_2SO_4, 에스터화 → 살리실산메틸 (OH, $COOCH_3$)

살리실산 → 아세트산 무수물 ($O(CO-CH_3)_2$), 아세틸화 → 아세틸살리실산 ($O-C(=O)-CH_3$, COOH)

살리실산메틸
외용약(소염 진통제)

아세틸살리실산
내용약(해열 진통제)

유기 화학

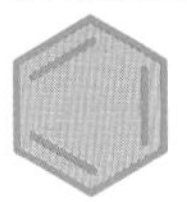

옷장 방충제로 쓰는 나프탈렌이 대표적이다

◦ 방향족 탄화수소 ◦

벤젠 고리를 가지는 탄화수소(C, H 원소만으로 된 유기 화합물)를 방향족 탄화수소라고 한다. 방향족 탄화수소에는 톨루엔처럼 벤젠 고리에 직접 탄화수소기가 결합한 것과 나프탈렌처럼 2개 이상의 벤젠 고리로 된 것이 있다(표 115-1).

표 115-1 ● **방향족 탄화수소의 성질**

구조식	명칭과 녹는점·끓는점(℃)		
(벤젠 구조식)	**벤젠** 녹는점 5.5 끓는점 80		
(CH_3 톨루엔 구조식)	**톨루엔** 녹는점 −95 끓는점 111		
(나프탈렌 구조식)	**나프탈렌** 녹는점 81 끓는점 218		

벤젠의 수소 원자 6개 중 1개가 메틸기(CH_3-)로 치환된 것을 톨루엔이라고 하고, 2개가 메틸기(CH_3-)로 치환된 것을 자일렌이라고 한다. 자일렌은 두 메틸기의 위치에 따라 세 가지 구조 이성질체가 있다(그림 115-1).

옷장에 방충제로 놓는 나프탈렌은 벤젠 고리가 2개 이어진 구조인데, 벤젠과 마찬가지로 방향족성을 가졌고 안정적이다. 나아가 나프탈렌에 벤젠 고리를 계속 이어가면 안트라센, 나프타센 등 새로운 화합물이 생성되는데, 분자가 길어질수록 서서히 불안정해진다(그림 115-2). 이들 구조식을 살펴보면 3개의 2중 결합을 지니는 육원 고리(6개의 원자가 고리 모양으로 결합한 것)는 벤젠 고리뿐이고, 나머지 고리에는 2중 결합이 2개밖에 없다. 벤젠 고리가 방향족성 덕에 안정적인 것은 탄소 원자 6개 사이의 결합이 단일 결합 3개에 2중 결합 3개이기 때문인데, 2중 결합이 2개밖에 없는 벤젠 고리가 늘어날수록 서서히 방향족성이 약해져 불안정해진다.

다만 직선이 아니라 지그재그로 벤젠 고리를 이어간 경우에는 어떤 고리든 3개의 2중 결합을 가질 수 있어서 벤젠 고리의 수가 늘어나도 비교적 안정적이다(그림 115-3).

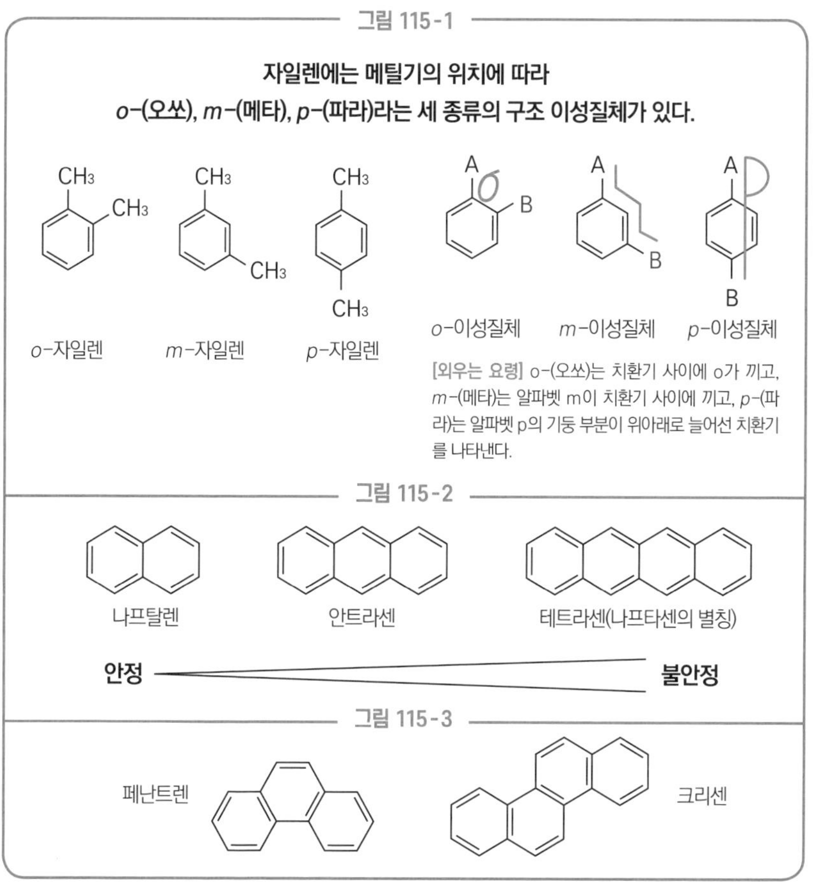

유기 화학

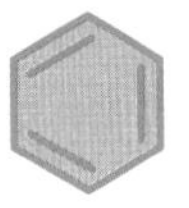

벤젠이 일으키는 중요한 세 가지 반응

◦ 방향족 탄화수소의 반응 ◦

벤젠에 첨가 반응을 일으키기는 어렵지만, 치환 반응은 잘 일어난다고 했다. 치환 반응이 일어나는 메커니즘과 대표적인 치환 반응인 할로젠화, 나이트로화, 술폰화에 대해 알아보자.

그림 113-3을 다시 한번 보기 바란다. 벤젠 고리에서 H^+가 빠지고 대신 X^+가 결합하여 치환기 -X가 되었다. H원자가 양이온 H^+의 형태로 빠지기 때문에 벤젠 고리에서 치환 반응을 일으키려면 양이온 X^+를 가까이 가져가야 한다. 페놀과 아닐린이 벤젠에서 직접 만들어지지 않는 것은 OH^+와 NH_2^+라는 양이온을 가까이 가져갈 수 없기 때문이다(애당초 그런 양이온은 만들 수 없다). 그래서 클로로벤젠이나 벤젠술폰산, 나이트로벤젠등 쓸모없는 중간 생성물을 일단 합성해서 페놀과 아닐린을 만들어 내는 것이다.

할로젠화

그림 116-1과 같이 벤젠에 철분을 촉매로 해서 염소 Cl_2와 반응시키면 클로로벤젠이 생성된다. 마찬가지로 브로민 Br_2를 작용시키면 브로모벤젠이 생성된다. 이렇게 벤젠의 H원자를 할로젠 원자와 치환하는 반응을 할로젠화라고 한다.

나이트로화

벤젠에 진한 질산과 진한 황산 혼합물을 작용시키면 벤젠의 수소 원자가 나이트로기(-NO_2)로 치환되어 나이트로벤젠이 생성된다. 이러한 반응을 나이트로화라고 한다.

그림 116-1 ● 벤젠의 클로로화에 의한 클로로벤젠의 생성

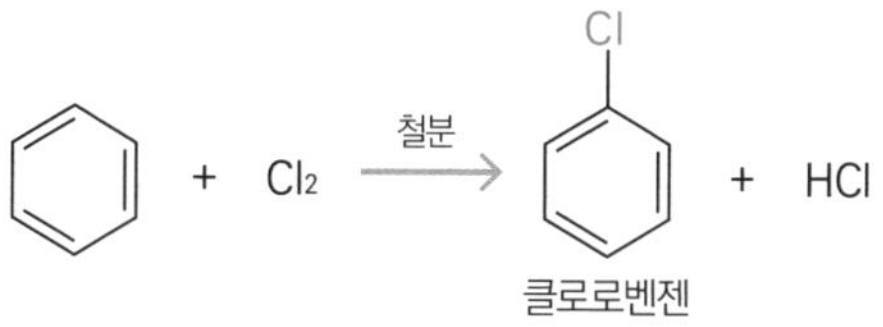

벤젠 + Cl_2 —(철분)→ 클로로벤젠(Cl) + HCl

벤젠 고리의 H원자와 치환 반응을 일으키려면 벤젠 고리에 양이온이 다가가야 하므로 Cl^+를 만들면 된다. 그런데 Cl^-는 간단히 만들 수 있어도 Cl^+는 보통 불가능하다. 그래서 철분(혹은 염화철(Ⅲ) $FeCl_3$도 가능)을 촉매로 써야만 한다. 철분에 염소 분자를 반응시키면 철분이 Cl_2를 끌어당겨서 Cl^-와 Cl^+로 분극한다. 이때 생성된 Cl^+가 치환 반응을 일으킨다.

그림 116-2 ● 벤젠의 나이트로화에 의한 나이트로벤젠의 생성

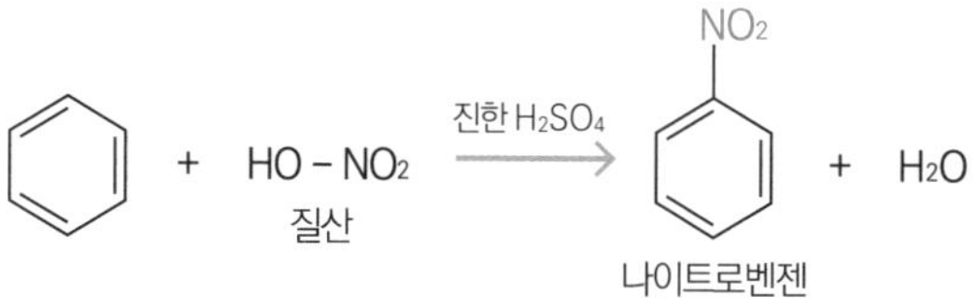

벤젠 + HO − NO_2 (질산) —(진한 H_2SO_4)→ 나이트로벤젠(NO_2) + H_2O

벤젠 고리의 수소 원자가 나이트로기 −NO_2와 치환된 나이트로벤젠을 합성하려면 NO_2^+를 만들면 된다. 이때는 질산 HNO_3로부터 OH^-를 떼면 되기 때문에 강산인 황산 H_2SO_4를 질산 HNO_3와 섞어서 벤젠과 반응시킨다. 그러면 황산이 질산으로부터 OH^-를 뽑아내기 때문에 남은 NO_2^+의 작용에 의해 나이트로벤젠이 생성된다.

술폰화

벤젠에 진한 황산을 가해 가열하면 벤젠의 수소 원자가 술폰기(-SO_3H)로 치환되어 벤젠술폰산이 생성된다. 벤젠술폰산은 강산성의 무색 결정으로 물에는 녹지만 유기 용매에는 잘 녹지 않는다.(그림 116-3).

그림 116-3 ● **벤젠의 술폰화에 의한 벤젠술폰산의 생성**

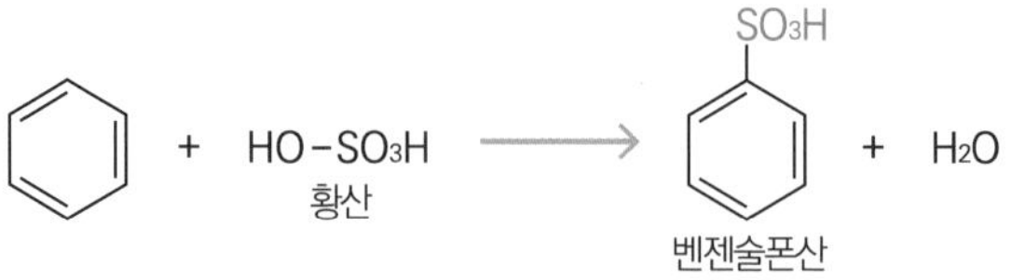

$$C_6H_6 + HO\text{-}SO_3H \rightarrow C_6H_5SO_3H + H_2O$$

황산 / 벤젠술폰산

진한 황산과 벤젠을 섞으면 진한 황산끼리 상호 작용을 해서 H_2SO_4가 다른 H_2SO_4로부터 OH^-를 떼어 내기 때문에 HSO_3^+가 생성되고, 이것이 치환 반응을 일으켜 벤젠술폰산이 생성된다.

화학의 창

폭약을 만드는 데 중요한 역할을 하는 나이트로화

폭약에는 여러 가지 종류가 있는데, 그중 유명한 것이 나이트로글리세린, 트라이나이트로톨루엔(TNT), 피크르산 등이다. 트라이나이트로톨루엔은 톨루엔을 나이트로화하고, 피크르산은 페놀을 나이트로화하면 생성된다.

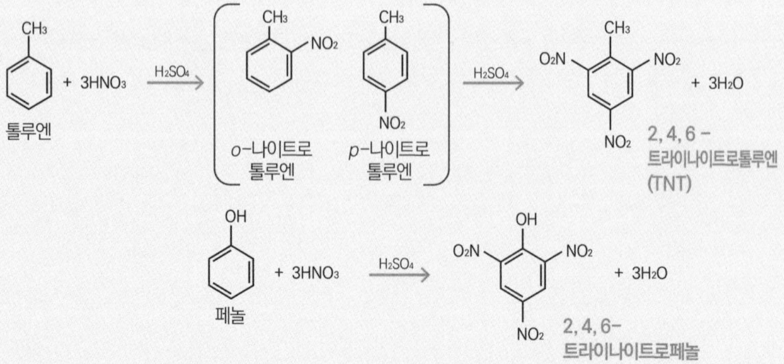

톨루엔 + $3HNO_3$ $\xrightarrow{H_2SO_4}$ [o-나이트로톨루엔, p-나이트로톨루엔] $\xrightarrow{H_2SO_4}$ 2, 4, 6 - 트라이나이트로톨루엔(TNT) + $3H_2O$

페놀 + $3HNO_3$ $\xrightarrow{H_2SO_4}$ 2, 4, 6- 트라이나이트로페놀 + $3H_2O$

톨루엔과 페놀은 벤젠보다 나이트로화가 쉽게 일어나 단숨에 나이트로기 3개가 치환 반응을 일으킨다. 트라이나이트로톨루엔이 더 안정적이어서 현재는 폭약의 주류가 되었는데, 과거에는 피크르산이 주로 쓰였다. 다만 피크르산은 강산성이어서 부식성이 강해 다루기 어렵다.

중요한 방향족 유기 화합물

◦ 페놀의 성질과 만드는 법 ◦

벤젠 고리에 직접 하이드록시기(–OH)가 결합한 구조인 물질을 페놀류라고 부른다. 표 117–1에 주요 페놀류의 특징을 정리했다. 페놀류는 염화철(Ⅲ) 수용액에서 파란색~적자색으로 색을 띠고, 수용액은 아주 약한 산성을 띤다(pH가 6 전후로 탄산보다도 약하다)는 특징이 있다.

표 117-1 ● 페놀류의 성질

명칭	페놀	*o*-크레졸	살리실산	1-나프톨	벤질알코올
구조	OH	OH, CH_3	OH, COOH	OH	CH_2OH
녹는점(℃)	41	31	158	96	–16
$FeCl_3$ 수용액에 의한 발색	보라	파랑	보라	보라	발색하지 않음

페놀은 컴퓨터 회로의 바탕에 페놀 수지로 사용되며 습포약, 해열 진통제 등 다양한 의약품의 원료로 쓰이기 때문에 무척 중요하다. CD와 DVD는 폴리카보네이트라는 투명한 플라스틱으로 만들어지는데, 이것의 원료 역시 페놀이다. 그래서 어떻게 하면 벤젠에서 페놀을 쉽게 합성할 수 있는지 지혜를 짜 냈다.

가장 먼저 생각한 것은 알칼리 융해(그림 117-1의 위쪽 방식) 방법이다.

이 방법에서는 벤젠 고리에 붙어 있는 H원자를 미리 음이온으로 빠지기 쉬

그림 117-1 ● 알칼리 융해와 클로로벤젠의 가수 분해에 의한 페놀 제법

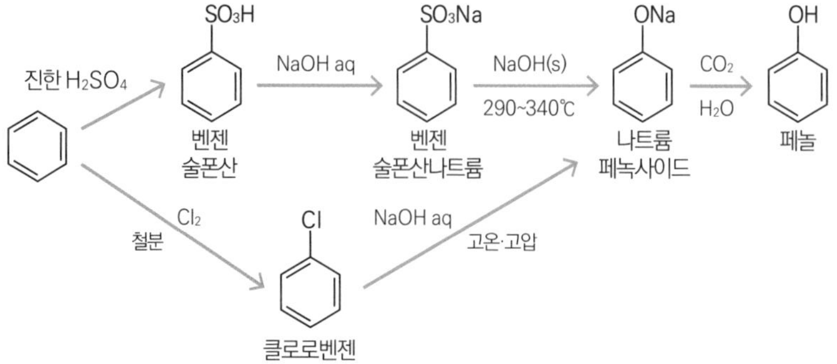

운 $-SO_3H$를 가진 벤젠술폰산으로 만들어 두는 것이 중요하다. 먼저 벤젠술폰산나트륨을 고체 수산화나트륨 NaOH과 섞어서 고온으로 가열한다. 그러면 $-SO_3H$는 음이온 SO_3^{2-}로 떨어지기 쉬워지고, OH^-와 SO_3^{2-}의 치환 반응이 일어나 나트륨페녹사이드가 생성된다. 이 치환 반응을 일으키려면 벤젠술폰산 주위에 많은 OH^-가 있어야만 한다. 그 때문에 고체 수산화나트륨을 이용하는데, 고온으로 가열해 끈적끈적한 액체로 녹인 뒤 반응시키기 때문에 알칼리 융해라는 이름이 붙은 것이다. 그 후, 산으로 처리하면 나트륨페녹사이드의 나트륨 이온이 수소 이온과 치환되어 페놀을 얻을 수 있다. 알칼리 융해는 1890년에 독일에서 개발되었는데, 가열에 비용과 시간이 드는 데다가 유해한 아황산나트륨이 발생하는 등 문제가 많은 방법이었다. 그래서 클로로벤젠을 가수 분해해서 페놀로 만드는 방법을 고안했다(그림 117-1 아래쪽 방식). 이 방법 역시 벤젠 고리에 붙어 있는 H원자를 미리 음이온으로서 빠지기 쉬운 Cl원자로 치환해 두는 것이 중요하다. 클로로벤젠을 300℃, 200기압이라는 극한 조건에서 수산화나트륨 수용액과 반응시키면 OH^-와 Cl^-의 치환 반응이 일어나 나트

륨페녹사이드가 생성된다. 반응하기 어려운 OH^-를 고온 고압으로 만듦으로써 억지로 Cl원자와 치환 반응을 일으키는 것이다. 이 가수 분해로 생긴 나트륨페녹사이드를 산으로 처리하면 페놀이 생성된다. 하지만 이 방법도 고온 · 고압이 필요하므로 대규모 장치와 대량의 에너지가 필요하다. 그래서 더 수월한 조건에서 페놀을 제조할 수 있는 방법으로 제2차 세계 대전 중 일본에서 개발한 쿠멘법이 있다(그림 117-2). 현재는 모든 페놀을 쿠멘법으로 제조하고 있다.

그림 117-2 • **쿠멘법에 의한 페놀 제조**

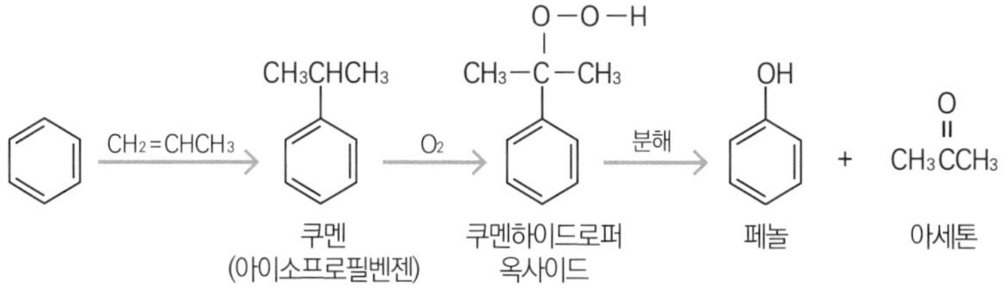

그림 117-3 • **페놀의 반응성**

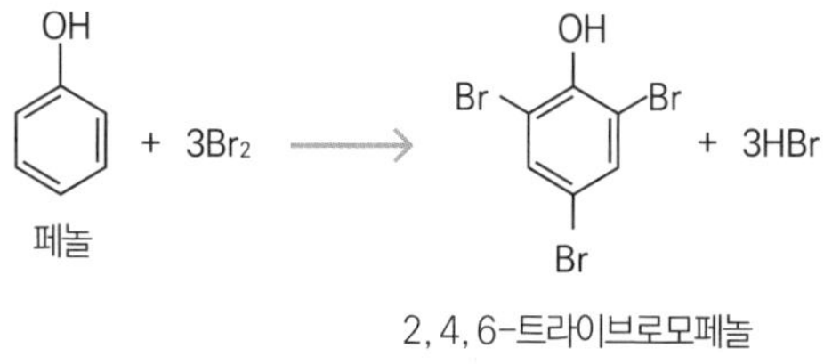

페놀은 벤젠보다 치환 반응을 하기 쉽다는 특징이 있다. 벤젠에 브로민을 첨가하려면(할로젠화) 철분 등 촉매가 필요한데, 페놀은 브로민수를 가하기만 해도 첨가 반응을 일으켜서 2, 4, 6-트라이브로모페놀의 백색 앙금이 생성된다.

유기 화학

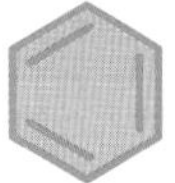

프린터 잉크의 원료

◦ 아닐린의 제법, 성질과 반응성 ◦

아닐린은 무색의 액체인데 산화하면 색이 진해져서 보라색이 된다. 1856년에 영국의 화학자 윌리엄 퍼킨이 아닐린의 반응을 발견하고, 보라색 합성염료로 판매해 크게 성공했다. 보라색은 고귀와 명성을 상징하는 색깔인데, 당시 보라색 염료는 천연 소라고둥이 원료였기 때문에 대량 생산이 어려웠다. 아닐린은 석탄으로부터 유용한 가스를 추출하고 남은 콜타르에서 얻을 수 있다. 쓸모없던 물질에서 귀중한 보라색 합성염료를 만들어 낸다는 것은 무척 훌륭한 발견이었다. 지금도 아닐린은 합성염료의 원료로 중요한 위치를 점하고 있다.

아닐린의 제법

실험실에서는 나이트로벤젠을 주석과 진한 염산으로 환원해서 아닐린염산염을 만든 후에 수산화나트륨 수용액을 더해 아닐린을 분리시킨다(그림 118-1 위쪽). 공업적으로는 니켈 등을 촉매로 써서 나이트로벤젠을 수소로 환원하

그림 118-1 • 아닐린의 제법

실험실에서의 제법

나이트로벤젠 ($C_6H_5NO_2$) →(Sn, HCl / 환원)→ 아닐린염산염 ($C_6H_5NH_3Cl$) →(NaOH)→ 아닐린 ($C_6H_5NH_2$)

공업적 제법

$C_6H_5NO_2 + 3H_2 \xrightarrow{(Ni)} C_6H_5NH_2 + 2H_2O$

여 만들 수 있다(그림 118-1 아래쪽).

아닐린의 성질

1. 약한 염기성을 띠며, 염산에는 염(아닐린염산염)을 생성하고 녹는다. 또 NaOH 수용액을 가하면 아닐린이 분리된다.
2. 표백분 수용액($Ca(ClO)_2$ 수용액)에 의해 산화되어 적자색으로 발색한다.
3. 황산 산성인 다이크로뮴산칼륨 수용액으로 산화하면, 물에 녹지 않는 검은색 물질(아닐린블랙)이 생성된다. 이 아닐린블랙은 섬유를 검게 물들이는 염료로 쓰인다.

아닐린의 반응성

1. 아닐린에 아세트산을 더해 가열하거나 아세트산 무수물을 반응시키면 그림 118-2와 같이 아세트아닐라이드가 생성된다. 아세트아닐라이드의 -NH-CO-결합을 아마이드 결합이라고 하고, 아마이드 결합을 가지는 화합물을 아마이드라고 부른다. 아마이드는 에스터와 마찬가지로 산·염기를 이용해 가수 분해하면 원래의 카복실산과 아민으로 돌아간다.

그림 118-2 ● 아세트아닐라이드의 제법

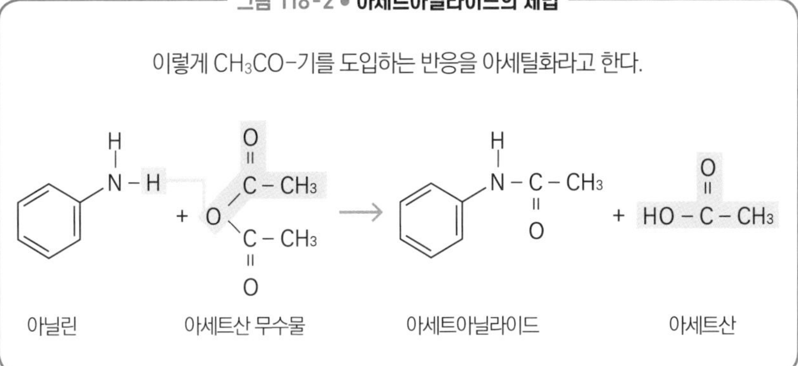

2. 아닐린은 그 자체만으로도 아닐린블랙이라는 염료로 쓰이지만, 그림 118-3, 4와 같이 다이아조화 → 커플링이라는 순서대로 아조 화합물을 합성해서 염료로 쓰이기도 한다.

그림 118-3 • 아닐린의 다이아조화

아닐린의 묽은 염산 용액을 얼음에 식히면서 아질산나트륨 수용액을 더하면 염화벤젠다이아조늄을 얻을 수 있다. 이렇게 $R-N^+\equiv N$의 구조를 지닌 다이아조늄염이 생성되는 반응을 다이아조화라고 한다. 다이아조화 반응에서 얼음 냉각이 필요한 이유는 염화벤젠다이아조늄이 고온에서 가수 분해되어 질소와 페놀로 나뉘기 때문이다.

$$C_6H_5NH_2 + NaNO_2 + 2HCl \xrightarrow{0\sim5℃} C_6H_5N^+\equiv NCl^- + NaCl + 2H_2O$$

아닐린　아질산나트륨　염화벤젠다이아조늄

$$C_6H_5N^+\equiv NCl^- + H_2O \xrightarrow{5℃\ 이상} C_6H_5OH + N_2 + HCl$$

염화벤젠다이아조늄　페놀

그림 118-4 • 커플링

염화벤젠다이아조늄 수용액에 나트륨페녹사이드 수용액을 더하면 빨간 주황색을 띠는 *p*-하이드록시아조벤젠이 생성된다(이 반응을 커플링이라고 한다. 벤젠 고리끼리 이어서 '짝'을 짓는 반응이라고 생각하면 된다). *p*-하이드록시아조벤젠처럼 분자 속에서 아조기 $-N=N-$ 를 가지는 화합물을 아조 화합물이라고 한다.

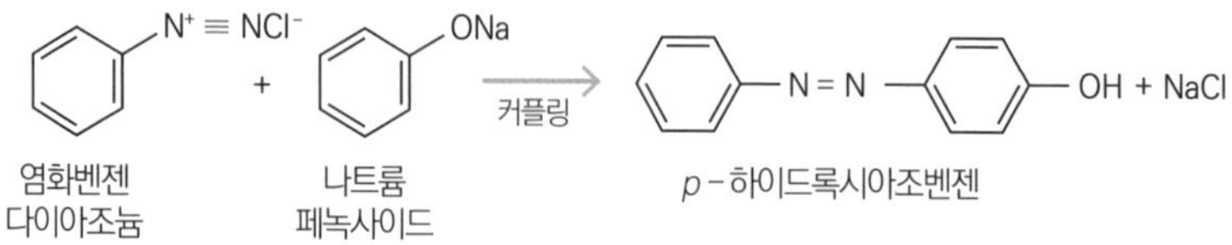

$$C_6H_5N^+\equiv NCl^- + C_6H_5ONa \xrightarrow{커플링} C_6H_5-N=N-C_6H_4-OH + NaCl$$

염화벤젠 다이아조늄　나트륨 페녹사이드　*p*-하이드록시아조벤젠

유기 화학

카복실산으로 만드는 아스피린은 세계적으로 연간 1,500억 알이나 소비된다

◦ 방향족 카복실산의 제법, 성질과 반응성 ◦

방향족 카복실산의 가장 단순한 물질은 벤젠 고리에 카복시기가 직접 결합한 것으로 벤조산이라고 한다. 벤조산은 '안식향산'이라고도 하는데, '안식향'이라는 나무의 줄기에서 채취한 수액으로부터 얻을 수 있는 산성 물질에서 유래한 이름이다. 또 하나, 자주 등장하는 방향족 카복실산은 살리실산이다. 살리실산은 습포약으로 쓰이는 살리실산메틸, 해열 진통제로 쓰이는 아세틸살리실산(아스피린)의 원료다.

벤조산

벤조산은 톨루엔을 산화하면 얻을 수 있다(그림 119-1).

과망가니즈산칼륨은 강력한 산화제여서 단숨에 벤조산이 되지만, 다이크로

그림 119-1

톨루엔을 $KMnO_4$로 산화시키면 단숨에 벤조산이 생성된다. $K_2Cr_2O_7$로 서서히 산화시키면 벤즈알데하이드에서 산화가 멈출 수도 있다.

CH_3 / 톨루엔 —산화→ CHO / 벤즈알데하이드 —산화→ $COOH$ / 벤조산

$CH_2-CH_2-CH_3$ / 프로필벤젠 → 벤조산

$HC=CH_2$ / 스타이렌 → 벤조산

프로필벤젠도 스타이렌도 산화하면 벤조산이 된다.

제 14 장 방향족 화합물

륨산칼륨을 쓰면 도중에 벤즈알데하이드에서 멈출 수도 있다. 벤젠 고리에 붙은 측사슬은 탄소 수에 관계없이 카복시기로 변하는 특징이 있어서 톨루엔 이외에도 산화하면 벤조산을 얻을 수 있다. 또 프탈산, 테레프탈산도 마찬가지로 *o*-자일렌, *p*-자일렌으로부터 얻을 수 있다(그림 119-2). 프탈산은 프탈산 무수물이 된 다음 수지와 염료의 원료로 쓰이고, 테레프탈산은 페트병의 원료로 이용되고 있다. 프탈산과 테레프탈산이라는 단어를 처음 들어보는 사람도 많을 텐데, 사실은 굉장한 양이 소비되고 있는 셈이다.

그림 119-2 ● **프탈산과 테레프탈산의 제법**

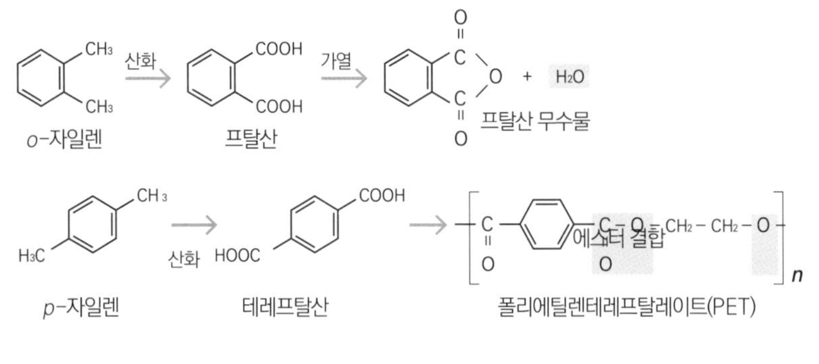

살리실산

살리실산은 그림 119-3과 같이 고온·고압에서 나트륨페녹사이드에 이산화탄소를 반응시켜 얻는다. 나트륨페녹사이드에 억지로 CO_2를 붙이는 방식이다. 물론 벤조산을 만드는 법처럼 *o*-크레졸을 산화시켜도 살리실산은 생성되지만, *o*-크레졸보다 페놀이 훨씬 싸고 쉽게 구할 수 있으므로 이 방법은 별로 쓰지 않는다.

살리실산으로 만들어지는 두 종류의 의약품이 아세틸살리실산과 살리실산메틸이다. 아세틸살리실산은 그림 119-4에 나와 있듯 살리실산에 아세트산 무수물을 반응시켜 얻는다. 아세틸살리실산은 해열 진통제로 쓰인다.

살리실산메틸은 그림 119-5에 나와 있듯 살리실산에 소량의 진한 황산을 촉매로 쓰고 메탄올과 반응시켜 얻는다. 살리실산메틸은 소염 진통제(습포약)로 쓰인다.

그림 119-3 ● 살리실산의 제법

나트륨페녹사이드 (ONa) —(CO_2, 고온·고압)→ 살리실산나트륨 (COONa, OH) —(H_2SO_4)→ 살리실산 (COOH, OH) ←(산화)— *o*-크레졸 (CH_3, OH)

그림 119-4 ● 아세틸살리실산의 제법

살리실산 (OH, COOH) + 아세트산 무수물 ($O(CO-CH_3)_2$) —(H_2SO_4)→ 아세틸살리실산 (녹는점 135℃) ($OCOCH_3$, COOH) + 아세트산 (CH_3COOH)

처음에는 살리실산을 해열 진통제로 썼다. 살리실산이라는 명칭은 '버드나무'를 뜻하는 라틴어 'salix'에서 유래했다. 버드나무 추출물에 해열·진통 작용이 있다는 사실은 옛날부터 알려져 있었다. 그런데 살리실산은 위에 좋지 않아서 현재는 하이드록시기를 아세틸화해서 부작용을 방지한 아세틸살리실산이 쓰이고 있다.

그림 119-5 ● 살리실산메틸의 제법

살리실산 (OH, COOH) + 메탄올 ($H-OCH_3$) —(진한 H_2SO_4, 에스터화)→ 살리실산메틸(녹는점 -8℃) (OH, $COOCH_3$) + H_2O

살리실산과 아세틸살리실산은 실온에서 고체지만, 살리실산메틸은 카복시기가 메틸화되었기 때문에 녹는점이 내려가 실온에서는 기름 형태의 액체가 된다.

제14장 방향족 화합물

혼합된 방향족 유기 화합물을 분리하려면?

◦ 방향족 화합물의 분리 ◦

나이트로벤젠과 아닐린이 모두 녹아 있는 다이에틸에테르 용액에서 둘을 분리하려면 어떻게 해야 할까? 정답은 '분액 깔때기에 다이에틸에테르 용액과 염산을 넣고 잘 흔들어 섞는다'이다. 왜 염산에 넣으면 혼합물을 나이트로벤젠과 아닐린으로 분리할 수 있을까? 분액 깔때기의 구조와 함께 알아보자.

그림 120-1을 보기 바란다. 분액 깔때기라는 유리 기구에 나이트로벤젠과 아닐린이 모두 녹아 있는 다이에틸에테르 용액과 염산을 넣었다. 이를 그림처럼 잘 흔들어 섞으면 나이트로벤젠은 중성이어서 다이에틸에테르에 그대로 녹아 있지만, 염기성인 아닐린은 염산에 아닐린염산염이 되어 녹아들어서 다이에틸에테르 용액으로부터 분리된다. 이렇게 두 물질을 분리할 수 있다.

그러면 벤조산과 페놀이 다이에틸에테르에 녹아 있을 경우는 어떻게 분리할까? 둘 다 산성인 벤조산과 페놀 중 한쪽만 물에 녹일 방법을 찾아내야 한다. 정답은 '탄산수소나트륨 수용액을 쓴다'이다. 벤조산과 페놀은 같은 약산이지만 pH는 크게 다르다. 벤조산은 아세트산처럼 pH 3 정도인 반면, 페놀은 산성이어도 그 수용액은 pH 6으로 무척 약한 산성(약산성이라기보다 미산성이라고 하는 것이 옳다)이다. 페놀은 NaOH라는 강염기와 반응해 나트륨페녹사이드의 염이 되는데, 약염기인 $NaHCO_3$와는 반응하지 않는다. 하지만 벤조산은 $NaHCO_3$와도 반응해서 벤조산나트륨이라는 염이 된다(그림 120-2). 이

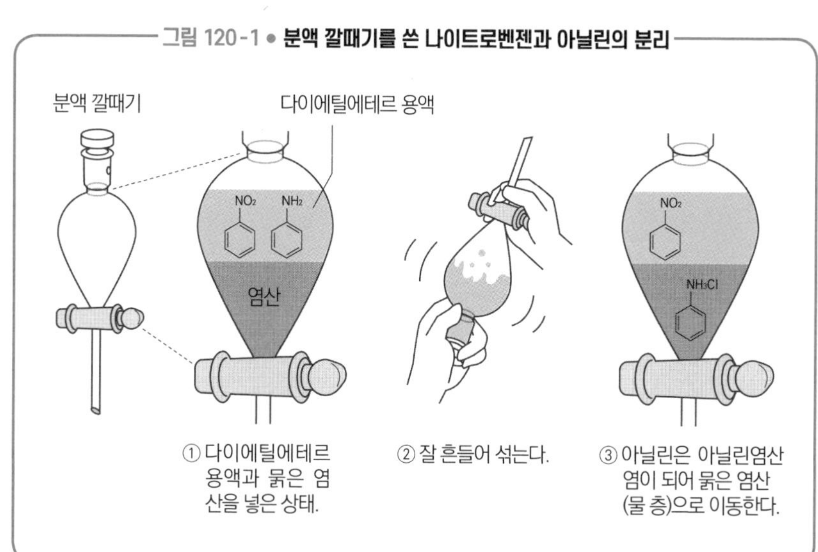

그림 120-1 ● **분액 깔때기를 쓴 나이트로벤젠과 아닐린의 분리**

그림 120-2 ● **페놀과 벤조산의 염기와 반응성**

분액 깔때기에 벤조산과 페놀이 녹은 다이에틸에테르 용액을 넣고, $NaHCO_3$ 수용액을 넣어 섞는다. 그러면 벤조산만 벤조산나트륨의 염이 되어 $NaHCO_3$ (물 층) 수용액 속으로 이동한다. 페놀은 반응하지 않으므로 다이에틸에테르 속에 남는다.

$C_6H_5COOH + NaOH \rightarrow C_6H_5COO^-Na^+ + H_2O$
물에 녹는다.

$C_6H_5COOH + NaHCO_3 \rightarrow C_6H_5COO^-Na^+ + H_2O + CO_2$
물에 녹는다.

$C_6H_5OH + NaOH \rightarrow C_6H_5O^-Na^+ + H_2O$
물에 녹는다.

$C_6H_5OH + NaHCO_3 \rightarrow \times$
반응하지 않고, 페놀인 채로 남아 물에 녹지 않는다.

러한 성질을 이용해 벤조산과 페놀을 분리할 수 있다.

마지막으로 나이트로벤젠, 아닐린, 벤조산, 페놀이 섞인 다이에틸에테르 용액에서 각각을 분리하는 순서에 대해 확인해 보자(그림 120-3).

그림 120-3 ● 방향족 유기 화합물 4종류의 분리법 정리

나이트로벤젠, 아닐린, 벤조산, 페놀이 녹아 있는 다이에틸에테르 용액에서 각각을 분리한다.

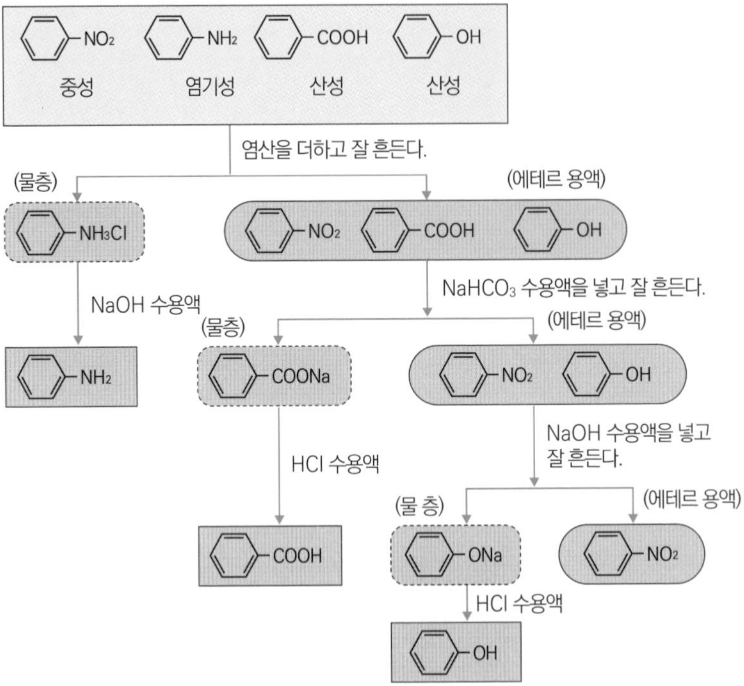

$C_6H_5-NO_2$ 중성
$C_6H_5-NH_2$ 염기성
C_6H_5-COOH 산성
C_6H_5-OH 산성

염산을 더하고 잘 흔든다.

(물층) $C_6H_5-NH_3Cl$
(에테르 용액) $C_6H_5-NO_2$, C_6H_5-COOH, C_6H_5-OH

NaOH 수용액 → $C_6H_5-NH_2$

$NaHCO_3$ 수용액을 넣고 잘 흔든다.

(물층) $C_6H_5-COONa$
(에테르 용액) $C_6H_5-NO_2$, C_6H_5-OH

HCl 수용액 → C_6H_5-COOH

NaOH 수용액을 넣고 잘 흔든다.

(물 층) C_6H_5-ONa
(에테르 용액) $C_6H_5-NO_2$

HCl 수용액 → C_6H_5-OH

제 15 장

천연 고분자 화합물

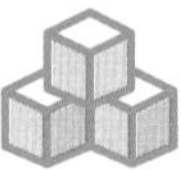

원자가 무수히 연결된 화합물

◦ 고분자 화합물이란 ◦

고분자 화합물이란 '분자량이 큰 화합물'로, 분자량이 대략 10,000 이상인 화합물을 가리킨다. 탄소와 수소만으로 이루어지는 제일 단순한 유기 화합물이라도 분자량이 10,000을 넘으려면 메테인 → 에테인 → 프로페인 등 탄소 원자가 715개 넘게 이어져야 한다. 요컨대, 고분자 화합물이란 원자가 엄청나게 많이 이어져 있는 물질인 셈이다.

고분자 화합물의 분류

고분자 화합물은 크게 단백질과 녹말 등 천연에 존재하는 천연 고분자 화합물과 폴리에틸렌과 나일론 등 인공적으로 만들어 낸 합성 고분자 화합물로 나눌 수 있다. 또 합성될 때 반응의 차이에 따라 첨가 중합이라는 반응으로 생기는 것과 축합 중합이라는 반응으로 생기는 것으로 다시 나뉜다(표 121-1).

표 121-1 • **유기 고분자 화합물**

	천연 고분자 화합물	합성 고분자 화합물
첨가 중합	천연 고무	폴리에틸렌, 폴리염화비닐, 합성 고무
축합 중합	다당류, 단백질, 셀룰로오스, DNA	폴리에틸렌테레프탈레이트, 나일론

고분자 화합물을 만드는 두 가지 방법

고분자 화합물의 원료인 저분자 화합물을 모노머(단위체), 완성된 고분자 화합물을 폴리머(중합체)라고 한다. '중합'이란 '화학 반응이 반복해서 일어난다'

라는 의미다. 고분자 화합물은 모노머가 중합해서 생기는 유기 화합물인 셈이다.

중합의 형식에는 두 종류가 있는데 하나는 2중 결합을 가지는 화합물이 첨가 반응을 반복하며 일으키는 첨가 중합(그림 121-1)이다. 그리고 또 다른 하나는 두 개의 작용기가 반응해서 작은 분자가 제거되는 축합 반응(예: -COOH와 -OH가 반응해 물 분자가 떨어지고 에스터 결합이 생기는 반응)을 반복해서 일으키는 축합 중합(그림 121-2)이다. 2중 결합을 가지면 첨가 중합(아무것도 떼어 내지 않는다), 뭔가가 떨어지면 축합 중합이라고 기억하자.

그림 121-1 ● 첨가 중합의 반응 메커니즘

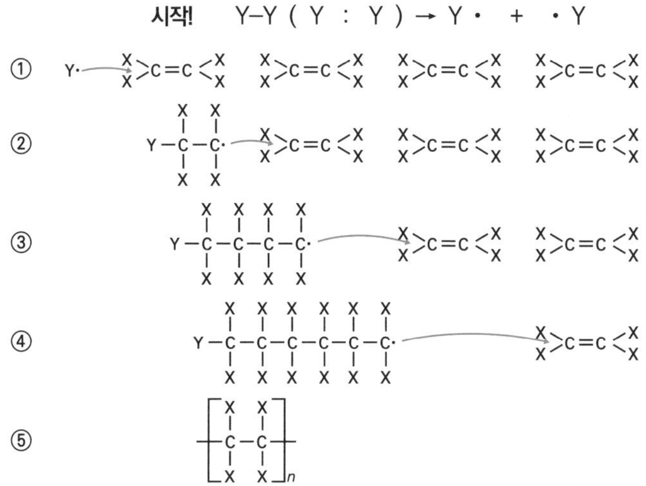

시작! Y–Y (Y : Y) → Y· + ·Y

① Y· → X₂C=CX₂ X₂C=CX₂ X₂C=CX₂ X₂C=CX₂

② Y–CX₂–CX₂· → X₂C=CX₂ X₂C=CX₂ X₂C=CX₂

③ Y–CX₂–CX₂–CX₂–CX₂· → X₂C=CX₂ X₂C=CX₂

④ Y–CX₂–CX₂–CX₂–CX₂–CX₂–CX₂· → X₂C=CX₂

⑤ $\left[-CX_2-CX_2-\right]_n$

첨가 중합은 Y–Y라는 공유 결합을 하는 분자가 Y·와 ·Y라는 공유 결합이 정확히 중간에서 끊어지는 상태가 되는 것에서부터 시작한다. Y·는 비공유 전자를 가진 불안정한 상태인데, 이것을 라디칼이라고 한다(라디칼이란 영어로 radical이라고 쓰며 '과격한'이라는 의미이다). 라디칼은 불안정해서 빨리 안정해지려고 하므로, 근처에 2중 결합을 가진 분자에 달라붙는다(①). 달라붙은 분자는 2중 결합 중 하나가 끊어지고 비공유 전자를 가진 라디칼이 된다(②).이 라디칼이 또 가까이에 있는 2중 결합을 한 분자에 달라붙는 식으로 반응이 연쇄적으로 이어지며(③~④), 최종적으로는 분자가 n개 이어진 고분자 화합물이 완성된다(⑤). 이 n을 중합도라고 부른다.

그림 121-2 • **축합 중합의 반응 메커니즘**

$$CH_3COOH + HOC_2H_5 \longrightarrow CH_3COOC_2H_5 + H_2O$$

아세트산 에탄올 아세트산에틸

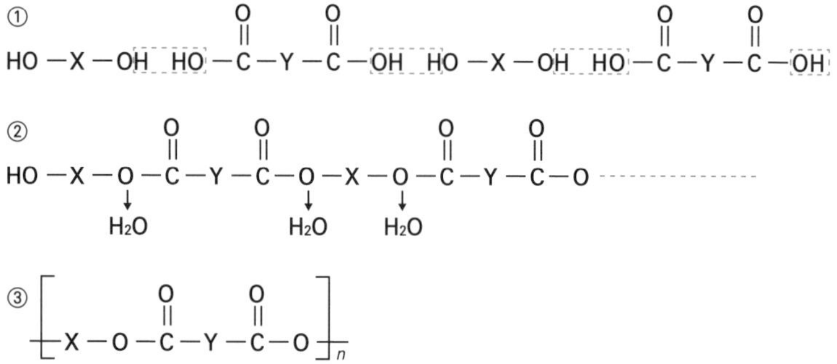

① HO—X—OH HO—C(=O)—Y—C(=O)—OH HO—X—OH HO—C(=O)—Y—C(=O)—OH

② HO—X—O—C(=O)—Y—C(=O)—O—X—O—C(=O)—Y—C(=O)—O ------

H_2O H_2O H_2O

③ $\left[X—O—C(=O)—Y—C(=O)—O \right]_n$

축합 반응이란 알코올의 -OH와 카복실산의 -COOH가 반응해서 에스터 결합이 생겼을 때처럼 작은 분자가 떨어지는 것이 특징이다. 만약 -OH와 -COOH를 각각 2개씩 가진 분자가 있다면 축합 반응을 반복해서 일으킬 수 있다(①~②). 이 반응 형식을 축합 중합이라고 하며, 축합 중합으로 생긴 고분자 화합물을 ③처럼 나타낸다. 여기서는 -OH와 -COOH의 축합 중합을 예로 들었지만, -OH와 -OH 또는 -OH와 $-NH_2$도 축합 중합을 일으킬 수 있다.

고분자 화합물의 특징

1. 모노머가 몇 개 중합했는지 나타내는 중합도 n은 불규칙해서 고분자 화합물 각각의 분자량도 고르지 않을 수 있기 때문에 평균 분자량을 이용한다.
2. 저분자 화합물 고체는 결정 구조를 가지기 때문에 녹는점이 일정한데, 고분자 화합물은 결정 부분과 비결정 부분이 한데 섞여 있어서 가열하면 명확한 녹는점이 보이지 않고 서서히 연화한다(연화하기 시작하는 온도를 연화점이라고 부른다). 유리를 부드러운 상태에서 가공할 수 있는 것도 무기 고분자 화합물이기 때문이다. 저분자 화합물은 액체 상태 아니면 고체 상태밖에 없다.

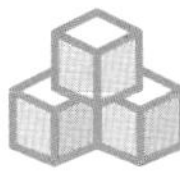

설탕에도 여러 종류가 있다

◦ 단당류 ◦

'탄수화물은 다이어트의 적'이라고 하지만, 생물이 살아가는 데 필요한 에너지원이 되는 것이 탄수화물, 즉 당류다. 단당류와 이당류는 고분자 화합물이 아니지만 다당류의 바탕이 되는 당이므로 순서대로 살펴보자.

표 122-1을 보면 알 수 있듯이 포도당, 과당, 갈락토스는 전부 같은 분자식 $C_6H_{12}O_6$으로 나타내는데, 구조식은 그림 122-1과 같이 서로 다르다. 구조식에는 탄소 원자가 6개 있으므로 어느 탄소 원자인지 알 수 있도록 C=O 구조에 가장 가까운 탄소 원자를 1번으로 하고 이하 6번까지 번호를 매긴다.

세 종류의 단당 구조를 잘 비교해 보기 바란다. 포도당과 과당, 갈락토스와 과당은 구조 이성질체 관계인데, 포도당와 갈락토스의 관계는 4번 탄소 원자에

표 122-1 • **대표적인 당류**

당류는 단당류, 당류가 2분자 이어진 이당류, 많이 이어진 다당류로 분류할 수 있다.

분류	명칭	분자식	구성 단당
단당류	포도당(글루코스) 과당(프럭토스), 갈락토스	$C_6H_{12}O_6$	
이당류	엿당(말토스) 수크로스(자당) 젖당(락토스)	$C_{12}H_{22}O_{11}$	α-포도당+포도당 α-포도당+과당 α-포도당+갈락토스
다당류	녹말 셀룰로오스 글리코겐	$(C_6H_{10}O_5)n$	α-포도당 β-포도당 α-포도당

결합한 OH와 H의 연결 방식이 다른 거울상 이성질체 관계다. 그림 122-1은 단당 구조식을 직선 사슬 모양으로 그렸는데, 포도당의 결정은 그림 122-2에 나와 있듯 α형 고리 모양 구조다. 그리고 수용액 속에서는 α형 고리 모양 구조가 사슬 모양 구조, β형 고리 모양 구조로 가역적으로 변화하고 최종적으로는 여러 구조가 일정한 비율로 섞인 평형 상태가 된다.

과당 역시 다른 단당류와 마찬가지로 물에 녹아 복잡한 평형 상태를 이룬다(그림 122-3). 40℃인 수용액에서는 β-프럭토푸라노스가 31%를 차지하는데, 수용액의 온도를 낮추면 비율이 늘어나면서 0℃ 부근에서는 70%를 점하게 된다. 사실 이 구조는 많은 과당의 구조 이성질체 중 사람이 제일 달게 느끼는 구조다. 수박이나 멜론을 차갑게 해서 먹으면 더 달게 느껴지는 이유는 바로 β-프럭토푸라노스의 비율이 늘어났기 때문이다.

고리 모양 구조를 가지는 α-포도당과 α-갈락토스의 구조를 비교하면 4위 탄소 원자에 결합한 -OH기가 위에 있는지 아래에 있는지만 다를 뿐이

그림 122-1 • 단당 3종류의 구조식

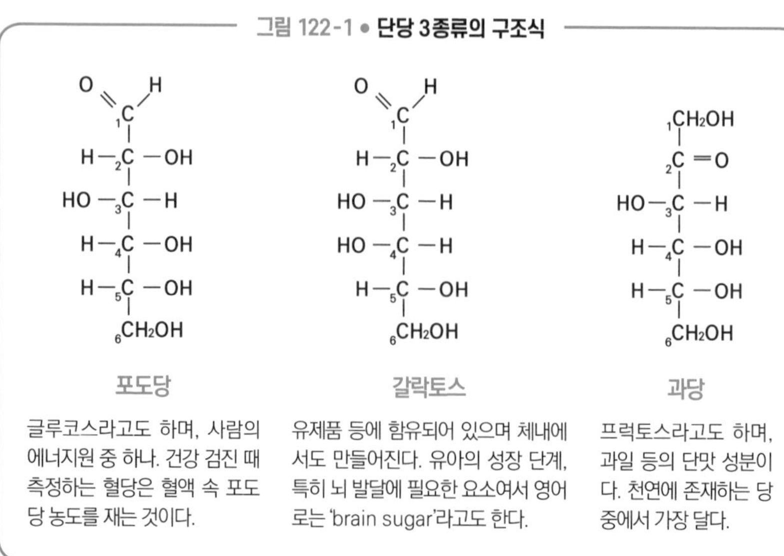

다(그림 122-4). 하지만 3위부터 5위까지 탄소 원자에 붙어 있는 -OH와 -CH_2OH에 주목하면 포도당은 위아래가 번갈아 가며 있는 반면, 갈락토스는 전부 위쪽으로 붙어 있다. -H에 비해 -OH와 -CH_2OH는 크기가 커서 같은

그림 122-2 ● 수용액 속에서 포도당의 구조 변화

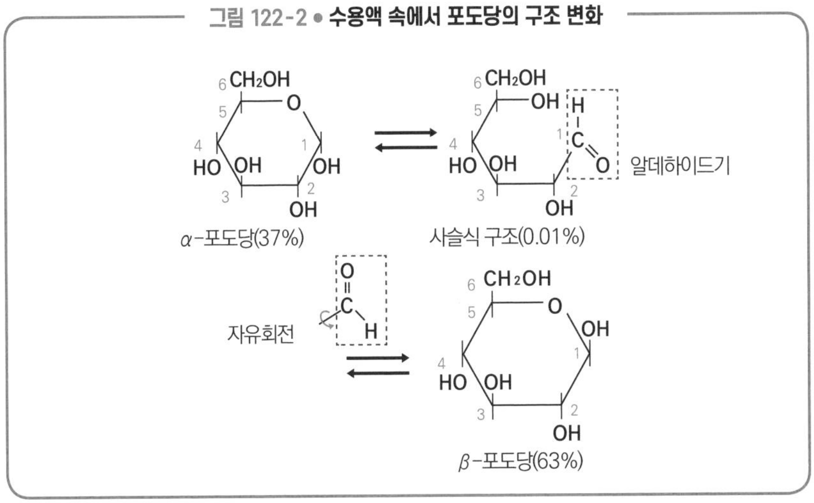

그림 122-3 ● 수용액 속에서 과당의 평형 상태

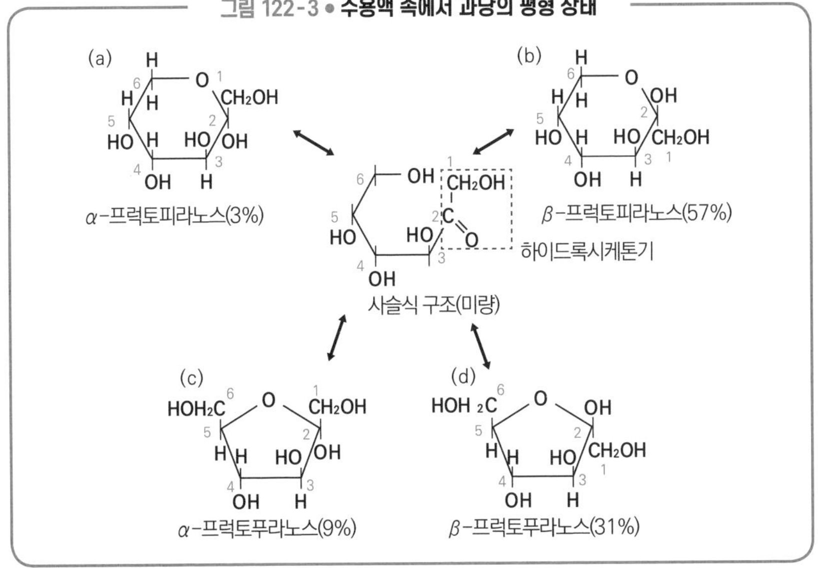

제15장 천연 고분자 화합물

방향으로 붙어 있으면 입체적으로 서로를 방해해 버리기 때문에 불안정해진다. 이 현상을 '갈락토스는 포도당보다 입체 장애가 크다'라고 표현한다. 자연계에서는 포도당이 폭넓게 존재하는데, 갈락토스보다 입체 장애가 작아 안정적으로 존재할 수 있기 때문이다.

단당류는 사슬 모양 구조를 취했을 때 산화되기 쉬운 알데하이드기(포도당, 갈락토스)와 하이드록시케톤기 $-COCH_2OH$(과당)가 작용기로 나타난다. 그래서 환원성을 띠기 때문에 펠링 반응과 은거울 반응에 양성이다.

그림 122-1 ● **α-포도당(왼쪽)과 α-갈락토스(오른쪽)**

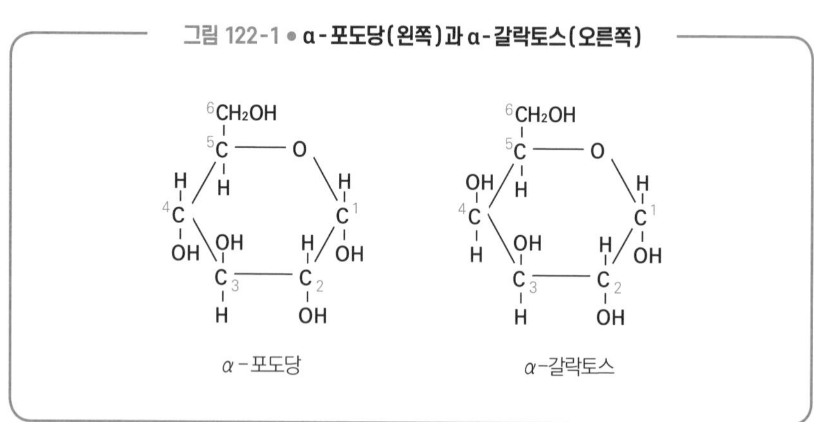

고분자 화학

 요리에 쓰는 백설탕은 이당류

◦ 이당류 ◦

이당류는 2분자 단당이 축합하고 물 분자가 떨어지면서 생성된다. 앞서 단당으로 포도당, 과당, 갈락토스까지 3개를 배웠다. 생성될 수 있는 이당은 3개에서 2개를 고르는 조합으로 3×2=6가지, 게다가 두 단당 각각에 축합할 수 있는 −OH가 5개씩 있으므로 총 150가지의 가능성이 있다. 다만 실제로 자연계에 존재하는 이당은 극히 한정적이다. 엿당과 수크로스는 가장 유명하고, 젖당도 친숙하며, 그 외 트레할로스와 셀로비오스를 알고 있으면 완벽하다.

엿당와 셀로비오스

포도당끼리 축합한 이당으로 엿당과 셀로비오스를 들 수 있다. 그림 123-1을 보자. 포도당에는 -OH가 많이 있는데, 축합에 쓰이는 것은 1위와 4위 -OH다. 단, 1위 -OH는 α-포도당일 때는 아래로 향하고 β-포도당일 때는 위로 향하여 방향이 다르기 때문에 각각 α형과 β형으로 축합한 이당도 엿당과 셀로비오스로 달라지는 것이다. 엿당의 결합 방식은 탄소 원자의 번호를 따서 α-1, 4 글리코사이드 결합, 셀로비오스의 결합 방식을 β-1, 4 글리코사이드 결합이라고 한다.

제 15 장

천연 고분자 화합물

수크로스

수크로스는 자당이라고도 하는데, α-포도당의 1위 탄소 원자와 과당의 5위 탄소 원자가 산소 원자를 매개로 이어져 있으며, 사탕수수 줄기와 사탕무 뿌리에 많이 함유되어 있다. 요컨대 우리가 평소 쓰는 백설탕은 수크로스가 주성분

그림 123-1 ● 엿당(왼쪽)과 셀로비오스(오른쪽)의 구조식

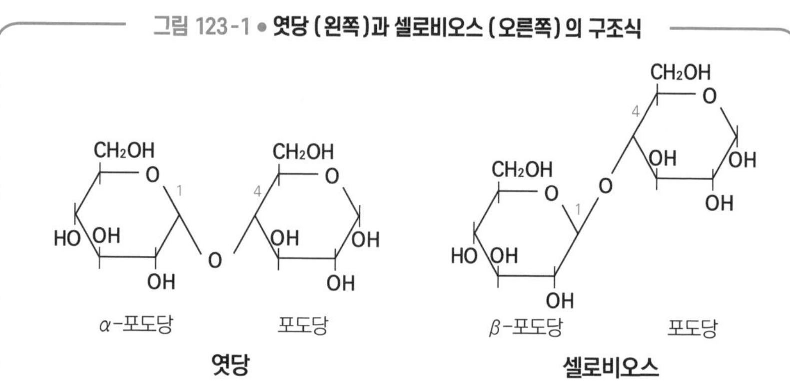

둘 다 왼쪽 포도당은 구조가 α형과 β형으로 각각 고정되어 있는데, 오른쪽 포도당은 그림 122-2에 나왔듯 사슬 모양 구조도 가지기 때문에 환원성을 보인다.

그림 123-2 ● 수크로스의 구조식

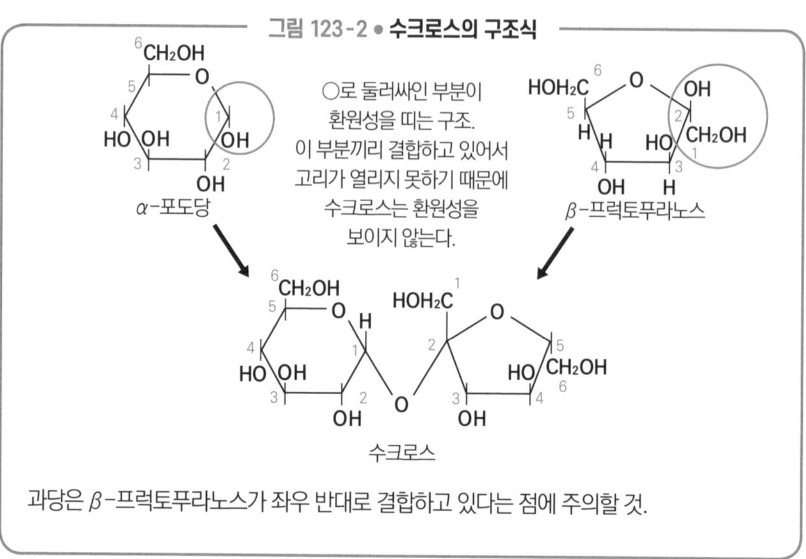

과당은 β-프럭토푸라노스가 좌우 반대로 결합하고 있다는 점에 주의할 것.

이다. 포도당과 과당에서 환원성을 띠는 구조 부분끼리 축합하기 때문에 수크로스는 환원성을 띠지 않는다. 수크로스에 효소인 수크레이스를 반응시키면 포도당과 과당으로 분해되어(전화당이라고 한다), 환원성을 띤다.

젖당과 트레할로스

젖당은 이름대로 우유와 모유에 많이 함유되어 있다. 이 락토스를 분해하는 효소를 충분히 가지고 있지 않은 사람은 우유를 마시면 설사를 하기 때문에 젖당을 분해한 우유도 팔고 있다.

트레할로스는 α-포도당끼리 α-1, 1 글리코사이드 결합을 한 이당이다. 환원성을 띠는 부분끼리 결합하고 있기 때문에 트레할로스는 환원성을 띠지 않는다. 높은 보수력을 가지고 있어서 떡이나 경단 등의 식품과 화장품에 쓰인다.

그림 123-3 ● **젖당(위)과 트레할로스(아래)의 구조식**

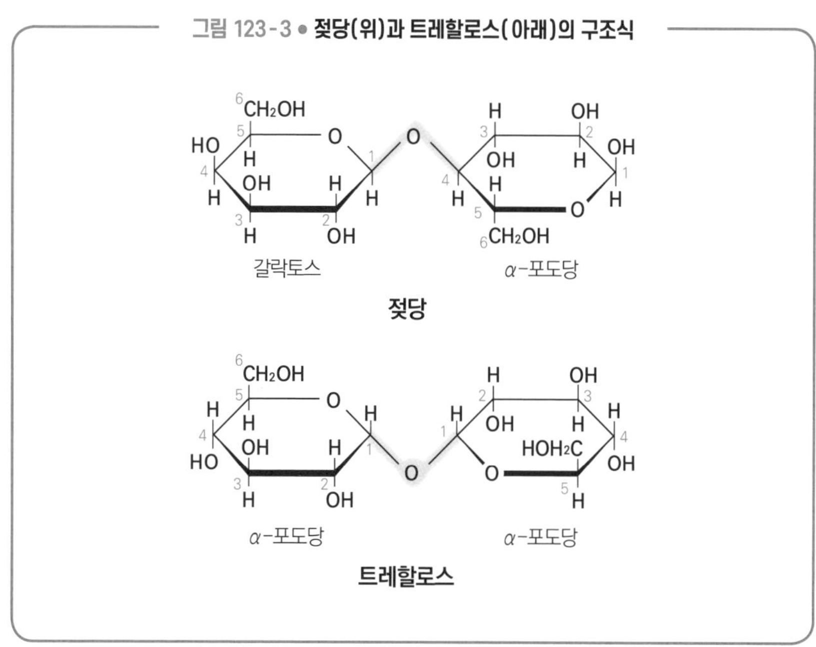

고분자 화학

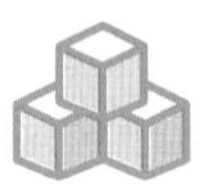

녹말도 식이 섬유도 낱낱이 분리하면 모두 포도당

◦ 다당류 ◦

다수의 단당류가 축합 중합해서 생긴 다당류로 녹말과 셀룰로오스, 글리코겐을 소개한다. 셋 다 구성하는 단당은 포도당인데, 결합 방식이 다르다. 다당류는 물에 잘 녹지 않고 단맛이 나지 않는다. 또 환원성을 띠지 않는다는 점도 중요한 특징이다.

녹말과 셀룰로오스

녹말은 포도당이 α-1, 4 글리코사이드 결합으로 이어져 있고, 셀룰로오스는 β-1, 4 글리코사이드 결합이다. 인간을 비롯한 포유류는 β-1, 4 글리코사이드 결합을 분해할 수 없어서 셀룰로오스를 영양분으로 쓰지 못한다. 그래서 셀룰로오스를 먹어도 소화시키지 못해 그대로 배출하는데, 이때 셀룰로스가 소화관 벽을 자극해 소화물이 장까지 원활하게 이동할 수 있도록 소화액의 분비가 촉진되어 장이 깨끗하게 유지된다. 우리가 일상생활에서 말하는 '식이 섬유'는 바로 셀룰로오스다. 다만 포유류 중에도 소를 비롯한 초식동물은 위에 셀룰로오스를 분해하는 세균이 있어서 영양원으로 쓸 수 있다(그림 124-1).

아밀로스와 아밀로펙틴

녹말은 아밀로스와 아밀로펙틴으로 분류할 수 있다(그림 124-2). 아밀로스는 α-1, 4 글리코사이드 결합만으로 이어진 사슬 모양 구조로, 뜨거운 물에 녹으며 아이오딘 녹말 반응에서 청자색이 나타난다는 특징이 있다.

그림 124-1 ● 녹말과 셀룰로오스

녹말

녹말 —아밀레이스→ 덱스트린 —아밀레이스→ 엿당 —말테이스→ 포도당

셀룰로오스

셀룰로오스 —셀룰레이스→ 셀로비오스 —셀로비아제→ 포도당

아밀로펙틴은 α-1, 4 글리코사이드 결합 외에 6위 탄소 원자와 1위 탄소 원자가 산소 원자를 매개로 이어진 α-1, 6 글리코사이드 결합에 의해 가지가 갈라진 구조로 되어 있다. 뜨거운 물에 녹지 않고 아이오딘 녹말 반응에 적자색이 나타나는 특징이 있다. 일반적인 쌀(멥쌀)에 비해 찹쌀의 점성이 강한 것은 일반 쌀이 아밀로스 25%, 아밀로펙틴 75%로 이뤄진 반면 찹쌀은 점성이 강한 아밀로펙틴 100%로 되어 있기 때문이다.

아밀로펙틴과 글리코겐

동물에는 여분의 포도당을 다시 이어서 아밀로펙틴과 비슷한 구조인 글리코겐을 만들어 근육과 간에 저장하는 시스템이 있다. 글리코겐은 아밀로펙틴과 구조는 비슷하지만 갈라지는 가지가 더 많고, 가지 하나하나의 길이는 짧으며, 분자량은 아밀로펙틴보다 훨씬 크다(그림 124-3). 글리코겐의 구조가

이러한 것은 동물의 몸이 부피가 한정적이어서 최대한 작은 부피에 고밀도로 에너지를 저장하기 위해서가 아닐까 추측한다(식물은 열매가 커지면 그만이라 고밀도로 에너지를 저장할 필요가 없다). 포도당의 혈중 농도가 내려가면 글리코겐은 포도당으로 분해되고, 올라가면 포도당이 글리코겐으로 합성되어 저장된다. 굶주려도 바로 죽지 않는 것은 바로 이 글리코겐 덕분이다.

그림 124-2 ● **아밀로스와 아밀로펙틴**

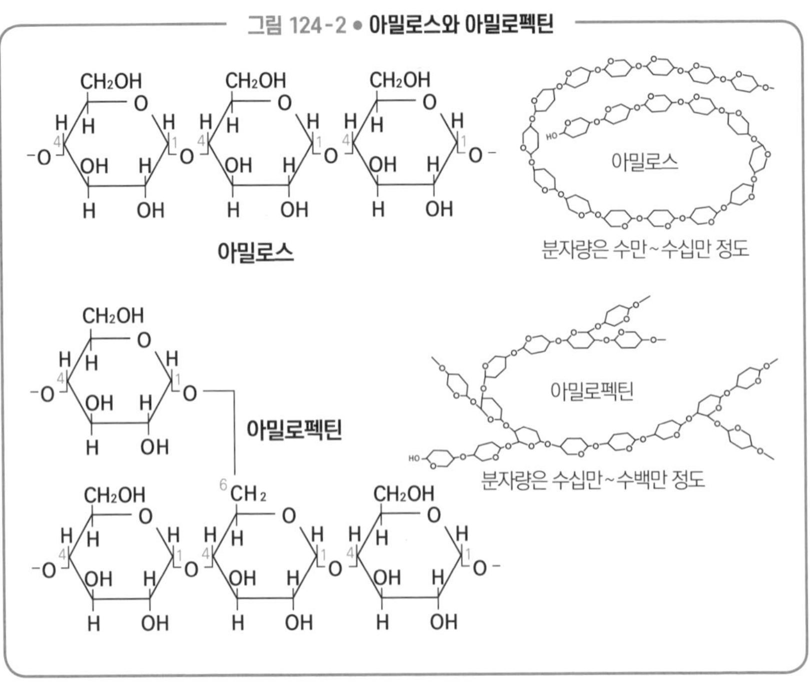

그림 124-3 ● **아밀로펙틴과 글리코겐의 차이**

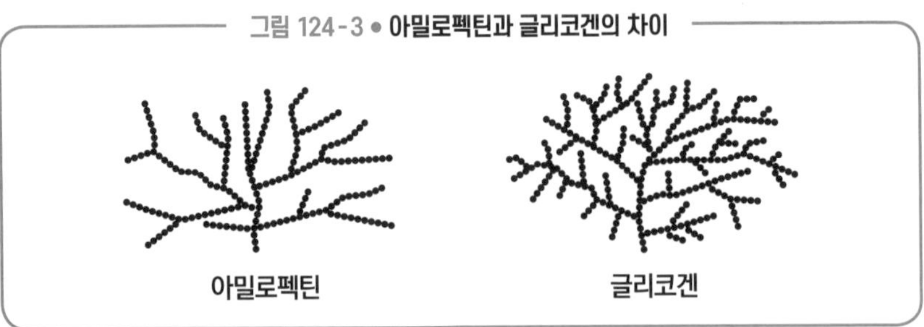

고분자 화학

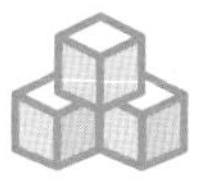

우리의 몸은 20종류의 아미노산으로 되어 있다

◦ 아미노산 ◦

아미노산은 분자 속에 아미노기(–NH_2)와 카복시기(–COOH)라는 두 종류의 작용기를 가진 화합물이다. 그중에서도 두 가지 작용기가 동일한 탄소 원자에 결합한 것을 α–아미노산이라고 한다.

단백질은 전부 그림 125-1의 측사슬 R 부분이 다른 20종류의 α-아미노산으로 이루어져 있다(프롤린은 예외적으로 고리 모양 구조를 띤다). 아미노산은 글라이신 이외에는 중심의 탄소 원자에 4개의 서로 다른 작용기가 붙어 있기 때문에 거울상 이성질체가 있다. 천연에 존재하는 아미노산은 거울상 이성질체 중 L체밖에 없다. 또 다른 이성질체인 D체는 단백질의 재료로 쓰이지 않을 뿐 아니라 자연계에 거의 존재하지 않는다. 거울상 이성질체는 물리적 · 화학적 성질이 같으나 생리적 작용은 다른데, 생물은 거울상 이성질체를 잘 구별해서 쓰고 있다.

양쪽성 이온과 전기 영동

아미노산에는 염기성을 띠는 아미노기 -NH_2와 산성을 띠는 카복시기 -COOH가 있어서, 산과 염기의 성질을 모두 지니고 있다. 그래서 H^+가 많이 있는 산성 수용액 속에서 아미노산은 양이온 상태로 존재한다(그림 125-2(A)). 반대로 염기성 수용액 속에서는 주위에 OH^-가 많아 아미노산이 음이

그림 125-1 ● 20종류의 α-아미노산

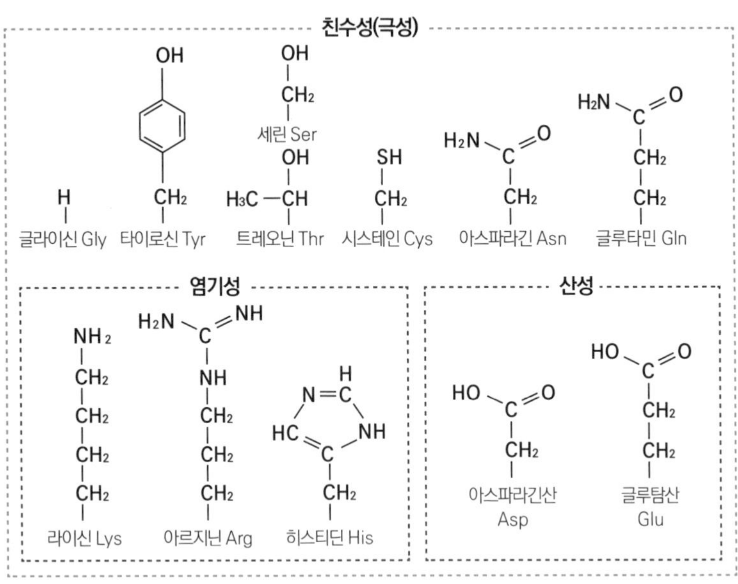

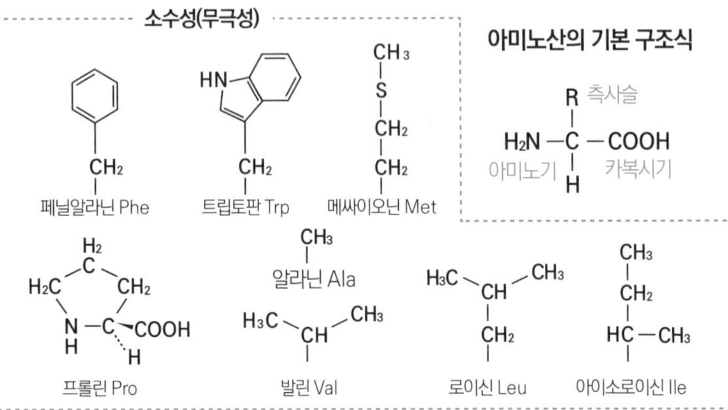

R 부분이 다른 20종류의 아미노산은 친수성 아미노산과 소수성 아미노산으로 분류되고, 친수성 아미노산은 다시 중성 아미노산, 산성 아미노산, 염기성 아미노산으로 나눌 수 있다.

◎ 생물은 거울상 이성질체를 잘 구별하고 있다!

증거 1: L-글루탐산의 Na염인 L-글루탐산나트륨은 인간이 감칠맛을 느끼기 때문에 화학조미료로 널리 쓰인다. 그런데 D-글루탐산나트륨은 오히려 쓰게 느껴진다. 혀의 표면에 존재하는 미각 수용체 세포의 표면에는 L-글루탐산만 결합할 수 있고, D-글루탐산은 결합할 수 없다.

증거 2: 인간은 거울상 이성질체의 관계에 있는 포도당과 갈락토스 중에서 포도당을 더 달게 느낀다.

온 상태로 존재한다(그림 125-2(C)). 이 (A)와 (C)의 중간 상태, 즉 아미노산 전체의 전하가 0이 되는 pH의 값을 등전점이라고 하며, 아미노산은 양이온과 음이온 모두 가진 양쪽성 이온 상태로 존재한다(그림 125-2(B)). 양쪽성 이온이 되는 등전점의 pH는 아미노산의 종류에 따라 다르다. 등전점이 산성에 있는 아미노산(아스파라긴산 pH 2.8, 글루탐산 3.2)을 산성 아미노산, 등전점이 염기성에 있는 아미노산(라이신 9.8, 아르지닌 10.8, 히스티딘 7.6)을 염기성 아미노산이라고 불러서 다른 아미노산과 구별한다. 등전점의 차이를 이용하면 아미노산을 분리하는 것이 가능하다(그림 125-3).

그림 125-2 ● 아미노산의 pH에 의한 구조 변화

$$\underset{\text{(A) 양이온}}{R-\underset{NH_3^+}{\overset{H}{C}}-COOH} \underset{H^+}{\overset{OH^-}{\rightleftarrows}} \underset{\text{(B) 양쪽성 이온}}{R-\underset{NH_3^+}{\overset{H}{C}}-COO^-} \underset{H^+}{\overset{OH^-}{\rightleftarrows}} \underset{\text{(C) 음이온}}{R-\underset{NH_2}{\overset{H}{C}}-COO^-}$$

그림 125-3 ● 전기 영동 장치와 닌하이드린

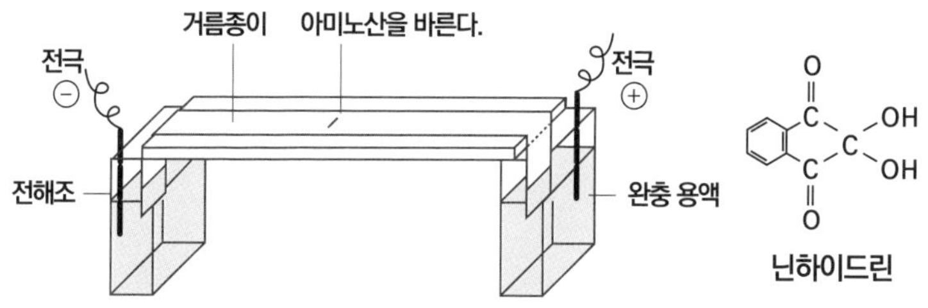

아미노산의 등전점 차이를 이용하면 아미노산 혼합물을 분리할 수 있다. 예를 들어 아스파라긴산과 라이신이 섞여 있는 수용액의 pH를 2.8로 조정하면 아스파라긴산은 양쪽성 이온이 되고 라이신은 양이온이 된다. 이 수용액에 전극을 꽂고 전압을 가하면 아스파라긴산은 이동하지 않지만 라이신은 음극으로 이동한다. 아미노산은 무색인데 이동한 것을 어떻게 알까? 전기 영동 후 거름종이를 건조시킨 다음 닌하이드린 수용액을 뿌리면 아미노산과 반응해서 보라색으로 발색하기 때문이다. 이를 닌하이드린 반응이라고 하며, 아미노산과 단백질의 검출에 쓰인다.

고분자 화학

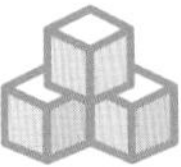

3대 영양소 중 하나인 단백질

◦ 단백질 ◦

어떤 아미노산의 −COOH과 다른 아미노산의 $-NH_2$가 탈수 축합해서 생성된 결합을 펩타이드 결합이라고 하며, 펩타이드 결합을 가지는 물질을 펩타이드라고 한다. 2분자 아미노산의 축합으로 생긴 펩타이드를 다이펩타이드(그림 126−1), 3분자 아미노산은 트라이펩타이드, 다수의 아미노산이 축합 중합해서 생긴 펩타이드를 폴리펩타이드라고 한다. 특히 생명 현상과 밀접한 관련이 있는 폴리펩타이드를 따로 구별해서 단백질이라고 부른다.

카탈레이스라는 체내 활성 효소를 분해하는 단백질을 예로 들어 살펴보자. 카탈레이스는 약 500개의 아미노산으로 된 단백질이 4개 합체해서 하나의 단백질로 작용한다. 카탈레이스를 구성하는 아미노산은 $-NH_2$ 말단에서부터 Arg-Asp-Pro-… 하는 식으로 이어진다. 아미노산들이 어떤 순서로 이어지는지 나타내는 아미노산 배열을 1차 구조라고 한다.

카탈레이스를 세포 내에서 작용하는 입체적 구조로 그린 것이 그림 126-2인데, 자세히 보면 나선 모양인 부분과 화살표 모양을 한 얇은 막 같은 부분이 눈에 띈다. 펩타이드 결합의 -N-H와 -C=O 사이에서 수소 결합이 일어나면서 만들어진 나선 구조(α-헬릭스라고 한다) 부분과 주름처럼 구부러진 시트 모양 구조(β-시트라고 한다) 부분을 나타낸 것이다(그림 126-3). 이 α-헬릭스와 β-시트를 단백질의 2차 구조라고 부른다.

또 단백질은 아미노산의 측사슬 부분에 있는 작용기(-COOH, $-NH_2$, -SH, -OH)에 의한 수소 결합, 시스테인 2개의 측사슬(-SH)끼리 연결되는 시스틴 결합(-S-S-)에 의해 3차원적으로 접힌다. 이를 단백질의 3차 구조라고 부른다. 나아가 카탈레이스의 경우는 이 단백질 4개가 합체해서 작용한다. 이 복합체를 단백질의 4차 구조라고 부른다. 수학에서는 1차원이 점과 선, 2차원이 면, 3차원이 입체이므로, 이에 대응한 이름이다(4차 구조는 설명하기 어렵지만…).

그림 126-1 ● **아미노산 2 분자가 펩타이드 결합해서 생기는 다이펩타이드**

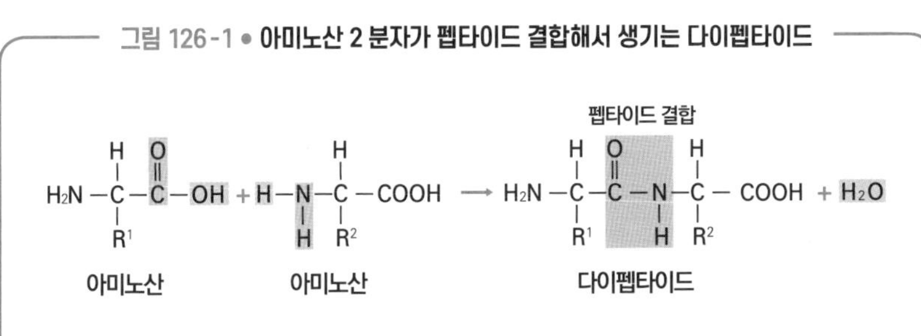

펩타이드에는 H_2N-을 왼쪽에 쓰고 -COOH를 오른쪽에 쓰는 규칙이 있다. 이를테면 글라이신과 알라닌의 다이펩타이드는 글라이신과 알라닌을 줄여 써서 Gly-Ala, Ala-Gly이라고 하는 두 가지 방법이 있다. 글라이신과 알라닌과 라이신의 트라이펩타이드라면 3×2×1=6가지 방법이 있다.

그림 126-2

사람의 카탈레이스 구조

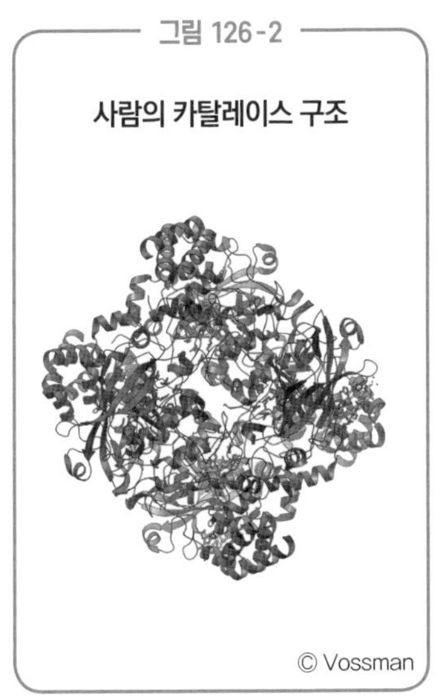

© Vossman

그림 126-3 ● **α-헬릭스(오른쪽)와 β-시트(왼쪽)의 구조**

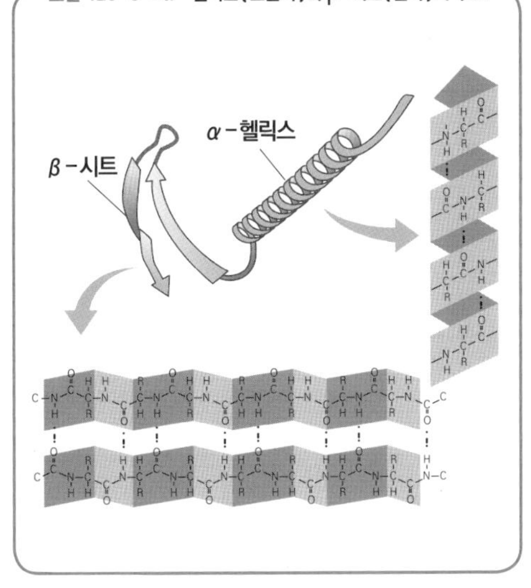

단백질의 분류

표 126-1을 보자. 단백질은 아미노산만으로 이루어진 단순 단백질과 아미노산 이외에도 당류, 색소, 인산, 금속 이온 등이 함유된 복합 단백질로 나눌 수 있다. 카탈레이스는 아미노산 외에 Fe^{2+}와 포르피린이라는 유기 화합물을 함유하고 있으므로 복합 단백질이다. 또 단순 단백질은 그 형태에 따라 구상 단백질과 섬유상 단백질로 분류할 수 있다.

표 126-1 ● 단백질의 분류

분류·명칭			특징·소재
단순 단백질	**구상 단백질** 친수성기가 바깥쪽, 소수성기가 안쪽을 향하고 있어서 물에 잘 녹고 생명 활동에 관련된 것이 많다.	알부민	달걀흰자와 혈청에 들어 있다. 알부민은 물에 녹고, 글로불린은 물에 녹지 않는다. 인체에서 알부민은 주로 간에서 만들어지기 때문에 알부민 수치가 낮을 경우에는 간에 이상이 생겼거나 콩팥이나 장에서 새고 있을 가능성이 있다.
		글로불린	
	섬유상 단백질 물에 잘 녹지 않아서 동물의 몸을 구성하는 것이 많다.	케라틴	섬유상 단백질은 기본적으로 물에 녹지 않는다(콜라겐은 고온에서 찌면 물에 용해되어 젤라틴이 된다). 케라틴은 모발, 손톱, 뿔 등에 포함되어 동물체를 보호하는 역할을 한다. 콜라겐은 연골과 힘줄, 피부 등에 포함되어 동물의 각 조직을 연결하는 역할을 한다. 피브로인은 명주실과 거미줄에 들어 있다.
		콜라겐	
		피브로인	
복합 단백질	당단백질		인간의 적혈구 세포막에는 단백질 말단에 당이 결합된 복합 단백질이 있는데, 그 당 사슬의 종류에 따라 ABO형 혈액형이 정해진다.
	인단백질		우유에 들어 있는 젖단백질의 약 80%를 차지하는 카세인이 대표적. 카세인의 세린잔기에 많은 인산이 결합해 있다.
	색소 단백질		많은 동물의 혈액이 붉은 것은 글로빈이라는 이름의 단백질과 헴이라는 붉은색 색소가 결합해 만들어진 복합 단백질 헤모글로빈 때문이다.
	리포 단백질		건강 검진을 할 때 LDL, HDL수치를 측정해서 콜레스테롤 값이라고 하는데, 엄밀하게는 콜레스테롤과 단백질이 결합한 복합 단백질의 상태다.

단백질의 변성

계란 프라이를 한번 상상해 보자. 투명한 달걀흰자는 불에 익히면 불투명해진다. 원래 상태로 되돌리기란 불가능하다. 이것이 단백질의 변성이다. 변성이란 단백질의 2차 구조와 3차 구조가 무너져서(1차 구조는 보통 무너지지 않는다) 단백질이 기능을 잃어버리는 것이다. 변성은 열뿐 아니라 강산, 강염기, 유기 용매, 중금속 이온 등에 의해서도 일어난다. 에탄올 소독은 에탄올이 세균의 단백질을 변성시키는 원리를 이용한 것이다.

단백질의 발색 반응

◎ 뷰렛 반응

단백질 수용액에 NaOH 수용액을 가해 염기성으로 만든 후 $CuSO_4$ 수용액을 더하면 보라색을 띤다. 발색에는 펩타이드 결합이 2개 필요하므로, 트라이펩타이드 이상에서 발색하고 아미노산과 다이펩타이드에서는 발색하지 않는다. 그래서 아미노산만 있어도 발색하는 닌하이드린 반응과는 다르다.

◎ 크산토프로테인 반응

단백질에 방향족 아미노산(타이로신, 페닐알라닌, 트립토판)이 함유되어 있을 때, 수용액에 진한 질산을 더하고 가열하면 노란색이 되고, 나아가 염기성으로 만들면 주황색이 되는 반응이다. 방향족 아미노산의 벤젠 고리가 나이트로화하면서 일어난다.

◎ 황 반응

단백질에 황을 포함하는 아미노산(시스테인, 메티오닌)이 들어 있을 때, 수용액에 진한 NaOH 수용액을 넣고 가열한 후 질산납(Ⅱ) 수용액을 가하면 검은색 PbS 앙금이 생기는 반응이다. 이 반응은 황을 포함하는 아미노산이 강염기에 의해 분해되면서 생성된 S^{2-}가 Pb^{2+}와 반응하여 앙금이 생긴다.

고분자 화학

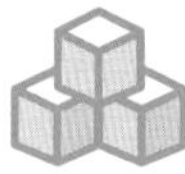

촉매의 유기 화합물 버전

◦ 효소 ◦

사람의 체내에서 녹말은 포도당까지 가수 분해가 되어 소화되지만, 시험관에서 해 보면 묽은 황산을 더해 더 가열해야만 한다. 사람의 체내는 거의 중성에 약 37℃ 밖에 되지 않는데도 쉽게 가수 분해가 이뤄지는 것은 단백질로 이뤄진 촉매인 효소가 작용하기 때문이다.

카탈레이스는 앞에서 이미 소개했는데, 그 밖에도 아주 많은 효소가 있다. 그중에서 유명한 것을 표 127-1에 정리했다. 효소의 종류는 무수한데, 모든 효소에 공통되는 세 가지 중요한 성질이 있으니 잘 기억해 두자.

표 127-1 ● **다양한 효소**

효소명	기질	생성물	소재
아밀레이스	녹말	엿당	타액, 췌액, 맥아
말테이스	엿당	포도당	타액, 췌액, 장액
수크레이스	수크로스	포도당, 과당	장액
셀룰레이스	셀룰로오스	셀로비오스	세균류, 균류
펩신	단백질	펩타이드	위액
트립신	단백질	펩타이드	췌액
펩티데이스	펩타이드	아미노산	췌액, 장액
리페이스	유지	지방산, 모노글리세라이드	췌액

기질 특이성

효소는 어떤 정해진 물질에만 작용한다. 효소가 작용하는 물질을 기질이라고 부른다. 이를테면 말테이스는 엿당에만 반응하고, 수크로스와는 반응하지 않는다. 이 성질을 효소의 기질 특이성이라고 부른다. 이 기질 특이성은 열쇠(기질)와 열쇠 구멍(효소)의 관계에 비유할 수 있다(그림 127-1).

그림 127-1 ● 효소의 기질 특이성 모식도

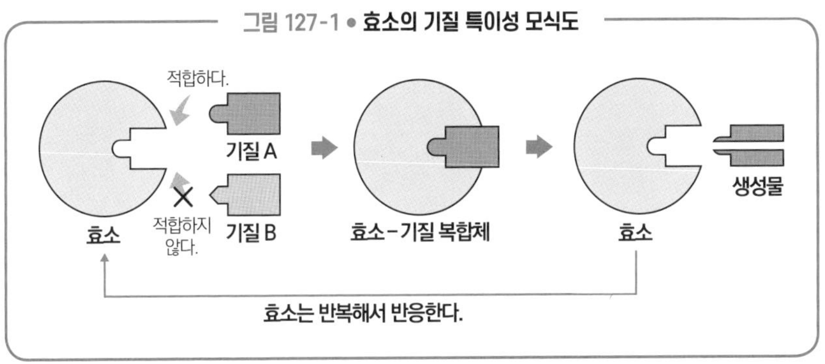

최적 온도

과산화수소를 물과 효소로 분해하는 반응을 예로 들어 생각해 보자. 촉매로 이산화망가니즈 MnO_2를 쓸 경우, 반응 온도가 높으면 높을수록 반응 속도가 빨라진다. 하지만 카탈레이스를 쓴다면 어떨까? 그림 127-2와 같이 최적 온도인 37℃ 부근까지는 MnO_2보다도 효율적으로 과산화수소를 분해하지만, 최적 온도를 넘어서면 급격하게 말테이스의 활성이 없어진다. 이는 단백질로 된 효소가 변성해 버리기 때문이다. 한번 변성한 효소는 원래 온도가 되어도 효과를 회복하지 않는다.

최적 pH

효소는 단백질로 되어 있기 때문에 주위 환경의 pH에 영향을 받는다. 대부분 효소의 최적 pH는 중성인 pH 7 부근이지만 예외도 있다. 강산성인 위액에서 작용하는 효소 펩신의 최적 pH는 약 2이고, 췌장에서 분비되는 췌액은 위액을 중화하기 위해 염기성이므로 췌액에 포함된 트립신과 리페이스의 최적 pH는 약 8이다(그림 127-3).

그림 127-2 ● 효소의 반응 속도와 온도의 관계

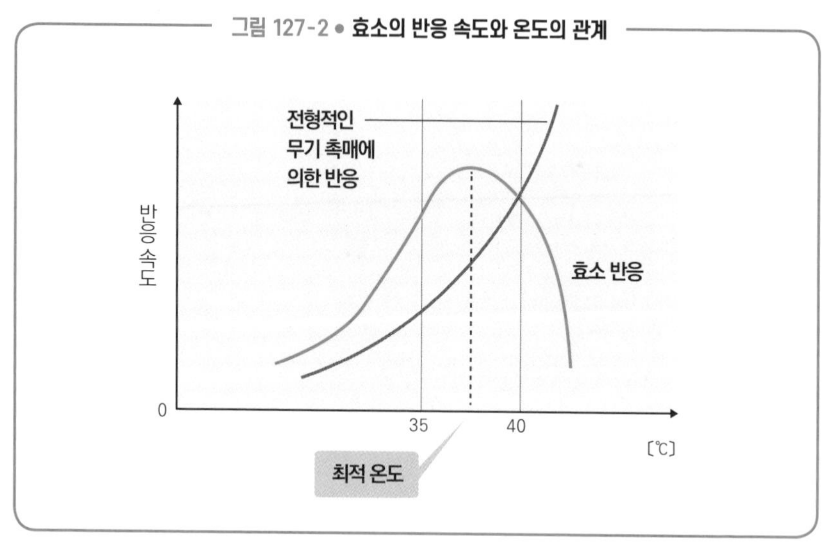

그림 127-3 ● 효소의 반응 속도와 pH의 관계

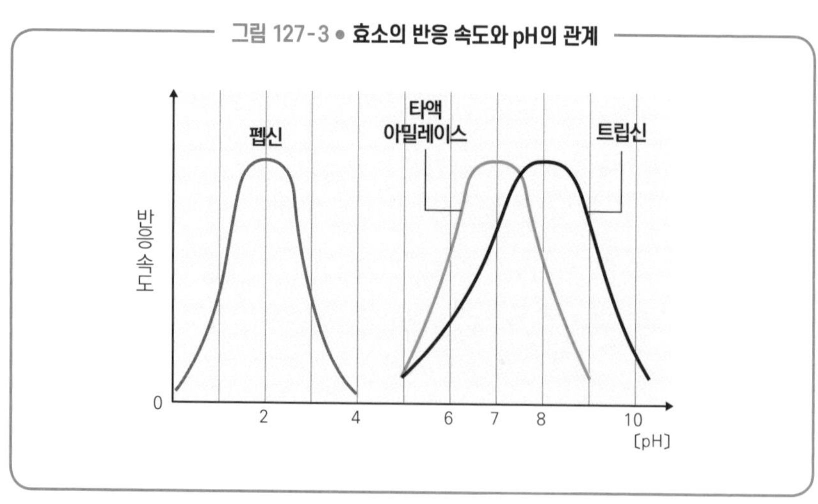

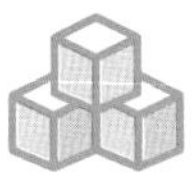

무명, 비단, 양모의 공통점은 천연 고분자 화합물

◦ 천연 섬유 ◦

천연 섬유에는 목화로 만드는 무명처럼 셀룰로오스로 된 것, 누에로 만드는 비단과 양털로 만드는 양모처럼 단백질로 된 것으로 총 두 종류가 있다. 특히 명주실은 고급품이었기에 나일론이 발명되기 전까지는 셀룰로오스를 명주실과 비슷하게 만드는 기술이 이것저것 개발되었다. 그 역사를 천연 섬유의 개요와 함께 소개한다.

천연 섬유(단백질)

동물성 섬유, 즉 단백질을 주성분으로 하는 섬유로 대표적인 것은 양모와 비단이 있다. 양모의 주성분은 케라틴으로 시스테인을 많이 포함하고 있어서 다른 단백질보다도 황산이 많이 들어 있다. 양모의 표면에는 큐티쿨라(각피)라는 비늘 모양의 구조가 있는데, 이것이 섬유 내부를 보호한다(그림 128-1). 반면 비단은 피브로인이라는 단백질이 세리신이라는 단백질로 휩싸인 구조다(그림 128-2). 둘 다 2중 구조인 덕분에 섬유로서 기능성을 지닐 수 있다.

셀룰로오스를 사용한 새로운 섬유 개발의 역사

무명은 목화로 만드는데, 실로 만들 수 없는 목화씨 주변 부분(코튼 린터라고 한다)이나 종이의 원료인 펄프처럼 짧은 셀룰로오스도 섬유로 쓸 수 없을까? 기왕이면 비단 같은 촉감을 지닌 섬유를 만들 수 없을까? 이런 고민 끝에, 셀룰로오스에 많이 있는 -OH를 나이트로기로 화학 수식을 한 나이트로셀룰

로오스가 최초로 개발되었다. 그런데 이것은 불에 쉽게 탔기 때문에 재생 섬유와 반합성 섬유가 개발되었다. 재생 섬유는 펄프를 한 번 녹여서 섬유로 재생시킨 것이며 비스코스 레이온, 구리암모늄 레이온(큐프라)이라 하고, 반합성 섬유는 셀룰로오스가 가진 -OH에 아세틸기($-COCH_3$)를 화학 반응으로 결합시킨 것으로 아세테이트 섬유라고 불린다.

그림 128-1 • **양모의 구조**

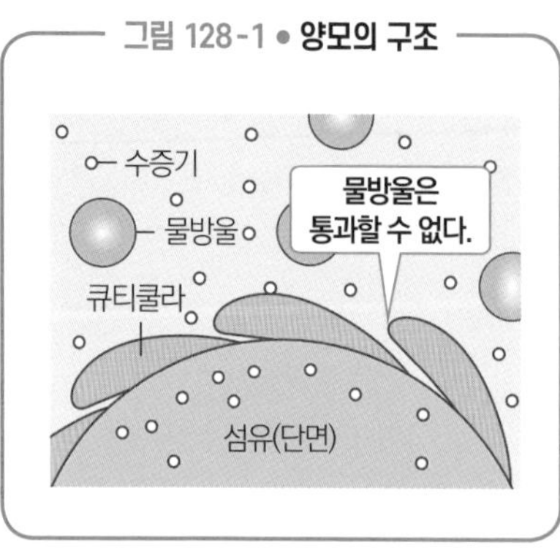

그림 128-2 • **비단의 구조**

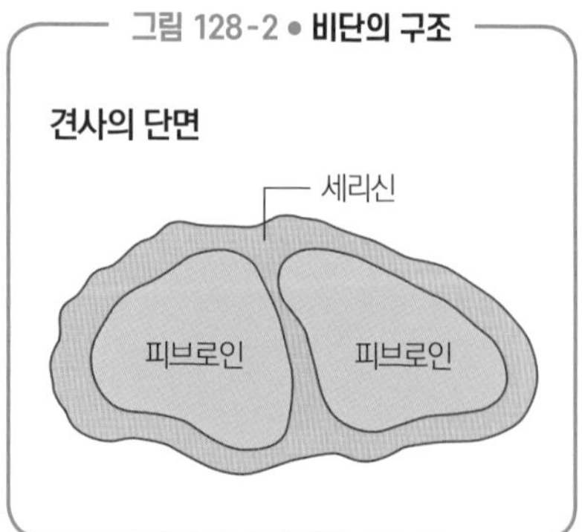

그림 128-3 • **합성 섬유의 역사**

19세기 중반에 유럽에서는 누에 전염병이 확산되어 양잠업이 무너졌다.
그렇다면 실로 만들 수 없는 짧은 셀룰로오스를 활용해서 어떻게든 비단에 가까운 감촉의 섬유를 만들 수는 없을까?

1846년 독일의 화학자 크리스티안 쇤바인(Christian Friedrich Schönbein, 1799~1868)이 셀룰로오스와 진한 질산과 진한 황산 혼합물을 반응시키면 많은 -OH가 나이트로화되어 비단에 가까운 감촉을 가진 나이트로셀룰로오스가 되는 것을 발견했고, 1855년 프랑스의 화학자 샤르도네(Hilaire de Chardonnet, 1839~1924)가 공업화했다.

$$\left[C_6H_7O_2(OH)_3 \right]_n + 3nHONO_2 \longrightarrow \left[C_6H_7O_2(ONO_2)_3 \right]_n + 3nH_2O$$

그런데 나이트로셀룰로오스는 쉽게 불에 타서 나이트로셀룰로오스로 만든 드레스를 입은 여성이 불길에 휩싸이는 사건도 있었다. 역으로 이 성질을 살려서 황+질산칼륨+흑연으로 된 검은색 화약(연기가 심하게 난다)을 대신한 무연 화약의 원료로 쓰이고 있다. 또 나이트로셀룰로오스의 일부 $-NO_2$를 가수 분해해서 -OH로 되돌린 것은 셀룰로이드로 최근까지 인형이나 탁구공을 만드는 데 쓰였다(하지만 역시 잘 타서 몇 년 전에 전부 폴리프로필렌으로 재료가 바뀌었다).

'나이트로셀룰로오스는 불에 잘 탄다'라는 결점을 해결하기 위해 비단에 가까운 감촉을 지닌 두 가지 재생 섬유가 개발되었다. '재생 섬유'라는 명칭은 나이트로셀룰로오스와는 달리, 셀룰로오스의 구조가 변화하지 않는다는 점에서 붙은 것이다.

① **비스코스 레이온**: 셀룰로오스를 진한 NaOH 수용액에 담그고 이황화탄소 CS_2와 반응시킨다. 그것을 묽은 NaOH 수용액에 녹이면 비스코스라고 불리는 적갈색 콜로이드 용액이 된다. 비스코스를 묽은 황산 속으로 밀어내면 셀룰로오스가 재생된다(1892년에 크로스, 베번, 비들이 발명). 이것은 비스코스 레이온이라고 불리며, 얇은 필름 형태로도 가공할 수 있어서 셀로판, 셀로판테이프 등에 쓰인다.
② **구리암모늄 레이온(큐프라)**: $CuSO_4$를 진한 암모니아수에 녹이면 얻을 수 있는 진청색 수용액에 셀룰로오스를 용해시킨다. 이것을 묽은 황산 속으로 밀어내면 셀룰로오스가 재생된다(1857년에 독일의 슈바이처가 발견했다. 그래서 이 진청색 수용액을 슈바이처 시약이라고 부른다. 1899년에 그란츠슈토프사가 공업화). 현재도 양복 안감 등에 쓰이고 있다.

모두 물에 약해서 셀룰로오스를 화학적으로 처리해 -OH의 일부를 아세틸화한 아세테이트 섬유가 개발되었다(1923년에 영국의 셀라니즈사가 공업화). 아세테이트 섬유는 천연 셀룰로오스를 원료로 해서 -OH의 일부를 화학 변화시킨 것이므로 반합성 섬유라고 한다.
1: 셀룰로오스를 질산 무수물과 반응시켜, -OH가 전부 아세틸화된 트라이아세틸셀루로오스로 만든다.
2: 트라이아세틸셀룰로오스의 일부 에스터 결합을 가수 분해해서 다이아세틸셀룰로오스로 만들면 아세톤에 녹게 된다.

$$\underset{\text{셀룰로오스}}{[C_6H_7O_2(OH)_3]_n} \xrightarrow[\text{무수물}]{\text{질산}} \underset{\text{트라이아세틸셀룰로오스}}{[C_6H_7O_2(OCOCH_3)_3]_n} \xrightarrow[\text{분해}]{\text{가수}} \underset{\text{다이아세틸셀룰로오스}}{[C_6H_7O_2(OH)(OCOCH_3)_2]_n}$$

3: 이 용액을 공기 중에서 건조시키면 아세테이트 섬유를 얻을 수 있다.

1937년이 되어 구조도 성질도 비단에 가까운 합성 섬유 나일론을 미국의 캐러더스(Wallace H. Carothers, 1896~1937)가 발명했다.

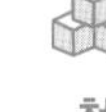

고분자 화학

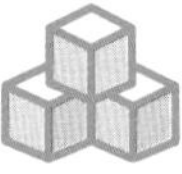

'화학'과 '생물'의 공존

◦ 핵산 ◦

여러분은 DNA라는 단어를 들어 보았을 것이다. 생물에 대해 잘 아는 사람은 RNA라는 단어도 들어 본 적 있지 않은가? DNA와 RNA라는 두 종류의 고분자 화합물을 아울러 핵산이라고 부른다. DNA는 생물의 유전 정보 보존, RNA는 유전 정보의 발견에 중요한 역할을 하는데, 여기서는 DNA와 RNA의 구조에 대해서만 설명하겠다. 자세한 내용은 생물 시간에 배울 수 있다.

DNA와 RNA의 구조

핵산에는 DNA와 RNA가 있는데, 구조의 차이는 아주 미세하다. 그림 129-1에 나오는 당의 일부가 -H인 것이 DNA, -OH인 것이 RNA다. 생물이 유전 정보의 보존에 RNA가 아니라 DNA를 선택하는 이유는 -OH의 RNA는 친수성이 높아 효소에 의해 쉽게 분해되기 때문이다. 보존성이 떨어

그림 129-1 ● DNA(데옥시리보 핵산)와 RNA(리보 핵산)의 구성 단위

당 부분의 3위 -OH와 인산 부분의 -OH 사이에서 축합 중합이 일어나 사슬 모양의 고분자 화합물이 이루어진다.

염기: A, G, C, T — DNA

염기: A, G, C, U — RNA

지는 것이다. 물론 그렇다고 RNA가 나쁘다는 것은 아니며, RNA는 유전 정보를 발견하기 위해 합성되면 곧바로 분해할 수 있다는 이점이 있다.

핵산을 구성하는 염기

DNA와 RNA를 구성하는 염기에는 각각 네 종류가 있는데, 그중 아데닌(A), 사이토신 (C), 구아닌 (G)이라는 세 종류는 공통이고, 나머지 한 종류가 다르다. DNA는 티민 (T), RNA는 유라실 (U)이다(그림 129-2).

그림 129-1 • DNA와 RNA의 구성 염기

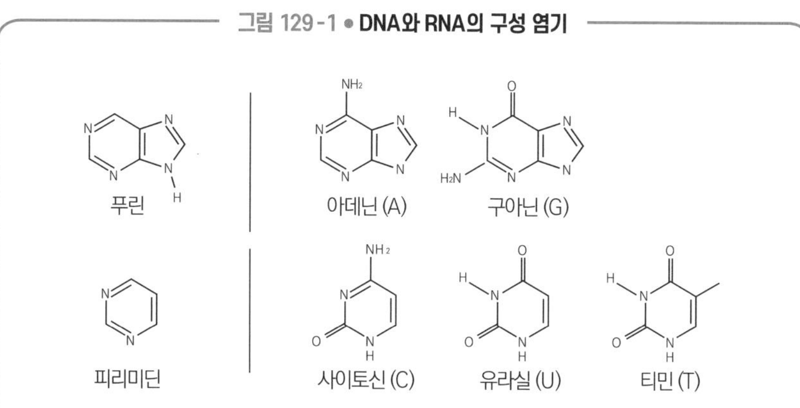

왜 RNA는 티민이 아니라 유라실을 쓸까?

이유 ① U는 T보다 $-CH_3$이 없는 만큼 적은 에너지로 합성할 수 있다. RNA는 곧바로 분해와 재생산이 되기 때문에 최대한 적은 에너지로 만들어지는 게 낫다.

이유 ② C와 U는 구조가 흡사하다. DNA에서는 C가 U로 변화하는 반응이 무척 빈번하게 일어난다. DNA는 U를 구성 염기로 쓰지 않기 때문에, 이 변화를 수시로 인식해서 C를 복원할 수 있다.

DNA의 구조

DNA는 2중 나선 구조인데, 이는 A와 T, G와 C가 그림 129-3과 같이 수소결합을 하고 있기 때문이다. DNA는 이 2중 나선 구조로 세포의 핵 안에 존재하면서 유전 정보를 보존하는데, RNA는 1개 사슬 상태로 존재하면서 유전 정보를 바탕으로 단백질을 합성하는 작용을 한다.

그림 129-3 • **DNA 의 2중 나선과 염기 사이의 수소 결합**

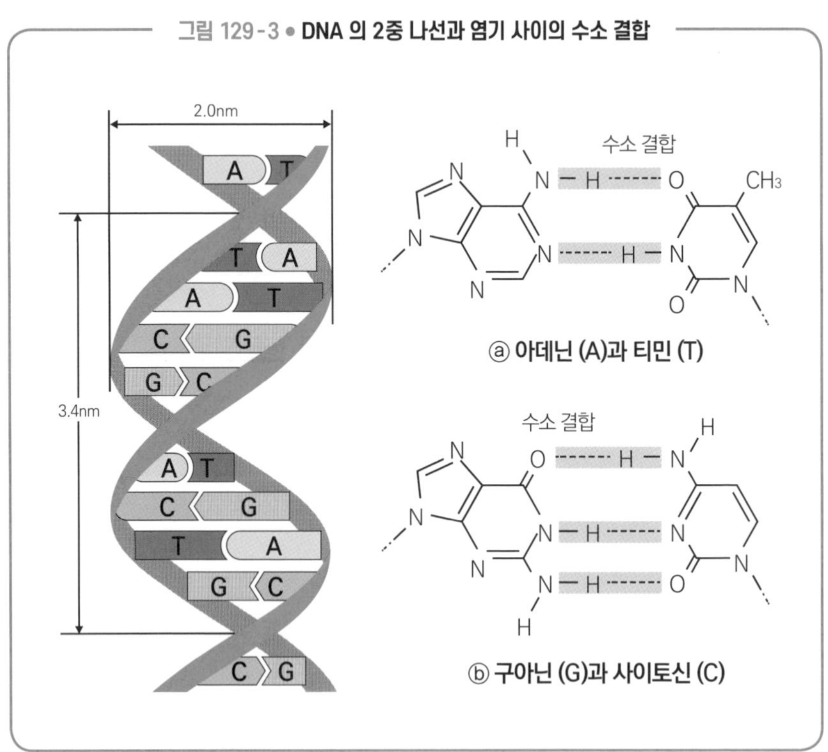

ⓐ 아데닌 (A)과 티민 (T)

ⓑ 구아닌 (G)과 사이토신 (C)

기초 화학 | 이론 화학 | 무기 화학 | 유기 화학 | 고분자 화학

제 16 장

합성 고분자 화합물

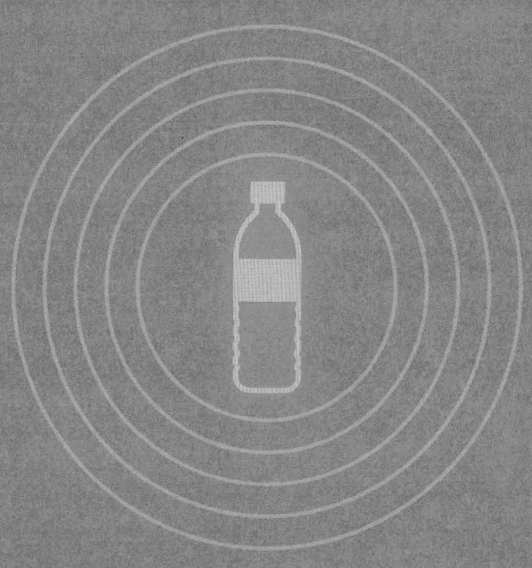

고분자 화학

양잠업에 큰 타격을 입힌 원인

◦ 축합 중합에 의해 만들어지는 합성 섬유 ◦

1935년, 미국의 월리스 캐러더스가 펩타이드 결합과 같은 구조인 나일론을 인공적으로 만드는 데 성공했다. 마침내 비단과 흡사한 섬유를 인공적으로 만들 수 있게 된 것이다. 이를 계기로 합성 섬유 산업은 눈부시게 발전한다.

아마이드 결합을 가지는 합성 섬유: 폴리아마이드

캐러더스가 발명한 나일론은 그림 130-1의 반응으로 얻을 수 있다. -NH-CO- 결합은 아마이드 결합이라고 한다. 단백질을 형성하는 펩타이드 결합과 같지만, 보통은 아마이드 결합이라고 하고 아미노산끼리 결합할 때만 특별히 펩타이드 결합이라고 하는 것이다. 그 후 ε-카프로락탐에서 개환 중합으로 합성되는 나일론이 개발되었다(두 종류의 원료를 섞는 것보다 한 종류의 원료로 제조하는 게 간단하다). 둘을 구별하기 위해 반응물의 탄소 수를 넣어서 전자를 나일론 66, 후자를 나일론 6이라고 부른다.

같은 메커니즘으로 생기는 폴리아마이드 중에 단위체가 벤젠 고리를 가질 때는 아라미드 섬유라고 한다. 아라미드 섬유는 벤젠 고리가 규칙적으로 평행하게 나열되어 있어서 높은 강도를 지녔고 내열성도 우수하기 때문에 방탄조끼와 소방복 등에 쓰인다.

에스터 결합을 가지는 합성 섬유: 폴리에스터

에스터 결합에 의해 생긴 고분자 화합물을 폴리에스터라고 한다. 폴리에스터 중에서는 폴리에틸렌테레프탈레이트 하나만 기억해도 된다. 폴리에틸렌테레프탈레이트는 페트병으로도 널리 쓰이고 있다. 폴리에스터 섬유와 페트병은 형태만 다를 뿐이라 버려진 페트병은 잘게 부숴 조각낸 후 고온에서 녹여 폴리에스터 섬유로 재활용하고 있다.

그림 130-1

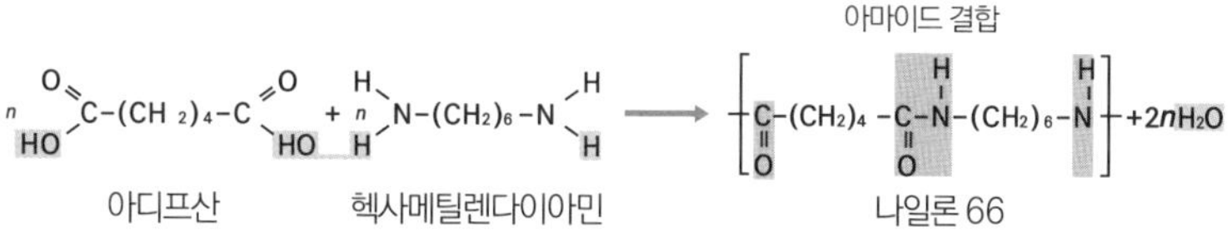

축합 중합에 의한 나일론 66의 합성

개환 중합에 의한 나일론 6의 합성

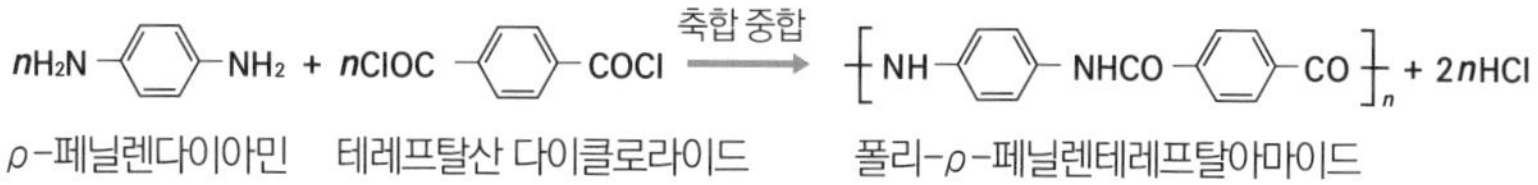

축합 중합에 의한 아라미드 섬유의 합성

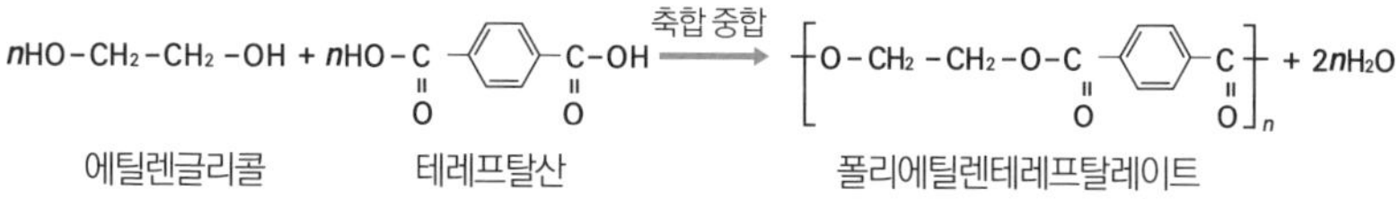

축합 중합에 의한 폴리에틸렌테레프탈레이트의 합성

고분자 화학

비닐론은 일본에서 발명한 합성 섬유

◦ 첨가 중합에 의해 만들어지는 합성 섬유 ◦

첨가 중합으로 만드는 합성 섬유에는 아크릴 섬유와 비닐론이 있다. 비닐론은 일본에서 처음 개발한 합성 섬유인데, 만드는 방법이 상당히 복잡하다. 왜 복잡한지, 화학적으로 설명할 수 있으므로 함께 살펴보자.

아크릴 섬유

아크릴로나이트릴이라는 에틸렌의 H원자 1개가 -CN으로 바뀐 물질이 있다. 구조가 살짝 바뀌었을 뿐인데 이름은 완전히 달라지고 말았다. -CN을 사이아노기 또는 나이트릴기라고 부른다. 또 에틸렌의 H원자 1개가 -COOH로 바뀐 물질을 아크릴산이라고 하는데, 여기에서 아크릴로나이트릴이라는 이름이 유래했다. 아크릴로나이트릴을 첨가 중합시키면 폴리아크릴로나이트릴이 생성된다(그림 131-1). 아크릴 섬유는 이 폴리아크릴로나이트릴을 주성분으로 한다. 아크릴 섬유는 합성 섬유 중에서 가장 양모와 비슷한 성질을 가지고 있어서 스웨터와 담요 등에 쓰인다.

비닐론

1939년 사쿠라다 이치로가 발명한 일본 최초의 합성 섬유다. -OH를 많이 가지고 있어서, 셀룰로오스로 만든 무명과 비슷한 성질이 있다. 비닐론의 합성법을 그림 131-2에 소개했다. 왠지 무척 복잡해 보인다. '폴리비닐알코올을 만들 거면 비닐알코올을 첨가 중합하는 게 낫지 않나?' 하고 생각할지도 모르겠다. 하지만 비닐알코올을 만들기 위해 아세틸렌에 H_2O를 첨가해도 비닐알코올의 구조 이성질체인 아세트알데하이드밖에 만들 수가 없었다(그림 103-5). 그래서 우선 아세틸렌에 아세트산을 첨가해서 아세트산비닐을 만들고, 아세트산비닐을 첨가 중합해서 폴리아세트산비닐을 만든 다음 NaOH로 비누화해서 폴리비닐알코올을 만든다(그림 131-2 위). 폴리비닐알코올은 물에 잘 녹으므로 폼알데하이드 수용액과 반응시키면(아세탈화), 튼튼한 섬유가 만들어진다(그림 131-2 아래). 이것이 바로 비닐론이다. 비닐론에는 다수의 -OH가 남아 수소 결합을 하기 때문에 흡습성을 지니면서 강도도 높다. 그래서 어망, 밧줄 등에 쓰인다.

그림 131-1 ● 첨가 중합에 의한 폴리아크릴로나이트릴의 합성

nCH₂=CH
CN
CH₂-CH
CN
n
아크릴로
나이트릴
폴리아크릴로
나이트릴

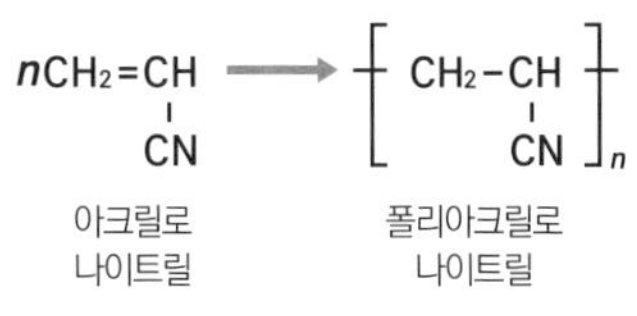

2006년에 도레이라는 일본 기업이 보잉사에 여객기의 기체에 쓰이는 탄소 섬유를 장기 공급하는 계약을 맺었다고 발표하며 화제가 되었다. 종래의 기체는 주재료가 금속이었는데, 기체의 약 50%에 탄소 섬유를 이용함으로써 강도를 유지한 채 무게를 20% 가볍게 만들 수 있게 되었다. 왜 탄소 섬유 이야기를 여기서 하는가 하면, 도레이가 제조하는 탄소 섬유의 원료가 아크릴 섬유이기 때문이다. 아크릴 섬유를 고온에서 가열해, 이른바 푹 쪄서 탄화함으로써 탄소 섬유를 만든다.

그림 131-2

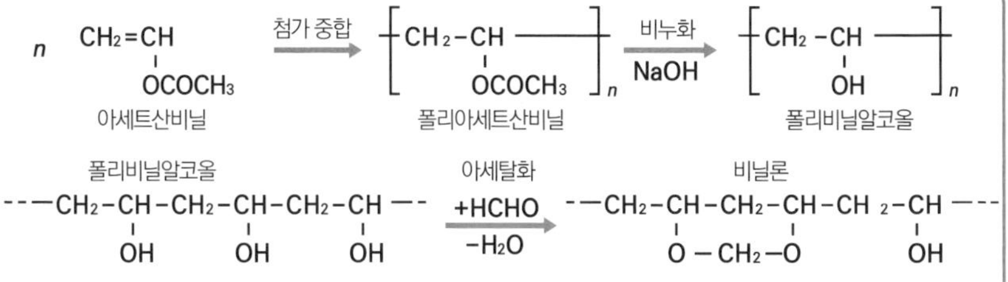

n
CH₂=CH
OCOCH₃
첨가 중합
CH₂-CH
OCOCH₃
n
비누화
NaOH
CH₂-CH
OH
n
아세트산비닐
폴리아세트산비닐
폴리비닐알코올
폴리비닐알코올
아세탈화
비닐론
---CH₂-CH-CH₂-CH-CH₂-CH---
OH OH OH
+HCHO
-H₂O
--CH₂-CH-CH₂-CH-CH₂-CH---
O - CH₂-O
OH

아세트산비닐을 첨가 중합해서 폴리아세트산비닐을 합성하고, 이것을 비누화함으로써 폴리비닐알코올을 만든다(위). 폴리비닐알코올을 아세탈화해서 비닐론을 만든다(아래).

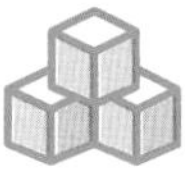

이것 없이는 살 수 없다

◦ 열가소성 수지 ◦

우리 주위에는 플라스틱 제품이 차고 넘친다. 플라스틱은 '수지(樹脂)'라고도 한다. 석유를 이용해 인공적으로 만드는데 '나무의 진'이라니 이상하지 않은가. 사실 플라스틱이 상용화되기 전까지 수지는 말 그대로 나무 진을 굳힌 것, 즉 호박(琥珀) 등을 가리켰다. 천연 수지는 모으는 것도 굳히는 것도 수고가 많이 들기 때문에 지금은 찾아보기 힘들고, 대신 인공적으로 합성한 플라스틱을 흔히 쓴다. 뭉뚱그려 플라스틱이라고 하지만 사실은 플라스틱에도 많은 종류가 있다.

합성수지는 열에 대한 성질 차이에 따라 두 종류로 분류할 수 있다. 가열하면 연화되고 냉각하면 다시 경화되는 열가소성 수지, 가열하면 경화되어서 다시 성형 · 가공을 할 수 없는 열경화성 수지다. 열가소성 수지는 사슬 모양 구조이고, 열경화성 수지는 입체적인 그물 모양 구조인 것이 특징이다.

열가소성 수지

열가소성 수지는 첨가 중합으로 얻을 수 있는 것과 축합 중합으로 얻을 수 있는 것으로 나뉜다. 첨가 중합으로 만들어지는 것 중 제일 단순하지만 제일 폭넓게 쓰이는 것이 폴리에틸렌이다(그림 132-1). 폴리에틸렌은 중합 방법에 따라 고밀도 폴리에틸렌과 저밀도 폴리에틸렌으로 나뉜다(표 132-1). 그 외에 X 부

그림 132-1 ● 첨가 중합으로 수지 만들기

$$n\ \mathrm{H_2C{=}CHX} \xrightarrow{\text{첨가 중합}} \left[\mathrm{-CH_2-CHX-}\right]_n$$

X가 H일 경우가 폴리에틸렌.

분을 바꿈으로써 성질이 달라져 다양한 용도로 쓰인다(표 132-2).

나일론과 폴리에틸렌테레프탈레이트 등은 유명한 합성수지인데, 이것을 녹인 다음 실로 뽑지 않고 그대로 굳히면 수지가 된다. 페트병의 PET은 폴리에틸렌테레프탈레이트(Polyethylene terephthalate)의 약자다.

표 132-1 ● 고밀도 폴리에틸렌과 저밀도 폴리에틸렌의 차이

high density polyethylene(HDPE) low density Polyethylene(LDPE)

고밀도 폴리에틸렌(HDPE)	저밀도 폴리에틸렌(LDPE)
• 저압, 저온에서 중합. • 곁가지가 적고 결정 부분이 많다. • 반투명하고 딱딱해서 용기에 쓰인다.	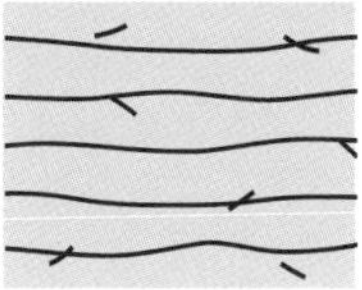 • 고압, 고온에서 중합. • 곁가지가 많고, 결정 부분이 적다. • 투명하고 부드러워서 비닐봉지에 쓰인다. 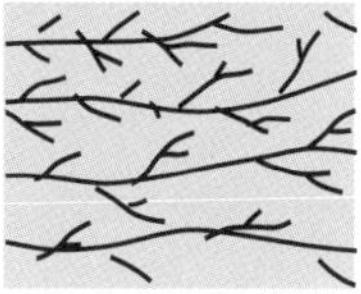

표 132-2 ● 열가소성 수지의 구조와 용도

수지명	구조식	단위체	용도
폴리스타이렌	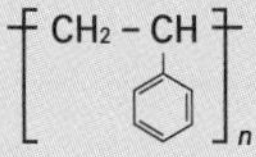 $\left[CH_2-CH(C_6H_5) \right]_n$	스타이렌 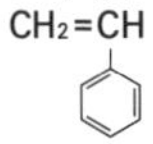 $CH_2=CH(C_6H_5)$	발포 스티롤은 가스를 포함한 1㎜ 정도의 폴리스타이렌 구슬에 고온의 증기를 닿게 하면 부드러워지는 동시에 가스가 팽창해 발포하면서 만들어진다.
폴리염화비닐	$\left[CH_2-CH(Cl) \right]_n$	염화비닐 $CH_2=CH(Cl)$	산과 염기 모두에 강하고 불에 잘 타지 않는 성질이 있어서 수도관과 지우개 등에 쓰인다.
폴리프로필렌	$\left[CH_2-CH(CH_3) \right]_n$	프로필렌 $CH_2=CH(CH_3)$	폴리에틸렌에 비해 투명성이 높고 내열성이 뛰어나다. 세면대 등 웬만한 플라스틱 제품은 폴리프로필렌으로 만든다.
폴리아세트산비닐	$\left[CH_2-CH(OCOCH_3) \right]_n$	아세트산비닐 $CH_2=CH(OCOCH_3)$	목공용 본드에는 아세트산비닐이 들어 있어서 중합이 진행될수록 접착력도 강해진다. 폴리아세트산비닐은 풍선껌의 껌 베이스로도 쓰인다.
폴리메타크릴산메틸	$\left[CH_2-C(CH_3)(COOCH_3) \right]_n$	메타크릴산메틸 $CH_2=C(CH_3)COOCH_3$	투명성이 몹시 높고 튼튼해서 수족관 수조와 광섬유 등에 쓰인다.
폴리에틸렌테레프탈레이트(PET) 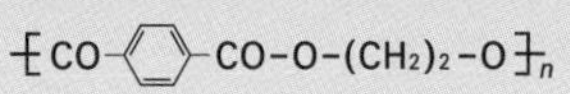 $\left[CO-C_6H_4-CO-O-(CH_2)_2-O \right]_n$		테레프탈산  $HOOC-C_6H_4-COOH$ 에틸렌글리콜 $HO(CH_2)_2OH$	융해한 것을 세밀한 구멍으로 밀어내면 섬유가 되고, 그대로 굳히면 수지가 된다.

고분자 화학

세계 최초의 합성수지는 열경화성 수지였다

◦ 열경화성 수지 ◦

열경화성 수지는 가열해도 부드러워지지 않기 때문에 성형해서 원하는 형태로 만들려면 중합도가 낮아 부드러울 때 해야 한다. 그 후 경화제를 넣어 가열하면 분자 사이에 가교 구조가 만들어져 입체 그물 구조가 발달하면서 경화된다. 수지의 원료는 ○○수지라는 이름의 ○○부분에 들어가는 물질+폼알데하이드가 기본이다.

페놀 수지(베이클라이트)

1907년 미국의 리오 베이클랜드(Leo Baekeland, 1863~1944)가 발명한 세계 최초의 합성수지다. 페놀 수지라고 했으니 당연히 페놀이 들어가고, 다른 재료는 폼알데하이드다. 합성 과정은 우선 페놀에 폼알데하이드가 결합하는 첨가 반응이 일어난다(그림 133-1 위). 첨가 반응으로 생긴 분자와 다른 페놀에서 물 분자가 떨어져 나가는 축합 반응이 일어난다(그림 133-1 아래). 두 반응이

그림 133-1 ● **페놀 수지를 합성할 때 처음에 일어나는 반응**

OH-벤젠 + HCHO → OH, CH_2OH-벤젠 (첨가 반응)

OH, CH_2OH-벤젠 + OH-벤젠 → OH-벤젠-CH_2-벤젠-OH (축합 반응)

그림 133-2 ● **페놀 수지의 합성**

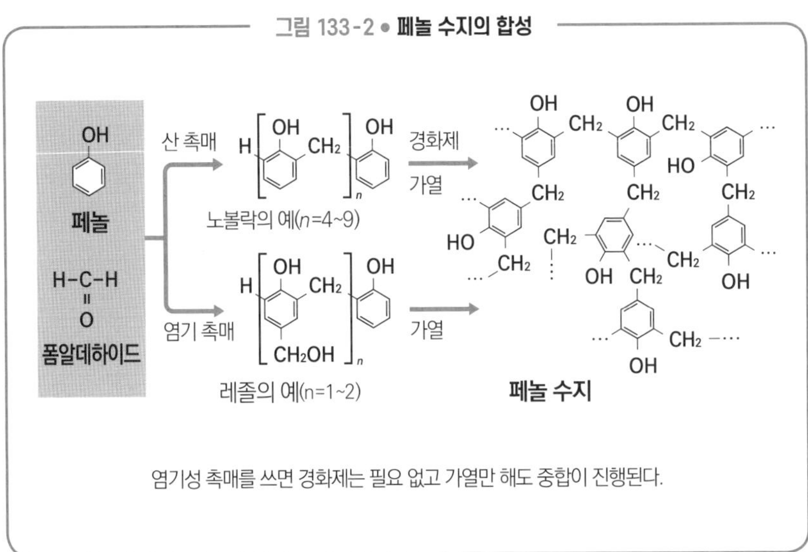

염기성 촉매를 쓰면 경화제는 필요 없고 가열만 해도 중합이 진행된다.

반복되며 중합이 진행된다. 이런 중합을 첨가 축합이라고 한다. 페놀 수지의 합성법에는 촉매의 종류에 따라 두 가지 방법이 있다(그림 133-2). 페놀 수지는 전기 절연성이 뛰어나기 때문에 전기 제품의 부품, 인쇄 회로 기판에 쓰인다.

그 외에 유명한 열경화성 수지를 소개한다(표 133-1).

요소 수지

요소 수지는 요소와 폼알데하이드를 첨가 축합해서 만든다. 페놀 수지와 마찬가지로 전기 절연성이 뛰어나 전기 기구와 단추 등에 쓰인다.

멜라민 수지

멜라민 수지는 멜라민과 폼알데하이드를 첨가 축합해서 만든다. 요소 수지보다 딱딱하고 튼튼해서 식기와 화장판 등에 쓰인다.

알키드 수지

알키드 수지는 알키드+폼알데하이드가 아니라, 다가 카복실산과 다가 알코올의 반응으로 얻는다. 알키드라는 이름은 alcohol(알코올)+acid(산)에서 유래했다. 에스터 결합이 입체적 그물 모양 구조를 이룬 수지이며, 주로 색소 및 유지와 섞어서 도료로 쓰인다.

표 133-1 • 다양한 열경화성 수지: 입체 그물 구조가 특징

수지	합성의 반응식	용도
요소 수지	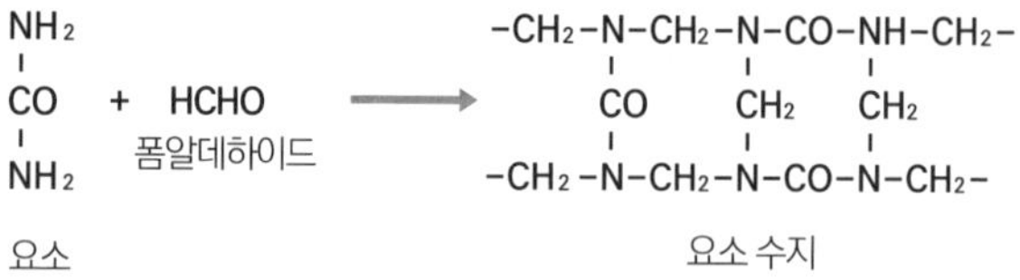 $NH_2-CO-NH_2$ (요소) + HCHO (폼알데하이드) → $-CH_2-N(-CO-)-CH_2-N(-CH_2-)-CO-NH(-CH_2-)-CH_2-$ / $-CH_2-N-CH_2-N-CO-N-CH_2-$ (요소 수지)	 단추
멜라민 수지	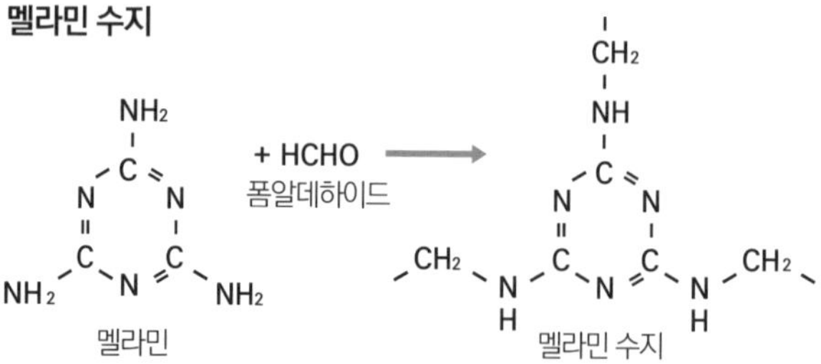 멜라민 (트라이아진 고리 C_3N_3에 NH_2 세 개) + HCHO (폼알데하이드) → 멜라민 수지 ($-CH_2-NH-$, $-CH_2-NH-$, $-NH-CH_2-$로 연결된 트라이아진 고리)	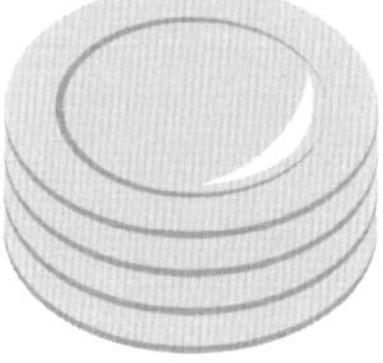 식기
알키드 수지의 예	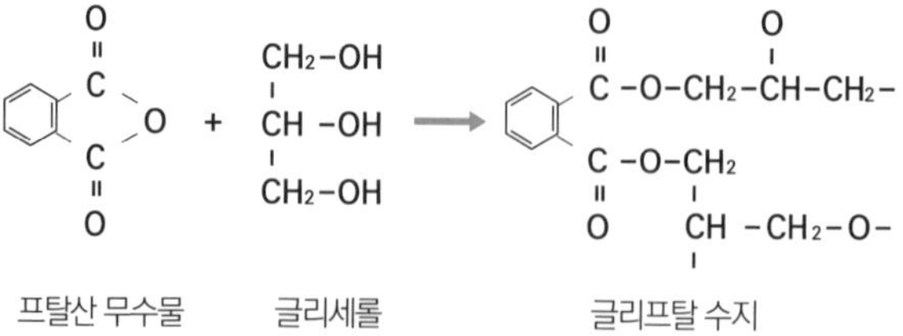 프탈산 무수물 + 글리세롤 (CH_2-OH, $CH-OH$, CH_2-OH) → 글리프탈 수지 ($C_6H_4(-CO-O-CH_2-CH(-O-)-CH_2-)(-CO-O-CH_2-CH(-)-CH_2-O-)$)	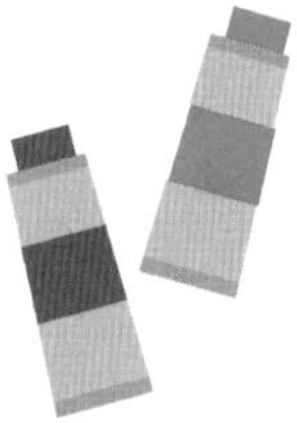 유화 물감

고무를 화학적으로 보면 어떤 분자 구조일까

◦ 천연 고무와 합성 고무 ◦

단백질, 다당, 핵산, 이러한 것들은 전부 물 분자를 떼어 내는 축합 중합으로 만들어진다. 그런데 고무나무가 원료인 천연 고무는 첨가 중합으로 만들어진다. 이 부분이 가장 큰 차이점이다. 이 절에서는 천연 고무가 만들어지는 방법과 구조를 알아보고 합성 고무와 비교해 보겠다.

고무를 만들려면 우선 고무나무 줄기에서 나오는 라텍스라는 하얀 수액을 모아야 한다. 여기에 산을 넣어 응고시켜서 생기는 앙금을 잘 씻고 말리면 판 모양인 천연 고무 고체가 생성된다. 이대로는 너무 말랑하기 때문에 잘 반죽해서 황산을 더하고(이를 가황이라고 한다), 흑연의 고운 분말인 카본블랙을 넣어 적당한 굳기로 만든다. 여러분이 알다시피 자동차 타이어는 검은색인데, 이것은 카본블랙의 색이고 아무것도 더하지 않은 천연 고무는 갈색이다. 황산과 카본블랙을 넣는 방법이 발명되기 전까지 고무는 저온에서 딱딱하고, 고온에서 끈적끈적하여 코트에 방수용으로 바르는 것밖에 쓸데가 없었다.

천연 고무는 어떤 구조를 가진 고분자 화합물인가 하면, 탄화수소의 일종인 아이소프렌의 모노머가 첨가 중합한 구조다. 아이소프렌은 2중 결합을 2개 가지고 있는데, 고무나무 내부에서는 아이소프렌의 양끝에 있는 2중 결합 2개가 동시에 반응하여 2중 결합이 중심으로 이동하는 첨가 중합이 일어난다(그림 134-1). 이때 생긴 생성물인 폴리아이소프렌에는 2중 결합이 폴리머의 주사슬에 들어 있고, 시스형과 트랜스형이 존재한다. 천연 고무는 대부분 시스형 폴리아이소프렌으로 되어 있다. 시스형은 분자의 사슬이 굽은 구조인 탓에 불규칙한 형태를 취하기 쉬워 빈틈이 많아진다. 이것이 고무에 신축성이 있는 비밀이다(그림 134-1).

그림 134-1

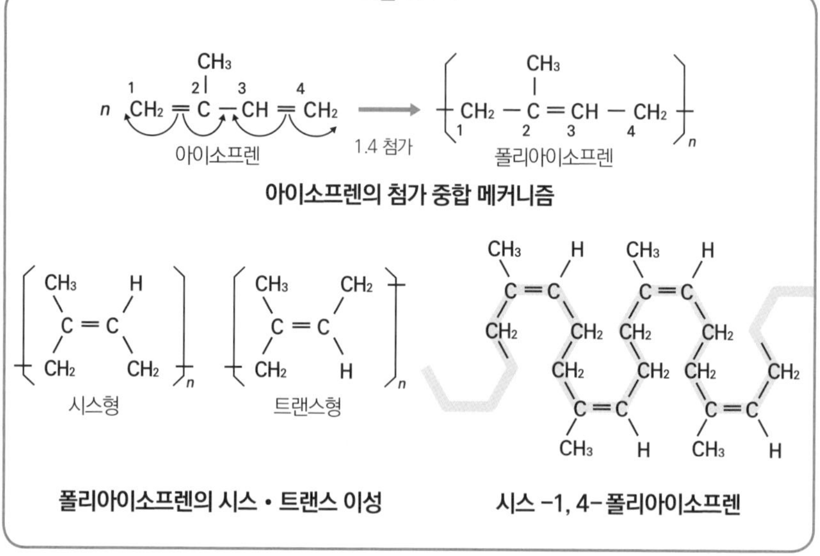

아이소프렌 —(1.4 첨가)→ 폴리아이소프렌

아이소프렌의 첨가 중합 메커니즘

시스형 트랜스형

폴리아이소프렌의 시스 · 트랜스 이성

시스 -1, 4-폴리아이소프렌

합성 고무

고무나무는 열대 지방에서만 자라기 때문에 인공적으로 만드는 합성 고무가 다양하게 개발되었다(표 134-1). 합성 고무는 전부 천연고무에 없는 특징을 가지고 있는데, 탄성만은 천연 고무가 가장 우수하다. 그래서 천연 고무도 수요가 끊이지 않는데 이를테면 천연 고무, 뷰타다이엔 고무, 스타이렌뷰타다이엔 고무가 타이어 접지면과 측면 등의 용도에 따라 배합 비율을 달리하며 쓰이고 있다.

표 134-1 ● 합성 고무의 종류와 성질, 용도

명칭과 구조식	단위체	성질	용도
아이소프렌 고무(IR) $\left[CH_2-C(CH_3)=CH-CH_2 \right]_n$	**아이소프렌** $CH_2=C(CH_3)-CH=CH_2$	내마모성 고강도	타이어
뷰타다이엔 고무(BR) $\left[CH_2-CH=CH-CH_2 \right]_n$	**1, 3-뷰타다이엔** $CH_2=CH-CH=CH_2$	고반발 탄성 내마모성 내한성	합성 고무 등 접착제
클로로프렌 고무(CR) $\left[CH_2-C(Cl)=CH-CH_2 \right]_n$	**클로로프렌** $CH_2=C(Cl)-CH=CH_2$	내구성 내열성 난연성	기계 벨트 기계 부품 호스
스타이렌뷰타다이엔 고무(SBR) 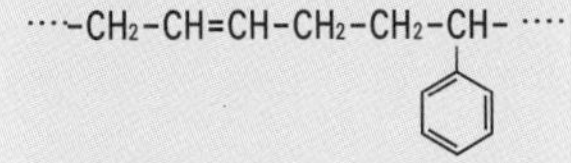 $\cdots-CH_2-CH=CH-CH_2-CH_2-CH(C_6H_5)-\cdots$	**1, 3-뷰타다이엔** $CH_2=CH-CH=CH_2$ **스타이렌** 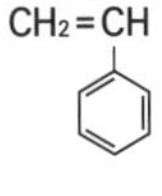 $CH_2=CH(C_6H_5)$	내구성 내열성 내마모성	타이어 신발 밑창
뷰틸 고무(IIR) $\cdots-CH_2-C(CH_3)=CH-CH_2-CH_2-C(CH_3)_2-\cdots$	**2-메틸 프로페인** $CH_2=C(CH_3)_2$ **아이소프렌** $CH_2=C(CH_3)-CH=CH_2$	저반발 탄성 내열성 전기 절연성	타이어 튜브 전선 피복재
실리콘 고무 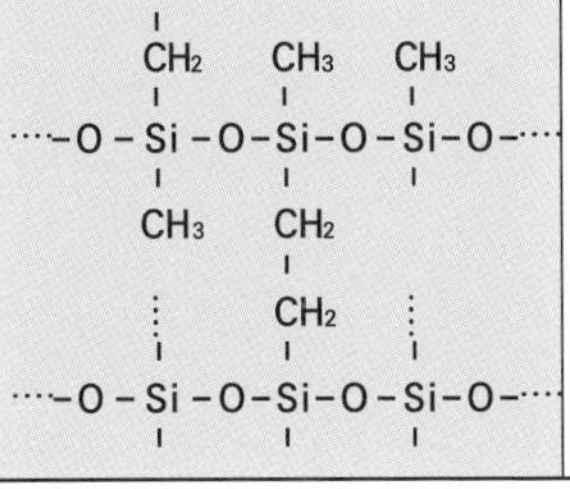 $\cdots-O-Si(CH_2-)(CH_3)-O-Si(CH_3)(CH_2-CH_2-)-O-Si(CH_3)-O-\cdots$ $\cdots-O-Si-O-Si-O-Si-O-\cdots$	**다이메틸다이 클로로실레인** $Cl-Si(CH_3)_2-Cl$ **물** H_2O	내구성 내약품성 내열성	이화학 기구 의료 기구

고분자 화합물은 소재로만 활약하지는 않는다

◦ 기능성 고분자 ◦

합성 고분자 화합물 중에는 특정한 기능을 지닌 것(기능성 고분자라고 한다)이 있다. 이번에는 이온 교환 수지와 고흡수성 수지, 생분해성 고분자에 대해 알아보자.

이온 교환 수지

식염수(NaCl)를 순수한 물로 만들려면 어떻게 해야 할까? 가열해서 물을 증발시켜 수증기를 모으면 되겠지만, 귀찮다. 그럴 필요 없이 이온 교환 수지를 쓰면 순수한 물이 된다. 그 비밀을 알아보자.

이온 교환 수지는 폴리스타이렌을 만들 때 소량의 *p*-다이비닐벤젠을 가해서 입체 그물 구조의 고분자로 중합한 것이다. 그 후 벤젠 고리의 -H 대신에 $-SO_3H$ 등 산성 작용기를 도입하면 양이온 교환 수지가 되고, 트라이메틸암모늄 등 염기성 작용기를 도입하면 음이온 교환 수지가 된다(그림 135-1). 이온 교환 수지는 지름이 수mm인 둥근 구슬 상태이므로, 통에 양이온 교환 수지와 음이온 교환 수지를 담고 거기에 NaCl 수용액을 부으면 Na^+는 H^+로, Cl^-는 OH^-로 교환되고 순수한 물이 배출된다(그림 135-2). 이 순수한 물을 탈이온수라고 부른다.

고흡수성 수지

종이 기저귀에는 물을 흡수하면 부피가 커져서 밖으로 소변이 새어나가지

그림 135-1 ● 이온 교환 수지의 제법(양이온 교환 수지의 예)

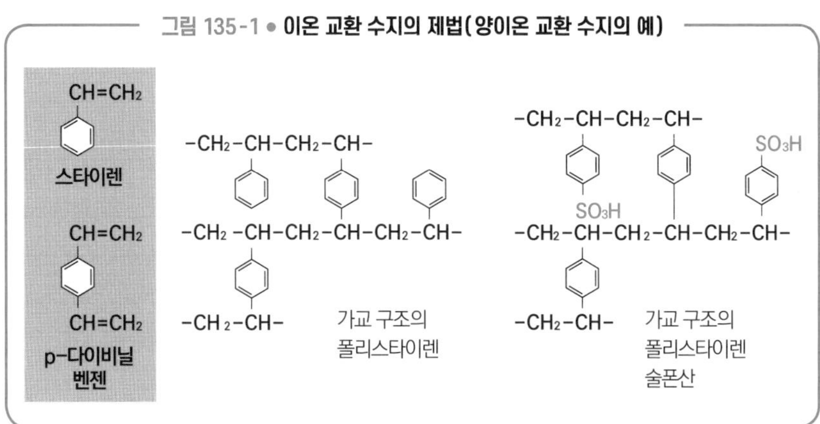

그림 135-2 ● 양이온 교환 수지(위)와 음이온 교환 수지(아래)에 의한 이온 교환의 구조

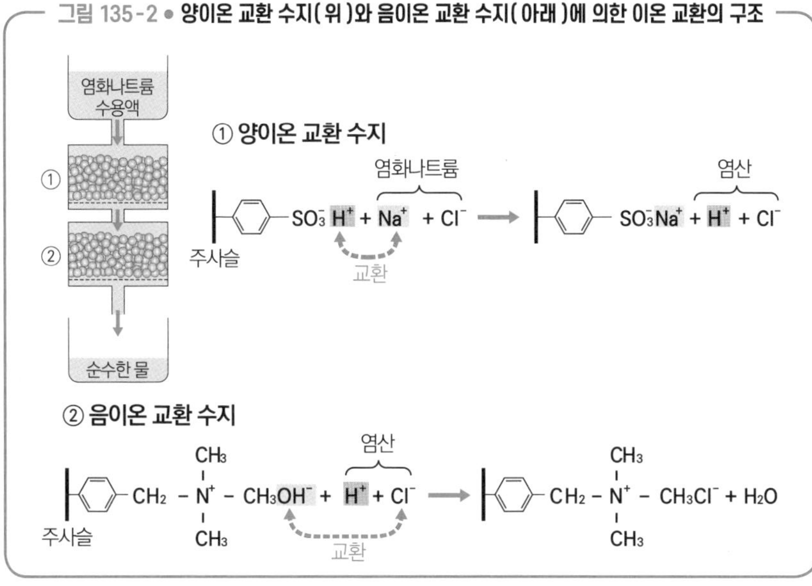

않게 하는 흡수성 고분자 분말이 들어 있다. 흡수성 고분자는 아크릴산나트륨 $CH_2=CH-COONa$와 소량의 가교제를 섞어 첨가 중합한 것을 말려서 분말로 만든 것이다. 분말 1.0g으로 약 1L의 물을 흡수할 수 있어서(그림 135-3) 종이 기저귀와 생리대 등에 폭넓게 쓰이고 있다.

그림 135-3 ● **흡수성 고분자의 흡수 메커니즘**

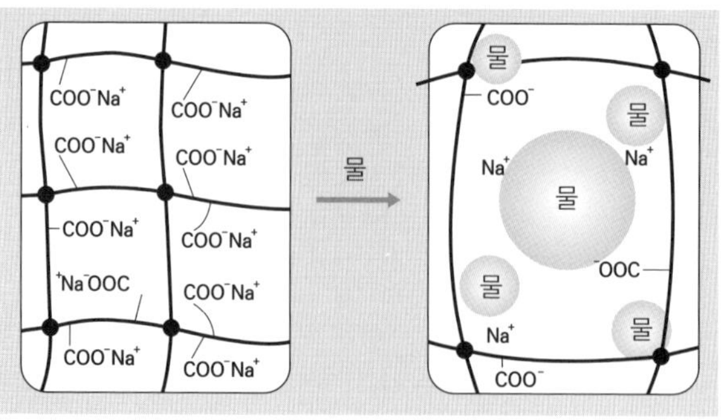

건조할 때 흡수성 고분자는 $-COONa$의 형태로 존재한다(왼쪽). 물이 들어오면 $-COO^-$와 $-Na^+$로 이온화해서, $-COO^-$의 마이너스끼리 반발해 입체 구조의 그물이 넓어지며 빈틈이 많은 구조가 된다. 이 빈틈 사이에 물이 더 들어올 수 있기 때문에 고분자는 점점 더 넓게 퍼진다. 물은 입체 그물 구조에 완전히 갇혀 버리기 때문에 힘을 가해도 밖으로 빠져나가지 않는다.

생분자성 고분자

합성 고분자는 안정적인 것이 특징이지만 폐기되면 자연계에서 분해되기 어렵다는 단점이 있다. 그래서 녹말의 발효에 따라 젖산을 만들고, 그 젖산들을 중합해 얻을 수 있는 폴리젖산이 개발되었다(그림 135-4 왼쪽). 폴리젖산 등의 합성수지는 생분해성 수지라고 하는데, 그릇과 낚싯줄 등에 쓰인다. 또 글리콜라이드를 개환 중합해서 얻을 수 있는 폴리글리콜산(그림 135-4 오른쪽)은 생체 내에서 분해 · 흡수되어 실을 뽑을 필요가 없다는 장점 때문에 외과수술용 봉합실로 쓰이고 있다.

그림 135-4 ● **생분해성 고분자의 합성**

$$nCH_3CH(OH)COOH \rightarrow -\!\!\left[O-\underset{\displaystyle CH_3}{\underset{|}{CH}}-CO\right]\!\!-_n + nH_2O$$

젖산 / 폴리젖산

개환 중합

글리콜라이드 → 폴리글리콜산 (H—[O—CH₂—C(=O)]ₙ—OH)

ㅊ

ㅋ

ㅌ

ㅍ

ㅎ

영숫자&로마자